# DIE ENZYKLOPÄDIE DER

# MILITÄRWAFFEN

A.E. HARTINK

# DIE ENZYKLOPÄDIE DER MILITÄRWAFFEN

KOMET

Übertragung aus dem Englischen und Überarbeitung:Gernot F. Chalupetzky



Gesamtherstellung: KOMET MA-Service und Verlagsgesellschaft mbH, Frechen

ISBN 3-89836-135-7

# Inhalt

*SWAT-Team mit Maschinenpistole FN-P90*

# Einleitung

Bewaffnete Konflikte sind so alt wie die Menschheit selbst. Bis zum Mittelalter bestanden die Waffen aus Knüppeln, Schleudern, Messern und Speeren, gefolgt dann von Schwertern, Dolchen, Pfeil und Bogen sowie Armbrust.

Im 15. Jahrhundert kam auch in der westlichen Welt das in China bereits lange bekannte und dort ausschließlich als Feuerwerk verwendete „Schießpulver" auf. Es bestehen verschiedene Theorien darüber, wie das Schießpulver in den Westen kam. Eine davon ist, dass der venezianische Kaufmann Marco Polo mit der Formel für das Schießpulver von einer seiner Asienreisen zurückgekommen sei. Andere Überlieferungen erwähnen den Freiburger Mönch Berthold Schwarz als den Erfinder des Schießpulvers – das schließlich auch von dem Mönch seinen Namen, „Schwarzpulver", erhielt. Die grundsätzlichen Bestandteile von Schwarzpulver sind 75 % Salpeter, 15 % Schwefel und 10 % Holzkohle. Schließlich entdeckte man, dass sich mit Schwarzpulver nicht nur Feuerwerkeffekte herstellen ließen, sondern dass man durch den Abbrand des Pulvers in einem hinten geschlossenen Rohr auch Geschosse aus einem Rohr katapultieren konnte – dies war praktisch die Geburtsstunde der heutigen modernen Schusswaffen.

Neben großen, nicht tragbaren, auf Lafetten montierten Kanonen kamen dann auch sofort verschiedene kleine, so genannte „Handkanonen" auf. Dabei handelte es sich zunächst um nichts anderes, als um kurze, leidlich tragbare, hinten verschweißte Rohre ohne Holzschaft, in deren Zündloch eine lange Glimmschnur, der Vorläufer der Zündschnur, führte. Diese Handkanonen bekamen bald einen Schaft,

*Verschiedene Schwerter des tschechischen Messerschmieds Pavel Skryja*

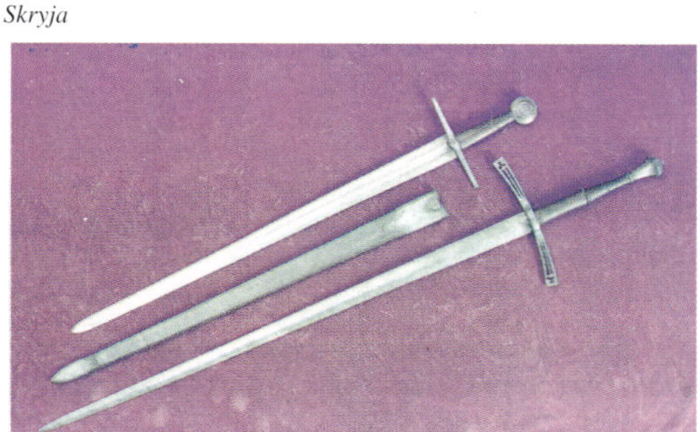

*Radschloss, hier kombiniert mit einem Lunten- und Feuersteinschloss*

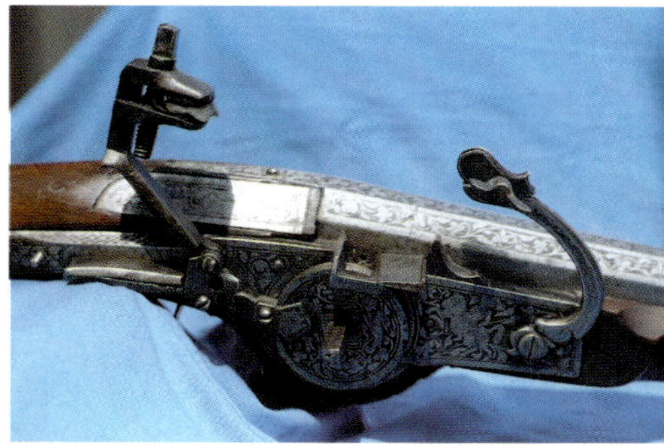

der zunächst lediglich aus einem langen Holzstab bestand. Die Entwicklung stand zwar nie still, dennoch hat sich am Grundprinzip der Feuerwaffentechnik eigentlich kaum etwas geändert. Bei den Handkanonen, den an einem Ende zugeschmiedeten, eisernen Rohren, die im Bereich der Zuschmiedung ein kleines Loch, das Zündloch, besaßen, erfolgte die Schussabgabe derart, dass man das Schießpulver von vorne ins Rohr lud. Dann wurde das Geschoss, zuerst aus Stein oder Eisen, später aus Blei, auf das Pulver gedrückt. Sobald das Geschoss (damals stets rund und daher „Kugel" genannt) gesetzt und das Zündloch mit so genanntem Zündkraut, besonders feinem Schießpulver, gefüllt war, war die Waffe feuerbereit. Die zur Zündung des Pulvers benötigte Feuerquelle hatte zunächst aus glühender Asche oder glühenden Holzteilen bestanden, war aber bereits bald durch eine ständig glimmende Lunte ersetzt worden. Der Zündvorgang war mit allen wetterbedingten Nachteilen verbunden. Oft war bei Nässe an die Fortführung eines eventuellen Kampfes nicht zu denken. Zudem war die glühende Lunte stets ein verräterisches Zeichen für die Position der Schützen. Auf der Suche nach besseren, wetterunabhängigeren Zündmethoden kam man schließlich zum Radschlossmechanismus.

Das Radschloss bestand aus einer Metallscheibe, kombiniert mit einer spiralförmigen Feder, die mit einem Schlüssel aufgezogen und auch blockiert wurde. Wenn die Blockierung durch das Betätigen des Abzuges der Waffe aufgehoben wurde, drehte sich die Metallscheibe, angetrieben durch die Federkraft, rückwärts und kratzte, ähnlich wie bei einem heutigen, modernen Feuerzeug, an einem Feuerstein. Die dadurch entstehenden Funken entzündeten das in einer Art Pfanne befindliche Zündkraut, welches wiederum über das Zündloch das im Lauf befindliche Schwarzpulver entzündete und so zur Schussabgabe führte. Weil das Radschlosssystem sehr kompliziert und teuer zu fertigen war, fand man schließlich eine einfachere und billigere Lösung, die reine Feuersteinzündung. Zwischen den Klauen einer Art Hammer wurde ein Feuerstein befestigt. Dieser seitlich an der Waffe angebrachte Hammer, Hahn genannt, konnte gegen den Widerstand einer Feder zurückgezogen und arretiert werden. Nach Betätigen des Abzuges schlug der Hahn nach vorn und der Feuerstein auf eine in der Nähe des Zündlochs befindliche Stahlplatte. Die entstehenden Funken entzündeten wieder in einer Pfanne befindliches Zündkraut und das wie gehabt durch das Zündloch die Pulverladung im Lauf. Die Entwicklung des Steinschlossprinzips vollzog sich über viele Jahrzehnte und es gab ein Vielzahl von Variationen dieses Schlosstyps. Eine der Steinschlossvarianten war das Schnapphahnschloss. Dieses Schlosssystem bestand praktisch aus zwei Hammern. Der erste hatte wieder eine Art Schraubenklaue, in der der Feuerstein befestigt war. Dieser Hammer konnte gegen die Kraft der gegenläufigen Feder zurückgezogen und arretiert werden. Der zweite Hammer stellte eine Art Amboss dar und befand sich genau über dem Zündloch. Nach dem Abziehen schlug der Hammer mit dem Feuerstein auf diesen Hammeramboss, die entstehenden Funken entzündeten das Zündkraut und dieses wiederum die eigentliche Pulverladung. Eine weitere Entwicklung war das heute als eigentliches Steinschloss bekannte Schlosssystem. Weil die Möglichkeit des Schießens mit Waffen mit Schnapphahnschlössern wieder einmal sehr „wetterabhängig" war, entwickelte man eine Abdeckung für die Zündkrautpulverpfanne. Dieses vertikale Metallstück, auch Pfanndeckel genannt, war sowohl Schutz des Zündkrauts gegen Feuchtigkeit als auch Amboss für den Feuerstein.

*Waffe mit einem Steinschloss*

*Perkussionssystem mit dem bekannten Zündhütchen*

Einer wahren Revolution der Waffentechnik kam es gleich, als schließlich das Perkussionszündhütchen erfunden wurde. 1799 hatte der englische Chemiker Howard eine hochexplosive chemische Masse entwickelt, die er Fulminat nannte. Der Geistliche Alexander Forsyth aus Belhelvie in Aberdeenshire in Schottland, der diese Fulminat-Zündmasse in ein metallenes Hütchen einbrachte, bekam 1807 das Patent auf ein Zündhütchen. Wenn man durch einen Schlag auf dieses kupferne (Zünd-)Hütchen die hochexplosive Zündmasse quetschte, so entstand eine Zündflamme – und damit waren alle Probleme im Zusammenhang mit dem bisher benötigten offenen Feuer zur Zündung der Pulverladung in der Waffe aus der Welt. Von nun an drang die im geschützten Zündhütchen entstehende Zündflamme durch das Zündloch in die so genannte Kammer und entzündete das dort hinter dem Geschoss befindliche Schwarzpulver.

Die Kammer (der Bereich des Laufes, in den die Pulverladung eingebracht wurde) musste aber immer noch durch den Lauf von vorn mit dem Pulver und dem Geschoss geladen werden. Für die Zündung wurde aber jetzt ein Zündhütchen auf eine Art Miniaturkamin gesetzt, der in das Zündloch am Kammerende geschraubt war. Dieser „Kamin" wird als Piston bezeichnet. Um hart genug auf das Perkussionszündhütchen aufzuschlagen und die Zündmasse zu quetschen, entstand ein Hammerschloss, dessen Hammer dem des Steinschlosses recht ähnlich war, aber eben keinen Feuerstein und damit auch keine Halteklaue mehr enthielt. Dieser Hammer, dann schließlich Hahn genannt, wurde wie gehabt gegen eine Feder zurückgezogen und arretiert. Bei der Schussauslösung schlug der Hahn hart gegen das auf das Piston gesetzte Zündhütchen. Die Zündmasse wurde gequetscht und produzierte dadurch einen Zündstrahl, der durch das Piston zur Pulverladung in der Laufkammer vordrang und die-

se entzündete. Dieses Perkussionszündungssystem fand sehr lange Zeit bei allen Lang- und Kurzvorderladerwaffen Anwendung, später auch bei den 5- und 6-schüssigen Perkussionsrevolvern.
Zum Ende des 18. und zu Beginn des 19. Jahrhunderts hin vollzog sich durch die Einführung der gezogenen Läufe auch die Entwicklung der Geschosse. Hatte der Durchmesser der bleiernen Rundkugeln vorher gerade genau dem Laufinnendurchmesser entsprochen, so ging man nun zu „überkalibrigen“ Bleikugeln über, die in Rotation gebracht wurden, wenn sie durch die Züge und Felder des gezogenen Laufes gepresst wurden.
Der nächste wichtige Schritte war die Entwicklung einer Patrone zum Laden der Waffen von hinten. Zunächst gab es Patronenhülsen aus Papier oder Pappe, erst später aus Messing. Die Patrone verband die Komponenten Geschoss, Pulverladung, Zündung und Hülse zu einer Einheit. Mit der Einführung der Patronenmunition verschwanden nach und nach die Vorderladerwaffen. Bei den Hinterladern musste aber natürlich die Möglichkeit bestehen, das Laufrohr von hinten zur Beschickung mit der Patrone zu öffnen. Wegen des entstehenden hohen Gasdruckes bei der Schussabgabe musste allerdings auch sichergestellt sein, dass die Kammer, zumindest zum Zeitpunkt der Schussabgabe sicher und fest geschlossen ist und dass das „System“ wieder gespannt werden kann, um nach Herausnahme der abgeschossenen Hülse aus der Kammer und Einführung einer neuen Patrone einen neuen Schuss zu ermöglichen. Arten der neuen Patronenmunition waren die Randfeuerpatronen und in früheren Zeiten Patronen mit Stiftzündung. Randfeuerpatronen haben keine Zündhütchen. Die quetschbare Fulminat-Zündmasse befindet sich bei ihnen direkt im Patronenrand. Bei der Herstellung der Patronen wird sie „eingeschleudert“. Randfeuermunition war und ist weit verbreitet für Kleinkaliberwaffen. Bei der inzwischen längst veralteten Patrone mit Stift- oder Laufaucheux-Zündung schlug der Hammer auf einen seitlich hinten aus dem Patronenrand herausstehenden Zündstift

*Militärgewehr mit Perkussionsschloss (Hege)*

*Randfeuerpatrone von Remington*

und dieser quetschte das in der Hülse eingeschleuderte Fulminat.
Einer der größten Fortschritte in der Waffenentwicklung war die Erfindung des Nitrozellulosepulvers. Seitdem dieses vom Abbrandverhalten her sehr unterschiedlich gestaltbare, chemisch erstellte Treibladungspulver zur Patronenherstellung verwendet wird, ist man in der Lage, die Gasentwicklung und den Gasdruck individueller zu beeinflussen und auf höhere Werte zu bringen. Manipulationen mit dem entstehenden Gasdruck führten schließlich auch zur Möglichkeit, die Waffenfunktionen (Nachladen, Spannen etc.) „automatisch“ ablaufen zu lassen. Dies bedingte erst die Ära der halb- und vollautomatischen Waffen heutiger Tage, der Selbstladepistolen, Sturmgewehre und Maschinenpistolen. Am Hauptprinzip, Kammer, Treibladungspulver, Geschoss, Zündung und Lauf, hat sich seit altersher aber weiterhin nichts geändert – obwohl stets enorme Veränderungen die Waffentechnik bestimmt haben. Entwicklungen gibt es auch heute weiterhin, denkt man etwa an die elektronische Zündung oder die hülsenlose Munition. Zu Beginn der Waffengeschichte benötigte man viel Zeit um eine Waffe zum Schießen bereit zu machen. Trocken und windlos musste es sein, damit man die Waffe überhaupt zünden konnte. Auch war das Treffen zumeist eher ein Glückssache. Heutzutage werden Waffen gebaut, die eine Feuergeschwindigkeit von 600 und mehr Schuss pro Minute haben und die bei widrigsten Wetterbedingungen präzise und zuverlässig arbeiten. Magazinwechsel ist nur mehr eine Geschichte von Sekunden. Die Soldaten der Moderne sind heute mit hochtechnisierten Kommunikationsmitteln ausgerüstet, angefangen mit den in den Helmen integrierten Mikrofonen und Lautsprechern. Sie sind so auch in problematischen Situationen untereinander und mit ihrer Führung in Kontakt.

# Moderne Entwicklungen

*Das futuristische Steyr AUG-Sturmgewehr*

Die Ära moderner Militärwaffen wurde 1975 mit der Einführung des Steyr Armee Universalgewehres AUG durch die österreichische Firma Steyr eingeläutet. 1977 wurde diese Waffe offiziell als Standardwaffe des österreichischen Bundesheeres eingeführt.

Das futuristisch wirkende AUG, Kaliber 5,56 x 45 mm Nato (.223 Rem.), besteht zu einem erheblichen Teil aus Kunststoff. Die in Modulbauweise konzipierte Waffe, vom Grundtyp ein Sturmgewehr, kann leicht in eine Maschinenpistole und in ein leichtes Maschinengewehr umgewandelt werden. Neben den Österreichern verwenden das AUG inzwischen auch die Armeen von Australien, Marokko, Irland, Neuseeland und Saudi-Arabien.

*Die FN Maschinenpistolen-Sturmgewehr-Kombination P90 zusammen mit der FN-Pistole Five-Seven, beide im Kaliber 5,7 x 28 mm*

Ein weiteres modernes Waffensystem ist die FN P90. Das belgische Unternehmen Fabrique National in Herstal wollte mit seiner Neukonstruktion – ebenfalls mit neu entwickeltem Kaliber 5,7 x 28 mm – eine Kombination aus Maschinenpistole und Sturmgewehr schaffen. Interessant ist dabei zudem, dass die P90-Familie noch durch eine Selbstladepistole im entsprechenden Kaliber ergänzt wird, dem Modell Five-Seven. Der Markt für miltärische Schulterwaffen wurde lange von Varianten des amerikanischen Colt M16-Sturmgewehres mit all seinen Lizenzversionen dominiert. 1982 begann das U.S. Army Material Command (AMCOM) damit, Ausschreibungen für ein neues amerikanisches Militärgewehr, für die Soldatenwaffe des 21. Jahrhunderts herauszugeben. Die neue Waffe soll nach und nach das derzeitige M16 A2 bei der US Army komplett ersetzen. Das so genannte Advanced Combat Rifle (ACR) Projekt wird vom Joint Services Small Arms Program (JSSAP) Department der US Army überwacht. Ziel des Ausschreibungsprojekts ist es, die allgemeine Effektivität des einzelnen Soldaten merklich zu erhöhen. Die Ausschreibungen erhielten mehrere unterschiedliche Waffenhersteller, die entsprechende neue Waffen und nötigenfalls auch neue Munition dazu entwickeln sollen, die man bei der Army dann erst auf Herz und Nieren testen und vergleichen will. Derzeit (2000) handelt es sich bei den bereits eingesandten Waffen fast ausschließlich noch um reine Prototypen.

*Die heutige M16-Ausführung, das M16 A2 (Sammlung von R.H.G. Koster)*

## *AAI ACR*

Das ACR, von der US-amerikansichen AAI Corporation hergestellt, weist nicht nur technisch einen großen Bezug zum derzeitigen M16 auf. Es hat einen Gasdruckverschluss und verschießt aus der .223 Remington-Hülse spezielle Pfeilprojektile.

*Das AAI ACR-Sturmgewehr während eines Feldtests (Archiv von R.H.G. Koster)*

*Das ACR (Advanced Combat Rifle) der Firma AAI Corporation (Archiv von R.H.G. Koster)*

Das Sturmgewehr ist sowohl mit einer Standardvisierung als auch mit einem optischen Visier von Arsmon, Vergrößerung 1:4, ausgerüstet.

## Colt ACR

Auch das ACR von Colt ist eine Weiterentwicklung des alten Colt M16-Modells. Es ist ebenfalls ein Gasdrucklader und hat einen Drehkammerver-

*Das ACR von Colt (Archiv von R.H.G. Koster)*

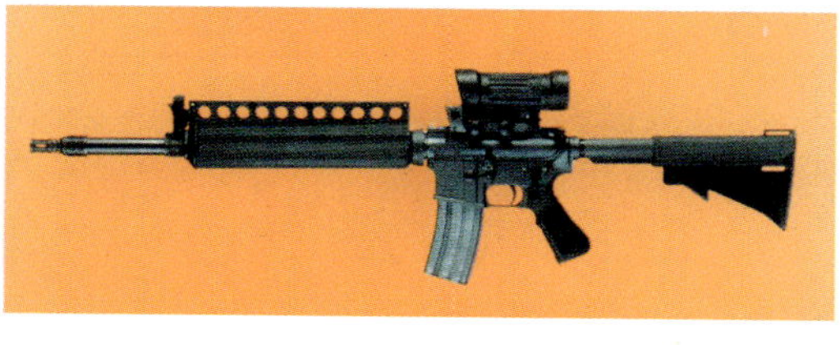

*Das Colt ACR mit Elcan-Zielfernrohr (Archiv von R.H.G. Koster)*

schluss. Der Colt-Prototyp schießt entweder nur rein Einzelfeuer oder uneingeschränkt Dauerfeuer.

Die von Colt für seinen vorgelegten Vorschlag gewählte Munition bleibt die im Kaliber .223 Remington, allerdings mit einem Duplexgeschoss, d.h. die Hülse enthält zwei Geschosse hintereinander. Jedes Ziel wird daher doppelt getroffen. Die neue Waffe ist standardmäßig mit dem bekannten Elcan-Zielfernrohr, 1:3,5, ausgestattet.

## Heckler & Koch ACR

Der ACR-Vorschlag der deutschen Firma Heckler & Koch ist von einem ihrer früheren Designs, dem le-

*Das ACR von Heckler & Koch basiert auf dem HK G11 (Archiv von R.H.G. Koster)*

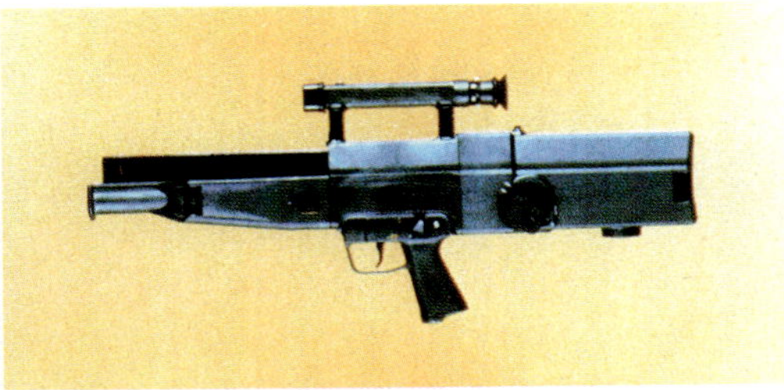

*Das Heckler & Koch ACR im Anschlag (Archiv von R.H.G. Koster)*

gendären hülsenlosen G11, abgeleitet. Die Patrone ist hülsenlos, d.h. Geschoss und Zündung sind in einem komprimierten Nitrozelluloseblock integriert. Das Kaliber ist vom G11 übernommen, 4,7 mm. Die Amerikaner verwenden zwar die Bezeichnung 4,92 mm, aber das resultiert lediglich aus einem anderen Messverfahren. 4,7 mm ist der Außendurchmesser des verwendeten Geschosses und 4,92 mm ist die Entfernung von Zug zu Zug im Lauf. Interessant ist, dass die Vergrößerung des verwendeten Zielfernrohres eingestellt werden kann, entweder auf 1:1 für kurze Distanzen oder 1:3,5 für Distanzen bis zu 300 Metern.

## Steyr ACR

Obwohl das Steyr AUG Gewehr im Vergleich zu anderen Konstruktionen ohnehin bereits sehr futuristisch wirkt, wollte Steyr eine eigenständige Waffe für das ACR Programm entwickeln. Für das Steyr ACR verwendet man, wie beim AAI ACR, Stahlpfeilgeschosse, diese hier allerdings in einer Kunststoffummantelung. Die Waffe hat ein Zielfernrohr mit zwei Vergrößerungsoptionen, 1:1,5 für Kurzdistanzen und 1:3,5 für die Entfernung.

Alle ACR-Waffen befinden sich noch in der Versuchsphase und eine US-Entscheidung wird frühes-

*Das ACR der österreichischen Firma Steyr (Archiv von R.H.G. Koster)*

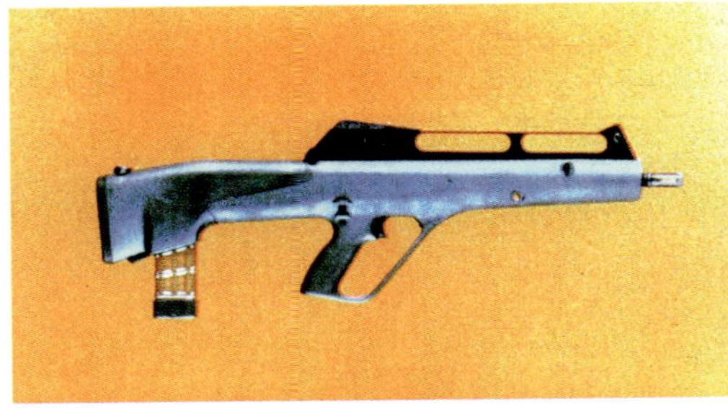

tens in den ersten Jahren des neuen Jahrtausends erwartet. Sicher werden sich, wenn sich die Vereinigten Staaten für eine neue Standardwaffe entschieden haben, andere NATO-Partner der amerikanischen Umbewaffnungsentscheidung anschließen und ebenfalls das neue ACR einführen.

## Zukünftige Entwicklungen

Eine weitere wichtige militärische Entwicklung ist das SDA-Programm. Das Soldier Digital Assistant (SDA) besteht aus einem Handcomputer mit einem Bildschirm, der auf Fingerberührung reagiert.

Die Software dazu wird unter anderem das Global Positioning System (GPS) beinhalten, durch das Satelliten immens genau die Position des Soldaten orten können. Auf dem Bildschirm wird der Soldat dann auf einer digitalen Landkarte zudem die Positionen seiner Gesamteinheit, seiner Kameraden sowie sämtlicher Einsatzfahrzeuge seiner Einheit erkennen können. Zudem kann das SDA dann dazu verwendet werden jegliche mannschaftsmäßige Hilfe sowie auch Artillerieunterstützung anzufordern. Die Digitaltechnik hat inzwischen auch Einzug auf dem Gebiet der Visierung gehalten. Laser-Zielgeräte sind heutzutage schon fast wieder veraltet. Der

*Steyr's ACR im Bullpup-System wirkt sehr futuristisch (Archiv von R.H.G. Koster)*

Soldat der Zukunft wird bald einen Miniaturbildschirm vor einem seiner Augen haben, in dem die Waffenvisierung zu sehen ist. Das dargestellte Bild wird sich dabei vollautomatisch den jeweiligen Sichtverhältnissen anpassen und es dem Soldaten ermöglich, auch bei Dämmerung oder bei vollständiger Dunkelheit in der Nacht ein völlig klares Bild zu erhalten. Und der Soldat der Zukunft wird mit seiner Waffe vielleicht sogar gar nicht mehr selbst zielen müssen. Sobald er sein Ziel im Augenbildschirm erfasst hat, wird automatisch angezeigt, ob es sich bei diesem nicht doch um einen der eigenen Leute handelt, und dann, egal wie der Feind sich weiterbewegt, wird das einzige sein, was der Soldat selbst noch zu tun hat, dass er den Abzug oder einen Kontrollknopf betätigt. Vielleicht wird er auch lediglich „Feuer" denken müssen, weil es bereits die Möglichkeit eines mentalen Befehls gibt.

## Technik der Waffen

Auch die technischen Aspekte der in diesem Buch besprochenen Waffen sollten hinreichend verstanden werden. Bevor deshalb nun nachfolgend auf die genauen Details der behandelten Waffen eingegangen wird, hier zunächst eine allgemeine Einleitung zur Waffentechnik. Die einheitlichen Bezeichnungen der angesprochenen Waffenteile sollten zunächst bekannt sein, damit diesbezüglich keine Verwirrung entsteht. Es könnten zum Beispiel Missverständnisse entstehen, wenn gleichzeitig moderne Waffenbegriffe und in früheren Zeiten hierfür verwendete Ausdrücke erscheinen. So haben etwa die Begriffe „Schaft" und „Kolben" die gleiche Bedeutung. Ebenso wie der mehr militärisch gebrauchte Begriff „Rohr" und der mehr zivil verwendete Begriff „Lauf". Zu unterscheiden ist dann aber, dass einige der angesprochenen Militärwaffen ein herausnehmenbares Magazin besitzen und einige von oben in einen festen, im Gewehr integrierten Magazinschacht geladen werden müssen. Die Bezeichnungen der im vorliegenden Buch diskutierten Militärwaffen sind grundsätzliche, feste Begriffe. Wahrscheinlich wird jedermann wissen, was in etwa unter einer Maschinenpistole zu verstehen ist. Und dennoch ist es schwierig, eine konkrete, genaue Definition dafür zu finden. Das gleiche gilt für die Begriffe Gewehr und Karabiner. Worin besteht der genaue Unterschied? Man sollte dazu wissen, dass die Begriffe gerade bei modernen Militärwaffen fließend sind und dass die heutigen militärischen Langwaffen oft eine Kombination aus mehreren Waffen darstellen. So ist das FN P90 zum Beispiel eine

*SIG SG 551-1P Militärgewehr*

Maschinenpistole, die aber gleichzeitig auch als Sturmgewehr, als der traditionelle Militärkarabiner, verwendet werden kann und soll. Und bei Waffen der Firma ITM ist die Situation sogar noch komplexer. Wie soll man eine Waffe einstufen, die zwar wie eine Maschinenpistole aussieht, aber zwei Läufe besitzt, bei denen aber nur aus einem reguläre Büchsenpatronen verschossen werden?

### *Gewehr*

So genannte Langwaffen, generell auch als Gewehre oder als Schulterwaffen bezeichnet, teilen sich auf in (Schrot-)Flinten und (Kugel-)Büchsen. Büchsen haben einen gezogenen Lauf mit so genannten Zügen und Feldern, die das von den Pulvergasen durch den Lauf getriebene Einzelgeschoss in eine Rotation um die Längsachse versetzen und so zur Flugstabilisierung der inzwischen fast immer länglichen „Kugel" führen. Im militärischen Bereich werden alle Büchsen als Gewehre oder, wenn kürzer, als Karabiner bezeichnet. Man verwendet hier den eigentlichen Oberbegriff Gewehr, der genau genommen für Büchsen und Flinten steht, fälschlicherweise ausschließlich für Büchsen. Ein Militärgewehr, beziehungsweise besser eine Militärbüchse, hat normalerweise ein Gesamtlänge von mehr als 100 cm. Die Büchsen können eingeteilt werden nach ihrem Verriegelungs- beziehungsweise Repetiersystem. Neben den militärisch uninteressanten Kipplaufbüchsen mit Baskülverschluss gibt es Repetierbüchsen mit Zylinderverschluss, Vorderschaftrepetierbüchsen, Unterhebelrepetierbüchsen sowie halb- und vollautomatische Selbstladebüchsen mit Rückstoß- oder Gasdruckladesystem. Automatische Militärbüchsen werden häufig auch als Sturmgewehr bezeichnet. Manche moderne Militärbüchsen bilden eine ganze „Waffenfamilie". Das bedeutet, das ein und die selbe Waffe, jeweils leicht modifiziert, sowohl eine Maschinenpistole, ein kurzer Karabinier, ein mi-

Ruger Mini-14/20 GB Militärkarabiner

litärisches Sturmgewehre oder ein leichtes, vollautomatisches Maschinengewehr sein kann.

## Karabiner

Karabiner sind eine besonders leichte und kurze Art von Militärgewehren, die eine maximale Lauflänge von 56 cm haben und deren Gesamtlänge unter 100 cm liegt. Ein Karabiner kann ein Handrepetierer sein, es kann sich dabei aber auch um eine halb- oder vollautomatische Waffe handeln. Normalerweise wird aus Karabinern Büchsenmunition verschossen, es gibt aber auch Karabiner die zum Verschießen von Kurzwaffenmunition ausgelegt sind. Ein Karabiner ist oft auch lediglich die Kurzversion eines ebenfalls auf dem Markt befindlichen, langen Militärgewehres gleichen Kalibers. Durch das leichtere Gewicht, verbunden mit dem starken Büchsenkaliber, ist der Karabiner zumeist unangenehmer zu schießen. Jeder, der schon mit einem Jungle Carbine, die kurze englische Repetierbüchse Lee Enfield No. 5, Kaliber .303 British, oder den „Juliana-Mauser"-Karabiner, Kaliber 8 x 57 mm, geschossen hat, weiß, was der Begriff „unangenehmer" bedeutet. Moderne westliche Militärkarabiner und Sturmgewehre haben nun fast allesamt das vom Rückschlag her moderate Kaliber .223 Remington.

## Maschinengewehr

Ein Maschinengewehr (MG) ist praktisch eine übergroße, vollautomatische Militärbüchse. Das Maschinengewehr ist normalerweise lafettiert oder hat ein klappbares Zweibein integriert. Die meisten dieser Waffen können entweder Patronen aus speziellen MG-Gurten verschießen oder Kasten- und/oder Trommelmagazine aufnehmen. Viele MGs schießen

FN Minimi (249 SAW) Maschinengewehr

nur vollautomatisch, es gibt aber auch einige Arten, bei denen man eine 3-Schuss-Feuerstoßbegrenzung aktivieren kann und solche, die auch halbautomatisch, also Einzelfeuer, schießen. Maschinengewehre sind einzuteilen in schwere MGs, also solche, die fest auf Fahrzeugen, Schiffen oder Flugzeugen lafettiert sind, und in leichte MGs, die tragbar und für den einzelnen Soldaten leichter zu handhaben sind.

## *Maschinenpistole*

Unter einer Maschinenpistole (MP) ist eine relativ kurze Waffe zu verstehen, die halb- oder auch vollautomatisch sowohl aus der Schulter als auch aus dem Hüftanschlag geschossen werden kann. Normalerweise verschießt die MP Kurzwaffenmunition. Es gibt Maschinenpistolen mit so genannten aufschießenden und mit so genannten zuschießenden Verschlüssen.

Bei Waffen mit zuschießenden Verschlüssen ist der Verschlussblock bei der Schussabgabe zunächst „hinten", das bedeutet der Block, in den dann oft ein fester unbeweglicher Schlagbolzen integriert ist, wird beim Betätigen des Abzuges erst durch Federkraft nach vorne in Richtung Patrone und Patronenlager bewegt; seine Masse hilft mit, die Patrone zu zünden. Bei den präziseren MPs mit aufschießenden Verschlüssen liegt der Verschlussblock beim Betätigen des Abzuges am Patronenlager an; der Schlagbolzen wird dabei durch einen integrierten Hammer in Bewegung gesetzt, um die Patrone beziehungsweise das darin befindliche Zündhütchen zu zünden.

## *Militärische Riot Gun*

Eine Riot Gun ist eine spezielle, in der Regel einläufige Flintenart. Zumeist handelt es sich bei Riot Guns um Vorderschaftrepetierflinten oder auch um Selbstladeflinten, gelegentlich gibt es sogar vollautomatische Versionen. Normalerweise werden die

*Die UZI Maschinenpistole*

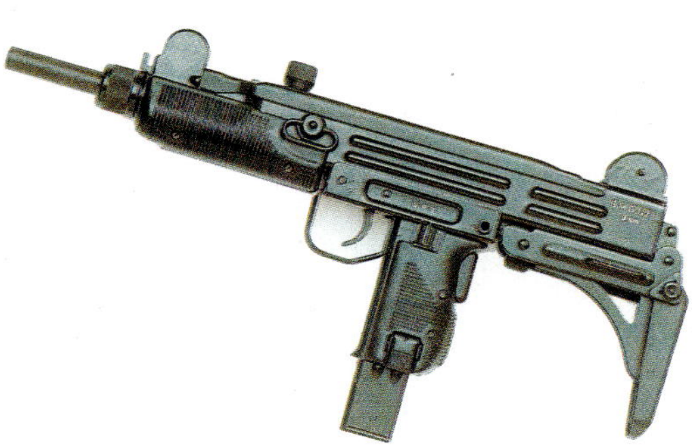

*Militärische Riot Gun Mossberg 500 US Mil-Spec*

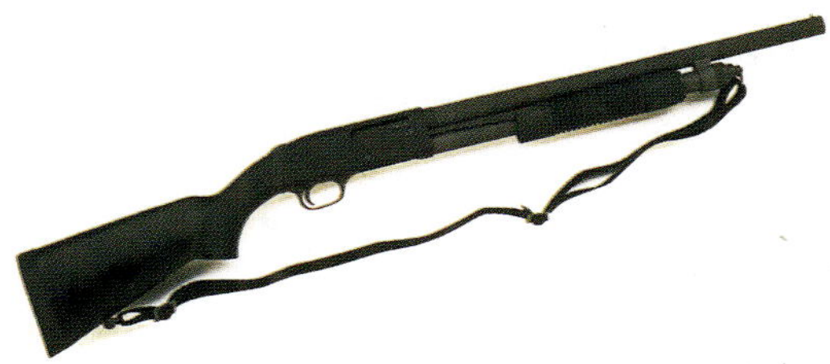

Flinten mit Patronen mit groben Schroten oder auch mit einzelnen, so genannten Flintenlaufgeschossen (Slugs) geladen. Die meisten Riot Guns haben einen glatten Flintenlauf, zum Verschießen von Slugs gibt es aber auch Modelle mit gezogenen (Büchsen-) Läufen. Riot Guns werden, wie der Name sagt, besonders gegen Menschenansammlungen sowie etwa auch zum Aufschießen von Tieren verwendet.

## *Präzisionsschützenbüchse*

Präzisions- oder Scharfschützenbüchsen, Sniper Rifles genannt, werden zum präzisen Ausschalten von Gegnern auf weite Entfernungen benötigt. Diese Zielvorgabe bedingt besondere technische Anforderungen an solche Waffen. Üblicherweise ist eine Scharfschützenbüchse mit einem Speziallauf sowie speziellen, handeingepassten Teilen ausgestattet. Sniper Rifles gibt es in verschiedenen Arten, als Handrepetierbüchsen, aber auch als halbautomatische Gewehre. Normalerweise wird daraus normale Büchsenmunition verschossen, für besonders große Distanzen gibt es aber auch militärische Präzisionsbüchsen im Kaliber .50 BMG, dem Kaliber des Browning Maschinengewehres. Mit solchen Waffen wird auf Entfernungen von 1000 bis 2000 Metern geschossen. Eine Sniper Rifle ist stets mit einem militärischen Zielfernrohr ausgerüstet, welches häufig mit einem elektronischen Entfernungsmesser und auch mit einem Nachtsichtgerät verbunden ist.

*Mauser SR 97 Präzisionsschützenbüchse*

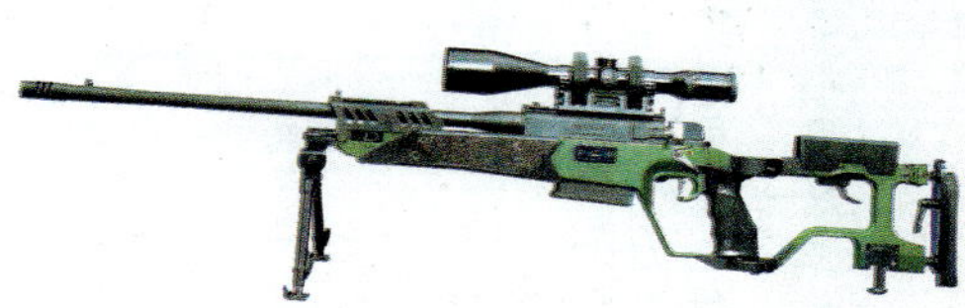

Hauptbestandteile einer FN-FNC-Büchse

## *Hauptgruppen*

Eine Büchse beziehungsweise ein Karabiner besteht aus verschiedenen Baueinheiten, die Hauptgruppen genannt werden. Manche der Hauptgruppen tauchen technikbedingt nicht bei allen Waffen auf. Die Hauptgruppen können sein

a) die Verschlusshülse/der Systemkasten/die Basküle;
b) der Verschlusszylinder/das Verschlussstück;
c) das Abzugssystem;
d) der Lauf mit dem Patronenlager;
e) die Visierung/das Zielfernrohr;
f) der Schaft;
g) das Magazin.

### VERSCHLUSSHÜLSE

In der Verschlusshülse wird der Verschlusszylinder geführt. Die Verschlusshülse umschließt den Verschlusszylinder. Der Lauf schließt vorne an die Verschlusshülse an. Der horizontal bewegliche Zylinder kann in der Hülse vor- und zurückbewegt werden, um den Repetiervorgang zu ermöglichen.
Nach vorne geschoben und verriegelt verschließt der „Verschluss"-Zylinder das Patronenlager. Unterhalb der Verschlusshülse befindet sich die Abzugsgruppe. Bei mehrschüssigen Gewehren befindet sich

Herstellungsstadien einer Verschlusshülse von Zoli

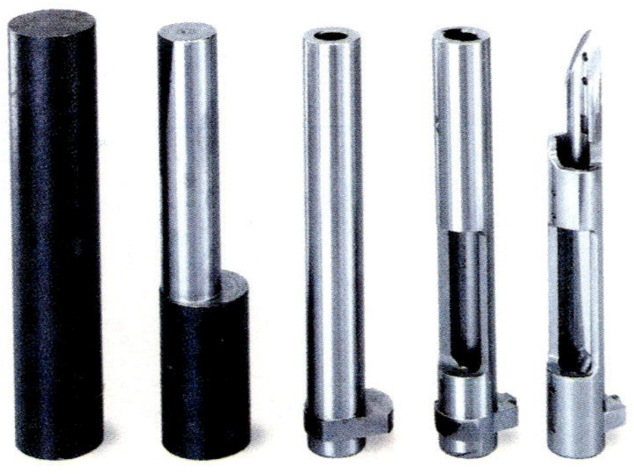

Explosionszeichnung einer Verschlusshülse eines Ruger Mini-14

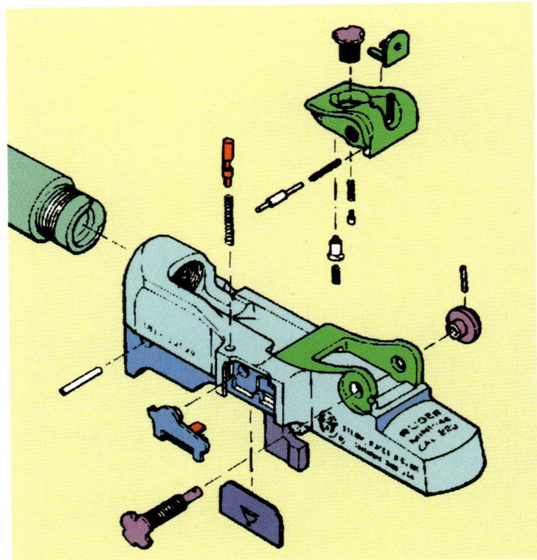

vor diesem ein Raum, entweder für einen internen Magazinschacht, in den die Patronen von oben eingeführt werden, oder für einen Schacht zur Aufnahme eines herausnehmbaren Magazins. Zudem befinden sich normalerweise an der Verschlusshülse auch der Sicherungshebel, der Magazinknopf und ein Verschlusshalter.
Der Begriff Verschlusshülse wird vornehmlich bezüglich Repetierbüchsen verwendet. Es gibt aber auch halb- und vollautomatische Waffen, die eine echte Verschlüsshülse aufweisen, etwa das Ruger Mini-14. Der Unterschied zwischen einer Verschlusshülse im engeren Sinn und einem reinen Systemkasten ist deutlich an den hier gezeigten Abbildungen zu erkennen.

### SYSTEMKASTEN

Bei vielen halb- und vollautomatischen Militärwaffen wird statt Verschlussgehäuse der Begriff Systemkasten oder auch Gehäuse verwendet. In der umschlossenen Systemkasteneinheit befinden sich dann neben Repetier- beziehungsweise Nachlade-

Systemkasten eines SIG SG 551-Sturmgewehres

*Systemkasten eines CZ 2000-Militärgewehres*

system gleichzeitig sowohl das Schlosssystem, also die Abzugsgruppe, als auch der Magazinschacht. Ein Systemkasten in diesem Sinn ist oft nur aus Prägeblechstahl hergestellt. Er beinhaltet einen Großteil der wichtigen Waffenteile, eben etwa auch die bei der Verschlusshülse separate Abzugsgruppe. Ein Systemkasten muss auch nicht unbedingt immer aus Metall hergestellt sein. Bestes Beispiel hierfür ist die Steyr AUG-Waffenfamilie, welche ein Kunststoffgehäuse aufweist.

Neben anderen von außen bedienbaren Teilen, Knöpfen und Hebeln ist am Systemkasten regelmäßig auch der Verschlussfanghebel angebracht. Mittels des Verschlussfanghebels wird der Verschlusszylinder, bei Automaten oft Verschlussblock genannt, in seiner hinteren, offenen Position arretiert. Dies ist etwa nützlich, um das Patronenlager zu prüfen.

*Verschlusszylinderfangkopf eines Bushmaster AR-15*

Bei einigen Waffen bleibt der Verschluss nach Abgabe des letzten Schusses und Auswurf der letzten Patronenhülse auch von selbst hinten arretiert und offen. Beim Einführen eines neuen Magazins aktiviert dies den Verschlussfanghebel und der Verschlussblock bewegt sich wieder nach vorne und nimmt dabei die erste neue Patrone aus dem Magazin mit, um sie ins Patronenlager einzuführen. Ein ähnliches Nachladesystem haben auch die Riot Guns, die verschiedenen militärischen Repetierflinten.

Bei den Flinten ist die Möglichkeit des Arretierens des Verschlussblockes vor allem deshalb wichtig, weil man so verhältnismäßig einfach eine andere Patrone, etwa eine mit Flintenlaufgeschoss statt der Patronen mit groben Schroten im Magazin „zwischenrepetieren“ kann.

Der Systemkasten beinhaltet auch den Magazinhalter samt zugehörigem Magazinknopf. Auf Seite 18 ist der Magazinhaltemechanismus eines Colt AR-15-Gewehres zu sehen. Ein roter Pfeil zeigt die gezackte Kante am Verschlusszylinder, an der das eingeführte Magazin die Rückwärtsarretierung des Verschlusses aufhebt.

*Systemkasten (Gehäuse) eines Steyr AUG*

*Verschlussfanghebel einer Benelli Riot Gun*

*Magazinhalteknopf einer CZ 2000-Büchse*

*Herstellungsstadien eines Zoli-Verschlusszylinders*

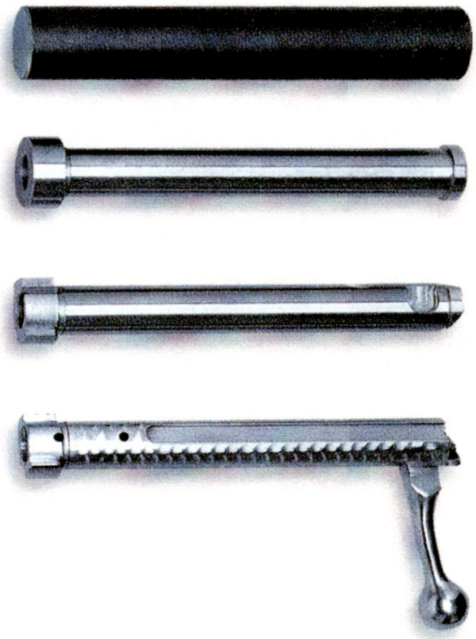

*Magazinhalteknopf bei den Colt AR-15 und M16-Modellen*

**BASKÜLE**

Der Systemkasten einer Kipplaufflinte oder -büchse wird als Basküle bezeichnet. Die Basküle beinhaltet nicht nur das Schloss und die Abzugsgruppe, sondern auch den Kipplauf- und Verschlussmechanismus. Hin und wieder wird das „Mittelteil" von Vorderschaftrepetierflinten und Selbstladeflinten als Basküle bezeichnet. Hier sollte man aber zur Vermeidung von Ungereimtheiten bei dem Begriff Systemkasten oder Systemgehäuse bleiben.

*Basküle eines H&R-Survival-Kipplaufgewehres*

**VERSCHLUSSZYLINDER**

Bei Repetierbüchsen sprechen wir statt von einem Verschlussblock von einem Verschluss- oder von einem Kammerzylinder. Dieser ist ein massives Stahlteil, mittels dessen das Patronenlager während der Schussabgabe verriegelt wird. Zum Laden wird mit dem Zylinder eine Patrone ins Lager geschoben. Dann wird der Zylinder mittels des so genannten Kammerstängels um die Längsachse um einen bestimmten Winkel gedreht und dies führt wiederum dazu, dass mehrere, am Zylinder befindliche Verschlusswarzen sich durch das Drehen in korrespondierende Aussparungen in der Verschlusshülse einfügen und so das System (bei der Schussabgabe) zu einer festen, dem entstehenden immensen Gasdruck standhaltenden Einheit werden lassen.

*Kammerstängel einer CZ 700-Präzisionsschützenbüchse*

*Herausgenommener Verschlusszylinder einer Zoli-Repetierbüchse*

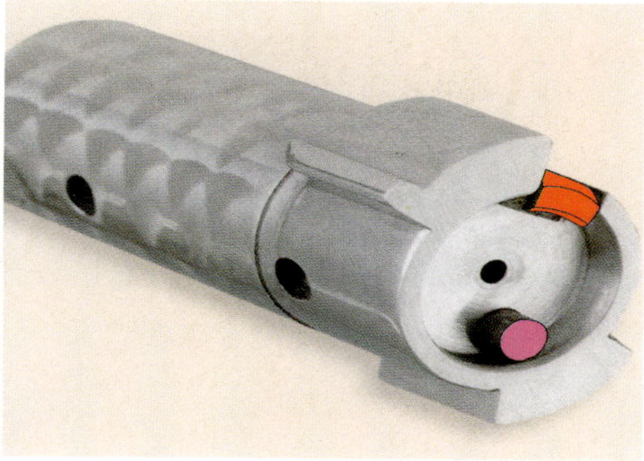

Auf der oben auf dieser Seite gezeigten Abbildung ist der Patronenauszieher rot markiert. Der Patronenauswerfer, hier in Form eines federunterstützten Hakens am Verschluss, ist gekennzeichnet.

Im Verschlusszylinder ist auch ein Großteil des Schlossmechanismusses integriert, insbesondere der Schlagbolzen und die Schlagbolzenfeder, welche durch den Verriegelungsvorgang gespannt wird. Wenn der Abzug betätigt wird, wird der Schlagbolzen freigegeben. Die Federkraft der Schlagbolzenfeder treibt ihn gegen das Zündhütchen der Patrone und es kommt zur Schussabgabe.

Die folgende Illustration eines Teils der Zoli AZ-1900-Repetierbüchse zeigt: 1. den Sicherungshebel; 2. den Schlagbolzen; 3. den Patronenauszieher; 4. das Patronenlager; 5. die Verriegelungswarzen; 6. den Magazinhaltemechanismus; 7. den Abzugsmechanismus.

Nachdem das Geschoss den Lauf verlassen hat, kann das System mittels des Kammerstängels wieder geöffnet werden. Der Kammerzylinder dreht sich dabei wieder in die andere Längsrichtung und die Verriegelungswarzen können wieder nach hinten aus den Aussparungen in der Verschlusshülse herausgezogen und so die Waffe „geöffnet" werden.

Beim Zurückziehen des Verschlusszylinders zieht der daran befindliche Patronenauszieher die abgeschossene Patronenhülse aus dem Patronenlager; ein Auswerfermechanismus wirft sie aus.

Am und im Verschlusszylinder befinden sich neben den Schlossteilen und den Verschlusswarzen also auch der Patronenauszieher. Verschlusswarzen befinden sich im übrigen teilweise nur im vorderen, dem Patronenlager zugewandten Teil des Zylinders, manchmal aber zudem auch hinten; ihre Anzahl kann je nach Gewehrmodell variieren.

Im Gegensatz zum Verschlusszylinder wird der Begriff Verschlussblock beziehungsweise Verschlussstück vornehmlich für halb- und vollautomatische Waffen gebraucht. Der Verschlussblock, der praktisch die gleiche Funktion wie der Verschlusszylinder erfüllt, wird allerdings nicht manuell, sondern unter Zuhilfenahme des Rückstoßes oder des Gas-

*Schnittmodell einer Zoli-Repetierbüchse*

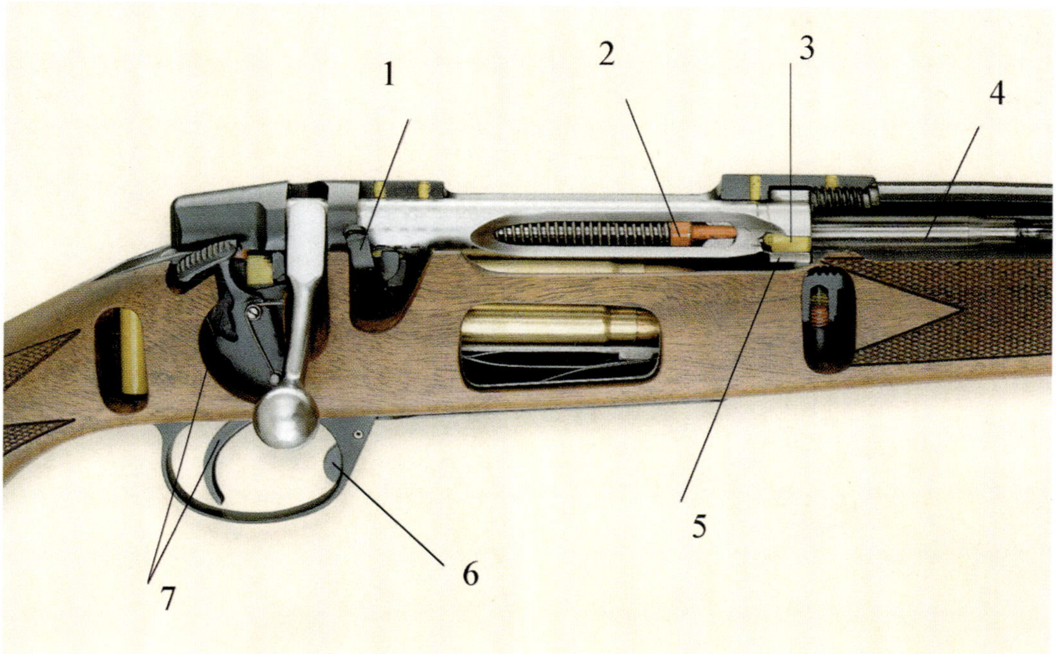

Gasblock einer CZ 2000-Büchse

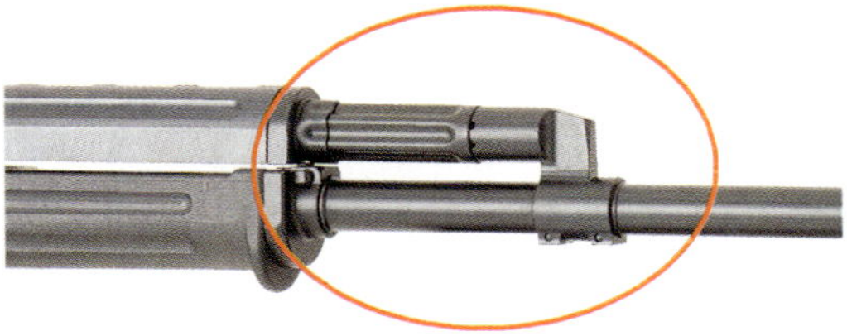

druckes der Waffe bewegt. Durch das Zünden der Patrone wird das Geschoss durch den entstandenen Gasdruck Richtung Laufmündung durch den Lauf getrieben. Währenddessen wird durch eine kleine Bohrung, zumeist im mittleren Teil des Laufes, ein Teil des Gasdruckes aus dem Lauf in einen unter oder über dem Lauf befindlichen, kleinen Zylinder abgeleitet. Der Zylinder enthält einen Kolben, der eine mit dem Verschlussblock verbundene Kolbenstange antreibt und, nachdem das Geschoss den Lauf verlassen hat, dafür sorgt, dass das Verschlusssystem entriegelt wird. Der Verschlussblock, der auch alle dessen Teile aufweist, fungiert dabei wie der oben beschriebene Verschlusszylinder, nur dass die ebenfalls vorhandenen Verschlusswarzen hier nicht manuell aus den korrespondierenden Aussparungen gedreht werden, sondern mittels der Kraft des abgeleiteten Gasdruckes.

Auf der Abbildung des Verschlusses des Ruger Mini-14-Carbine-Selbstladegewehres sind die Verschlusswarzen gelb gekennzeichnet.

*Ruger Mini-14 Verschluss: 1. Auswerfer mit Auswerferfeder; 2. Hülsenauszieher; 3. Auszieherstift mit -feder; 4. Verschlussblock; 5. Schlagbolzen*

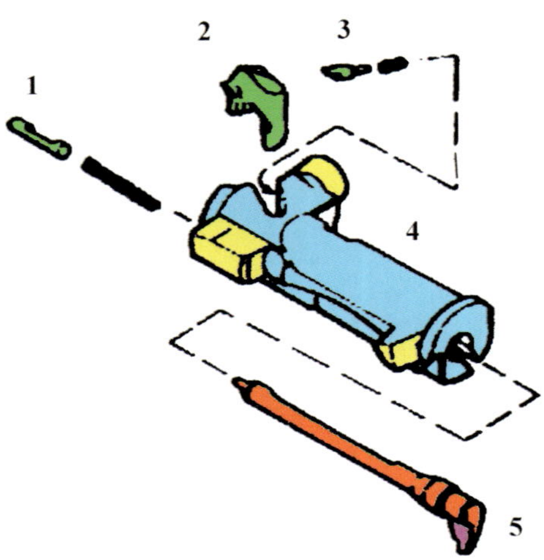


*.30-M1 Carbine mit hinten arretiertem Verschluss. Das Patronenlager ist deutlich sichtbar*

Beim Zurückgleiten zieht das auf dem Verschlussstück befindliche Patronenausziehersystem mit seiner Auszieherkralle die nun leere Patronenhülse aus dem Patronenlager und die Hülse wird vom Auswerfermechanismus aus dem Systemkasten ausgeworfen. Das Auswerfen erfolgt teilweise durch die offene Oberseite des Kastens, wie etwa beim .30-M1 Carbine. Falls die Waffe einen geschlossenen Systemkasten hat, wie etwa die AR-15/M16-Modelle, erfolgt das Auswerfen durch ein Auswurffenster, das wiederum häufig eine bewegliche Abdeckung aufweist. Auf Seite 20 ist rechts unten das Auswurffenster samt Fensterabdeckung einer Bushmaster XM15-E2S Selbstladebüchse zu sehen. Durch die Rückwärtsbewegung des Verschlusses wird die Ver-

*Auswurffenster samt Abdeckung eines Bushmaster XM15-E2S*

*Verschlussfeder des Ruger Mini-14 Carbine*

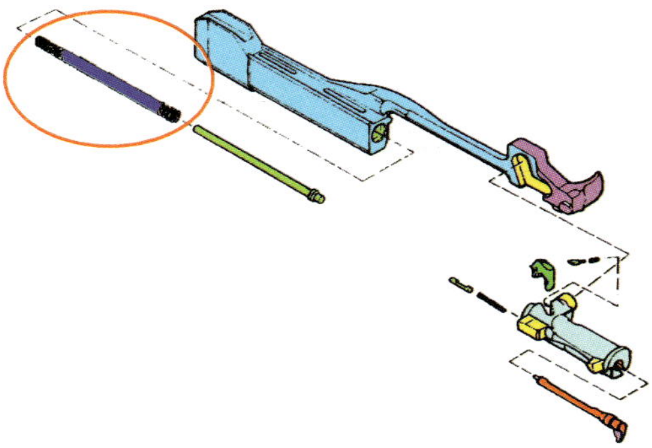

schlussfeder der Waffe gespannt. Nachdem das Verschlussstück seine Bewegung nach rückwärts beendet hat, wird er durch die Kraft der Verschlussfeder wieder nach vorne gedrückt. Beim Gleiten nach vorne nimmt es wie gehabt die nächste Patrone aus dem Magazin mit und schiebt sie ins Patronenlager. Da durch die Rückwärtsbewegung auch das Schloss und damit die Schlagbolzenfeder wieder gespannt werden, kann nun durch Betätigen des Abzuges erneut ein Schuss abgegeben werden – und der beschriebene Zyklus beginnt von neuem.
Wie gesagt weisen auch die Verschlusszylinder von Selbstladebüchsen Warzen zum notwendigen festen Verriegeln des System während der Schussabgabe auf. Selbstladebüchsen haben üblicherweise ein Rotationsverriegelungssystem. Bei solchen Systemen wird das Verschlussstück horizontal im Systemkasten geführt, sodass es vor und zurück gleiten kann. Jedoch ist das mehrteilige Verschlussstück auch in sich drehbar. Ab einem bestimmten Punkt der Vorwärtsbewegung des Verschlussstückes dreht sich dessen Frontteil und die darauf befindlichen Verriegelungswarzen oder -nocken greifen in korrespondierende Aussparungen im Verschlussgehäuse. So ist das System während der Schussentwicklung fest verriegelt.

*Verschlussblock der Benelli Riot Gun*

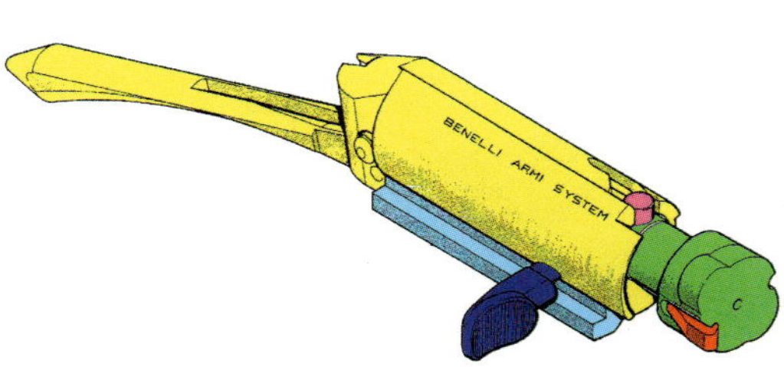


*Bushmaster-Selbstladebüchse: Die Aussparungen im System um den Lauf herum dienen zur Aufnahme der Verriegelungswarzen*

Ein weiteres Verriegelungssystem ist der so genannte Fallblockverschluss, der eigentlich mehr von Einzelladerbüchsen bekannt ist. Dabei bewegt sich, wie beim Einzellader, ein massiver Verschlussblock hinter dem Patronenlager auf und ab. Wenn sich der Block vor dem Patronenlager befindet, rastet er ein und verschließt das System. Bei der Schussabgabe wird, wenn das Geschoss den Lauf verlassen hat, der Verschlussblock durch einen mit der Gaskolbenstange verbundenen Entriegelungshebel aus seiner Rast gedrückt und der Nachlade- und Spannvorgang kann erneut ablaufen. Bei einigen militärischen Selbstladern wird das Verschlussstück nach dem Spannen noch von einer zusätzlichen Kraft nach vorne getrieben. Am Verschlussgehäuse befindet sich ein so genannter Acceleratorknopf. Wenn das Verschlussstück aus welchen Gründen auch immer nicht komplett verriegelt, also stecken geblieben ist, kann mittels des Acceleratorknopfes manuell „nachgeholfen“ werden und das Verschlussstück doch noch nach vorn in die Verriegelungsstellung gebracht werden. Eine solche Konstruktion war gerade für die Witterungsverhältnisse im Vietnamkrieg, wo

*Acceleratorknopf bei einem Bushmaster-Selbstlader*

das legendäre M16 erstmals eingesetzt war, bitter nötig. Anders als beim Verschlusszylinder mit seinem Kammerstängel für manuelles Repetieren, gibt es bei Selbstladewaffen lediglich einen Spannhebel, mittels dessen die erste Patrone aus dem Magazin ins Patronenlager gebracht wird; danach läuft der Nachlademachanismus selbsttätig ab.

Je nach Waffe gibt es sehr unterschiedliche Spannhebel, etwa den voluminösen Spannhebel-Griff des Steyr AUG und den winzigen Spannknopf der Maschinenpistole CZ Scorpion. Bei den Colt M16/AR-15-Varianten befindet sich der Spannhebel am hinteren Teil des Systemkastens unter dem Tragegriff.

*Spannhebel des Steyr AUG*

*Spannhebel der Maschinenpistole CZ Scorpion*

Bei manchen Waffen ist der Spannhebel als schwerer Block ausgebildet; dies dient dann praktisch auch dazu, durch die Massenträgheit auf das Verschlusssystem einzuwirken. Auch aufgrund des Gewichtes des Verschlusshebelblocks wird dieser zunächst relativ langsam nach hinten geschleudert, wenn das Geschoss den Lauf verlassen hat. Die

*T-förmiger Spannhebel eines DPMS AR-15-Gewehres*

*Ruger Mini-14-Spanngriff*

*Abzugsgruppe einer Benelli-Flinte*

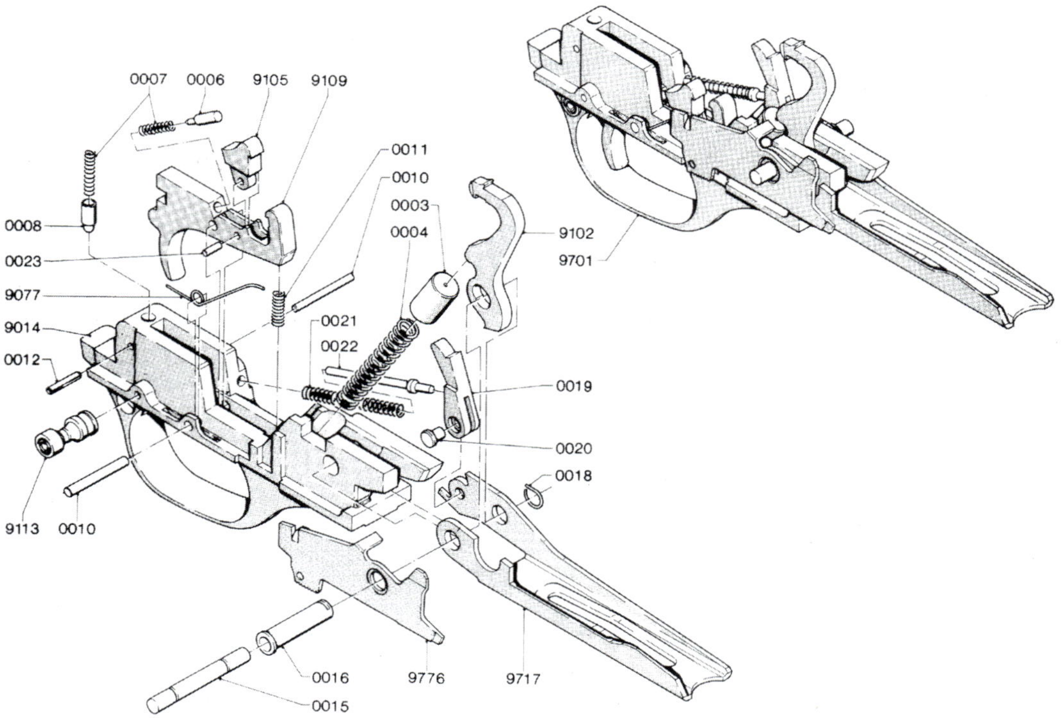


Masse des Verschlusshebels dient dabei zusammen mit der des Verschlussstücks dazu, die vom „abgezapften" Gasdruck verursachte Rückwärtsbewegung des Verschlusses entsprechend zu verlangsamen.

*Explosionszeichnung der Abzugsgruppe eines Ruger Mini-14*

**ABZUGSSYSTEM**

Die Abzugseinheit befindet sich entweder unten an der Verschlusshülse oder innerhalb des Verschlussgehäuses. Sie besteht aus dem Abzugszüngel als solchem, aber auch aus den verschiedensten anderen Teilen. Allgemein kann man den Abzugsvorgang wie folgt beschreiben: Der Vorgang beginnt damit, dass bei gespanntem Schlosssystem das Abzugszüngel manuell betätigt wird. Das Abzugszüngel überträgt die ausgeübte Bewegung auf die so genannte Abzugzstange. Diese bildet die Verbindung zwischen dem Abzugszüngel und dem Hammer oder Hahn. Die Abzugsstange als Zwischenverbindung ist keinesfalls überflüssig, denn durch sie wird nicht nur eine von der technischen Konstruktion her vielleicht nicht zu vermeidende Entfernung überbrückt, sondern sie sorgt auch dafür, dass der Druck zum Bewegen des Abzugszüngels relativ niedrig gehalten werden kann. Durch die Bewegung der Abzugsstange wird dann die entsprechende Halterast des bis dato arretierten, gespannten Hammers freigegeben und der Hammer schlägt, durch Federkraft angetrieben, auf den Schlagbolzen. Nachdem dessen Vorderteil dann kurzfristig aus dem Verschlussstück nach vorne getrieben wurde und das Zündhütchen die im Patronenlager befindliche Patrone gequetscht hat, zündet der entstehende Zündstrahl das Treibladungspulver in der Patrone und das Geschoss wird durch den Lauf getrieben. Zumeist enthält die Abzugsgruppe auch ein manuelles oder auch automatisches Sicherungssystem.

## LAUF UND PATRONENLAGER

Normalerweise ist der Lauf eines Gewehres außen rund. Besonders ältere Waffen können aber auch einen kantigen Lauf haben. Besonders die Läufe von Präzisionsschützenbüchsen sind heute oft geflutet. Die Flutungen, Längsfräsungen im Lauf, die dessen Oberfläche praktisch verdoppeln, sorgen für eine bessere Laufkühlung. Wenn sich der Lauf durch die Abgabe von Schüssen erhitzt, kommt es darüber zu einem Flimmern der Luft. So weit mit einem Zielfernrohr geschossen wird, kann dieses Flimmern das klare Sehen beeinflussen. Deswegen ist an speziellen Scharfschützengewehren mit gefluteten Läufen zudem auch oft ein so genanntes Flimmerband angebracht. Mit dem breiten, zwischen der Optik und der Laufmündung über dem Lauf der Waffe angebrachten Stoffband versucht man, das Luftflimmern vor der Zieloptik zu unterdrücken.
Eine weitere Methode dem Hitzeflimmern über dem Lauf entgegenzuwirken, ist der so genannte Bull

*Lauf mit Kühl-Längsflutung einer CZ 700-Präzisionsbüchse*

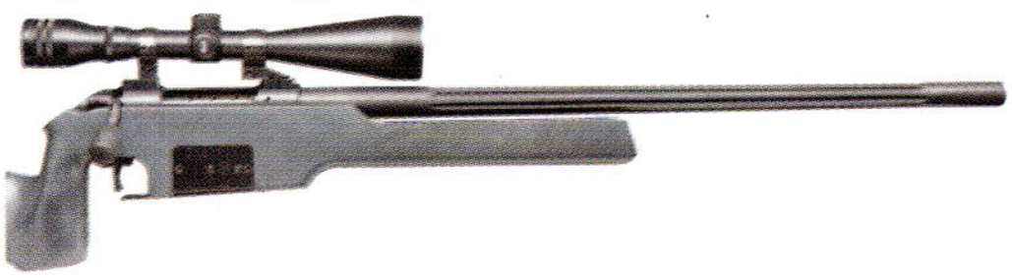

*Bushmaster-Büchse: Schnitt des Laufes mit Patronenlager und Verschlussblock*

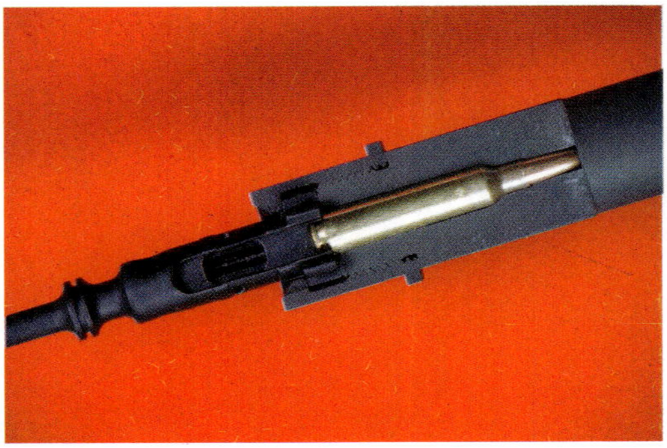

*SIG SG 550-Scharfschützengewehr mit Lauf-Flimmerband*

Barrel, ein besonders dicker Lauf. Ein besonders massiver, schwerer Lauf fördert auch die Präzision der Waffe; deshalb haben Wettkampfgewehre praktisch immer einen Bull Barrel.
Wird ein Geschoss durch die Züge und Felder des Laufes getrieben, passiert das Gleiche, wie wenn man einen überdimensionierten Gegenstand durch einen Gartenschlauch schiebt: er dehnt sich an der Stelle aus, an der sich der Gegenstand gerade befindet. In einem Büchsenlauf läuft dies nur viel schneller ab. Dabei verursacht das Geschoss Vibrationen und Schwingungen im Laufmaterial. Diese reduziert man, indem man das Laufmaterial eben besonders massiv hält. Ein Nachteil ist dann allerdings, dass das Waffengewicht erheblich steigt.
Der Lauf ist ein Rohr, das innen spiralförmig „gezogen" ist und daher einen so genannten „Drall", regelmäßig bestehend aus Zügen und Feldern, hat. Die Aufgabe der Züge und Felder besteht darin, das abgefeuerte, dann aus dem Lauf austretende längliche

*Bull Barrel eines DPMS-Gewehres*

*Teil eines Laufes mit Zügen und Feldern (Hege)*

Geschoss in Rotation zu versetzen und ihm so eine Stabilisierung um die eigene Längsachse zu geben, damit es während des Fluges nicht ins Trudeln kommt und unpräzise wird. Das Geschoss wird durch den entstehenden Pulvergasdruck angetrieben. Die ballistischen Eigenschaften des Geschosses werden maßgeblich durch die so genannte Dralllänge bestimmt. Die Dralllänge ist die Distanz im Lauf, innerhalb der sich das Geschoss einmal um die eigene Achse dreht. Wird als Dralllänge also etwa 305 mm angegeben so hat sich das Geschoss nach 305 mm einmal um 360 Grad gedreht. Da das Geschoss, um in Rotation gebracht werden zu können, durch den Lauf, also die Züge und Felder, gepresst werden muss, ist der Durchmesser des Geschosses auch minimal größer als die Abstände von Feld zu Feld im Lauf. Ein Geschoss kann deshalb wirklich nur mit Gewalt durch einen Lauf „gepresst" werden. Während es durch den Lauf getrieben wird und dabei durch das Laufinnenprofil in die Drehung um die Längsachse versetzt wird, muss es sich verformen; die in Richtung Laufmitte stehenden Felder des Laufinnenprofils hinterlassen dabei markante Abdrücke auf der Geschossaußenseite. Die unter dem Elektronenvergleichsmikroskop wie Fingerabdrücke individuell jedem Lauf zuzuordnenden entstehenden Längsmarkierungen sind etwa bei polizeilichen Ermittlungen besonders wichtig für die kriminaltechnischen und ballistischen Nachuntersuchungen.

Das Patronenlager, auch Kammer genannt, ist der rückwärtige Teil des Laufes, in den die Patrone geladen wird. Die Wandung der Kammer muss weit dicker sein als der Lauf selbst, da im Kammerbereich der bei der Zündung der Patronen auftretende Gasdruck am stärksten ist.

*Abdruck der Züge und Felder auf einem Geschoss, Kaliber .50 BMG*

Wäre die Kammerwandung zu schwach, so könnte es zu einer Sprengung derselben kommen und der Schütze könnte schwer verletzt werden. Das Zünden einer durchschnittlichen Gewehrpatrone verursacht im Patronenlager den immensen Gasdruck von etwa 4000 bar. Unglaublich, vergleicht man solche Werte etwa mit den Drücken bei Autoreifen! Da das Patronenlager ja auch der „negative Abdruck" der Patrone sein muss, ist es auch wichtig für die richtige Zündung der Patrone. Würde sich die Patrone etwa nicht genau an die Wandungen des Patronenlagers „anschmiegen", so wären bei der Schussabgabe Ladehemmungen, Hülsenreißer und gegebenenfalls sogar Laufsprengungen vorprogrammiert. Gegebenenfalls könnte bei einem zu langen Patronenlager auch der Schlagbolzen die Patrone beziehungsweise deren Zündhütchen gar nicht erreichen.

Der Lauf ist im Verschlussgehäuse oder im Systemkasten verschraubt. Diese gesamte metallene Einheit wird dann normalerweise unten vom Schaft umgeben. Dass der Vorderschaft den Lauf teilweise umschließt, ist ballistisch ein Problem. Deshalb haben viele Wettkampf- und Scharfschützenbüchsen, aber auch einige Militärgewehre, einen frei liegenden Lauf.

*Schnitt durch Lauf mit Patronenlager eines Bushmaster-Selbstladers*

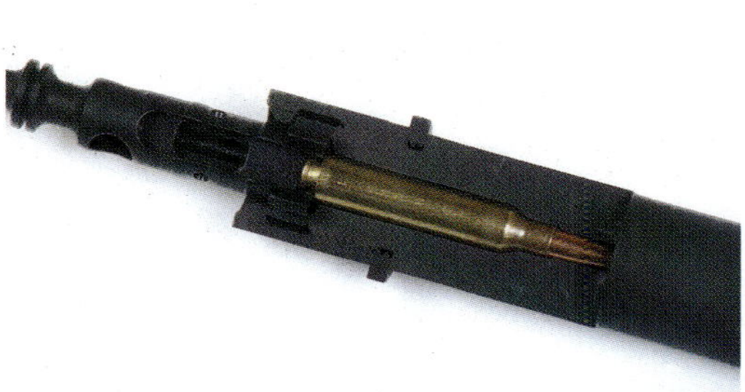

*Frei liegender Lauf bei einer Mauser-Scharfschützenbüchse*

Dabei ist der Lauf im Bereich des Patronenlagers zwar fest mit dem System und auch dem Schaft verbunden, nach dem Patronenlagerbereich hat der Lauf aber keinerlei Verbindung mehr mit dem Schaft. Dadurch kann der Lauf, wenn das Geschoss durch seine Züge und Felder gepresst wird, frei schwingen und seine Vibration „ausleben". Könnte

*Mündungsfeuerdämpfer eines DMPS-Gewehres*

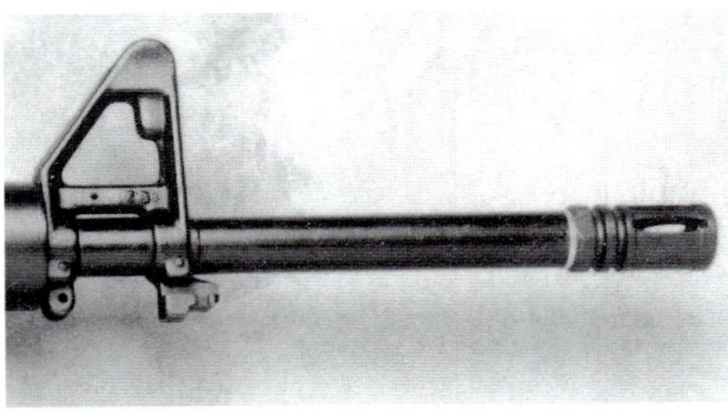

er dies nicht, weil er an einem Schaft anliegt, so würde dies die Schusspräzision erheblich negativ beeinflussen. Gerade für Scharfschützenwaffen, bei denen es ja auf eine besondere Präzision ankommt, sind deshalb frei liegende Läufe sehr wichtig.

*Mündungsbremse eines Harris .50 BMG-Scharfschützengewehres*

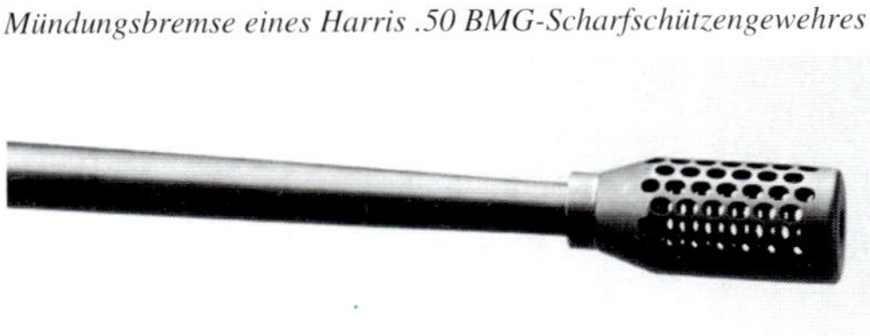

An der Laufmündung der meisten militärischen Langwaffen findet man häufig ein mehr oder minder voluminöses Abschlussstück montiert. Solche Abschlussstücke können verschiedene Funktionen haben. Häufig dient das Abschlussstück als Mündungsfeuerdämpfer. Wie bereits der Name ausdrückt, wird mittels des Laufabschlussstückes der

*Ein weiteres Mündungsbremsen-Beispiel an einer Harris-Scharfschützenbüchse*

Feuerball, der sich bei der Schussabgabe vor der Laufmündung entwickelt, abgedämpft. Da das Mündungsfeuer weniger sichtbar ist, kann man den Schützen weniger gut orten. Andere Laufabschlussstücke dienen als Rückstoßminderer, auch Rückstoßbremse genannt.

Beim Abschuss einiger besonders starker Büchsenkaliber ist der Rückschlag der Waffe vom Schützen und seiner Schulter kaum mehr zu beherrschen.

*Lauf mit Kompensatorbohrungen an einer Remington-Büchse*

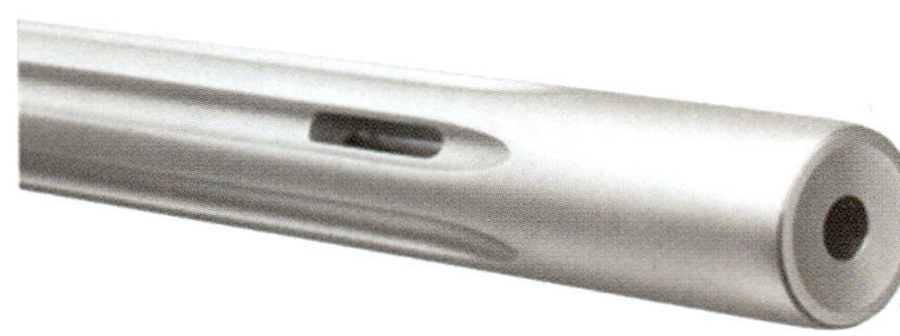

Rückstoßminderungssysteme bedienen sich eines Teils des entstehenden Gasdruckes. Durch die spezielle Art des Ableitens an der Laufmündung wird er dazu verwendet, dem Effekt der Rückwärtsbewegung der Waffe beim Schuss entgegenzuwirken.

Eine Zwischenform zwischen Mündungsfeuerbremse und Rückstoßminderer ist der so genannte Kompensator. Dabei sind die Gasaustrittsschlitze oder -bohrungen noch im Lauf selbst, kurz hinter der Laufmündung angebracht. Das Gas wird also bereits abgeleitet, noch bevor das Geschoss den eigentlichen Lauf verlassen hat. Die Kompensatoröffnungen sind von einer speziell angepassten Größe und in einem angepasst berechneten Winkel in den Lauf gebohrt.

Technisch ähnlich, also auch mit Gasaustrittsöffnungen im Lauf, aber zusätzlich auf eine Präzisions-

*Winchester/Browning Boss Kompensator-System*

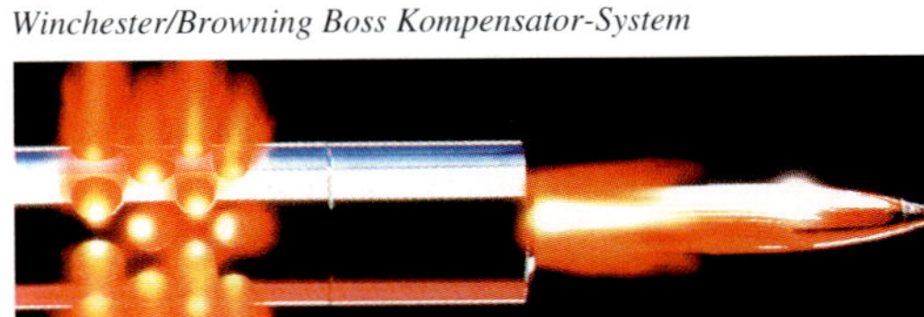

steigerung ausgerichtet, ist das relativ neue, so genannte Boss-System, das die Firmen Winchester und Browning für ihre Büchsen anbieten. Es wirkt wie folgt. Wird das Geschoss mit immenser Geschwindigkeit durch den Lauf gepresst, bringt es diesen in erhebliche Schwingungen. Die Schwingungen klingen auch, wenn das Geschoss dann den Lauf bereits durch die Laufmündung verlassen hat, noch nicht sofort ab. Hat das Geschoss die Laufmündung erreicht, sind die Laufschwingungen im Prinzip am stärksten. Da die entstehende Laufvibration und -schwingung von Schuss zu Schuss unterschiedlich ist, wird das den Lauf verlassende Geschoss minimal abgelenkt und verliert damit an Präzision. Je weniger Laufmasse der Vibration entgegenwirkt, also je leichter und dünner der Lauf ist, um so stärker ist sie und um so unpräziser können die Schussergebnisse werden, deshalb haben Scharfschützenbüchsen und hochwertige Matchbüchsen auch stets einen besonders schweren Lauf. Mittels des verstellbaren Boss-Systems versucht man unter Zuhilfenahme des beim Schießen entstehenden Gasdruckes die Vibrationsfrequenz der einzelnen Schüsse so einzustellen, dass sie stets einigermaßen gleich sind. Zudem funktioniert das Boss-System gleichzeitig als reguläre Rückstoßbremse, die durch den Gasaustritt aus den entsprechenden Gas-

*Bajonettbefestigung an einem CZ 2000-Militärgewehr*

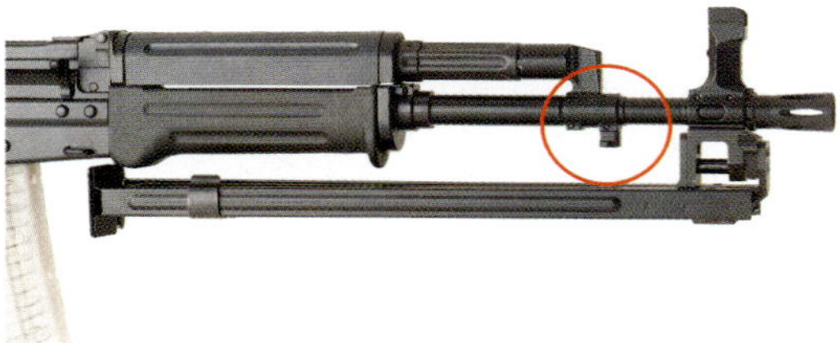

austrittsbohrungen für eine Rückstoßminderung um 30 bis 50 Prozent sorgt. 1996 brachte Winchester ein verbessertes Boss-System, Boss-CR genannt, auf den Markt, das allerdings keine Kompensatorbohrungen mehr aufweist. Das Boss-CR-System wirkt wie das normale Boss-System, ist aber leichter individuell einstellbar.

Der Lauf vieler Militärgewehre ist mit einem Bajonetthalter versehen. Modernere Waffen haben oft ein Bajonett mit einer als Ring ausgebildeten vorderen Parierstange. Dieser Ring wird beim Befestigen des Bajonetts über den Lauf geschoben und das Bajonett hinten am Griff an der Bajonettbefestigung der Waffe fixiert.

Der Nachladevorgang vieler halb- und vollautomatischer Waffen basiert auf dem Gas-Druck-System.

*Zeichnung des Ruger Mini-14-Gasblocks*

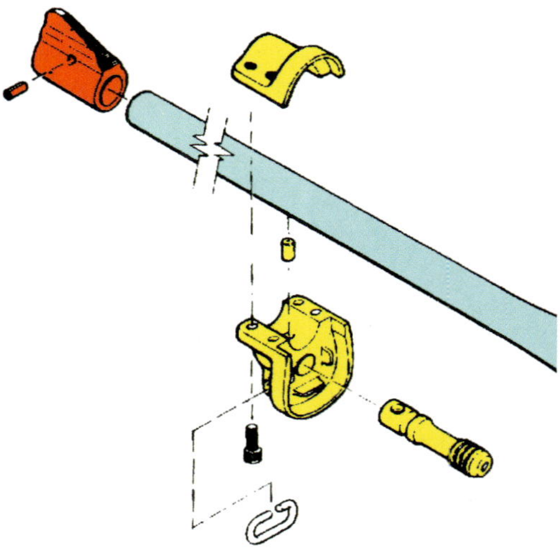

*CZ 700-Scharfschützenbüchse mit Schallabsorberlauf*

Während das Geschoss durch den Lauf getrieben wird, wird ein Teil der Pulvergase durch eine kleine Bohrung im Lauf abgeleitet. Der Gasdruck wird zu einem kleinen Druckzylinder mit einem Kolben geleitet. Vom kurzfristig bei der Schussabgabe entstandenen Gasdruck angetrieben, treibt der Kolben eine daran befindliche Kolbenstange nach hinten und sorgt so dafür, dass der Nachlade- und Spannvorgang selbsttätig abläuft.

*HK MP5-SD Maschinenpistole mit integriertem Schalldämpfer*

Zu spezielleren Verwendungszwecken von Militärwaffen stehen verschiedene Zubehörteile, wie etwa Schalldämpfer, zur Verfügung. In manchen militärischen Situationen müssen gegnerische Ziele möglichst lautlos und ohne den Gegner zu alarmieren ausgeschaltet werden. Deshalb sind viele militärische Präzisionswaffen mit Schalldämpfersystem ausgestattet. Das gleiche gilt auch für Maschinenpistolen. Während allerdings bei Scharfschützenbüchsen auf den Geschossknall, der durch die mit Überschallgeschwindigkeit fliegenden Gewehrprojektile entsteht, normaler Weise nicht zu achten ist, wird für die schallgedämpfte Maschinenpistole so genannte Subsonic-Kurzwaffenmunition verwendet. Bei dieser Munition fliegen die Geschosse unterhalb der Schallgeschwindigkeit, die bei etwa 330 Meter pro Sekunde liegt.

## *Visierung/ Zielfernrohr*

Die Visierteile sind normalerweise am Lauf sowie am, beziehungsweise vor dem Systemkasten angebracht. Das hintere Visierteil, ist üblicherweise höhen-, manchmal auch seitenverstellbar. Militärbüchsen haben zumeist ein Visier, das von 100 Metern bis zu Entfernungen von über 600 Metern einstellbar ist, 50- oder 100-meterweise. Zu den verschiedenen Waffen gibt es die unterschiedlichsten Visiere.

### SCHIEBEVISIERUNG

Die Schiebevisierung ist eine der gebräuchlichsten Arten von Visieren. Die Schiebevisierung des CZ 2000-Militärgewehres ist beispielsweise in Intervallen von 100 Metern einstellbar.

*Schiebevisier mit Schützbügeln einer CZ 2000-Militärbüchse*

*Detailaufnahme eines Schiebevisiers*

### DIOPTERVISIERUNG

Gerade bei militärischen Gewehren kommen auch häufig so genannte Dioptervisiere zum Einsatz. Bei den Dioptervisieren befindet sich auf dem Systemkasten ein drehbarer Ring, durch den in verschiedenen Höhen mehrere so genannte Diopterlöcher gebohrt sind, durch die der Schütze das an der Laufmündung befindliche Korn anvisiert. Durch Drehen am Ring und dadurch bedingtes Ändern des Diopterloches kann die Schussentfernung bestimmt werden.

### TRAGBÜGELVISIER

Eine Unterart der Dioptervisierung ist die Visierung, die die militärischen Selbstlader im Stil des Colt M16 aufweisen. Bei diesen Waffen ist in dem hinten auf dem Systemkasten befindlichen Tragegriff ein Dioptervisier integriert. Auch diese durch die Bügelform geschützte Visierung ist sowohl höhen- als auch seitenverstellbar.

### GHOST-RING-VISIER

Besonders auf kampfmäßigen Flinten findet man oft eine andere Visierart, für die allerdings auch ein anders gestaltetes Korn benötigt wird.

*Heckler & Koch-Dioptervisierung*

*Visier im Tragegriff eines DPMS-Gewehres im AR-15-Stil*

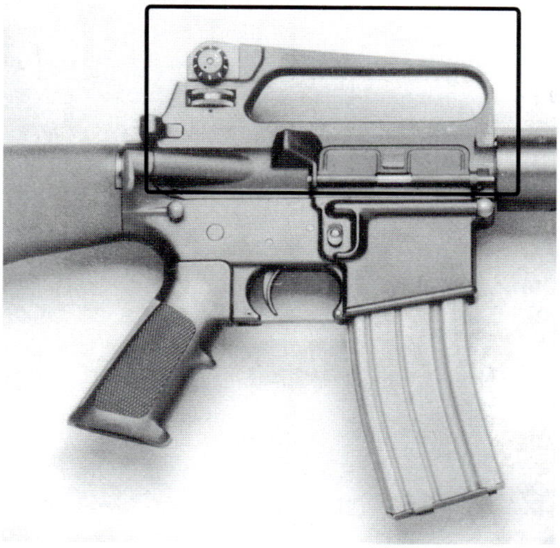

Mit der so genannten Ghost-Ring-Visierung kann man zwar grob, aber immer noch recht gut zielen, man hat aber auch noch sehr gut das gesamte Umfeld im Blick.

**TRACK-LOCK-VISIER**

Andere Riot Guns sind mit einem so genannten Track-Lock-Dioptervisier ausgestattet. Dabei befindet sich rechts und links neben dem Diopterloch je eine selbstleuchtende Tritiumpunkteinlage. Zudem befindet sich auch auf dem Korn ein Tritiumpunkt. Auch bei schlechten Lichtverhältnissen kann man dann unter Zuhilfenahme einer Reihe aus drei leuchtenden Tritiumpunkten immer noch sehr gut zielen. Das so genannte Korn eines Visiers ist üblicherweise vorne in der Nähe der Laufmündung am Lauf angebracht, es muss aber nicht immer so weit vorne liegen. Oft sind seitlich des eigentlichen Kornes zum Schutz desselben auch so genannte Kornbacken angebracht.

*Benelli Ghost-Ring-Visier für Riot Guns*

*CZ 2000-Korn*

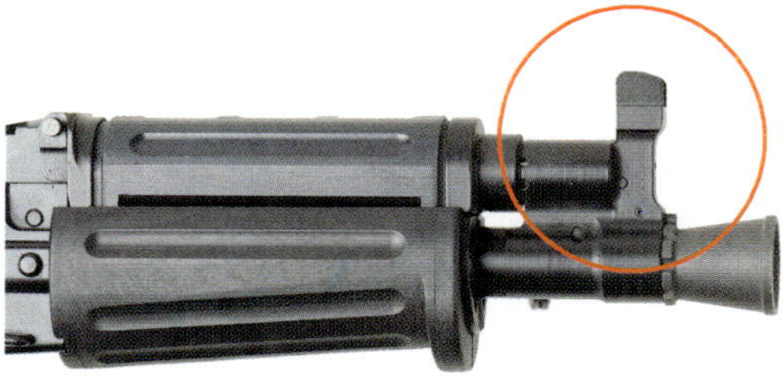

*Korn einer Benelli M3 Super 90-Flinte*

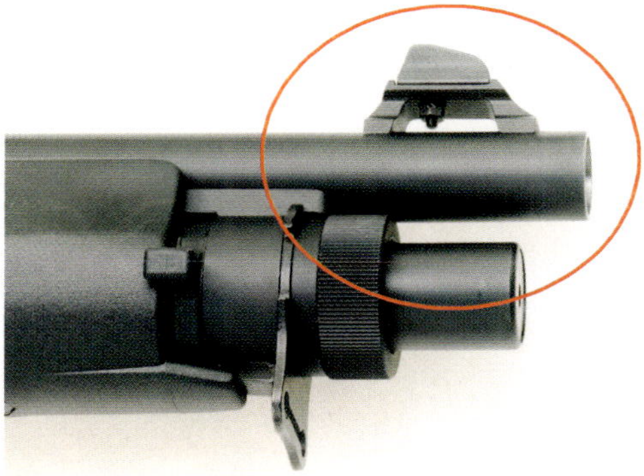

*Kornbereich einer AR-15-ähnlichen Selbstladebüchse von DPMS*

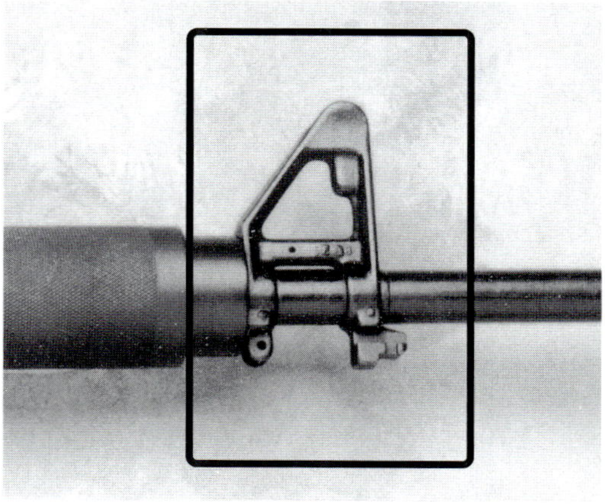

*Kornbereich eines SIG SG 551-Gewehres*

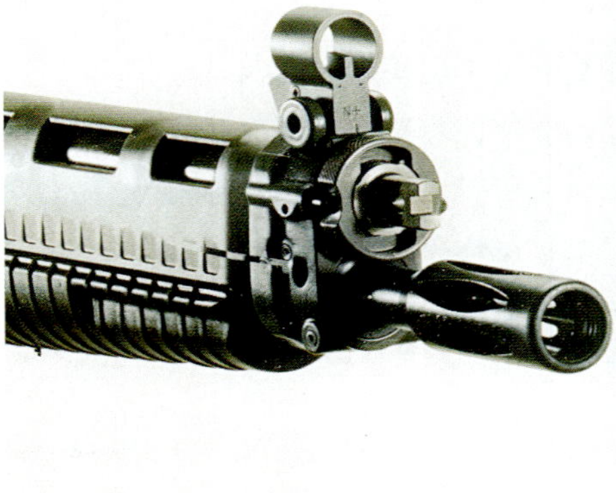

Aufgrund der schützenden Kornbacken ist das eigentliche Korn von der Seite her weder zu sehen noch zu beschädigen.

Bei Flinten arbeitet man oft mit einem reinen, so genannten Flintenkorn, einer kleinen Metallkugel, die ohne Sockel direkt auf dem Lauf angebracht ist. Ein klassisches Korn mit einem besonders hohen Sockel ist das der militärischen Selbstlader im M16/AR-15-Stil. Militärische Waffen von SIG und Heckler & Koch haben dagegen zumeist einen schützenden Stahlring rund ums Korn, der zugleich auch gut zum groben Erfassen des Ziels geeignet ist.

**SCHAFT**

Schäfte für Langwaffen gibt es in vielen Formen, Materialien und Ausstattungen. Die größten Unterschiede bei Schäften gibt es bei Sportwaffen, aber auch Militärwaffen haben recht unterschiedliche Schäfte. Es gibt eine Reihe verschiedener Standardschäfte, die nicht nur bei militärischen Büchsen, sondern auch bei Maschinenpistolen und Flinten Verwendung finden. Das Kaliber der Waffen ist hinsichtlich des Schaftes recht unerheblich.

*Dakota Longbow-Scharfschützengewehr mit Picatinny Montageschiene*

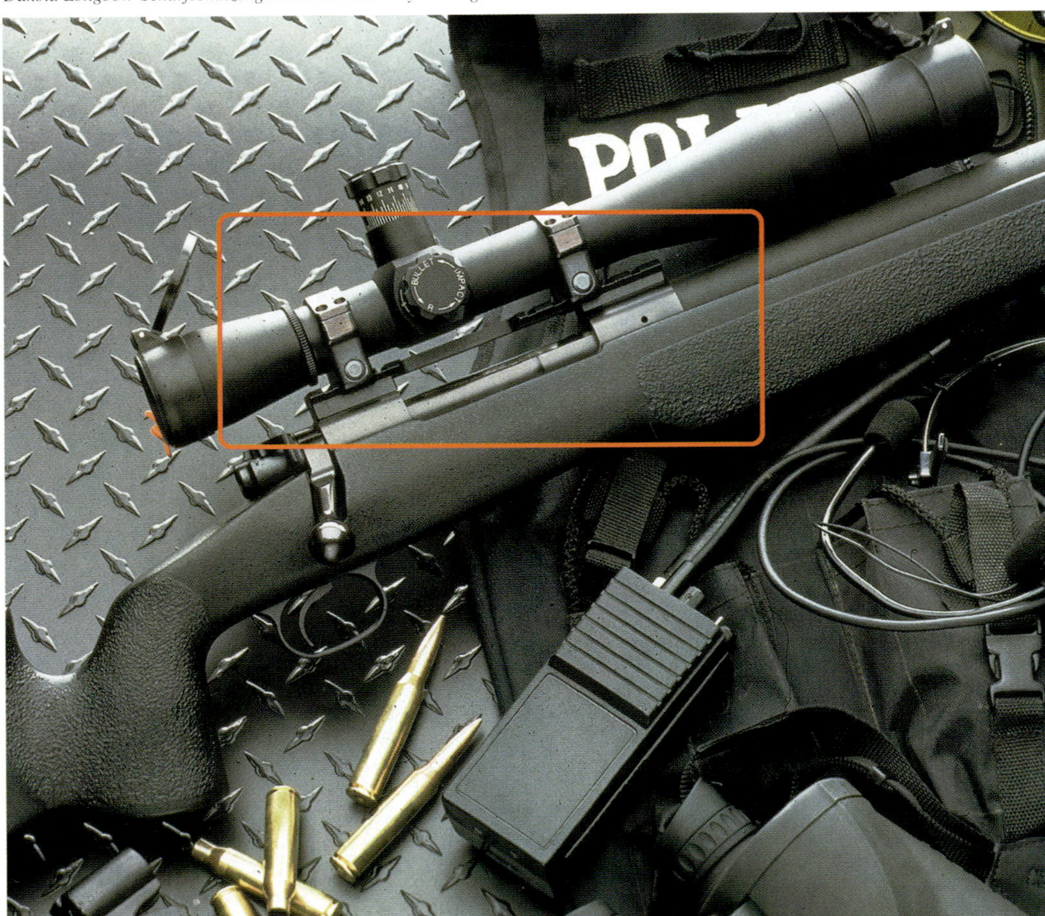

*Hölzerner Schaft eines Ruger Mini-14/20 GB Government Carbine*

*Kunststoffschaft einer M24-A1 Scharfschützenbüchse, hergestellt von Arms Technology*

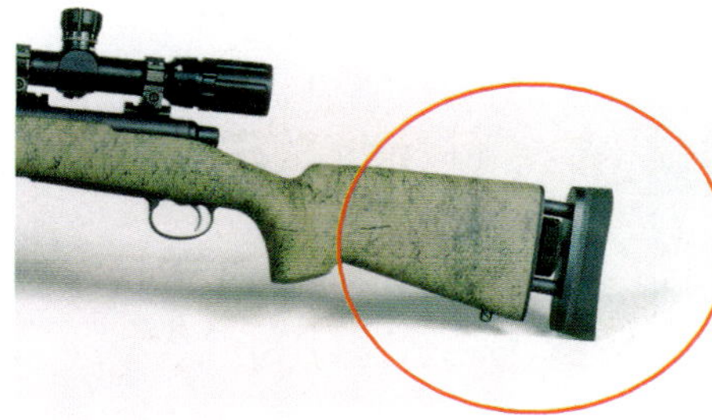

*Camouflage-farbener Kunststoffschaft einer Scharfschützenbüchse von Robar*

Die gebräuchlichste Schaftart ist der einfache, nicht verstellbare Schaft, mit oder ohne separaten Pistolengriff. Der Schaft von Militärgewehren ist häufig aus Holz gefertigt. Holz ist ein robustes und langlebiges Material, das, wenn man es richtig behandelt, wenig Pflege benötigt. Früher wurde fast ausschließlich Holz als Schaftmaterial benutzt. Die Schäfte moderner Präzisionsschützen- oder Sniper Rifles sind heute entweder aus Holz oder aus Kunststoff. Der Schaft der auf Seite 31 abgebildeten CZ 700-Sniper Rifle ist aus Schichtholz. Der Vorteil dieses aus verleimten dünnen Holzschichten bestehenden Schaftmaterials ist vor allem, dass es vollkommen verwindungsfrei ist, also nicht, wie reguläres Holz noch „arbeitet".

Viele moderne militärische Waffen haben einen Kunststoffschaft. Kunststoff ist ein sehr langlebiges Material, das noch den Vorteil hat, dass es praktisch „wartungsfrei" ist. Der Schaft der Arms Technology M24 Scharfschützenbüchse auf Seite 31 hat eine ausziehbare und verstellbare Schaftkappe. Die meisten Präzisionsbüchsen der amerikanischen Firma Robar sind mit Kunststoffschäften ausgestattet, die in diversen Camouflage-Farbschattierungen gespritzt erhältlich sind. Ein innen hohler Kunststoffschaft kann zudem die verschiedensten Zubehörteile aufnehmen. Die Firmen Mossberg und Scattergun haben es sogar geschafft, Riot-Flinten herauszubringen, in deren so genannten Speed-Lock-Schäften Patronen für eine komplette, zusätzliche Magazinfüllung passen.

Die neueste Präzisionsschützenbüchse der Firma Erma, das Modell SR-100, hat einen vielseitig verstellbaren Schaft mit Daumenloch. Aufgrund dessen kann der Schütze den Schaft besser greifen. Verschiedene Scharfschützengewehre von Mauser haben einen so genannten Skeleton-Schaft. Zusätzlich zu Holz oder Kunststoff verwendet man für Skeleton-Schäfte leichte Aluminiumrohre. Auch das Schaftmaterial von Combat-Flinten ist oft nicht aus Holz, sondern aus Plastik. Auf Seite 33 ist eine

*CZ 700-Präzisionsbüchsenschaft*

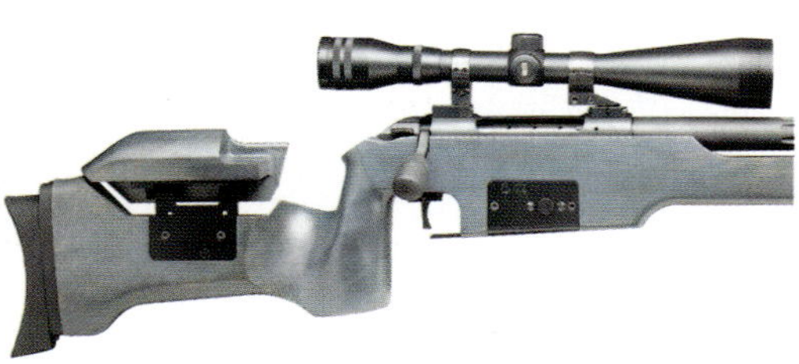

*Schaft mit Speedlock-System einer Mossberg Riot Gun*

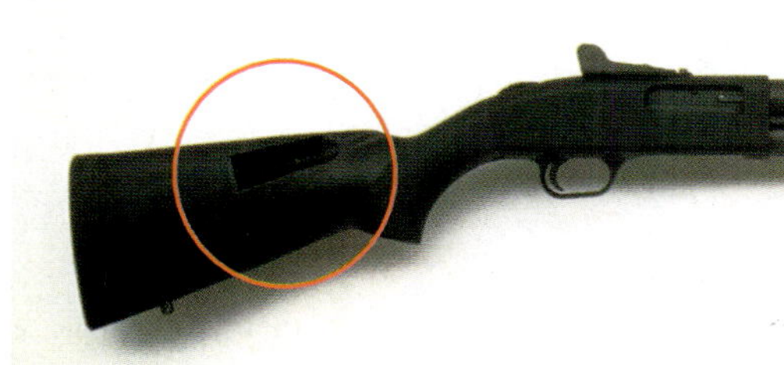

*Schaft einer Erma SR-100-Scharfschützenbüchse*

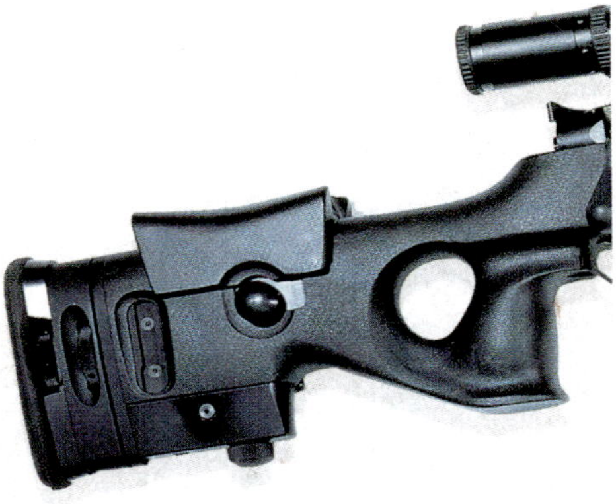

*Mauser-Scharfschützenbüchsenschaft*

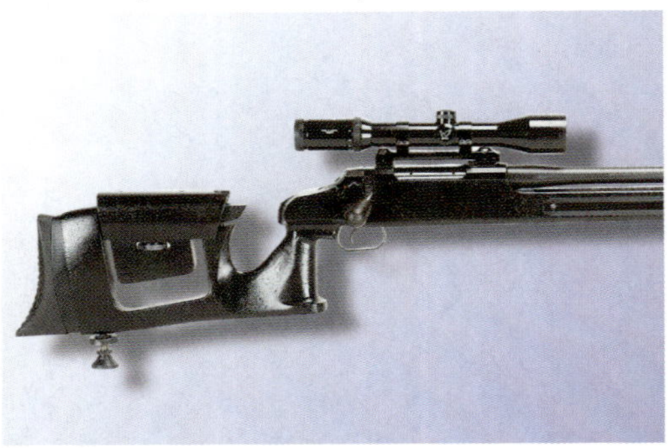

Benelli-Flinte abgebildet, die einen Kunststoffschaft und zudem einen separaten Pistolengriff hat.
Ein vollständig anderes Konzept ist der so genannte Bullpup-Schaft. Der Hinterschaft stellt dabei gleichzeitig den Systemkasten dar. Es gibt inzwischen

*Schaft einer Benelli M-3T Super 90 Combat-Flinte*

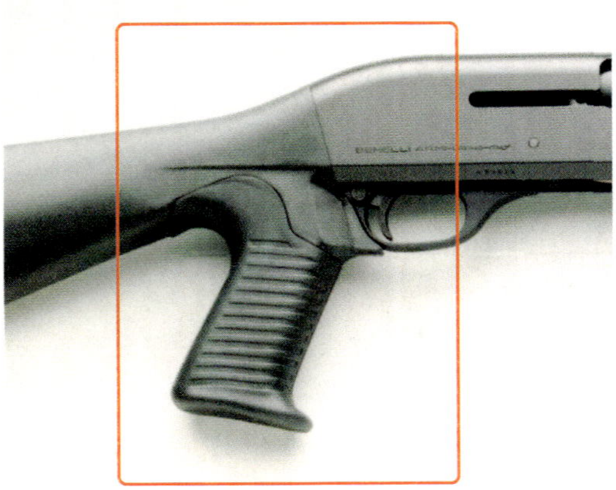

*Bullpup-Schaft des Steyr AUG*

verschiedene im Bullpup-System gefertigte Waffen, das bekannteste Beispiel dafür ist aber immer noch das österreichische Steyr AUG.
Bei modernen Militärwaffen geht die Tendenz hin zu so genannten Klappschäften. Wenn diese eingeklappt sind, ist die Waffe erheblich kürzer, was etwa für Fallschirmspringer oder auch für Fahrzeugbesatzungen von großem Vorteil ist. Manchmal wird der Klappschaft als nicht so robust dargestellt, da aber etwa auch die abgebildete Präzisionsschützenbüchse von Harris im immensen Kaliber .50 BMG einen Klappschaft „verträgt", scheint diese Aussage nicht unbedingt den Tatsachen zu entsprechen. Klappschäfte werden neben Kunststoff auch viel aus Stahl oder Metallrohrmaterial hergestellt. Die auf Seite 33 abgebildete Benelli M-3T Super 90 Combat-Flinte hat einen Klappschaft aus Metallrohren und einen separaten Pistolengriff aus Kunststoff. Und auch die CZ 2000-Waffenfamilie gibt es mit einem klappbaren Stahlrahmen-Hinterschaft.
Das gleiche gilt für Ruger Mini-14-Selbstladebüchsen, für die ebenfalls eine Skelett-Stahlklappschaft erhältlich ist. Das Interessante dabei ist, dass der Ruger-Schaft aus einem einzigen Stahlrohr ausgeformt ist.

*Klappschaft auf einer Harris M93 Sniper Rifle, Kaliber .50 BMG*

*Nach vorne geklappter Anschlagschaft einer CZ Scorpion-Maschinenpistole*

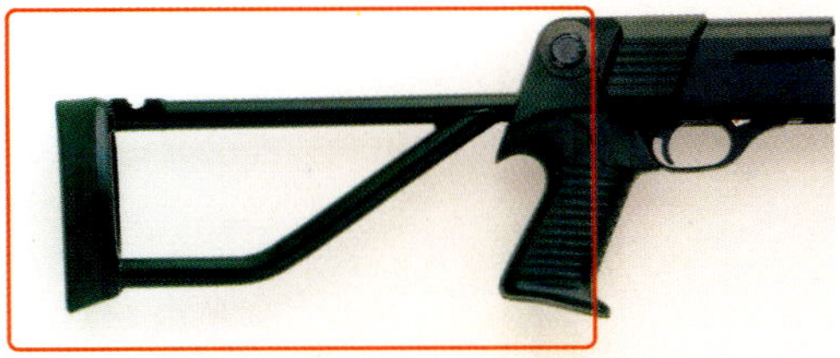

*Röhrenrahmen-Hinterschaft an einer Benelli M-3T Super 90 Combat Riot Gun*

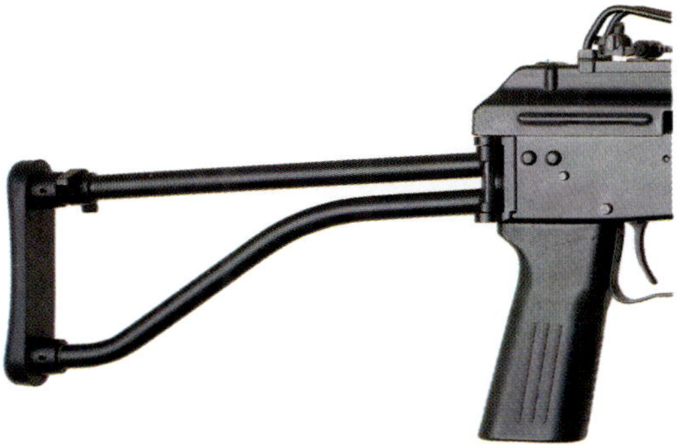

*CZ 2000-Klappschaft*

*Metall-Klappschaft auf der Ruger Mini-14*

Der Klappschaft der Ruger-Büchse ist seitlich abklappbar. Zusätzlich kann bei diesem Klappschaft auch die metallene Schaftkappe eingeklappt werden. Neben seitlich abklappbaren Hinterschäften gibt es auch solche, die über oder unter die Waffe nach vorne eingeklappt werden. Ein nach vorne auf die Oberseite der Waffe abzuklappender Rohrschaft findet sich bei der auf Seite 33 abgebildeten tschechischen Scorpion-Maschinenpistole. Ein weiteres Beispiel für einen Klappschaft hat die legendäre UZI-Maschinenpistole (Seite 34). Der UZI-Schaft ist dermaßen einklappbar, dass er fast nicht mehr wahrgenommen werden kann.

*Klappschaft auf einer UZI-Maschinenpistole*

Die US-Firma Stoner brachte eine Waffe mit einem teleskopartig ausziehbaren Röhrenschaft heraus. Wenn dieser eingeschoben ist, ist das Stoner-Gewehr extrem kurz, wenn er aber herausgezogen ist, ist die Waffe mit einem besonders robusten und starken Stahl-Hinterschaft ausgestattet.
Bei Militärwaffen ist der Lauf oft nicht nur unten durch den Vorderschaft geschützt, sondern vor dem Systemkasten auch oben. Dies dient allerdings weniger dem Schutz des Laufes, sondern eher dem Schutz der Hand des Schützen – deshalb auch Handschutz genannt. Der Lauf kann bei der Abgabe von Dauerfeuer ungemein heiß werden. Deshalb würde man sich kräftig die Hand und die Finger verbrennen, wenn man an den Lauf käme. Der Handschutz, teilweise aus Holz und teilweise aus Blech oder Kunststoff gefertigt und vor allem dann auch mit Kühllöchern versehen, verhindert, dass die Hand gegebenenfalls den heißen Lauf berühren kann.
Weil militärische Waffen auch einfach zu tragen sein müssen, sind sie fast immer mit einer Vorrichtung zur Anbringung eines Trageriemens ausgestattet. Dies gilt nicht nur für Karabiner und moderne Sturmgewehre, sondern auch für Maschinenpistolen und Combat-Flinten. Am Hinterschaft wird der Gewehrriemen oft durch ein Keilloch im Schaft befestigt. Diese Methode wird bereits seit dem Zweiten Weltkrieg verwendet und ist immer noch gebräuchlich. Vorne wird der Trageriemen in der Regel an einem speziellen Riemenbügel gehalten, dieser ist bei der Benelli-Flinte direkt am vorderen Teil des Röhrenmagazins angebracht. Eine andere Anbringungsmöglichkeit des Trageriemens zeigt die abgebildete Steyr AUG-Waffe; hier sind vorne und hin-

*Rohrschaft an der Stoner SR-25K-Büchse*

*Ruger Mini-14-Handschutz*

*Handschutz an der CZ 2000-Büchse*

*Gewehrriemen-Keilloch am Schaft einer Benelli Riot Gun*

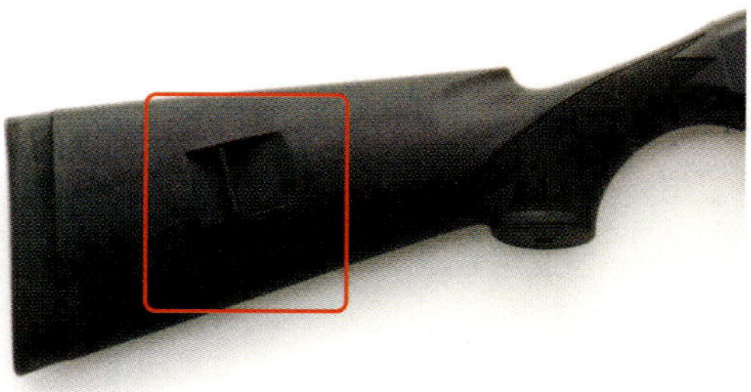

*Riemenbügel an der Vorderseite des Röhrenmagazins der Benelli-Flinte*

*Riemenbügel eines Steyr AUG-Sturmgewehres*

ten jeweils drehbare Riemenbügel angebracht. Militärische Langwaffen – und hier speziell Scharfschützenbüchsen –, bei denen es besonders auf die Schusspräzision ankommt, sind oft auch mit einem Zweibein ausgestattet. Dieses ist zumeist anklappbar, sodass die Waffe besser transportiert werden kann. Viele der Sniper Rifles sind mit einem Zweibein der renommierten Firma Harris ausgerüstet. Harris baut für spezielle Waffen auch besonders lang ausziehbare Zweibeine. Diverse Waffenhersteller haben zudem ihre eigenen Zweibeinsysteme entwickelt. So können sämtliche militärischen SIG-Selbstladewaffen mit speziellen SIG-Zweibeinen ausgestattet werden. Ein besonders robustes Zweibeinsystem ist das der CZ 2000-Militärbüchsen und der leichten Maschinengewehre dieser Waffenfamilie.

*Harris-Zweibein an einer M24-A1 Scharfschützenbüchse von Arms Technology*

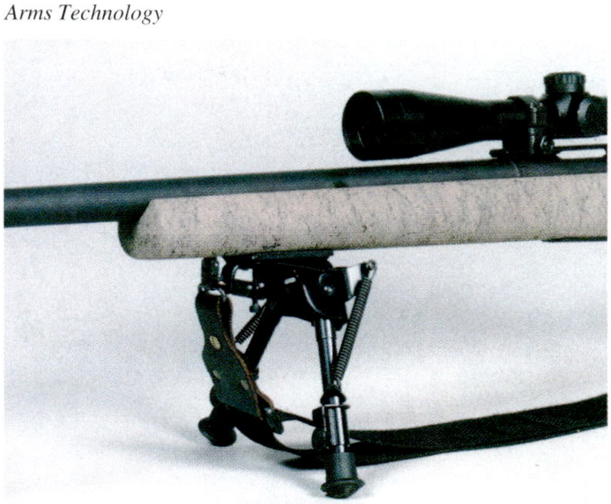

*Ausziehbares Zweibein von Harris auf einer Waffe im AR-15-Stil*

*Klappbares SIG-Zweibein*

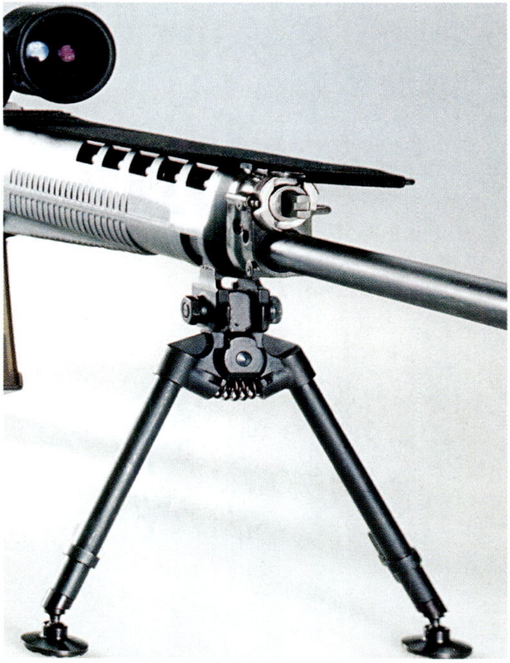

*Anklapp-Zweibein eines CZ 2000-Sturmgewehres*

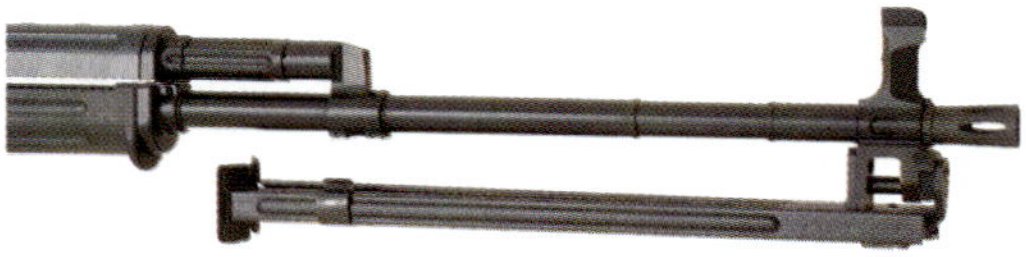

*Magazin einer Remington 700-Scharfschützenbüchse mit integriertem Löseknopf*

**MAGAZIN**

Es gibt mehrere Arten von Magazinen. Sowohl bei mehrschüssigen Handrepetierbüchsen als auch bei halb- und vollautomatischen Selbstladern ist in der Regel ein Schacht zur Aufnahme der Patronen zu finden. In dieser als Magazinschacht bezeichneten Aussparung an der Unterseite der Waffe kann sich ein separates, individuell einführbares und herausnehmbares Magazin befinden, in das die Patronen geladen werden. Oder die Waffe hat kein herausnehmbares Magazin und die Patronen müssen von oben durch die Verschlussöffnung in die Waffe geladen werden. Gewehre mit solchen, nicht herausnehmbaren „Magazinen" haben manchmal eine abklappbare Magazinbodenplatte. Wird diese entriegelt und abgeklappt, fallen nicht verbrauchte Patronen an der Magazinfeder vorbei nach unten aus der Waffe und man braucht sie nicht durch Hin- und Herrepetieren des Kammerverschlusses zu entfernen. Mit einem solchen internen Magazin behält die Repetierbüchse ihre schlanke Form. Der Vorteil separater, individuell einführbarer und herausnehmbarer Magazine ist aber, dass der Soldat mehrere vorgeladene Magazine mit sich führen kann.

Präzisionsschützenbüchsen haben zwar meist ein herausnehmbares Magazin, dessen Bodenplatte schließt aber oft mit der Gewehrunterseite ab. Die Sniper Rifles haben mit solchen kurzen Magazinen dann aber ebenfalls wiederum den Nachteil der geringen Schusskapazität. Bei der auf dieser Seite abgebildeten Remington 700-Präzisionsschützenbüchse ist der integrierte Magazinlöseknopf rot markiert.

Ein großer Vorteil des herausnehmbaren Magazins ist auch, dass dieses außerhalb der Waffe mit den Patronen geladen werden kann. Sobald ein Magazin „leer geschossen" ist, entnimmt man durch Betätigen des Magazinlöseknopfes lediglich das leere Magazin und kann sofort ein bereits vorher geladenes nachladen. So kann der Nachladevorgang erheblich schneller ablaufen, als dies dadurch mögliche wäre,

*Kunststoffmagazin der SIG-Militärwaffenfamilie; drei zusammengefügt*

*Kunststoffmagazin des CZ 2000-Militärgewehres*

*Darstellung des Ruger Mini-14 Magazinsystems. Die Nummern bedeuten: 1. Magazinkörper; 2. Patronenzuführung; 3. Magazinfeder; 4. Verschlussplatte; 5. Magazinbodenplatte*

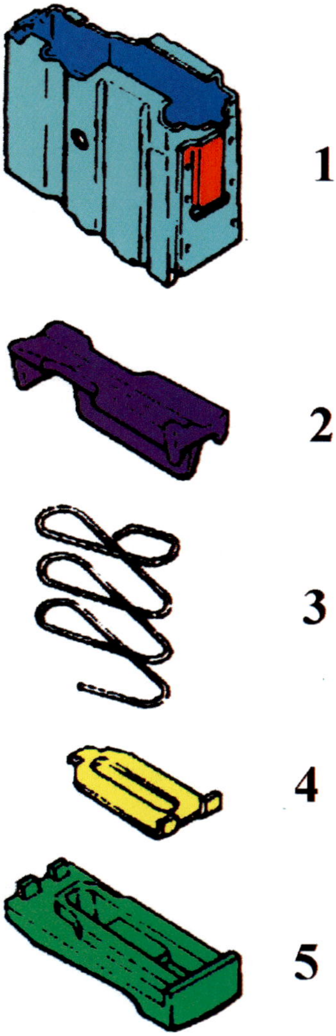


wenn man jede einzelne Patrone jeweils mit der Hand von oben in den Magazinschacht drücken müsste. Fast alle militärischen Langwaffen haben inzwischen herausnehmbare, lange und deshalb unten herausstehende Magazine. Bei einigen Waffenmodellen kann ein Nachteil dieses Systems sein, dass, insbesondere beim liegenden, aufgelegten Schießen, der Magazinhalteknopf ungewollt betätigt wird und das Magazin dann plötzlich herausfällt.
Ein weiteres Magazinsystem ist das Röhrenmagazin. Dieses Magazin findet vornehmlich bei Selbstlade- und Vorderschaftrepetierflinten sowie im Bereich

*Röhrenmagazin unter dem Lauf einer Benelli M3 Super 90 Flinte*

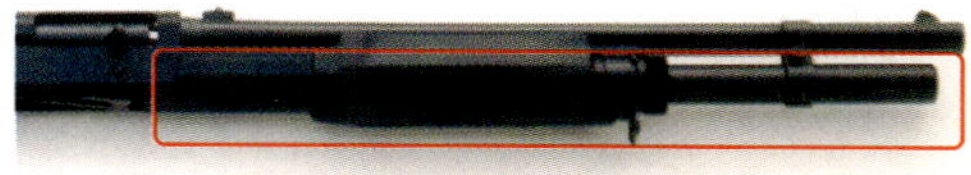

*Röhrenmagazinverlängerung der Firma Scattergun Technologies*

der Büchsen bei Vorderschaftrepetier- und Unterhebelrepetierbüchsen Anwendung. Die Patronen befinden sich dabei hintereinander in einem Rohr unter dem Lauf und werden insbesondere bei den miläri-schen Riot Gun-Flinten durch eine Öffnung an der Unterseite des Systemkastens ins Röhrenmagazin geschoben. Um bei einer kampfmäßigen Flinte die Magazinkapazität zu steigern, wird das Röhrenmagazin oft durch einen entsprechenden Aufschraubtubus verlängert.
Leichte Maschinengewehre funktionieren auch mit regulären Kastenmagazinen. Allerdings besteht bei Dauerfeuer dann das Problem, dass das Kastenmagazin innerhalb kürzester Zeit leer ist. Leichte MGs können deshalb zumeist auch mit einer speziellen, mehr Patronen fassenden Patronenbox, zumeist aus Plastik, bestückt werden. Zudem gibt es für solche Waffen auch oft ein so genanntes Trommelmagazin, worin die Patronen unter Federspannung festgehal-

*Trommelmagazin auf einem leichten MG der CZ 2000-Waffenfamilie*

*Segeltuch-Patronentasche für das leichte Maschinengewehr FN Minimi*

ten werden. Neben der Patronenbox aus Kunststoff gibt es auch entsprechende Behältnisse aus Segeltuch, die mittels einer speziellen Vorrichtung am leichten MG angebracht werden und von denen aus die Patronen dann in die Waffe geführt werden.
Bei schwereren Maschinengewehren, die ja in der Regel lafettiert, also stationär sind, werden die Patronen über einen Patronengurt geladen. Die Einzelpatronen sind durch bewegliche Verbindungsstücke verbunden und formen so eine lange Kette. Die Patronengurte werden normalerweise in einer Blechbox verwahrt. Wenn längere Zeit mit dem MG geschossen wird, verbindet man die jeweiligen Gurte und schießt einfach ständig weiter. Eine weitere Möglichkeit für ein Magazinsystem findet sich bei den Waffen der US-Firma Calico. Dabei wird eine besonders konstruierte Magazinbox, in der sich die 50 oder 100 Patronen spiralförmig hintereinander befinden, oben auf der Waffe angebracht. Das Magazin muss leicht auswechselbar sein. Herausgenommen wird das in der Waffe arretierte Magazin mittels des so genannten Magazinlösehebels, der sich an der Waffe in der Nähe des Magazins befindet. Üblicherweise wird beim Betätigen des Magazinlösers ein aus dem Magazinschacht in den Magazinkörper greifender Halter entriegelt und zurückgezogen. Manchmal ist der Magazinlöser in der Kontur eines Druckknopfes ausgeformt.

*Patronengurt des FN MAG-Maschinengewehres*

*Magazin der Calico-Maschinenpistole*

*Magazinlöseknopf des CZ 2000-Militärgewehres*

*Magazinlöseknopf des Steyr AUG-Sturmgewehres*

*Magazinlöser der CZ 700 Sniper Rifle*

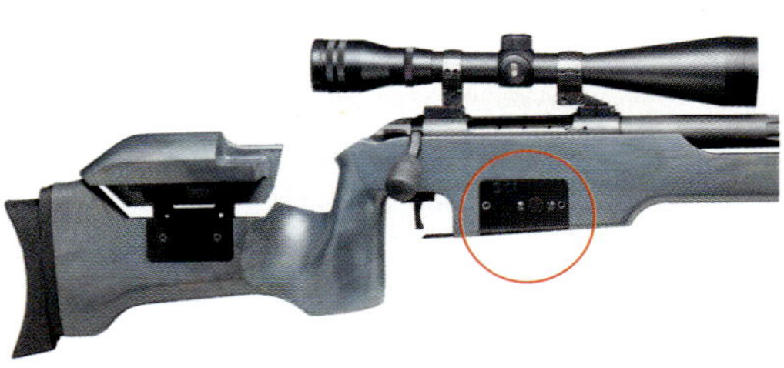

# Sicherungssysteme

Der Grund für die Sicherungssysteme bei Waffen ist, damit unbeabsichtigte Schussabgaben zu verhindern. Das Sicherungssystem einer Waffen ist deshalb grundsätzlich mit deren Abzugs- und/oder Schlossmechanismus verbunden. Bei den meisten Waffen wird, wenn die Sicherung aktiviert ist, zumindest der Abzug blockiert. Zudem wird auch oft der Schlaghahn oder der interne Schlagbolzen blockiert. Weitere angewandte technische Möglichkeiten sind, dass entweder manuell oder automatisch das Verbindungsstück zwischen Abzug und Hahn, beziehungsweise Schlagstück, oder der Schlagbolzen selbst blockiert werden, was am sichersten ist. Bei vielen Waffen gibt es auch eine Kombination aus den geschilderten Sicherungsmöglichkeiten. Wie gesagt sind eine Vielzahl von Waffen auch mit automatischen internen Sicherungssystemen ausgestattet, die durch das bewusste Betätigen des Abzugs außer Kraft gesetzt werden, etwa auch einer automatische Zündstiftsicherung.

## *Gebräuchliche Sicherungssysteme*

Bei militärischen und polizeilichen Langwaffen werden vornehmlich die nachfolgend aufgelisteten Sicherungssysteme verwendet:
- die manuelle Sicherung allgemein;
- die Flügelsicherung;
- die Drehhebelsicherung;
- die Drehhebelsicherung, die gleichzeitig auch Feuerwahlhebel ist;

*Sicherung bei einer Mauser SR 94-Scharfschützenbüchse. Die Waffe ist entsichert (der rote Punkt ist zu sehen).*

*Sicherungshebel hinter dem Kammerstängel einer American AT-M24-A1 Sniper Rifle*

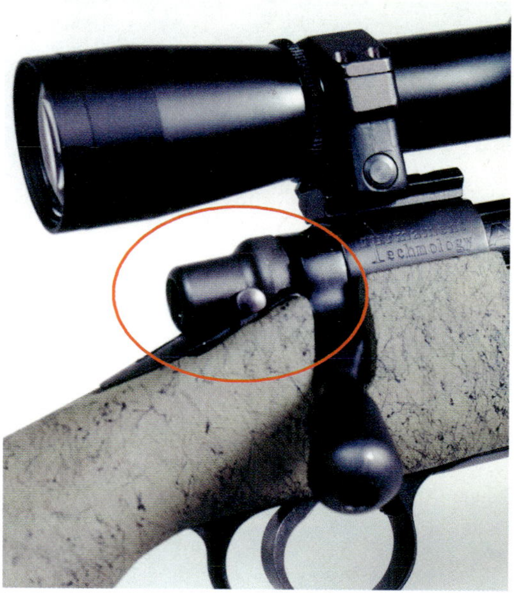

- die Schiebesicherung;
- die Druckknopfsicherung;
- die Ladezustandsanzeige;
- die Griffstücksicherung;
- das Gasdruckentlastungsventil;
- die Verschlusssicherung.

### MANUELLE SICHERUNG ALLGEMEIN

Durch einen von Hand bedienten Sicherungshebel wird je nach Waffenart und Modell entweder das Schlagstück, beziehungsweise der Hahn, die Abzugsstange oder lediglich der Abzug blockiert; auch sind Kombinationen aus den genannten Konstellationen möglich. Bei manchen Gewehren wird gleichzeitig der Verschluss festgestellt und dafür gesorgt, dass er sich, wenn er gesichert ist, nicht mehr bewegen lässt.

Bei den meisten Repetierbüchsen befindet sich der Sicherungsschieber seitlich hinter dem Kammerstängel. Im entsicherten Zustand der Waffe ist zumeist ein roter Punkt sichtbar; wenn gesichert ist, wird dieser vom Sicherungsschieber verdeckt. Bei den abgebildeten Präzisionsschützenwaffen, der Mauser SR 94 – im entsicherten Zustand –, der M24-A1 von Armament Technology und der tschechischen CZ 700, sind die manuellen Sicherungen deutlich zu erkennen; letzteres Gewehr hat eine Schiebesicherung.

Eine Variante der manuellen Sicherung ist, dass sich der Sicherungshebel, wie im Falle der Ruger Mini-

*Sicherungshebel bei einer CZ 700-Scharfschützenbüchse*

*Sicherung vorne im Abzugsbügel des Ruger Mini-14-Sturmgewehres*

14-Selbstladebüchse, im vorderen Teil des Abzugsbügel befindet und mittels des Fingerrückens des Abzugsfingers bedient wird; dieses System ist von der Technik des legendären Garand-Militärgewehres abgeleitet. Auch bei den kurzen Marlin-Selbstladekarabinern befindet sich die manuelle Sicherung vorn im Abzugsbügel. In der Regel wirkt diese Art von Sicherung aber nur auf den Abzug.

### FLÜGELSICHERUNG

Flügelsicherungen sind insbesondere bei Kammerstängelrepetierbüchsen älterer Bauart, insbesondere bei Militärkarabinern, zu finden. Sicherungen dieser Art blockieren zumeist sowohl den Schlagbolzen, beziehungsweise die Schlagbolzenmutter, als auch den Kammerstängel. Bestes Beispiel für die hinten am Verschlusszylinder befindliche Flügelsicherung im klassischen Sinne ist das Militär-Repetiergewehr Mauser Modell 98. Auch die abgebildete Dakota Longbow Sniper Rifle verfügt über eine Flügelsicherung.

*Flügelsicherung der Dakota Longbow-Präzisionsschützenbüchse*

### DREHHEBELSICHERUNG

Etwa beim .30 M1 Carbine befindet zwischen dem Abzugsbügel und dem Magazinschacht eine mit dem Schussfinger zu betätigende Drehhebelsicherung; auch diese Sicherung blockiert nur den Abzug. Die M16/AR-15-Militärgewehre und ihre Unterarten haben ebenfalls (auf dem Systemkasten) Drehhebelsicherungen, die allerdings dann gleichzeitig Feuerwahlhebel sind.

### DREHHEBELSICHERUNG, DIE GLEICHZEITIG FEUERWAHLHEBEL IST

Bei modernen Militärgewehren, Karabinern und Maschinenpistolen ist die Drehhebelsicherung oft mit der Feuerwahlfunktion kombiniert.
Wie der Name schon sagt, wird der Sicherungshebel dann auch gleichzeitig dafür verwendet, die Waffe auf gesichert, Einzelfeuer, Dauerfeuer oder gegebe-

*Drehhebelsicherung eines Winchester .30-M1 Carbine-Militärkarabiners*

*Kombinierter Sicherungs- und Feuerwahldrehhebel einer Bushmaster XM15E25-Selbstladebüchse*

nenfalls auf Feuerstöße einzustellen. Einen solchen, sehr unterschiedlich einstellbaren Sicherungs-/Wahlhebel haben zum Beispiel auch die Waffen der tschechischen CZ 2000-Waffenserie.
Ist der Hebel auf „gesichert“ gestellt, so ist üblicherweise nur der Abzug blockiert, bei einigen Systemen ist allerdings, was natürlich besser ist, zudem auch das Schlagstück blockiert oder außer Kraft gesetzt.

### SCHIEBESICHERUNG

Diese Sicherungsart, bei der ein Sicherungsschiebeknopf auf einer Schiene nach vorne oder nach hinten geschoben wird, um die Waffe zu sichern oder zu entsichern, ist bei jagdlichen Kipplaufgewehren am häufigsten zu finden. Es haben aber auch einige Repetierbüchsen und halb- und vollautomatische Militärwaffen Schiebesicherungen.
Wie auf der Abbildung einer Mauser SR96-Repetierbüchse zu sehen, befindet sich der Sicherungsschiebeknopf zumeist oben am Kolbenhals oder hinten oben am Systemkasten. Die Schiebesicherung blockiert zumeist nur den Abzug und manchmal auch zusätzlich die Verbindungsstange zum Schlagstück. Manchmal, wie etwa bei der UZI-Maschinenpistole, befindet sich die Schiebesicherung auch

*Schiebesicherung bei der Büchse Mauser SR96*

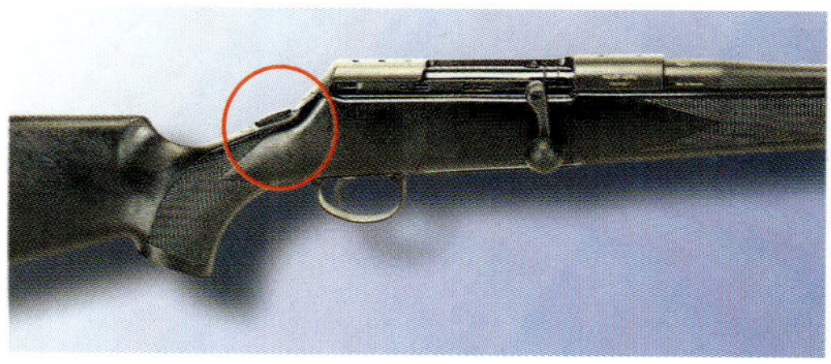

*Beispiel eines kombinierten Sicherungs- und Feuerwahldrehhebels bei einem CZ 2000-Militärgewehr*

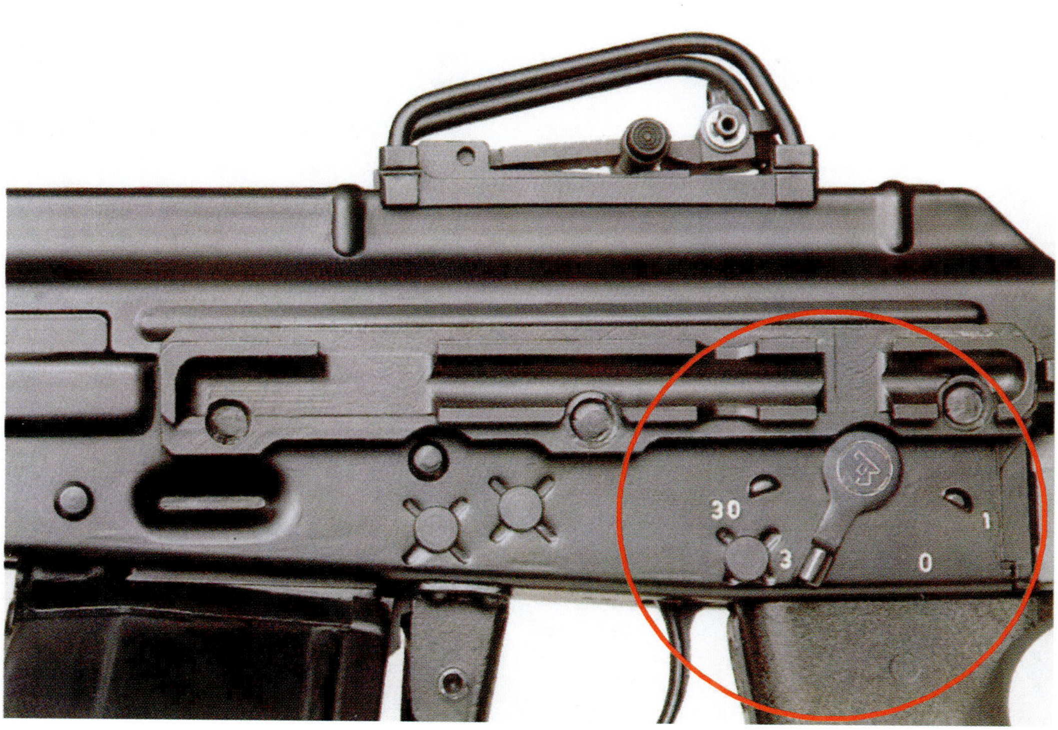

*Sicherungs- und Feuerwahlschieber der UZI-Maschinenpistole*

seitlich am Systemkasten; bei der UZI dient der Schieber gleichzeitig zur Feuerwahl: S (Safe) = Sicher; R (Repeat) = Einzelfeuer; A (Automatic) = Dauerfeuer.

**DRUCKKNOPFSICHERUNG**

Zwar sind Druckknopfsicherungen, die fast ausschließlich auf den Abzug wirken auch an Systemkästen zu finden, zumeist sind sie jedoch als Teil des Abzugsbügels ausgebildet. Durch das Eindrücken des Druckknopfes verschwindet die Sicherungserhebung auf der einen Seite des Abzugsbügels und der Sicherungsstift steht nun auf der anderen Abzugsbügelseite heraus. Im entsicherten Zustand ist der herausstehende Druckknopf/Sicherungsstiftteil oft rot, im gesicherten weiß unterlegt. Eine andere Art von Druckknopfsicherung ist bei

*Die Mossberg-Druckknopfsicherung*

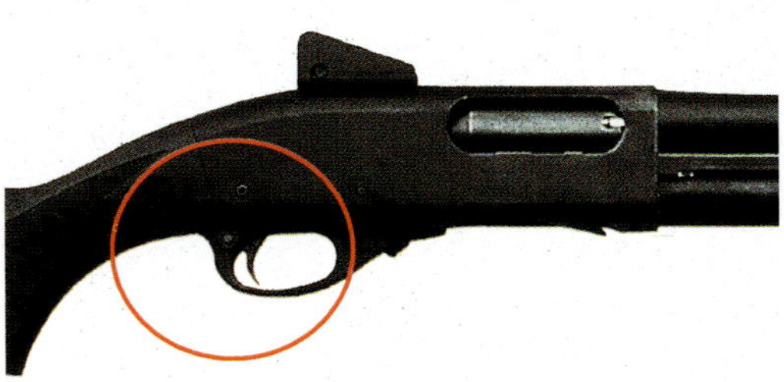

*Druckknopfsicherung bei eine Waffe von Browning. Beachten Sie den roten Rand*

der Browning-Büchse zu sehen. Auf dem Bild ist der rote Ring, die Anzeige für „entsichert", deutlich zu sehen. Auch für das Steyr AUG-Waffensystem wurde eine Druckknopfsicherung verwendet. Hierbei befindet sich die Sicherung aber separat am Waffengehäuse. Bei der FN-P90-Maschinenpistole kann mittels der Druckknopfsicherung gleichzeitig der Einzel- und Dauerfeuermodus eingestellt werden (Feuer-Selektor).

*Durckknopfsicherung bei einem Steyr AUG*

*Druckknopfsicherung und Feuer-Selektor der FN-P90*

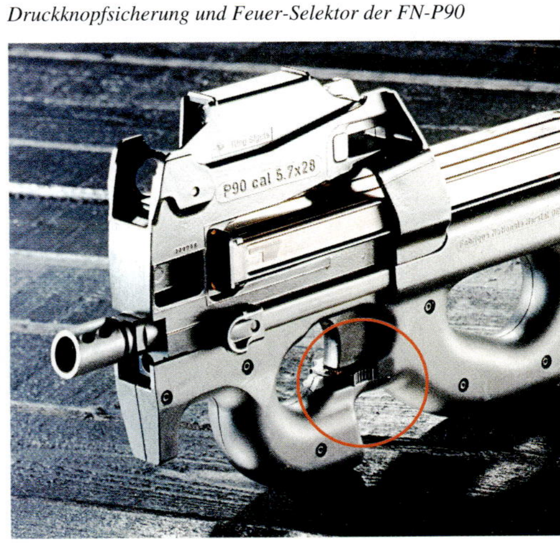

## LADEZUSTANDSANZEIGE

Mit Hilfe dieser sehr nützlichen Einrichtung erkennt man entweder, ob sich eine Patrone im Patronenlager befindet, oder ob das Schloss des Systems gespannt ist. Bei Benelli-Flinten steht aus dem Systemkasten ein Signalstift heraus, sobald die Waffe durch das Repetieren einer Patrone ins Magazin gespannt ist.

Bei Repetierbüchsen ist ein solcher Signalstift manchmal hinten am Verschluss zu finden.

Bei Selbstladegewehren wird oft die Auszieherkralle zur Ladezustandsanzeige mit verwendet. Wenn sich in der Rille im Patronenlager eine Patrone befindet, steht die Auszieherkralle etwas heraus, manchmal ist sie auch mit roter Farbe eingelegt.

## GRIFFSTÜCKSICHERUNG

Die Griffstücksicherung ist für Langwaffen unüblich; sie wird normalerweise nur bei Pistolen und MPs verwendet. Wenn der Pistolengriff der Waffe nicht richtig oder nicht fest genug gehalten wird, wird bei dieser Art Sicherung zumeist der Abzug, die Abzugsstange und das Schlagstück blockiert. Im Griffrücken des Pistolengriffs befindet sich dafür ein bewegliches, eindrückbares Sicherungsteil. Erst wenn dieses fest eingedrückt ist, ist die Waffe entsichert. Bei der UZI-Maschinenpistole, die über dieses Sicherungssystem verfügt, findet sich zudem noch eine Schiebesicherung auf dem Systemkasten, die wiederum gleichzeitig auch Feuerwahlschieber ist.

## GASDRUCKENTLASTUNGSVENTIL

Gerade Militärwaffen sind für die Verwendung bei extremsten Bedingungen ausgelegt. Dabei kann es sich um sehr hohe oder sehr niedrige Temperaturen handeln, aber auch um eine sehr hohe Luftfeuchtigkeit: selbst in tropischen Dschungelgegenden, wo diese oft bei 95 bis 99 Prozent liegt, muss die Waffe problemlos funktionieren.

*Benelli-Ladezustandsanzeige*

*Griffstücksicherung bei einer Beretta-Maschinenpistole*

*Gasdruckentlastungsventil in der Laufkammer einer Armament Technology M24-A1-Präzisionsschützenbüchse*

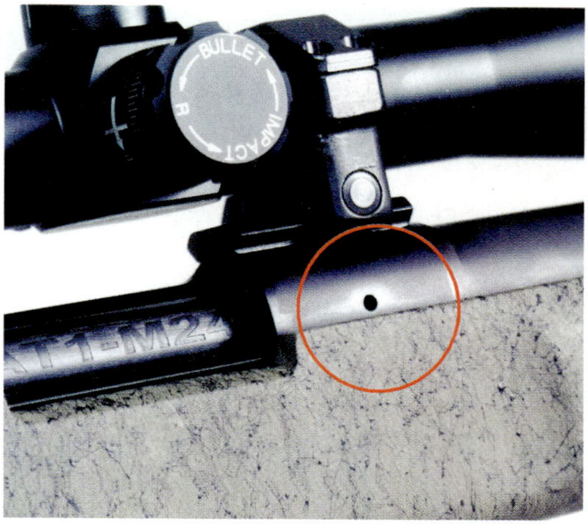


Obwohl moderne Militärmunition heutzutage wasserdicht ist, kann es hier dennoch zu Versagern kommen, das heißt es tut sich gar nichts, obwohl der Abzug durchgezogen wird. Es kann auch zu einem Nachbrenner kommen, der Schuss bricht also erst kurze Zeit nach dem Abziehen. Auch kann es bei extremen Temperaturbedingungen passieren, dass innerhalb der gezündeten Patrone ein solch großer Gasdruck entsteht, dass es die Patronenhülse auseinander reißt. Für solche Fälle, in denen der vordere Teil der gesprengten Patronenhülse dann das Patronenlager blockieren würde, verfügen insbesondere Scharfschützenbüchsen über ein so genanntes Gasdruckentlastungsventil.

Das Gasdruckentlastungsventil ist praktisch eine Bohrung im Patronenlager oder im daran anschließenden hinteren Teil des Laufes oder auch im Verschlusszylinder, durch die gegebenenfalls ein entsprechender Gasüberdruck sicher entweichen kann. So kommt es bei „Hülsenreißern" keinesfalls zu Waffensprengungen.

*Gasdruckentlastungsventil bei einer CZ 700-Büchse*

Auf Seite 43 und 44 sind die Gasdruckentlastungsventile in der Kammer einer AT M24-A1 Sniper Rifle und einer CZ 700 Sniper Rifle zu sehen. Bei letzterer Waffe befindet sich nicht nur im Patronenlager, sondern gleichzeitig im Verschlusszylinder je eine Entlastungsbohrung.

**VERSCHLUSSSICHERUNG**

Bei fast allen Gewehren, sowohl bei Büchsen als auch bei Flinten, sorgt ein internes Sicherungssystem dafür, dass die im Patronenlager befindliche Patrone erst gezündet werden kann, wenn der Verschluss der Waffe fest verschlossen ist, d.h. das Verschlussstück der Waffe also komplett vorne ist und nicht etwa durch Schmutz oder Pulverreste daran gehindert wird, das System vollständig abzudichten. Bei den meisten Waffen wirkt die Verschlusssicherung derart, dass, falls eine Nocke der Abzugsstange nicht absolut in eine Ausfräsung am Unterteil des Verschlussstücks eingreift, die Abzugsstange daran gehindert wird, das Schlagstück zu erreichen. Bei Repetiergewehren wird der Schlagbolzen oder das Schlagstück blockiert, soweit der Verschluss nicht komplett geschlossen ist. Einige simplere Arten interner Verschlusssicherungen begnügen sich damit, dass die Abzugsstange blockiert wird, wenn der Verschlusshebel nicht voll und ganz nach unten gedrückt oder eingerastet ist.

# Verschlusssysteme, Repetier- und automatische Waffen

Nachfolgend geht es um folgende Themen:

**VERSCHLUSSSYSTEME**

- reiner Masseverschluss;
- Warzenverschluss;
- Drehkammerverschluss;
- Rollenverschluss.

**REPETIERSYSTEME**

- Gasdruckrepetiersystem;
- Vorderschaftrepetiersystem.

**ABZUGSSYSTEM**

- Abzugsgruppe;
- Feuer-Selektor.

Zunächst eine Definition der Begriffe „Verschlusszylinder" und „Verschlussblock".

## *Verschlusszylinder*

Der Verschlusszylinder einer Repetierbüchse ist ein drehbarer und im System nach hinten und nach vorne bewegbarer, massiver stählerner Zylinder, mittels dessen durch Vorschieben des seitlichen so genannten Kammerstängels zunächst die Patrone ins Patronenlager eingeschoben wird. Wird der Zylinder, wiederum unter Zuhilfenahme des Kammerstängels, dann gedreht, so greifen Verriegelungswarzen in korrespondierende Aussparungen in der das Patronenlager im Lauf umgebenden Verschlusshülse. Dadurch ist das Waffensystem bei der Schussabgabe total verriegelt.
Falls der Verschlusszylinder in einer im Systemkasten integrierten, teilweise offenen Führungsschiene geführt wird und dahingehend zumeist auch kantig ist, sprechen wir statt von einem Verschlusszylinder von einem Verschlussstück, beziehungsweise einem Verschlussblock.

## *Verschlussblock*

Praktisch alle halb- und vollautomatischen Militärwaffen haben einen geführten Verschlussblock. Wie auch im Verschlusszylinder von Handrepetierern befinden sich im Verschlussblock der Automaten der Schlagbolzen und die Schlagbolzenfeder, welche zumeist durch das vorherige Öffnen des Verschlusses gespannt werden. Das Verschlussstück, beziehungweise der Verschlussblock, befindet sich

*P90-Maschinenpistole von FN, zerlegt in die Hauptteile*

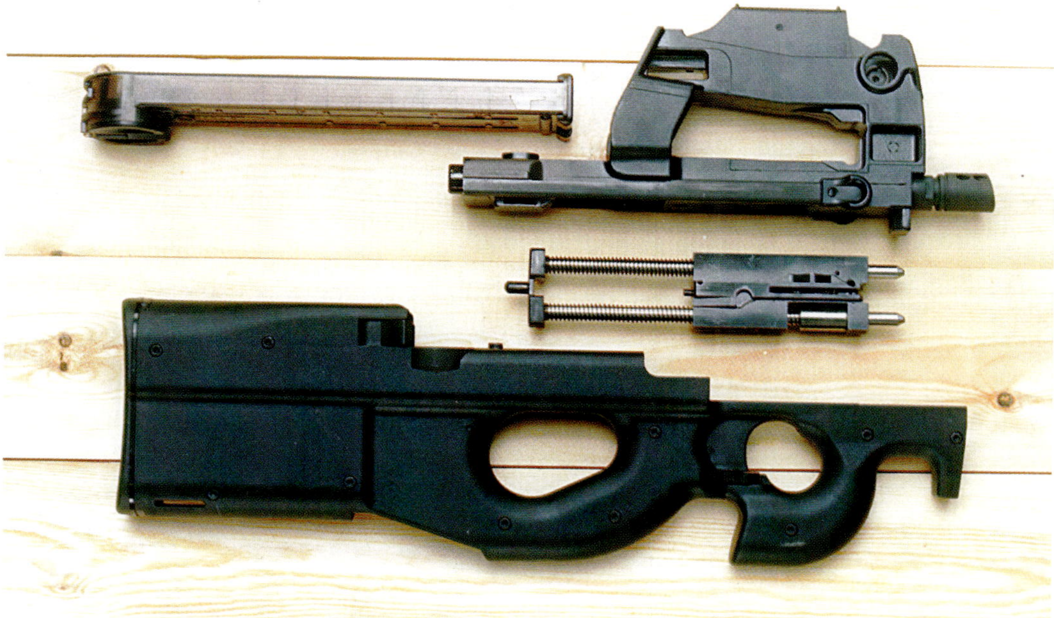

innerhalb des Systemkastens, wo er sich vorwärts und rückwarts bewegen kann, aber nur durch das Patronenauswurffenster im Kasten teilweise sichtbar ist. Im Systemkasten oder Waffengehäuse befinden sich in der Regel auch die Abzugsgruppe und der Magazinschacht zur Aufnahme eines herausnehmbaren Magazins.

## *Verschlusssysteme*

Es gibt diverse Arten von Verschlusssystemen.

### REINER MASSEVERSCHLUSS

Bei Militärwaffen findet man reine Massenverschlüsse normalerweise nur bei Maschinenpistolen und leichten Karabinern zum Verschießen von Kurzwaffenmunition. Beim Masseverschluss sorgt lediglich die Verschlussfeder und die Massenträgheit des Verschlusses dafür, dass das System bei der Schussabgabe so lange verschlossen bleibt, bis das Geschoss den Lauf verlassen hat. Der Verschlussblock wird gegen die ins Patronenlager repetierte Patrone gepresst. Beim Schuss läuft dann folgendes ab:

Durch die Schussabgabe wird ein immenser Gasdruck produziert. Wenn das Geschoss, von diesem durch die Züge und Felder des Laufes getrieben wird und dann den Lauf verlässt, entsteht durch den eigentlichen, nach allen Richtungen wirkenden Gasdruck (Detonation) und durch den Reibungswiderstand des Geschosses im Lauf ein erheblicher Gegendruck des Patronenbodens gegen den Verschlussblock. Aufgrund des Detonationsdruckes und der entstehenden Temperaturen dehnt sich das Patronenhülsenmaterial aus und sorgt so dafür, dass die Patrone das Lager vollständig abdichtet. Die Patronenhülse drängt dabei nach hinten aus dem Lager heraus. Der Verschlussblock verhindert dies zunächst. Die Verschlussfederkraft, kombiniert mit der Masse des Verschlussstückes, sind so berechnet, dass die Rückwärtstendenz der Patronenhülse zunächst aufgeschoben wird und die Kraft der rückdrängenden Hülse erst Überhand bekommt, wenn das Geschoss bereits den Lauf verlassen hat. Erst jetzt kann sich das System sicher öffnen. Wenn die Federkraft und die Massenträgheit von den rückdrängenden Kräften überwunden ist, wird der Verschlussblock so lange nach hinten gedrückt, bis ein Gegenstück seine Rückwärtsbewegung stoppt. Dann läuft der Nachlademechanismus dermassen ab,

- dass während der von der Schussabgabe bewirkten Rückwärtsbewegung des Verschussstückes der darin befindliche Schlagbolzen und das darin befindliche Schlagstück mitsamt der zugehörigen Federn sowie die Verschlussfeder erneut gespannt werden;

- dass der an dem nach hinten drängenden Verschlussstück befindliche Patronenauszieher die abgeschossene, leere Patronenhülse aus dem Patronenlager zieht und sie dann von einem im Systemkasten angebrachten Patronenauswerfermechanismus ausgeworfen wird;
- dass die Verschlussfeder, nachdem die (auch) nach hinten wirkende Detonationskraft wieder nachlässt, wieder Überhand bekommt, und deshalb den Verschlussblock wieder nach vorne drückt;
- dass der Verschlussblock bei seiner Vorwärtsbewegung eine neue Patrone aus dem Magazin ins nun leere Patronenlager im Lauf schiebt.

Die Verschlussfeder befindet sich üblicherweise hinten im Verschlussblock. Auf Seite 45 ist eine in die Hauptteile zerlegte FN-P90-Maschinenpistole zu sehen. Bei dem eigentlichen Verschlussstück in der Mitte ist zu erkennen, dass die P90 nicht nur eine, sondern zwei Verschlussfedern besitzt.

## WARZENVERSCHLUSS

Am Verschlusszylinder eines Repetiergewehres befinden sich vorne oder hinten – oder auch vorne und hinten – Verriegelungswarzen; bei der CZ 700 Sniper Rifle befinden sich die Verschlusswarzen zum Beispiel hinter dem Verschlusszylinder. Die Warzen, je nach Hersteller und Modell bis zu neun und mehr an der Zahl, drehen sich beim Schließen der Waffe in korrespondierende Aussparungen im Systemkasten in der Verschlusshülse. Dadurch wird das Systen während der Schussabgabe fest verschlossen. Die Warzenverriegelung ist eine sehr robuste Verriegelungsart, sie kann erheblichen Gasdrücken widerstehen und ist deshalb auch für sehr starke Munition geeignet. Dass lediglich der Kammerstängel, eingehakt in das System, die Waffe bei der Schussabgabe verriegelt und keine Verriegelungswarzen

*Detailfoto des Verschlusszylinders einer CZ 700 Sniper Rifle*

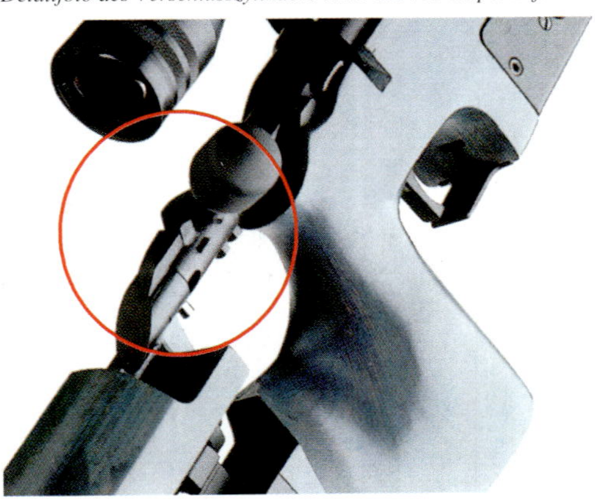

*Verschlusszylinder einer Weatherby-Büchse: 1. Verschlusswarzen; 2. Gasentlastungsbohrungen*

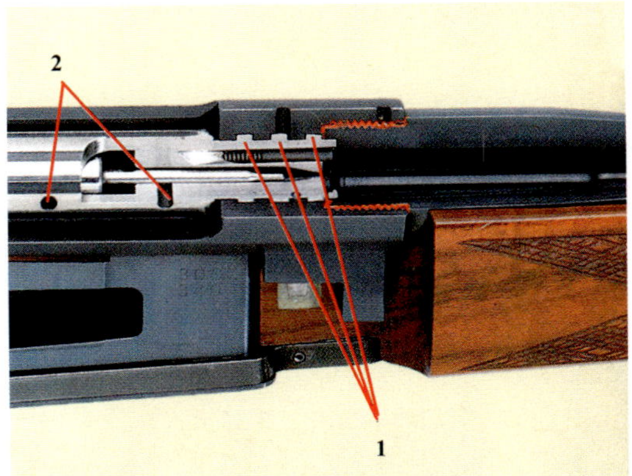


*Krico-Verschlussgehäuse und Verschlusszylinder*

die Verriegelung übernehmen, ist wegen der heutigen Gasdrücke nur mehr bei einigen .22er Kleinkaliberwaffen möglich. Waffen in mittelstarken Kalibern kommen in der Regel mit zwei Verriegelungswarzen aus, die im Bereich des Patronenlagers verriegeln. Waffen in stärkeren Kalibern haben, wie etwa die Weatherby-Büchsen oder der klassische Mauser 98, noch eine weitere; beim Mauser 98 befinden sich vorne zwei Verriegelungswarzen sowie hinten, am Ende des Verschlusszylinders noch eine dritte Warze.

Eine Variation gibt es bei der Blaser R93-Repetierbüchse. Hier ist die Verriegelung in Form eines hinter dem Verschlusskopf angebrachten Rings realisiert. Wenn die Waffe geschlossen wird, wird der massive Ring nach außen gedrückt und greift in alle Richtungen in eine kragenförmig um das Patronenlager angebrachte, korrespondierende Aussparung ein.

## DREHKAMMERVERSCHLUSS

Selbstladebüchsen und auch halbautomatische Flinten haben oft ein Rotations- oder Drehkammerverriegelungssystem. Hierbei ist das mehrteilige Verschlussstück, das zwar im Systemkasten wie üblich

*Darstellung des Ruger Mini-14-Verschlussstückes: 1. Patronenauszieher; 2. Auszieherstift; 2a. Auszieherfeder; 3. Verschlussblock; 4. Schlagbolzen; 5. Schlagbolzenführung; 6. Patronenauswerfer; 6a. Auswerferfeder; A. Verschlusswarzen*

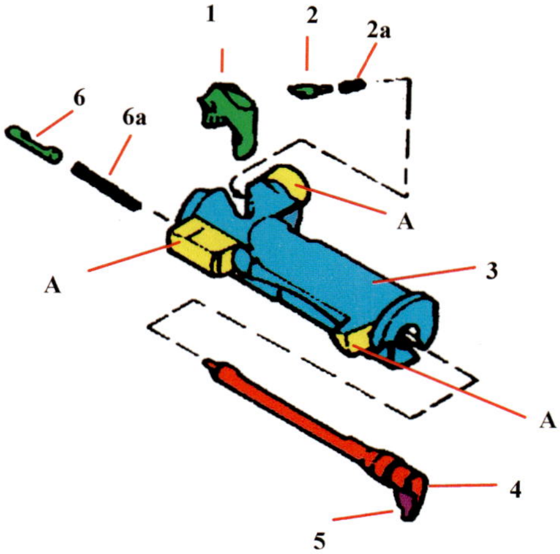


horizontal geführt wird, auch in sich drehbar. Ab einem bestimmten Punkt der Vorwärtsbewegung des Verschlussstückes dreht sich dessen Frontteil und die darauf befindlichen Verriegelungswarzen greifen in korrespondierende Aussparungen vor dem Patronenlager im Verschlussgehäuse. Unmittelbar nach der Schussabgabe wird je nach System der abgeleitetete Gasdruck oder der Rückstoß dazu verwendet, dass sich der Verschlusskopf und damit die Verriegelungswarzen wieder aus den Aussparungen herausdrehen und der Verschluss deshalb wieder nach hinten gleiten kann, sodass das System wieder geöffnet wird.
Beachten Sie hierzu das Beispiel des auf dieser Seite abgebildeten Benelli-Flintenverschlusses. Ein weiteres Beispiel einer Drehkammerverriegelung bietet die Abbildung des Verschlusses der Bushmaster-Selbstladebüchse auf Seite 47. Sowohl die Verriegelungswarzen als auch die im Patronenlager befindliche Patrone sind dabei gut zu erkennen. Vorne in der Mitte des Verschlussstückes kann man auch einen Teil des Schlagbolzens sehen.

*Systemdarstellung der halbautomatischen Benelli-Flinte*

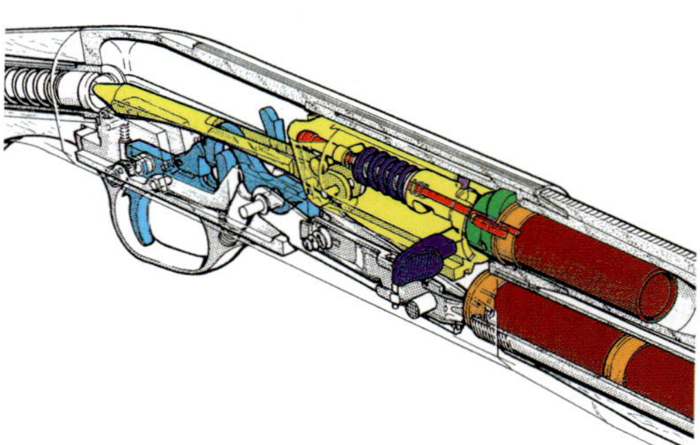

*Herausnehmbarer Verschlussblock. Die Kammerwarze (rot) oben auf dem Block sorgt für das Drehen des Verschlussstückes.*

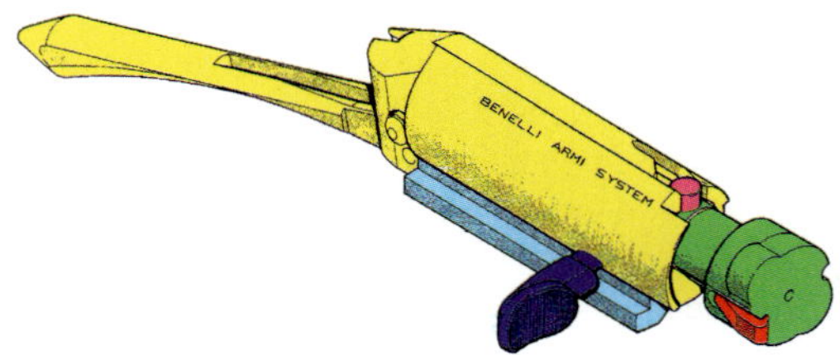


## ROLLENVERSCHLUSS

Das Rollenverschlusssystem stammt von der deutschen Firma Heckler & Koch. Es funktioniert folgendermaßen. In den seitlichen Verlängerungen des Laufes befindet sich je eine halbkugelförmige Ausfräsung. Darin greifen im geschlossenen Zustand der Waffe zwei Stahlrollen ein, die beweglich am Verschlussstück befestigt sind. Nach der Schussabgabe halten die Rollen den Schlitten so lange fest, bis das Geschoss den Lauf verlassen hat. Erst dann geben sie das System zum Öffnen frei und der Nachladevorgang läuft in bekannter Manier ab.
Das Rollenverschlussprinzip hat zwei Vorteile: Erstens handelt es sich dabei um ein sehr stabiles und präzises System und zweitens wird durch die beiden zurückzudrängenden Rollen der Waffenrückstoß verzögert und abgemildert, was beim Schießen äußerst angenehm ist. Nachteil des Systems sind seine hohen Herstellungskosten, es muss äußerst präzise gearbeitet werden. Ein weiterer Nachteil ist, dass Waffen mit dieser Verschlussart in der Regel

*Bushmaster-Verschlussstück*

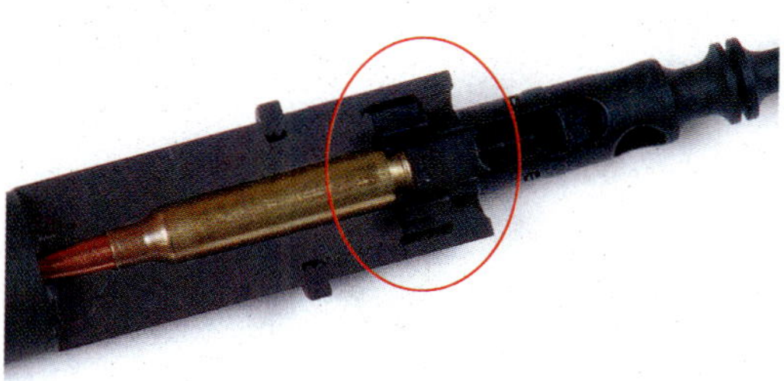

*Rollenverschlusssystem von Heckler & Koch*

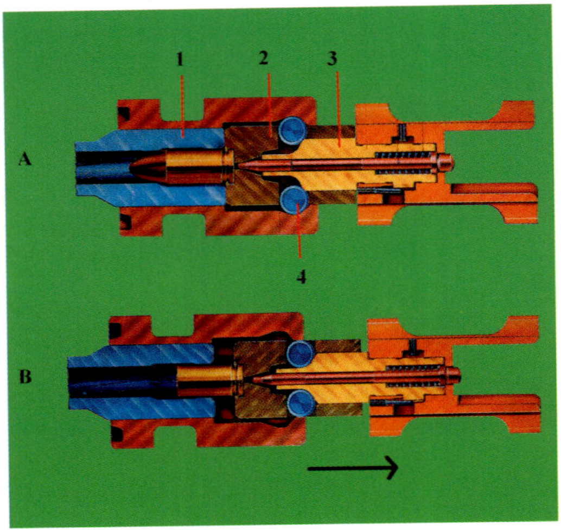


nur Munitionssorten problemlos verfeuern, auf deren Gasdruck sie genau abgestimmt sind. Oben ist eine schematische Darstellung des Rollenverschlusses zu sehen: A stellt das geschlossene System, B das geöffnete System dar; die Nummern bedeuten: 1. Lauf und Patronenlager; 2. Verschlussblockkopf; 3. Kopfhalter; 4. Verschlussrollen.

## *Repetiersysteme*

### GASDRUCKREPETIERSYSTEM

Schusswaffen, deren Repetiervorgang mittels Gasdruck abläuft, sind keine neue Erfindung. Mit automatischen Gasdruckrepetierern wurde bereits im letzten Jahrhundert experimentiert. Ein Beispiel hierfür ist das italienische Cei-Rigotti-Gewehr, das bereits 1895 der italienischen Armee vorgestellt wurde. In Deutschland baute man ab 1901 verschiedene Prototypen Gasdruck-repetierender Waffen. In England akzeptierten die Verantwortlichen der Armee die automatische Farquhar-Hill-Büchse nur deshalb nicht, weil sie noch zu kompliziert war. Erst nach dem Ersten Weltkrieg wurde das Gasdrucksystem populärer. Allgemein funktioniert ein Gasdruckrepetierer folgendermaßen: Wenn die Patrone im Patronenlager gezündet wird, entsteht ein immens hoher Gasdruck. Dieser treibt das Geschoss aus der Hülse durch den Lauf in Richtung Laufmündung.

Beim gasdruckunterstützten Repetiersystem wird der Lauf „angezapft". Durch eine kleine Bohrung etwa in der Mitte des Laufes wird ein Teil des Gasdruckes aus dem Lauf in einen unter dem Lauf befindlichen kleinen Zylinder abgeleitet, in dem sich ein Kolben befindet. Während des Gasdruckaufbaus, also solange sich das Geschoss noch im Lauf befindet und diesen praktisch verschließt, drückt der in den Gaszylinder strömende Gasdruck den Kolben mit starker Kraft nach hinten. Am Kolben befindet sich normalerweise eine Kolbenstange, die wiederum mit dem Verschlussblock verbunden ist. Dahingehend erhält auch der Verschlussblock einen starken Effekt nach hinten. Zwischenzeitlich hat das Geschoss den Lauf verlassen; dieser ist deshalb vorne wieder offen und das im Druckzylinder befindliche Gas „fließt" in den Lauf zurück. Der Rückwärtsdrang des Verschlussstückes hält aber dennoch an. Während es, durch seine Massenträgheit zeitlich etwas verzögert, beginnt, sich in seiner Führung nach hinten zu bewegen, dreht sich der Verschlusskopf mit seinen Verriegelungswarzen aus der Verriegelung heraus und die bis dato verriegelte Einheit Verschluss und Patronenlager trennt sich. Beim Zurückgleiten zieht die Auszieherkralle die leere Patronenhülse aus dem Patronenlager und die Hülse wird vom Auswerfermechanismus ausgeworfen. Durch die Rückwärtsbewegung des Verschlusses wird das Schloss der Waffe, also auch die Federn für das Schlagstück und den Schlagbolzen, neu gespannt.

Nachdem der Verschluss seine Bewegung nach Rückwärts beendet hat, gewinnt die Kraft der Verschlussfeder wieder Überhand und drückt den Verschlussblock nach vorne. Beim nach vorne Gleiten nimmt er die nächste Patrone aus dem Magazin mit und schiebt sie ins Patronenlager. Da das Schloss wieder gespannt ist, kann nun durch Betätigen des Abzuges erneut ein Schuss abgegeben werden – und der beschriebene Zyklus beginnt von neuem.

Je nach Hersteller und Waffentyp befinden sich die Gasdruckbohrung und der Gaszylinder entweder unter (.30-M1 Carbine) oder über dem Lauf (Kalashnikov AK-47). Als solches ist das Gasdrucksystem kein Verriegelungssystem, sondern eben ein Repetiersystem. Die eigentliche Waffenverriegelung wird auch bei dieser Art von Waffen über Verriegelungs-

*Gasdruckbohrung und Gasdruckzylinder der CZ 2000-Büchse*

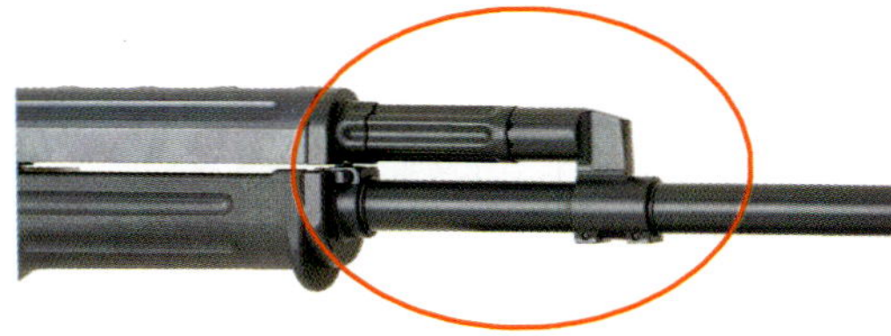

*Gasdrucksystem beim Ruger Mini-14, mit Gasdruckbohrung (rot), Gasblock (hellblau) und Gas-Piston (gelb)*

*Mossberg-Flinte mit Vorderschaftrepetiersystem*

warzen und -nocken bewerkstelligt, die hier am drehbaren Verschlusskopf angebracht sind. Das Gasdruckrepetiersystem findet bei diversen Waffen Anwendung, nicht nur bei Büchsen und Karabinern, sondern auch bei MGs, MPs und Flinten. Die Nummern bei dem auf Seite 49 dargestellten Gasdrucksystem des Ruger Mini-14-Karabiners stehen 1. für den Lauf, 2. die Gasblockabdeckung, 3. die Gasflusspassage, 4. den eigentlichen Gasblock- oder -zylinder und 5. den Gaskolben.

## VORDERSCHAFTREPETIERSYSTEM

Das Vorderschaft- oder auch Pumprepetiersystem (Pump Action) ist mit dem Gasdruckrepetiersystem vergleichbar. Der Hauptunterschied liegt darin, dass hier manuell und nicht „automatisch" repetiert wird – und zwar durch Zurück- und Vorschieben des unter dem Lauf befindlichen, beziehungsweise ihn bei manchen Waffenmodellen auch (teilweise) umgebenden Vorderschaftes. Durch das Zurückziehen des Vorderschaftes wird der Verschlussblock, der durch Verriegelungsnocken auf dem drehbaren Verschlusskopf oder durch ein Fallblocksystem verriegelt ist, freigegeben. Die abgeschossene Patronenhülse wird aus dem Patronenlager gezogen und das Schloss neu gespannt. Während der Vorwärtsbewegung des Vorderschaftes wird eine neue Patrone aus dem Magazin ins Patronenlager geladen. Dann wird das System wieder im Systemkasten verriegelt.

Das Vorderschaftrepetiersystem findet man vornehmlich bei Schrotflinten. Inzwischen gibt es auch Riot Guns (Flinten), die sowohl halbautomatisch als auch manuell im Pump Action-Modus funktionieren. Benelli hat eine solche „Kombi-Waffe" mit seinem Modell M3 Super 90 eingeführt. Dabei ist vorne am Vorderschaft an einem das Röhrenmagazin umgebenden Ring ein Wahlhebel angebracht. In einer Position des Hebels ist die Flinte eine halbautomatische Selbstladeflinte, die als Rückstücklader funktioniert, und in der anderen Position des Hebels ist sie eine echte Pump Action-Flinte. Franchie verwendet ein ähnliches System bei seinen SPAS-12 und SPAS-15 Riot-Flinten. Diese Waffen können mittels eines seitlich am Vorderschaft angebrachten Druckknopfes umgestellt werden.

*Detaillierte Zeichnung des Ruger-Gasdrucksystems*

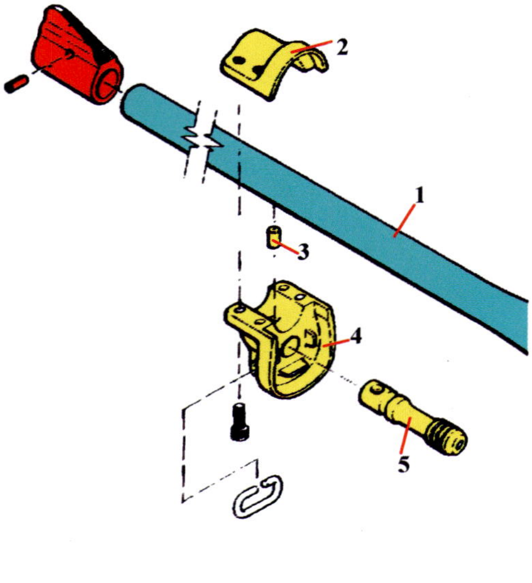


*Wahl-Drehknopf für halbautomatische oder Pump-Repetierfunktion bei der Flinte Benelli M3 Super 90*

*Franchi SPAS-12 Riot Gun mit Wahlhebel im Vorderschaft*

## *Abzugssysteme*

Militärwaffen haben verschiedene Abzugssysteme. Diese bestehen allgemein gesprochen aus der so genannten Abzugsgruppe und eventuell dem Feuerwahlmechanismus.

### ABZUGSGRUPPE

Der Abzugsmechanismus einer halbautomatischen Waffe funktioniert folgendermaßen: Der Schütze setzt in die bis dahin leere Waffe ein volles Magazin ein. Dann zieht er den Spanngriff zurück, um das System zu spannen. Der Verschlussblock, der mit dem Spanngriff verbunden ist, bewegt sich dabei mit diesem zurück. Dadurch wird auch die Verschlussfeder zurückgedrückt sowie die Schlagstückfeder, beziehungsweise die Feder des außen liegenden Hahnes und nötigenfalls die Schlagbolzenfeder gespannt. Das zurückgedrückte Schlagstück wird vom Abzugsstollen, der wiederum mit dem Abzug selbst verbunden ist, in seiner Spannrast gehalten. Wenn der Schütze, nachdem er den Spannhebel in seine hinterste Position gezogen hat, diesen dann loslässt, bewegt sich der Hebel samt dem Verschlussblock von der Verschlussfeder angetrieben wieder nach vorne. Dabei nimmt der Verschlussblock die erste Patrone aus dem Magazin mit und schiebt sie ins Patronenlager. Die Waffe ist nun fertig zum Schießen. Wenn der Schütze den Abzug betätigt, dreht sich dessen Oberteil um die Abzugsachse und hebt so das Spannstück beziehungsweise den Abzugsstollen. Diese stehen wieder in Verbindung mit dem Schlagstück oder dem außen liegenden Hahn. Durch das Anheben wird das Schlagstück beziehungsweise der Hahn aus der Spannrast gedrückt und bewegt sich von seiner zugehörigen Feder angetrieben nach vorne. Der Hahnsporn oder der Schlagbolzen quetschen das Zündhütchen der im Lager befindlichen Patrone und das darin befindliche Treibladungspulver wird dadurch gezündet. Nachdem das Geschoss den Lauf verlassen hat, wird das rückstoß- oder gasdruckunterstützte Verschlusssystem geöffnet und das Verschlussstück bewegt sich gegen die Kraft der Verschlussfeder nach hinten und zieht dabei die leere Hülse aus dem Lager; ein Auswerfermechanismus sorgt dafür, dass sie aus dem Systemkasten geschleudert wird. Wenn der Schütze den Abzug wieder loslässt, geht dessen Züngel in seine ursprüngliche Position zurück. Das Schlagstück oder der Hahn werden vom zurückstrebenden Verschlussstück mit zurückgedrückt und die zugehörigen Federn werden dadurch wieder gespannt. Schlagstück beziehungsweise Hahn rasten wieder in ihre Spannrast ein und auch der zwischenliegende Abzugsstollen (beziehungsweise Spannstück) und das Oberteil des Abzugszüngels rasten wieder in ihrer Ruheposition ein.

Wenn die Kraft, die durch die Rückwärtsbewegung des Verschlusses bewirkt wird, wieder von der Kraft der Verschlussfeder überwunden ist, wird der Verschlussblock von der Feder wieder nach vorne gedrückt. Beim nach vorne Gleiten greift der Stoßboden des Verschlussstückes die nächste im Magazin befindliche Patrone und schiebt sie schräg nach oben ins Patronenlager. Damit ist die Waffen für den nächsten Schuss bereit. Die Abzugsgruppe der Ruger Mini-14-Selbstladebüchse zeigt folgende Teile: 1. Hahn; 2. Hahnfederführungsstange; 3. Hahnfeder; 4. Sicherungshebel; 5. Sicherungsfeder; 6. Abzugsstange; 7. Hahnachsenstift; 8. Abzug; 9. Abzugsfeder; 10. Abzugsachsenstiftabdeckung; 11. Abzugsachsenstift; 12. Abzugsbügel; 13. Magazinlösehebel; 14. Magazinlösehebelfeder; 15. Magazinlösehebelachsenstift; 16. Sicherungshebelachsen-

*Darstellung der Ruger Mini-14-Abzugsgruppe*

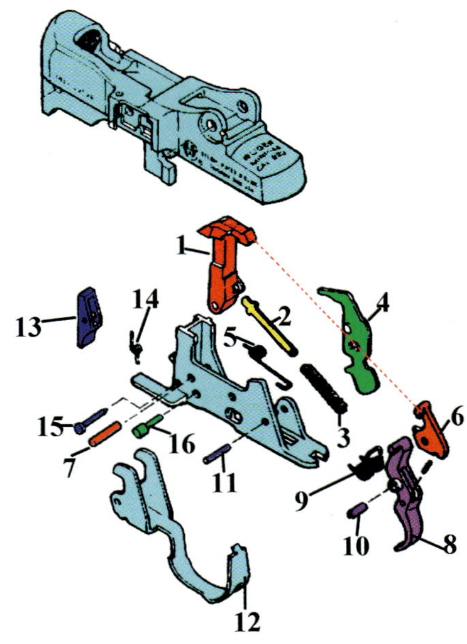

*Abzugsgruppe eines Winchester .30-M2-Militär-Selbstladekarabiners*

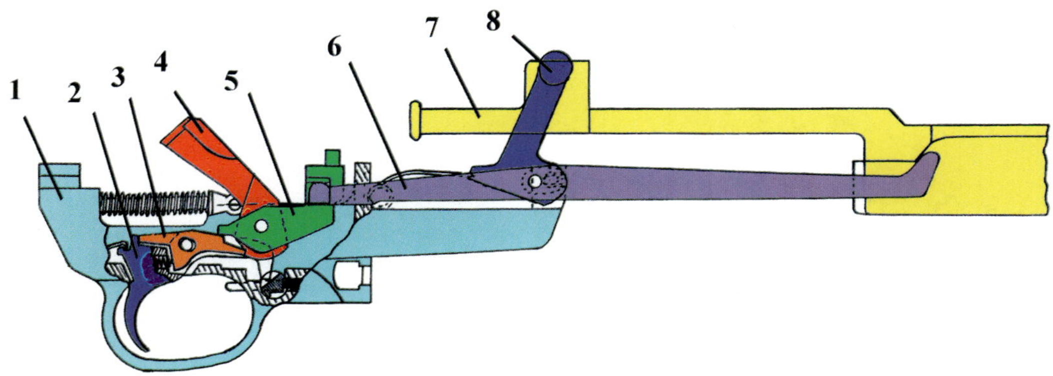


stift. Die rot gekennzeichnete Linie zeigt die Verbindung zwischen der Spannrast auf dem Hahn und dem der Abzugsstange an.

**FEUERWAHLSELEKTOR**

Bei vollautomatischen Waffen läuft der Spann- und Nachlademechanismus mehr oder weniger genau so ab wie oben beschrieben. Allerdings ist hier die Abzugsstange mit einem Feuerwahlselektor verbunden, der sie gegebenenfalls davon abhält, in eine Spannrast des Hahnes oder Schlagstücks einzugreifen. Dies führt bei Dauerfeuer-Stellung des Selektors dazu, dass der beschriebene Abzugsvorgang sich ständig wiederholt, bis das Magazin leer ist oder der Schütze damit aufhört, das Abzugszüngel niederzudrücken. Ein einfaches, aber sehr gut funktionierendes System dieser Art zeigt die Abbildung des Systems eines Winchester-Selbstladekarabiners .30-M2. In der Abzugsgruppe ist der große Freigabehebel (6) klar zu sehen. Er ist mit dem Feuerwahlhebel (8) verbunden und sein Ende drückt über den Unterbrecher (5) die Abzugsstange (3) aus dem Mechanismus heraus. Die Spannrast der Abzugsstange kann somit nicht mehr in die korrespondierende Rast des Hahnes (4) eingreifen. Die nummerierten

*Feuerwahlselektor des Ruger-Karabiners AC556K*

*Feuerwahlselektor des automatischen Ruger-Karabiners AC556*

*Darstellung der Abzugsgruppe einer Heckler & Koch MP5-Maschinenpistole*

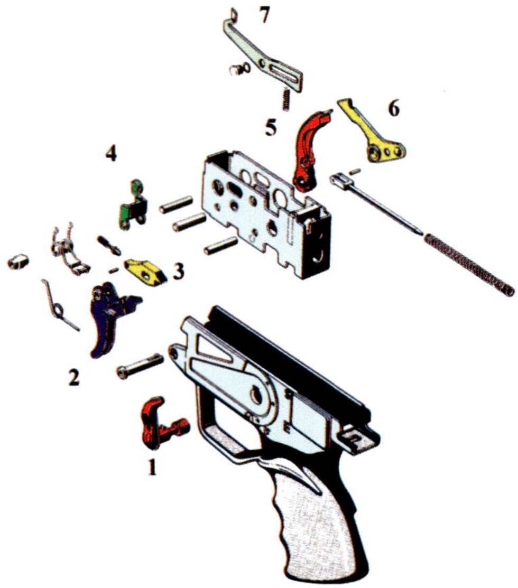


Teile bei der HK MP5-Abzugsgruppendarstellung sind: 1. Abzugsgehäuse; 2. Abzug; 3. Abzugsstange; 4. Hahn; 5. Unterbrecher; 6. Freigabehebel; 7. Spanngriff; 8. Feuerwahlselektor.

Zwei Beispiele eines Feuerwahlsystems: Bei der Ruger AC556K kann das Abzugssystem mit dem Feuerwahlhebel von halbautomatischer (Einzel-) Schussabgabe auf 3-Schuss-Feuerstöße umgestellt werden und bei der Ruger AC556 sind drei Positionen wählbar, halbautomatisch, vollautomatisch und 3-Schuss-Feuerstöße. Wie das Abzugssystem einer vollautomatischen Waffen funktioniert, ist deutlich bei der Heckler & Koch MP5 zu erkennen.

Der Feuer- und Abzugsmechanismus praktisch aller Maschinenpistolen funktioniert in dieser Art. Bei der MP5 ist die Abzugsstange in ihrer Ruhestellung in der korrespondierenden Rast des Hahns eingerastet, die sich hier an der Unterseite des Hahnteils befindet. Während der Abgabe von vollautomatischem Dauerfeuer wird die Abzugsstange weggedrückt und ihre Rast kann deshalb nicht in die Hahnrast eingreifen. Dadurch wird der Verschlussblock ständig mit einer immensen Geschwindigkeit hin und her geschleudert, ohne dass die Rasten greifen und deshalb nur Einzelschüsse abgegeben werden können. Die auf der Abbildung nummerierten Teile sind: 1. Der Feuerwahlselektor, 2. der Abzug, 3. die Abzugsstange, 4. das Verschlussstück, 5. der Hahn, 6. der Freigabehebel und 7. der Auswerfer.

# Zieleinrichtungen

Die Zieleinrichtung ist ein Waffenteil oder ein Set von Teilen, womit ein Ziel anvisiert werden kann. Mithilfe der Zieleinrichtung oder des so genannten Visiers wird das Geschoss in die richtige Richtung gebracht. Visierungen gibt es vom einfachsten Kimme und Korn bis hin zum hochmodernen Laserzielgerät.

In diesem Buch wird auf folgende Punkte zum Thema Visierung genauer eingegangen:
- die Kimme;
- die Dioptervisierung;
- das Korn;
- das Zielfernrohr;
- das Zielfernrohr mit Restlichtaufhellung;
- das Laserzielgerät;
- die Zieloptikmontagearten;
- die Zielanstrahlung mittels künstlichem Licht.

## *Kimme*

Visierteile sind üblicherweise vorne auf dem Lauf und in der Regel hinten im Bereich des Patronenlagers oder Systemkastens angebracht. Das hintere, dem Schützen zugewandte Teil der einfachen, offenen Visierung ist die so genannte Kimme. Einfache Kimmen sind normalerweise nur eine mehr oder weniger vertikale Platte, in der sich oben eine Art Kerbe befindet, durch die das Korn mit dem Ziel in eine Linie gebracht werden muss. Bessere Kimmen sind verstellbar. Bei den bei Militärgewehren häufig verwendeten Schiebevisieren ist das Kimmenblatt auf einer verschiebbaren Kimmenbodenplatte montiert, die auf die jeweilige Schussentfernung höhenverstellt werden kann.

*Klappvisier eines Ruger Police-Karabiners*

*Schiebevisier beim CZ-2000-Militärgewehr*

*Detailaufnahme des CZ-2000-Visiers*

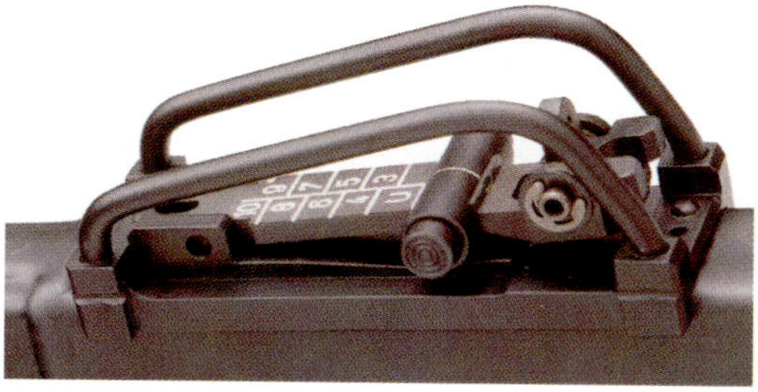

## *Dioptervisierung*

Eine Dioptervisierung besteht neben dem Korn üblicherweise aus einer Vorrichtung, durch die dieses durch ein kleines Loch hindurch anvisiert und mit dem Ziel in Übereinstimmung gebracht wird. Bei groben Dioptervisieren, verwendet insbesondere bei Militärwaffen, werden als Diopter-Sichtdurchlässe klappbare Scheiben verwendet, bei denen das Durchsichtloch unterschiedlich hoch, beziehungs-

*Trak-lock-Dioptervisier und Korn bei einer Waffe von Scattergun*

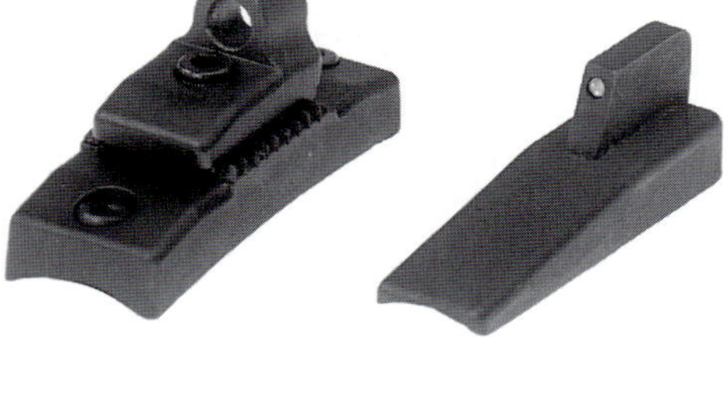

*Dioptervisier des Ruger AC556 Carbine*

weise auch unterschiedlich groß ist. Wie die Kimme kann auch der Diopter sowohl hinten am Systemkasten als auch etwas weiter vorne, dann allerdings mit einem größeren Durchsichtloch, im Bereich des Patronenlagers angebracht sein.
Bei den M16/AR-15-Militärgewehren ist der Diopter im Tragegriff untergebracht. Andere Dioptersysteme (Heckler & Koch) bestehen aus einem drehbaren Zylinder, in dem sich unterschiedlich hoch angebracht Durchsichtlöcher befinden. Für Benelli-Flinten gibt es so genannte Ghost-Ring-Visiere.

*Dioptervisierung im Tragegriff des DPMS AR-15*

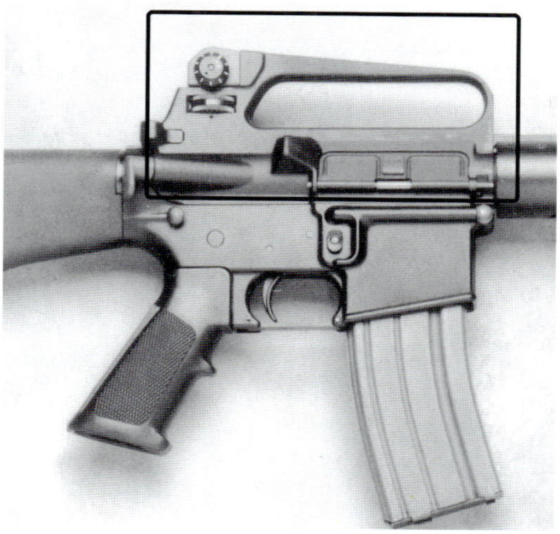

*Ghost-Ring-Visier auf einer Benelli-Flinte*

Dabei wird das üblicherweise mit seitlichen Kornbacken geschützte Korn durch einen hinten auf der Waffe angebrachten Ring, dessen Durchsichtloch verhältnismäßig groß ist, angepeilt. Das Ghost-Ring-Visier ermöglicht ein sehr schnelles Erfassen des Ziels.

## Korn

Am Ende des Laufes befindet sich oben in der Nähe der Laufmündung das vordere Visierteil, Korn genannt. Je nach Waffenmodell und Hersteller ist das Korn an seiner Oberseite kantig, spitz oder abgerundet und entweder direkt auf dem Lauf oder auf einem zugehörigen Kornsockel angebracht.
Gezielt wird, indem das Korn durch den Ausschnitt im Kimmenblatt mit dem Ziel in eine Linie gebracht wird. Militärwaffen haben oft einen so genannten Korntunnel.
Der Tunnel schützt das darin befindliche Korn gegen Gewalteinwirkung im Einsatz, zudem verhindert er gegebenenfalls auch widrige Lichteinfälle auf das Korn, die eventuell zu Zielfehlern führen würden.

*Drehbares Diopteryisier der Firma Heckler & Koch*

*Kornbereich der Benelli Riot Gun*

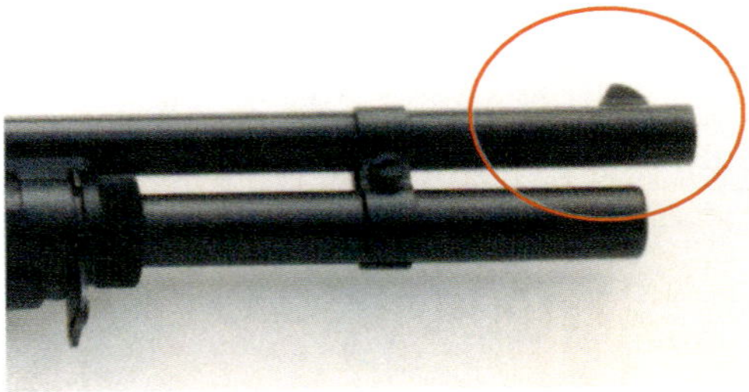

*Korn mit Kornschuh auf der Benelli M3 Super 90-Flinte*

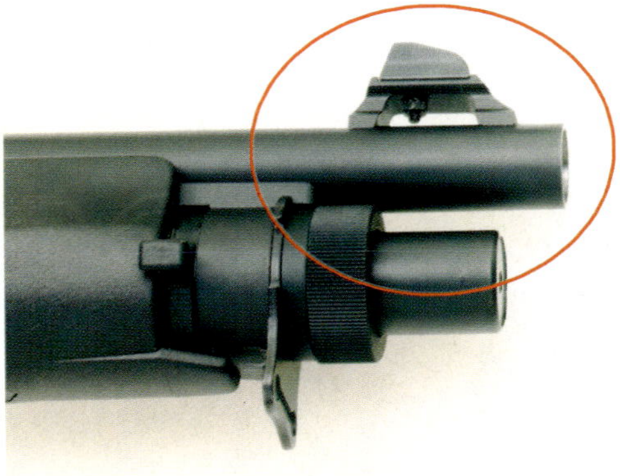

Statt eines Korntunnels gibt es bei einigen militärischen Gewehren auch Kornbacken, die das Korn vor Stößen etc. schützen sollen.
Bei Waffen des Typs M16/AR-15 ist das Korn auf einem sehr hohen Sockel angebracht; dies ist nötig, weil sich der Visierdiopter bei diesen Waffen im hohen Tragegriff befindet. Bei moderneren AR-15-Versionen kann der Tragegriff abgenommen und eine Montageschiene für ein Zielfernrohr angebracht werden.
Bei diesen Waffen ist dann auch der Kornsockel samt Korn abnehmbar.

*Ringkorn eines SIG-Militärgewehres*

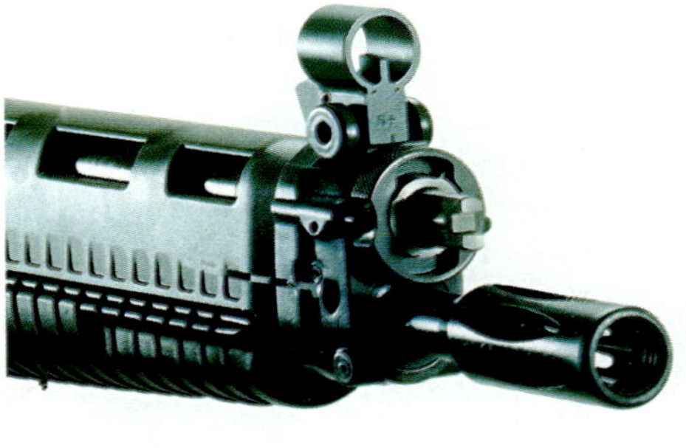

*CZ 2000-Kornbereich mit Kornschutzbacken*

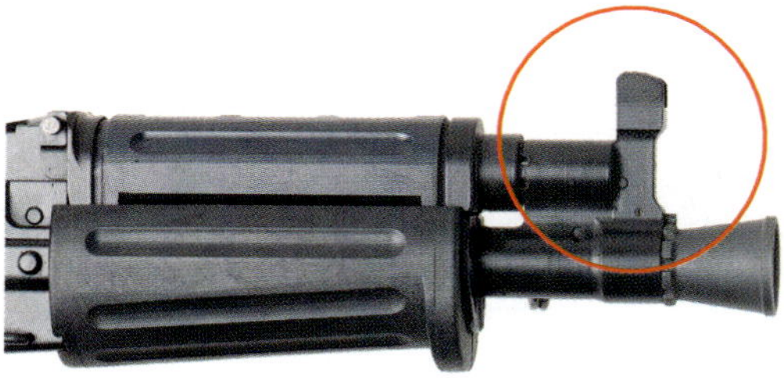

*Kornbereich der AR-15/M16-Sturmgewehrtypen*

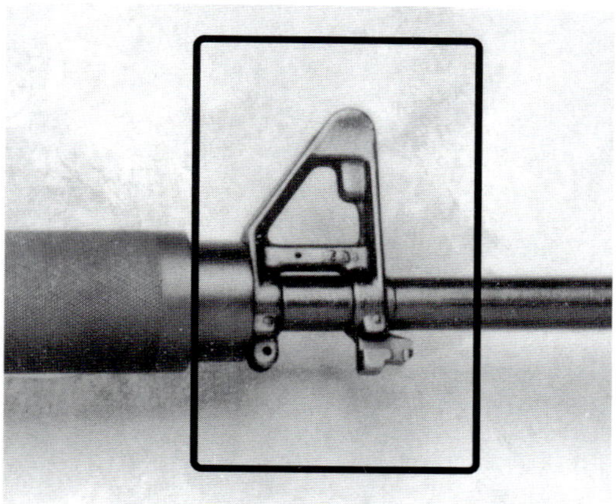

*ArmaLite Picatinny-Montageschiene für abnehmbare Kornmontage*

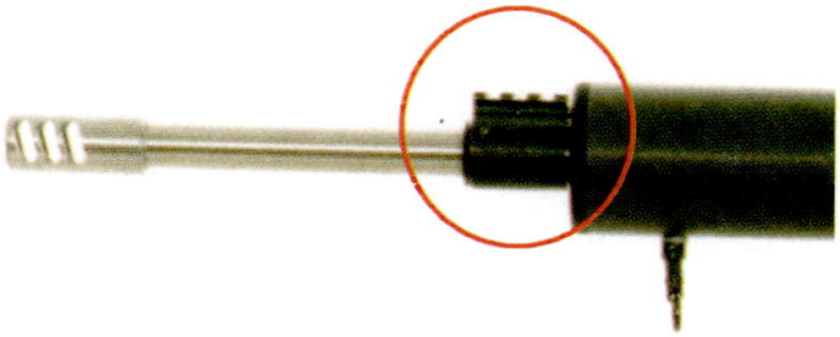

## *Zielfernrohr*

Zielfernrohre, die zu den optischen Visierungen zählen, gibt es je nach Verwendungszweck in den verschiedensten Versionen. Sturmgewehre haben oft sehr einfache Zielfernrohre, die direkt im Tragegriff untergebracht sind.

Ein höher montiertes, voluminöseres Zielfernrohr könnte im harten Einsatz zu einfach zerstört oder zumindest verstellt werden.

Zwischenform für das Combat-Zielfernrohr auf Sturmgewehren und das präzise, große Rohr auf Präzisionsschützenbüchsen ist die Elcan-Zieloptik. Auf diesem Zielfernrohr befindet sich oben zudem

*Optisches Visier auf der FN P90-Maschinenpistole*

*Optisches Visier auf dem HK G36E-Schnellfeuergewehr*

*Optisches Visier der Steyr AUG-Waffenfamilie*

*Elcan-Zielfernrohr auf einer AR-15-Selbstladebüchse von DPMS*

*SIG SG 551 SWAT-Präzisionsbüchse mit Trijicon ACOR-Zielfernrohr*

noch eine offene Visierung mit Kimme und Korn. Eine ähnliche Zieloptik ist die von Trijicon ACOR, die etwa bei SIG-Sturmgewehren Verwendung findet. Als so genanntes Absehen hat diese Optik einen roten, in seiner Leuchtintensität verstellbaren Punkt. Auf Scharfschützenbüchsen befinden sich üblicherweise stark vergrößernde Zielfernrohre. Eine starke Vergrößerung, die auch oft verstellbar ist und von 4-fach bis 14-fach reichen kann, ist erforderlich, um auch in weiten Entfernungen befindliche Ziele gut zu sehen. Ein Zielfernrohr ist ein sehr komplexes optisches Gerät, dies ist recht gut an dem abgebildeten Schnittmodell des Springfield Government-Zielfernrohres zu erkennen. Diese Art Zielfernrohr wird, je nach Waffenmodell und Kaliber, für Ziele in einer Entfernung zwischen 300 und 2000 Metern verwendet.

*Schnittzeichnung durch das Springfield Government-Zielfernrohr der 3. Generation*

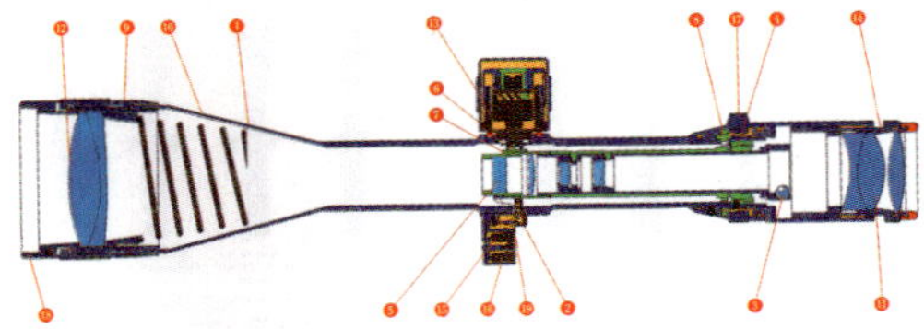

Tactical Scopes, wie die für Scharfschützenbüchsen verwendeten Zielfernrohre im Englischen genannt werden, verfügen über eine Vielzahl von Einstellungsmöglichkeiten. Man kann bei ihnen oft nicht nur das Absehen verstellen, sondern gleich auch die Entfernung einstellen. Manchmal haben solche Zielfernrohre auch gleich einen optischen Entfernungsmesser integriert, der es dann ermöglicht, die präzisesten Schüsse anzutragen.

*Harris M-86 Sniper-Büchse mit Leupold Police-Zielfernrohr*

*Nikkon Monarch-Zielfernrohr*

*Einstellschrauben auf dem Leupold-Zielfernrohr MK4-M1*

*Burris Black Diamond Tactical Mil-Dot-Zielfernrohr*

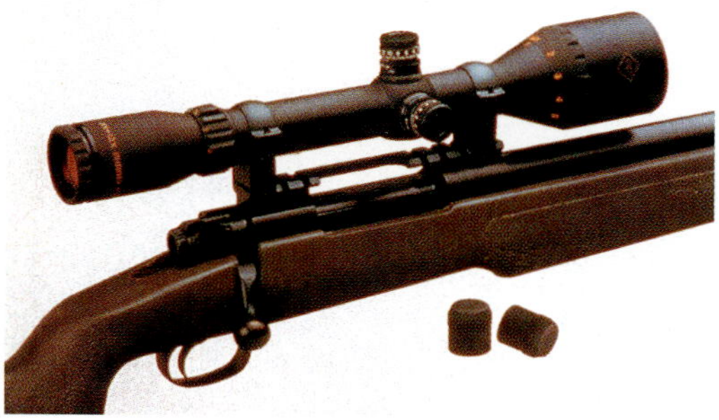

*Leupold Vari-X-III Long Range Tactical 4.5-14 X 50-Zielfernrohr*

*Burris-Zielfernrohr der Signature-Serie mit Mil-Dot-Absehen*

*Einstellring zur Vergrößerungsverstellung bei einem Leupold-Zielfernrohr*

*Springfield-Rohr, Modell Government, 4-14 X 56, der 3. Generation*

Moderne Absehen bestehen inzwischen zumeist nicht mehr nur aus einem Fadenkreuz, sondern eben auch aus diversen Linien und Skalen, die zur richtigen Einschätzung der Entfernung des Ziels herangezogen werden können. Für den Einsatz bei schlechten und dunklen Lichtverhältnissen haben manche Sniper-Zielfernrohre auch ein Leuchtabsehen. Dabei handelt es sich entweder um einen roten LED-Leuchtpunkt oder um rot leuchtende Absehensfäden. Das Leuchtabsehen lässt sich von seiner Helligkeit her zumeist den jeweiligen Lichtverhältnissen anpassen, die Helligkeit der LEDs ist also einstellbar.

Für Maschinenpistolen ist ein Zielfernrohr für weite Schussentfernung überflüssig. Die Optik, die hier benötigt wird, soll es ermöglichen, das Ziel rasch erfassen zu können. Zu diesen Zweck werden zum Beispiel so genannte Aimpoint-Visiere auf die MPs montiert. Aimpoint-Visiere haben als „Absehen“ mittig in der Optik einen roten LED-Punkt. Dieser LED-Punkt ist in seiner Helligkeit verstellbar und den Außenlichtverhältnissen anzupassen.

*Springfield-Zielfernrohr, Government Long Range, 6-20 X 56 Mil-Dot*

*Springfield-Rohr, 5.56 Tactical, mit Entfernungsmesssystem*

*Springfield-Rohr, Government, 4-14 X 56 Mil-Dot*

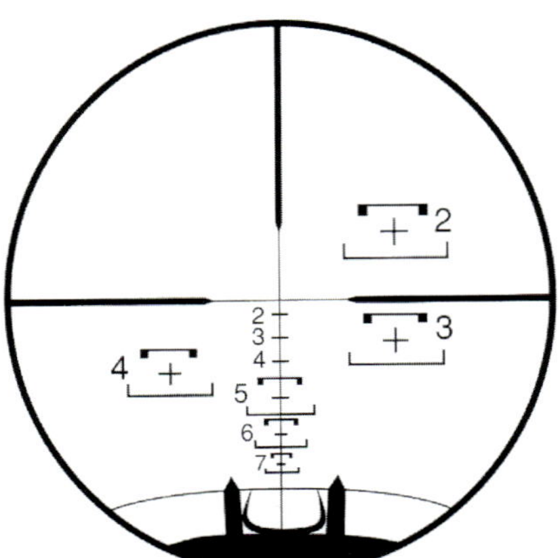


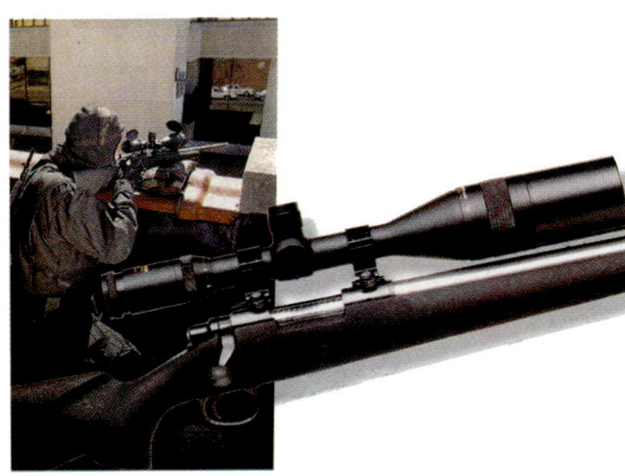

## *Zielfernrohr mit Restlichtaufhellung*

Bei Zielfernrohren mit Restlichtaufhellung wird das in die Optik eindringende Licht elektronisch tausendfach verstärkt. Deshalb reicht bereits schwaches Mondlicht oder der Sternenhimmel aus, um das Ziel auf dem Bildschirm des speziellen Zielfernrohres wie bei Tageslicht zu sehen.

Die bekannte deutsche Firma Zeiss, die nun ein Unternehmen der Hensoldt-Gruppe ist, baut das Nachtsicht-Zielfernrohr Orion 80II. Das Restlichtaufhel-

*Springfield-Zielfernrohr der 2. Generation, mit Entfernungsmesssystem*

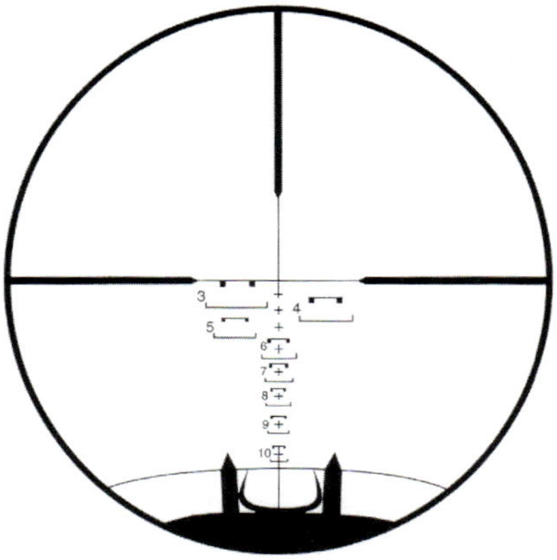


*Springfield-Rohr, 7.62 Mil-Dot, mit Leuchtabsehen und Entfernungsmesssystem*

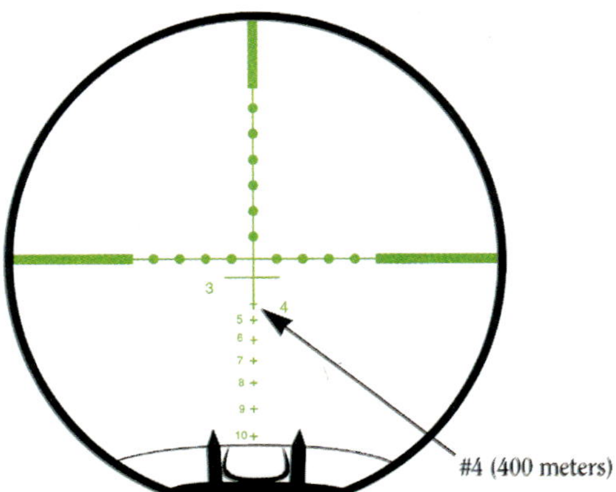


*Springfield-Rohr, 10 X 56 Mil-Dot, mit Leuchtabsehen und Entfernungsmesssystem*

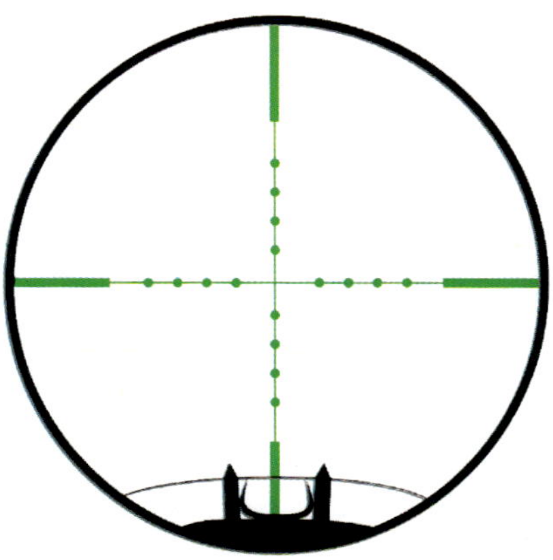

*Burris-Zielfernrohr mit LED-Punkt im Absehen*

*Aimpoint COMP-Optik auf einer HK MP5-Maschinenpistole*

lersystem dieses hochmodernen Gerätes kann das vorhandene Restlicht bis zu 20 000-fach verstärken. Nachtsichtzielfernrohre verwenden die Präzisionsschützen militärischer und polizeilicher Sonderein-

*Optik-System der SIG-Militärgewehre*

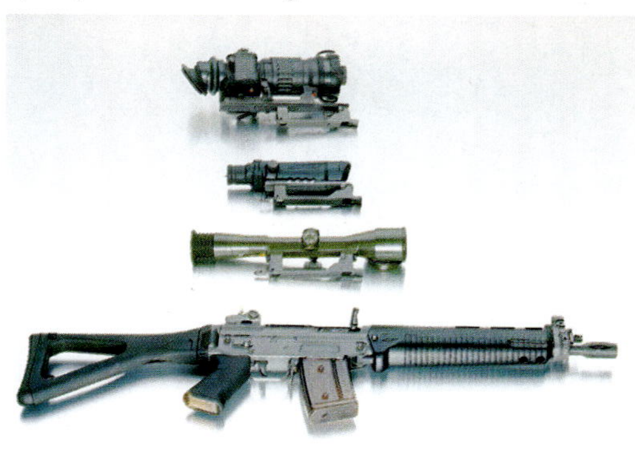

*Die Zeiss Orion 80II-Restlichtaufhellungsoptik auf einem Heckler & Koch PSG-1-Scharfschützengewehr*

*Das HK PSG-1 mit dem Orion 80II im Einsatz*

*Hafenansicht bei Nacht*

heiten. Auf den Demonstrationsfotos auf dieser Seite sieht man die Effektivität dieser Zielfernrohre. Nachts kann man normalerweise kaum etwas erkennen; im Gegensatz dazu ist auf dem Bild, das durch die Orion 80II-Optik aufgenommen wurde, noch jede Einzelheit zu erkennen.

*Die gleiche Hafenansicht durch das Orion 80II betrachtet*

## Laserzielgerät

Laserzielunterstützungen für die Bekämpfung von Zielen auf Kurzdistanzen kommen gerade bei Combat-Waffen immer mehr auf. Bei Laserzielgeräten handelt es sich nicht um Zielfernrohre, sondern um reine Zielhilfen. Der Schütze muss dabei durch nichts hindurchsehen, sondern richtet den vom Zielgerät ausgehenden Laserstrahl einfach auf sein Ziel. Sobald der rote Laserpunkt auf das Ziel projeziert ist, kann der Abzug betätigt werden. Bei manchen militärischen Waffen wird ein Laserzielgerät zusätzlich zu einer bereits vorhandenen Zieloptik eingesetzt.

## Zieloptikmontagearten

Die meisten militärischen Waffen sind bereits in irgendeine Weise für den Gebrauch optischer Zielhilfen vorbereitet. Bei Waffen mit leichteren Kalibern arbeitet man meist mit einer Aufschubschiene, in der Form eines Schwalbenschwanzes, an die das Zielfernrohr mit Montageringen befestigt wird oder die Montageteile dafür aufgeschoben, festgeklemmt

*Das RIS-System der Firma Knight mit Laserzielgerät auf der Oberschiene*

*Laserzielgerät auf der FN P90*

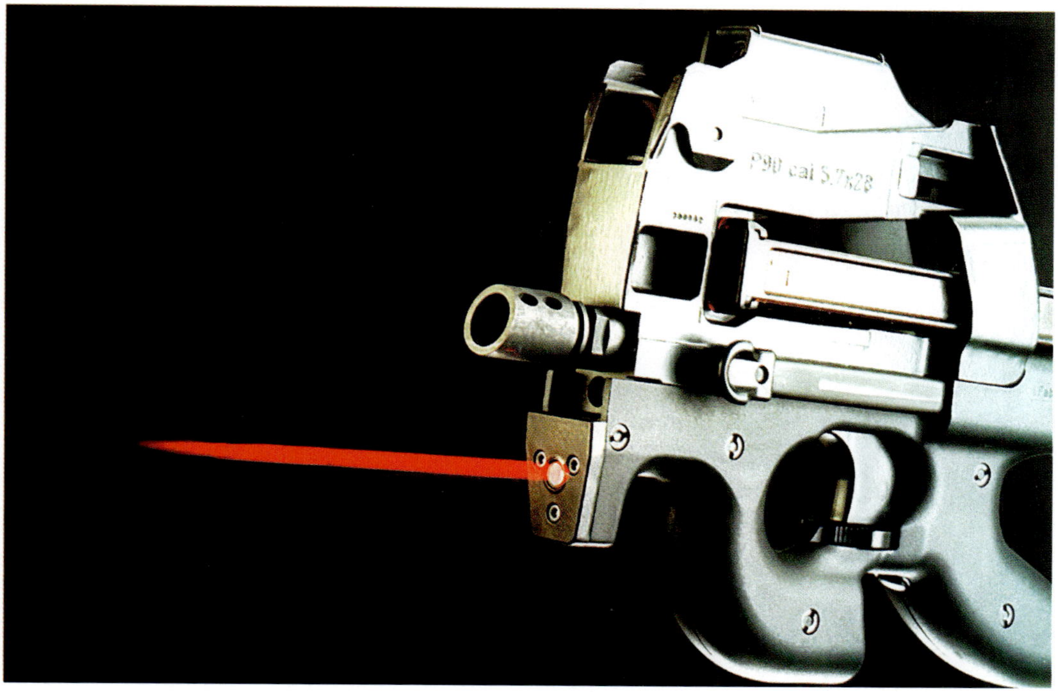


und angeschraubt werden. Zumeist erfolgt die Montage nur durch Festklemmen mittels speziellen Klammern, die unter den beiden, das Zielfernrohrgehäuse umgebenden Montageringen angebracht sind.

Für schwerere Kaliber ist dieses System nicht robust und haltbar genug. Der Rückschlag einer größerkalibrigen Waffe würde im Laufe der Zeit dafür sorgen, dass sich die Zielfernrohrmontage lockert. Daher haben Militärbüchsen mit stärkeren Kalibern auf der Verschlusshülse Bohrungen vorbereitet, die gegebenenfalls dazu dienen, darin die entsprechenden Zielfernrohrmontageteile und -sockel festzubohren. Zusätzlich werden die Montageteile oft auch mit festgeklebt. Es gibt inzwischen die verschiedensten Montagen, zum Beispiel die Picatinny-Montageschiene, mittels denen ein Zielfernrohr schnell abgenommen und wieder aufgesetzt werden kann. Das ist insbesondere für den Transport der Präzisionsschützengewehre wichtig. Die heutigen Montagen ermöglichen es, die Zielfernrohre abzunehmen und sie nicht mehr einstellen zu müssen, wenn sie jeweils wieder aufgesetzt werden.

Auch bei der speziellen Zielfernrohrmontage der CZ 700 Sniper-Büchse ist dies verwirklicht. Bei dieser

*Remington-Montageschiene*

*Montageringe für das Burris 30M Signature-Zielfernrohr*

*Krico-Verschlussgehäuse mit Bohrungen für die Optikmontage*

*Mantagesystem für die CZ 700 Sniper-Büchse*

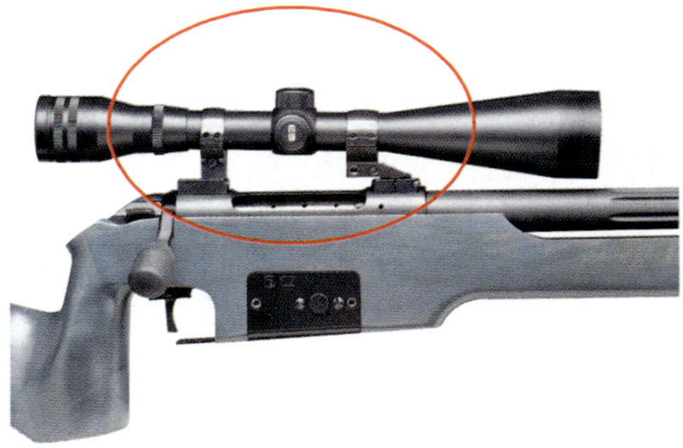

*Montageschiene für die Military Arms Technology M24-Büchse*

Montage handelt es sich um eine so genannte Einschwenkmontage. Zuerst wird das Vorderteil der Montage in einem Winkel von 90 Grad zur Waffe in das Gegenstück auf der Verschlusshülse gesetzt und dann um eine Vierteldrehung eingeschwenkt und in der hinteren Verbindung eingerastet.
Ein Montagesystem, das dem mit der Picatinny-Schiene ähnelt, ist das von Knight's Armament hergestellte Rail Interface System (RIS). Dieses System besteht aus einer horizontalen Oberschiene und einer oder mehreren Seitenschienen. Auf der Oberschiene werden Zielfernrohre befestigt und an den Seitenschienen können zusätzliche Laserzielgeräte und Zielleuchten montiert werden. Die Montageabschnitte auf der RIS-Oberschiene sind fortlaufend nummeriert. Deshalb kann das Zielfernrohr, nachdem es abgenommen werden musste, immer wieder exakt an die gleiche Stelle montiert werden; es braucht auch nicht neu eingeschossen zu werden.

## *Zielanstrahlung mittels künstlichem Licht*

Die Verwendung spezieller Zielleuchten zum Anstrahlen des Ziels ist besonders für Einsätze auf relativ kurzen Distanzen nützlich. Wenn die montierte Leuchte genau eingestellt ist, dient sie gleichzeitig auch als grobe Zielhilfe.
Zumeist können die montierten Zielleuchten, zum Beispiel von den Firmen Mag-Lite oder Sure-Fire, mittels einem am Pistolengriff der Waffen angebrachten separaten Schalter ein- und ausgeschaltet werden. Auch Zielleuchten können leicht an einer RIS-Montageschiene befestigt werden. Bei manchen Waffen, wie etwa bei der Combat-Flinte von Scattergun, ist die Zielleuchte im Vorderschaft integriert.

*Picatinny-Montageschiene*

*Das Rail Interface System (RIS) von Knight*

*Vorderschaft mit integrierter Ziellampe*

*Die Standard Riot Gun der Firma Scattergun mit integrierter Ziellampe im Vorderschaft*

# Militärwaffenmunition

Für militärische Handfeuerwaffen, sowohl für Sturmgewehre, Karabiner, Maschinengewehre, Maschinenpistolen als auch für Combat-Flinten gibt es die unterschiedlichste Munition. Einige Kaliber können in unterschiedlichen Waffenarten verwendet werden. Dies trifft etwa auf diejenigen klassischen Büchsenpatronen zu, die auch aus Maschinengewehren verschossen werden (z. B. 7,62 x 51 mm). Allerdings werden in Maschinengewehren zusätzlich spezielle MG-Leuchtspurpatronen verwendet, deren pyrotechnisches Leuchtgeschoss im Fluge sichtbar ist und es deshalb ermöglicht, das MG-Feuer auf das Ziel zu lenken. Nicht alle der Patronen in einem MG-Gurt sind allerdings mit einem Leuchtspurgeschoss versehen. Wegen der immensen Feuerkadenz von 600 bis 800 Schuss pro Minute, muss lediglich jede zehnte Patrone eine Leuchtspurpatrone sein, damit die leuchtende Geschossspur erkannt werden kann.

Nachfolgend wird bis auf wenige Ausnahmen nur auf die übliche, gebräuchliche Militärmunition eingegangen. Die erhältliche Anzahl von verschiedenen Kalibern ist dermaßen groß, dass darüber ein eigenständiges Buch geschrieben werden könnte.

*Remington-Büchsenpatronen mit Vollmantelgeschossen*

## *Funktionsweise einer Patrone*

Fast sämtliche Munition besteht aus vier Hauptteilen:
- der Patronenhülse;
- der Zündung (i.d.R. dem Zündhütchen);
- der Treibladungspulverladung;
- dem Geschoss.

Beim Abfeuern einer Patrone läuft Folgendes ab: Der Schütze richtet die geladene Waffe auf das Ziel und betätigt den Abzug. Der Abzug steht in Verbindung mit der Abzugsstange, welche die Verbindung zwischen dem Abzug und dem Hahn oder Schlagstück bildet. Eine Rast in der Abzugsstange befindet sich in einer entsprechenden Aussparung des Schlagstücks oder Hahnstücks. Das Betätigen des Abzuges hebt die Abzugsstange leicht an und sorgt so dafür, dass die Rast des Hahnes/Schlagstückes aus der der Abzugsstange herausgedrückt wird. Die durch den vorherigen Ladevorgang gespannte Feder des Hahnes, beziehungsweise des Schagstücks drückt, nun freigegeben, diesen nach vorne und lässt ihn/es hart auf den Schlagbolzen schlagen. Wenn der Schlagbolzen das im Patronenboden in eine so genannte Zündglocke der Hülse integrierte Zündhütchen trifft, wird die darin befindliche hochexplosive Zündmasse gequetscht. Dadurch entsteht ein heißer Zündstrahl, der innerhalb von Millisekunden durch ein („Boxer-System“) oder zwei („Berdan-System“) Zündlöcher das im Pulverraum der Hülse befindliche Treibladungspulver entzündet. Das Pulver

*Schnitt durch einen Remington-Hülsenboden*

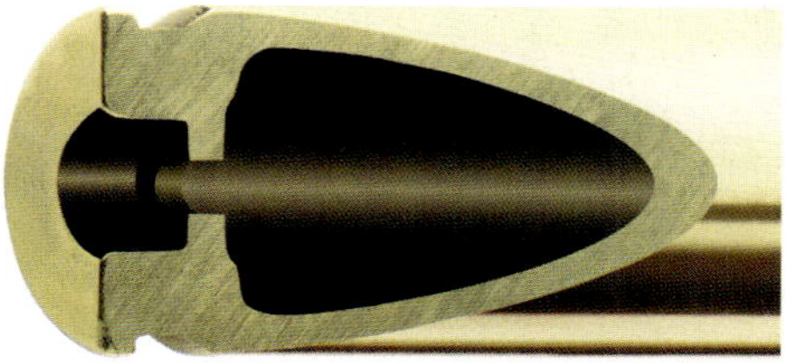

*Schnitt durch den Boden ein Remington-Hülse mit Zündhütchen*

brennt in einer heftigen chemischen Reaktion ab und es entstehen immense Abbrandgase und damit ein sich sehr schnell aufbauender, gewaltig hoher Gasdruck. Das Treibladungspulver explodiert nicht, wie oft fälschlicherweise angenommen wird, es brennt aber äußerst schnell ab. Da sich die Patrone in einem stabilen Patronenlager befindet und das System bei der Schussabgabe auch nach hinten durch den Verschluss verriegelt ist, kann der sich aufbauende Gasdruck nur dahingehend wirken, dass das Geschoss aus der Hülse in den Lauf gedrückt und durch diesen getrieben wird. Die Patronenhülse besteht in der Regel aus einer Kupfer-Messing-Legierung, die verhältnismäßig weich und elastisch ist. Weil der entstehende Gasdruck die Hülse auch an die Wandungen des Patronenlagers presst, ist das System „gasdicht".

Der – wie bereits beschrieben – eigentlich nach allen Richtungen wirkende Gasdruck presst also, in die richtige Richtung „gelenkt", das Geschoss aus der Hülse in die Züge und Felder des Laufes. Die Strecke, die das Geschoss vom Hülsenmund bis zum Eintreten in die Züge und Felder braucht, wird Freiflug genannt.

Durch die sich entfaltenden Pulverabbrandgase entsteht, je nach Kaliber und Pulverladung, Laborierung genannt, ein unglaublicher Druck. Das Kaliber 8 x 87 Mauser entwickelt bereits einen durchschnittlichen Gasdruck von 35 000 psi (pound per square inch = Englische Pfund pro Quadrat-Zoll), was etwa 2465 kg/cm² oder 2381 bar entspricht. Die US-Militärpatrone .223 Remington entwickelt sogar einen Druck von 55 000 psi (3873 kg/cm² oder 3742 bar).

Vergleicht man solch einen Wert mit den Drücken die etwa in einem Autoreifen auftreten, so erkennt man, wie immens der in einer Waffe entstehende Druck ist. Ein größeres, stärkeres Kaliber bedeutet aber nicht stets gleichzeitig, dass auch der Gasdruck entsprechend höher ist. Eine schwere Magnum-Patrone wie etwa die .458 Win.Mag. produziert zum Beispiel „nur" 3600 bar.

Je nach Kaliber und Waffenart kann ein Geschoss bei günstigem Abgangswinkel zwischen 1500 und 5000 m weit fliegen. Der Gasdruck treibt es mit einer erheblichen Geschwindigkeit voran. Je leichter das aus einer Büchse abgefeuerte Geschoss ist, um so schneller wird normalerweise seine Geschwindigkeit bei ansonsten gleichen Voraussetzungen sein. Das leichte Geschoss der .223 Remington-Munition hat an der Laufmündung gemessen eine Geschwindigkeit von weit mehr als 1000 Meter pro Sekunde. Das schwerere, weil kalibermäßig größere .308 Win.-Geschoss kommt zwar nicht an die 1000 m/s heran, hat aber immer noch eine V0 (Anfangsgeschwindigkeit) von 700 bis 800 m/s.

Die Geschossgeschwindigkeit wird oft weit unterschätzt: Einem Geschoss bewusst auszuweichen, wie manchmal in Fernsehserien und Filmen von den Helden demonstriert, wäre absolut nicht möglich. Bei den üblichen Schussentfernungen hat einen das Geschoss bereits erreicht, wenn man den Knall des Abfeuerns einer Waffe hört. In der Realität sehen die Dinge doch oft anders aus, als es uns die Stories in Film und Fernsehen weismachen wollen.

## *Ablaufgeschwindigkeit*

Vom Zeitpunkt an, an dem das Gehirn den Befehl gibt zu schießen, bis zum Durchziehen des Abzugsfingers vergehen etwa 0,2 Sekunden. Der Schlagbolzen trifft das Zündhütchen nach etwa 0,005 weiteren Sekunden. Danach zündet das eigentliche Pulver in der Patrone innerhalb von 0,0004 Sekunden. Bis sich also die entstehende chemische Reaktion aufbaut und der entstehende Gasdruck damit beginnt, das Geschoss aus der Hülse zu treiben, vergeht somit eine Zeit von insgesamt nur 0,2054 Sekunden. Nach weiteren 0,004 Sekunden hat das Geschoss die Hülse verlassen und sich in die Züge und Felder eingepresst, die es nun in Rotation versetzen. Das Geschoss verlässt den Lauf mit einer Geschwindigkeit von durchschnittlich etwa 1000 Metern pro Sekunde, nachdem es weitere 0,0012 Sekunden gebraucht hat, um durch den Lauf getrieben zu werden. Je nach Dralllänge dreht sich das Geschoss nun (theoretisch) in einer Sekunde etwa 3000 mal um die Längsachse. Bei einer Zielentfernung von 100 Metern erreicht das Geschoss das Ziel nach einem Flug von kurzen 0,15 Sekunden. Damit dauert das Abfeuern einer Patrone bis zu dem Zeitpunkt, an dem das Geschoss das Ziel erreicht, gerade einmal nur 0,3609 Sekunden.

Der Schütze verspürt übrigens den durch den Schuss auf ihn wirkenden Rückstoß erst 0,2 Sekunden nachdem das Geschoss den Lauf verlassen hat.

## *Ballistik*

Die Lehre von den Vorgängen beim Schießen wird Ballistik genannt. Man unterscheidet zwischen der Innen- und der Außenballistik. Bei der Innenballistik geht es um die Vorgänge zwischen der Patronenzündung und dem Zeitpunkt, an dem das Geschoss den Lauf verlässt. Die Außenballistik beschäftigt sich mit dem Flug des Geschosses.
Daneben gibt es noch die Ziel- oder gegebenenfalls auch Wundballistik, bei der es um die Präzision des Geschosses und um dessen Wirkung geht. Die Ballistikbereiche überschneiden sich natürlich dabei in verschiedenen Bereichen.

*Schnittzeichnung durch 9 mm Para Gold Sabre Hollow-Point-Munition der Firma Remington*

Die Geschwindigkeit, mit der das Geschoss den Lauf der Büchse verlässt, wird Mündungsgeschwindigkeit genannt. Die Mündungsgeschwindigkeit hängt, wie bereits beschrieben, von verschiedenen Faktoren, unter anderem besonders von der Pulverlaborierung und dem Geschossgewicht ab. Von der generellen Geschwindigkeit, mit der ein Geschoss fliegt, ist dann natürlich auch die kinetische Energie, die es aufs Ziel abgegeben wird, abhängig. Für Kurzwaffen ist die Geschossgeschwindigkeit nicht so sehr von Bedeutung, da hier präzise nur auf 25 bis 50 Meter geschossen werden soll. Bei Büchsen, die ja auf Entfernungen von bis zu 300 Meter und mehr geschossen werden, spielt die Geschossgeschwindigkeit allerdings eine erhebliche Rolle, weil sie, wenn sie entsprechend hoch ist, auch für eine gestrecktere Geschossflugbahn und damit auch für eine weitreichendere Präzision sorgt. Die kinetische Geschossenergie des Geschosses, ausgedrückt in Joule, wird nach einer einfachen Formel berechnet: Geschossgeschwindigkeit$^2$ x Geschossgewicht (in Gramm) : 2000 = entsprechende Joule-Zahl.

## *Effektive Entfernung*

Allgemein kann man sagen, dass mit standardmäßiger Büchsenmunition etwa zwischen maximal 100 und 300 Metern noch zielgenau und präzise geschossen werden kann. Spezielle Präzisionsbüchsen und Scharfschützenwaffen schießen 300 Meter und weiter zielgenau.
Mit überdimensionalen militärischen Scharfschützenbüchsen im riesigen Kaliber .50 BMG (Browning Machine Gun, ursprünglich eine schwere MG-Patrone) wird auf Entfernungen von zwei Kilometern geschossen. Gute Sportschützen schie-

*Schnitt durch ein Remington-Geschoss*

ßen mit speziellen Match-Gewehren auf 300 Meter Gruppen mit einem Durchmesser von drei bis 5 Zentimeter. Um dies zu erreichen ist viel Training und eine speziell der Waffe angepasste Munition nötig. Neben dem Können des Schützen hängen gute Schießergebnisse nämlich auch von der Pulverlaborierung, dem verwendeten Geschoss und von der Technik der Waffe selbst, insbesondere dem Abzugs- und Zündmechanismus ab.

Wie bereits dargelegt verfügt der Lauf von Büchsen innen über Züge und Felder. Sie bringen das Geschoss in Rotation um seine Längsachse. Die Rotation verleiht dem Geschoss seine Flugstabilität, das längsförmige Geschoss kommt also nicht ins Trudeln, wenn es den Lauf verlassen hat, sondern fliegt gerade weiter.

Nachfolgend werden alle gängigen mitlitärisch und polizeilich verwendeten Munitionen beschrieben sowie deren Abbildungen gebracht. Die Abkürzungen in den Tabellen haben folgende Bedeutung:

V0: Geschossgeschwindigkeit in dem Moment, in dem das Geschoss den Lauf verlässt (Geschwindigkeit (V), wenn das Geschoss 0 Meter von der Laufmündung entfernt ist);

m/s: Geschwindigkeitsmaßeinheit (Meter pro Sekunde);

E0: Geschossenergie in dem Moment, in dem das Geschoss den Lauf verlässt (Energie (E), wenn das Geschoss 0 Meter von der Laufmündung entfernt ist);

Joule: Geschossenergiemaßeinheit; die Energie, die benötigt wird, um einen 1 kg schweren Gegenstand 1 Meter zu bewegen. Auch auszudrücken in Newton (1 Joule = 1 Newton).

Im Englischen gibt es zusätzlich die Bezeichnungen fps (feet per seconds; 1 foot = 0,3048 Meter) und ft.lb. (foot pounds; engl. Maßeinheit für die Geschossenergie).

## 9 mm Para (Luger)

Die 9 mm Para oder 9 mm Luger, militärisch als 9 x 19 mm bezeichnet, kam 1902 zusammen mit der berühmten Luger-Pistole auf den Markt. 1904 wurde die Luger-Pistole Standardwaffe der deutschen Marine und 1908 der deutschen Armee generell. Aus diesem Grund nennt man die Pistole bis heute „08". Seit damals wurden viele militärische Selbstladepistolen im Kaliber 9 mm Para herausgebracht.

1985 schwenkte sogar die amerikanische Armee von dem bis dahin in der Colt-Pistole M1911-A1 verwendeten Kaliber .45 ACP auf 9 mm Para und die Pistole Beretta M92-F (M9) um. Pistolen in diesem

*9 mm Para JHP (Jacketed Hollow-Point) von Remington*

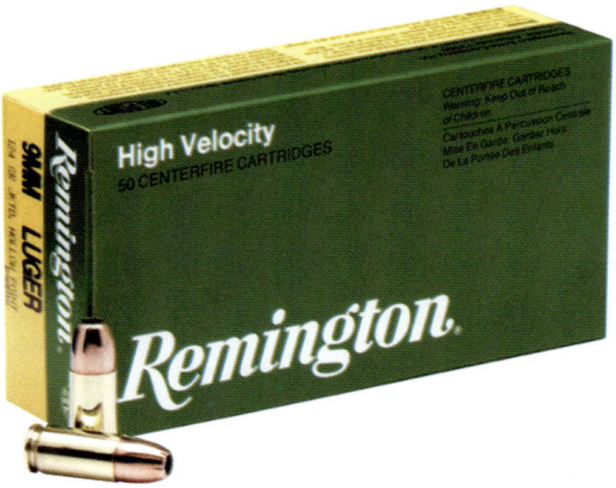


Kaliber sind inzwischen die militärische und polizeiliche Standardwaffe sehr vieler Länder. Zum Teil wird die Patrone mit Vollmantelgeschoss verwendet, einige haben aber auch Versionen mit anderen Geschossformen und mit Hohlspitzgeschossen eingeführt. 9 mm Para (9 x 19 mm) ist heute NATO-Standardkaliber für alle Selbstladepistolen und für einen Großteil der Maschinenpistolen.

| Kaliber | Geschossgewicht grains/Gramm | | V0 in m/s | E0 in Joule |
|---|---|---|---|---|
| 9 mm Para-FMJ | 115 | 7,5 | 350 | 460 |
| 9 mm Para-FMJ | 124 | 8,0 | 340 | 462 |

## *Remington Disintegrator-Patrone*

1998 entwickelte die Firma Remington mit der Desintegrator-Munition neue Polizeipatronen in den Kalibern 9 mm Para, .40 S&W und .45 ACP.

Das Geschoss dieser Patronen besteht aus einem Hartkupfermantel, der mit gepressten Metallpartikeln gefüllt ist. Das Geschoss zerlegt sich vollständig, wenn es auf harte Ziele trifft. Ein Vorteil dieses Geschosses ist auch, dass es keinen Bleikern hat. Durch das geringe Geschossgewicht werden die Kugelfänge auf den Schießständen auch nicht so strapaziert. Die Ballistik des neuen Geschosses ist in etwa mit der von Vollmantelpatronen zu vergleichen.

| Kaliber | Geschossgewicht grains/Gramm | | V0 in m/s | E0 in Joule |
|---|---|---|---|---|
| 9 mm Para | 105 | 6,8 | 335 | 382 |
| .40 S&W | 145 | 9,4 | 331 | 515 |
| .45 ACP | 175 | 11,3 | 310 | 543 |

*Remington Desintegrator-Patrone*

In einigen europäischen Ländern wurde in den letzten Jahren von den Polizeibehörden die sog. Action-3-Patrone im Kaliber 9 mm Para von Geco eingeführt. Es handelt sich um eine polizeiliche Spezialpatrone mit Massivgeschoss, das eine durchgehende mittige Kaverne besitzt. Die offene Geschossspitze ist durch eine Kunststoffkappe verdeckt, die sich nach einigen Flugmetern vom Restgeschoss trennt. Die Action 3 kann problemlos aus praktisch allen polizeilich verwendeten Selbstladepistolen und Maschinenpistolen verschossen werden.

## *.45 ACP (Automatic Colt Pistol)*

Diese Patrone wurde 1905 von John M. Browning für seine Colt-Pistole 1911 entwickelt. Bis 1985, als die amerikanischen Streitkräfte zusammen mit der Pistole Beretta 92F auch die 9 mm Para einführten, war die .45 ACP die Standard-Pistolenpatrone der US-amerikanischen Streitkräfte.

*9 mm Para Geco Action 3-Polizeipatrone*

| Kaliber | Geschossgewicht grains/Gramm | V0 in m/s | E0 in Joule |
|---|---|---|---|
| .45 ACP-FMJ | 230    14,9 | 260 | 504 |

*.45 ACP-Patronen von Winchester*

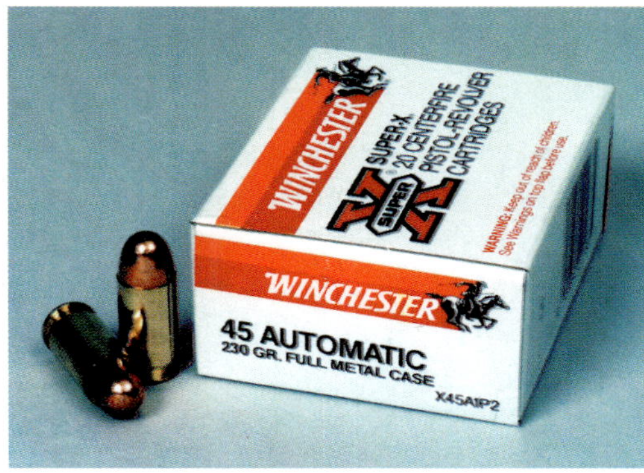


## *5,45 x 39 mm (Russisch)*

Diese russische Militärpatrone wurden 1974 für das neue AK-74-Sturmgewehr eingeführt, die Nachfolgewaffe der berühmten Kalashnikov AK-47.
1980 wurde in dem Fachmagazin „Soldier of Fortune" erstmals von der neuen Patrone durch Galern Geer berichtet. Er hatte Waffe und zugehörige Patrone in Afghanistan gesehen. Die erste Version der Patrone hatte eine Stahlhülse mit einem Berdan-Zündhütchen. Das Vollmantelgeschoss hatte keine komplette Bleifüllung, sondern hatte eine Art Luftloch vor der Spitze. Bei Auftreffen auf das Ziel wurde das sehr schnelle Geschoss deswegen sofort dermaßen instabil, dass es sich überschlagend eindrang und so bei Menschen besonders schwere Verletzungen verursachte.

| Kaliber | Geschossgewicht grains/Gramm | V0 in m/s | E0 in Joule |
|---|---|---|---|
| 5,45 x 39 | 54    3,5 | 899 | 1414 |

*Zeichnung der russischen Patrone 5,45 x 39 mm*

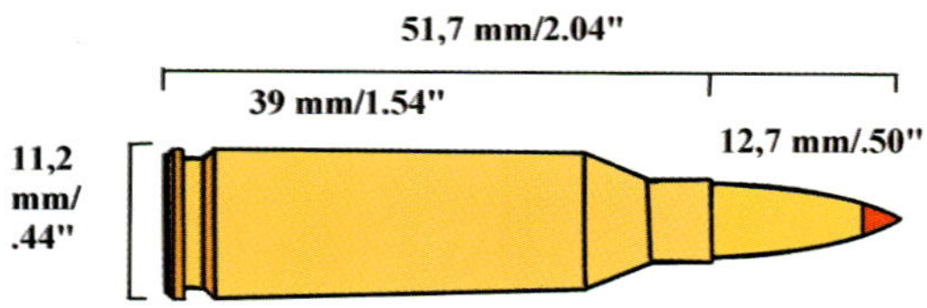


## *.223 Remington/5,56 x 45 mm NATO*

Die Entwicklung der Patrone .223 Remington ist eng verbunden mit der des US-amerikanischen militärischen Sturmgewehres, des AR-15, später bekannt geworden unter dem Namen M16, das dieses Kaliber aufweist. Das AR-15 wurde bei der Firma Armalite von Eugene Stoner entwickelt. Die Patrone selbst wurde von Robert Hutton, einem der Autoren des bekannten Waffenmagazins „Guns & Ammo" mit entwickelt.

Auf der Basis der vorhandenen .222 Remington kreierten Hutton und Stoner eine neue Patrone für das amerikanische Militär. Die US Army hatte dafür gefordert, dass das Geschoss in 500 Metern Entfernung noch eine Geschwindigkeit von 330 Meter pro Sekunde haben sollte.

1957 wurde die .223 Remington als Militärpatrone herausgebracht, ein Jahr später wurde sie auch für den zivilen Markt freigegeben. Obwohl immer noch vornehmlich Militärpatrone, ist Munition des Kalibers .223 Remington heute auch jagdlich äußerst populär, insbesondere auch, da es sich dabei um verhältnismäßig preisgünstige Munition handelt. Die .223 Remington wurde inzwischen auch als offizielle Munition der gesamten NATO-Streitkräfte eingeführt. 1964 wurde die .223 Remington als 5,56 mm Ball M193 offiziell als Standardmunition für die amerikanischen Militärgewehre eingeführt. Das 55 grains (3,56 Gramm) schwere Projektil hatte eine Anfangsgeschwindigkeit von 990 Meter pro Sekunde. Dann wurde die Patrone, in Kombination mit dem M16-Sturmgewehr in Vietnam intensiv unter kriegsmäßigen Bedingungen getestet. Diverse Beschwerden führten schließlich dazu, dass die .223er 1980 modifiziert wurde. Ursprünglich hatte der Lauf des M16 eine Dralllänge von 30,5 cm, das Geschoss drehte sich also auf dieser Länge einmal um die eigene Achse.

*Die 5,56 x 45 mm NATO oder .223 Rem. von MagTech/CBC*

Dann, 1980, verbesserte die belgische Firma FN die Schusspräzision des M16 maßgeblich – unter anderem lediglich dadurch, dass man die Dralllänge auf 17,8 cm verkürzte. Die neue Patrone wurde militärintern M855 genannt. Sie hat nun ein 4 Gramm (62 grains) schweres Projektil und entwickelt eine Mündungsgeschwindigkeit von 945 Meter pro Sekunde. Als 5,56 x 45 mm NATO ist sie nun Standardgewehrmunition der NATO. Inzwischen werden auch immer mehr leichte Maschinengewehre in dem Kaliber angeboten und militärisch verwendet.

In der Vergangenheit gab es die verschiedensten seltsamen Geschichten über die Wirkung des Kalibers .223 Remington. Eine davon war, dass angeblich bereits ein Arm- oder ein Beinstreifschuss ausreichen, um einen Menschen aufgrund der auftretenden Schockwirkung sofort zu töten. Es kommt jedoch nicht nur auf die Geschossgeschwindigkeit an, und ein .308-Projektil hat bereits etwa die doppelte Geschossenergie.

| Kaliber | Geschossgewicht grains/Gramm | | V0 in m/s | E0 in Joule |
|---|---|---|---|---|
| 5,56 mm M193 | 55 | 3,6 | 990 | 1764 |
| 5,56 mm M855 | 62 | 4,0 | 945 | 1786 |

Anmerkung: Erst 1979 hat das Sporting Arms and Ammunition Manufacturers Institute SAAMI davor gewarnt, Militärmunition aus handelsüblichen nichtmilitärischen Selbstladebüchsen zu verschießen. Wegen der minimal unterschiedlichen Dimensionen des Patronenlagers und des Übergangskonus (Freiraum zwischen Patronenlagerende und Beginn der Züge und Felder) sei es möglich, dass Gasüberdrucke auftreten.

## *5,7 x 28 mm FN-P90 (SS190)*

Dieses Kaliber wurde 1985 von dem belgischen Waffenkonzern FN für seine neue Maschinenpistole P90 sowie die halbautomatische Selbstladepistole „Five Seven" entwickelt. Zumindest FN hofft, mit seiner neuen „schnellen" Patrone über kurz oder lang einmal die 9 mm Para als NATO-Standardkaliber für Leichtwaffen ablösen zu können. Die 5,7 x 28 mm-Patrone ermöglicht Kampfentfernungen bis 200 Meter und ist in der Lage, eine schusssichere Weste mit 48 Kevlarlagen zu durchschlagen.

| Kaliber | Geschossgewicht grains/Gramm | | V0 in m/s | E0 in Joule |
|---|---|---|---|---|
| 5,7 x 28 mm | 93 | 6 | 715 | 1533 |

## *7,5 x 55 mm (Swiss)*

Dieses Kaliber wurde bereits 1885 für das Schweizer Schmidt-Rubin-Militärgewehr entwickelt. Waffe und zugehörige Patrone wurden 1889 von der Schweizer Armee eingeführt.

Ursprünglich wurde die 7,5 x 55 mm mit einem 213 grains (13,8 Gramm)-Geschoss hergestellt und hatte eine Anfangsgeschwindigkeit von 600 m/s. 1903 wurde sie modifiziert und man gab ihr ein 190 grains (12,3 Gramm) schweres Projektil; 1911 erhielt sie dann ein 174 grains (11,3 Gramm) schweres Geschoss.

| Kaliber | Geschossgewicht grains/Gramm | | V0 in m/s | E0 in Joule |
|---|---|---|---|---|
| 7,5 x 55 mm | 174 | 11,3 | 780 | 3437 |

*Die neue Patrone 5,7 x 28 mm von FN für die FN-Waffe P90*

*Schweizer Militärpatrone 7,5 x 55 mm*

## *.30-M1 Carbine*

Die .30-M1-Patrone wurde 1941 als Munition für den leichten Winchester .30-M1-Karabiner der amerikanischen Streitkräfte entwickelt.

Der kleine leichte Selbstladekarabiner sollte die .45 ACP-Armeepistole ergänzen. Er war dahingehend ein Kompromiss zwischen der militärischen Kurzwaffe und der regulären schweren militärischen Langwaffe. Nach dem Zweiten Weltkrieg verkauften die USA viele ihrer .30-M1-Karabiner überall auf der ganzen Welt an Polizei- und Sicherheitskräfte. Nach und nach wurden die .30-M1-Karabiner dann schließlich auch für das sportliche Gewehrschießen entdeckt. Der legendäre .30-M1-Karabiner wurde größtenteils von David Marshall „Carbine" Williams von der Winchester Repeating Arms Company entwickelt. Im Zweiten Weltkrieg wurden die .30-M1-Karabiner von verschiedensten Herstellern gebaut: von den Firmen Inland, Underwood,

*Die populäre Patrone .30-M1 Carbine (Winchester)*

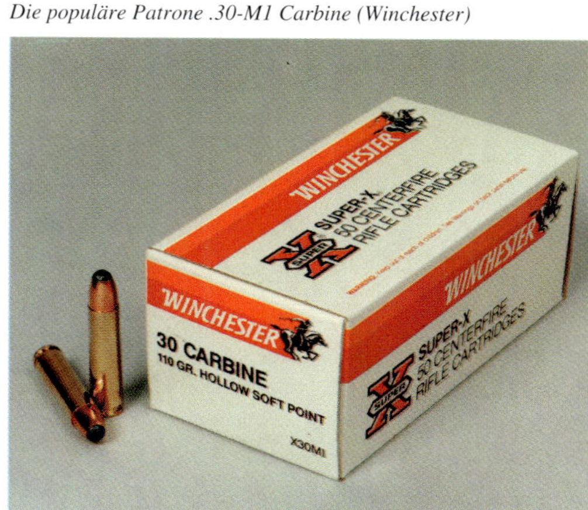

Quality Hardware & Machine Corporation (H.M.C.), Rock-Ola, Irwin-Pedersen, Saginaw, National Postal Meter, Standard Products und sogar von I.B.M.

| Kaliber | Geschossgewicht grains/Gramm | V0 in m/s | E0 in Joule |
|---|---|---|---|
| .30-M1 Carbine | 110 7,1 | 602 | 1287 |

## *7,62 x 39 mm (Russisch)*

Die Patrone ist militärisch das russische Gegenstück zur 7,62 x 51 mm, dem NATO-Kaliber .308 Winchester. Die 7,62 x 39 mm kam 1943 heraus. Zunächst war die Patrone für den russischen SKS-Karabiner vorgesehen, dann wurde sie aber schnell auch für das legendäre Kalashnikov AK-47 eingesetzt.

Die alte militärische 7,62 x 39 mm-Munition hat größtenteils noch ein lackiertes Stahlgeschoss. Nach dem Ende des Kalten Krieges und dem Fall des Eisernen Vorhangs wurde das Kaliber, dem sehr gute ballistische Eigenschaften nachgesagt werden, auch im Westen zugelassen. Inzwischen bietet sogar Colt die Zivilversion seines M16-Sturmgewehres auch im russischen Kaliber 7,62 x 39 mm an. Auch Ruger hat eine Version seines Mini-Ruger-Selbstladekarabiners im entsprechenden Kaliber auf den Markt gebracht.

*Eine 7,62 x 39 mm-Patrone von MagTech/CBS*

| Kaliber | Geschossgewicht grains/Gramm | V0 in m/s | E0 in Joule |
|---|---|---|---|
| 7,62 x 39 M43 | 122 7,9 | 710 | 1991 |

## *Kaliber .303 British*

Die .303 British ist ein Relikt aus den Zeiten des Britischen Empires. Sie wurde 1888 als offizielle britische Militärpatrone eingeführt und hat dann in allen englischen Kolonien, unter anderem in Afrika und Indien, ihren Dienst getan. Ursprünglich war für die Patrone eine Schwarzpulverladung vorgesehen, 1892 stellte man sie aber bereits auf Nitrozellulosepulver um.

Der Mythos des „Dum-Dum-Geschosses" ist vornehmlich mit der .303 British verbunden. Die offizielle Version hierzu lautet wie folgend: Von den Fronten habe es immer wieder Beschwerden über die angeblich schlechte Sofortwirkung der verwendeten Rundkopfgeschosse gegeben. Darauf habe der Army Captain B. Clay, der in der Waffenwerkstatt des Britischen Staatsarsenals in der indischen Stadt Dum Dum beschäftigt war, ein Expansionsgeschoss entwickelt, bei dem der Geschossmantel vorne offen war und so der Bleikern des Projektils sichtbar war. Die inoffizielle Version besagt, dass die britischen Soldaten die Wirkung ihrer Patrone auch als schlecht einstuften und deshalb selbst vorne am Geschoss den Stahlmantel auffeilten, um eine Aufpilzung und Zerlegung des Geschosses im Körper des Feindes zu bewirken. Als man dies offiziell bemerkte, war es einfach, eine solche Patrone auch im Werk herzustellen.

1892 modifizierte man die .303 für rauchloses Nitropulver. 1910 wurde das Rundkopfgeschoss offiziell von einem Spitzkopfprojektil abgelöst, der Version Mk VII. Dieses Geschoss mit Bleikern hatte eine Geschossspitze, die mit Aluminium oder mit synthetischem Fibermaterial gefüllt war. Ursprünglich war die .303 British für die Verwendung in der Lee-Metford Mk I-Militärbüchse vorgesehen. Als diese Waffe 1895 vom Lee Enfield-Gewehr, dessen Lauf tiefere Züge und Felder hatte, abgelöst wurde, verwendete man sie auch hierfür. Nach dem Zweiten Weltkrieg wurde die .303 dann praktisch überall

*.303 British-Gewehrpatrone von Winchester*

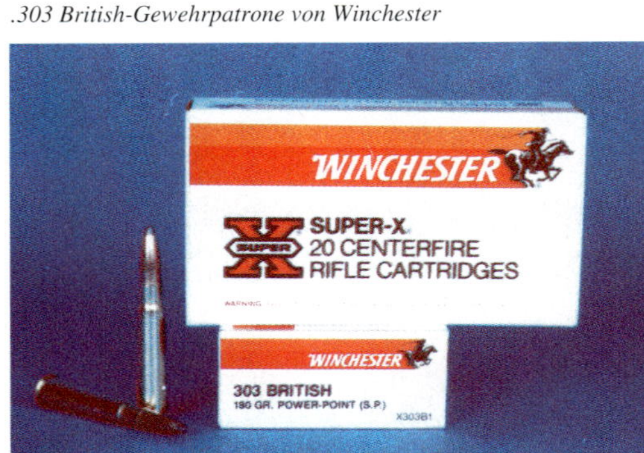

von der 7,62 x 51 mm, der NATO-Patrone .308 Winchester, abgelöst.

| Kaliber | Geschossgewicht grains/Gramm | | V0 in m/s | E0 in Joule |
|---|---|---|---|---|
| .303 Br.Mk VII | 174 | 11,3 | 744 | 3127 |

## .30-06 Springfield

Die Patrone .30-06 wurde von den US-amerikanischen Streitkräften 1906 für den Springfield-Militärrepetierer Modell 1903 eingeführt. Ihr Name leitet sich davon ab, dass es sich dabei um ein .30er Kaliber (7,62 mm) handelt und die Waffe eben (19)06 eingeführt wurde. Die Zusatzbezeichnung „Springfield" basiert auf dem U.S. Springfield Arsenal, das bis in die 50er Jahre das staatliche Waffenarsenal der Amerikaner war.
Ursprünglich hatte die Patrone ein Rundkopfgeschoss, das 220 grains (14,3 Gramm) wog; dieses entwickelte eine Mündungsenergie von etwa 700 m/s. Dann änderte man sie zunächst dahingehend ab, dass ihr Geschossgewicht auf 150 grains (9,7 Gramm) gesenkt wurde. Die Patrone wurde dann offiziell „Ball Cartridge, calibre 30, Modell of 1906" genannt, was verkürzt als .30-06 ausgedrückt wurde. 1926 änderte man das Geschossgewicht erneut (172 grains/11,1 Gramm) und man nannte die Patrone dann militärisch „Ball, calibre 30, M1". 1940 wurde das alte 150 grains-Geschoss wieder eingeführt, was zur Bezeichnung „M2" führte.
Man verwendete die .30-06 in dieser Ausführung während des Zweiten Weltkrieges in der halbautomatischen Garand-Büchse, weil dieses Gewehr das schwerere 172 grains-Geschoss nicht „vertrug". Nach und nach wurde die .30-06 Springfield dann überall von der 7,62 x 51 mm NATO-Patrone abgelöst.

| Kaliber | Geschossgewicht grains/Gramm | | V0 in m/s | E0 in Joule |
|---|---|---|---|---|
| .30-06 M1903 | 220 | 14,3 | 700 | 3504 |
| .30-06 M1 | 172 | 11,1 | 805 | 3597 |
| .30-06 M2 | 150 | 9,7 | 832 | 3357 |

## .308 Winchester

Die .308 Winchester wurde nach dem Zweiten Weltkrieg als offizielle Ordonnanzpatrone des amerikanischen Militärs eingeführt. Die militärische Bezeichnung der Munition ist 7,62 x 51 mm NATO, da sie 1953 als offizielles NATO-Kaliber eingeführt wurde.
Bereits 1952 hatte die Firma Winchester die Genehmigung erhalten, die .308 auch als zivile Munition auf den Markt zu bringen. In der amerikanischen Armee wurde die .308 zur Munition für das M1A-Selbstladegewehr, auch bekannt unter dem Namen Springfield M14, und das M60-MG.
Und auch die europäischen Selbstlade-Sturmgewehre, insbesondere das berühmte FN-FAL und dann auch das deutsche G3 waren auf die Munition eingerichtet. Die .308 Win. blieb bis 1980 NATO-Standardkaliber. Dann wurde die .223 Rem. (5,56 x 45 mm) Standard; die .308 wurde aber für verschiedene Maschinengewehre und auch für militärische Scharfschützenbüchsen beibehalten.

| Kaliber | Geschossgewicht grains/Gramm | | V0 in m/s | E0 in Joule |
|---|---|---|---|---|
| .308 Win., Ball M80 | 150 | 9,7 | 838 | 3405 |
| .308 Win., Ball M852 | 168 | 10,9 | 811 | 3585 |

## .300 Winchester Magnum

Die .300 Winchester Magnum wurde ursprünglich als Jagdpatrone entwickelt. Sie wurde 1963 zusammen mit deren berühmten Modell 70-Repetierbüchse von der Firma Winchester auf den Markt ge-

*Die .30-06 Springfield-Patrone (MagTech/CBC)*

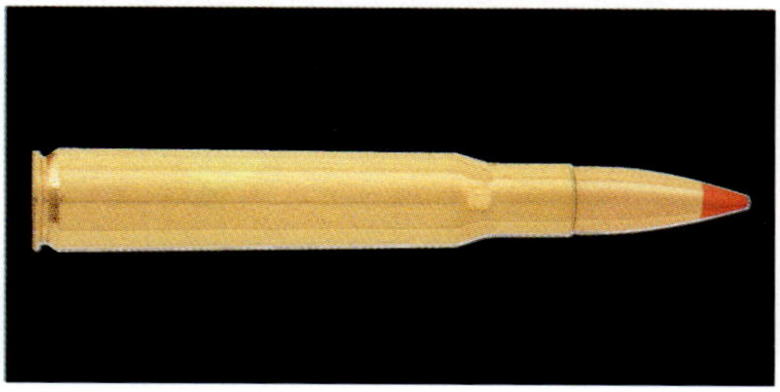

*Die .308 Winchester oder 7,62 x 51 mm NATO (MagTech/CBC)*

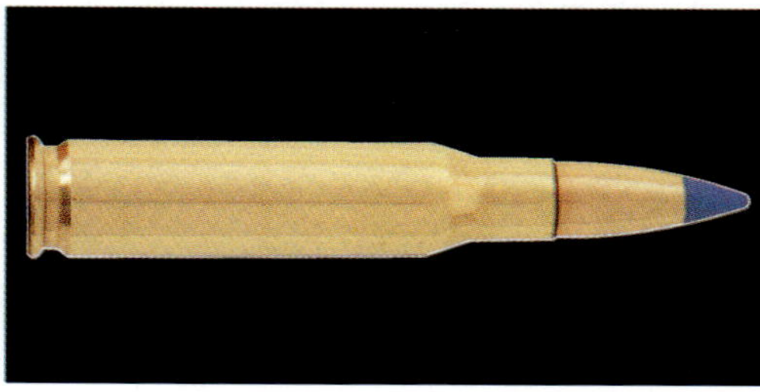

Patrone .300 Winchester Magnum

Die russische Patrone 7,62 x 54R (7,62 x 53R)

bracht. Die Patrone basiert auf der schwereren .338 Winchester Magnum. Für militärische Zwecke war die .300 Winchester Magnum eigentlich nie sonderlich gebräuchlich, dafür ist sie bei Präzisionsschützen wegen ihrer gestreckten Laufbahn beliebt.

| Kaliber | Geschossgewicht grains/Gramm | | V0 in m/s | E0 in Joule |
|---|---|---|---|---|
| .300 Win.Mag. | 150 | 9,7 | 1003 | 4889 |
| .300 Win.Mag. | 180 | 11,6 | 902 | 4743 |

## *7,62 x 54R*

Die russische Patrone 7,62 x 54R wird gleichzeitig auch als 7,62 x 53R bezeichnet. Die Patrone stammt bereits von 1891 und war zunächst für das Mosin-Nagant-Repetiergewehr 1891 vorgesehen. Ursprünglich hatte die 7,62 x 54R ein Rundkopfgeschoss, 1909 wurde sie aber als 150 grains-Spitzkopfgeschoss herausgebracht und beim russischen Militär eingeführt. Die Patrone war während des Zweiten Weltkrieges das russische Standardkaliber. Heute wird sie noch für Maschinengewehr und das legendäre SVO Dragunov-Scharfschützengewehr verwendet.

| Kaliber | Geschossgewicht grains/Gramm | | V0 in m/s | E0 in Joule |
|---|---|---|---|---|
| 7,62 x 54R | 150 | 9,7 | 853 | 3536 |

## *8 x 57 mm/8 mm Mauser*

Die Patrone 7,9 x 57 mm Mauser wird fast ausschließlich als 8 x 57 mm Mauser oder auch nur als 8 mm Mauser bezeichnet. Sie wurde bereits 1888 als Militärpatrone entwickelt. Ursprünglich wurde das Kaliber von der österreichischen Mannlicher-Patrone abgeleitet. Man gab der neuen Patrone damals auch den Zusatz „J" oder „I" (beides für „Infanterie"). Der Durchmesser des Geschosses betrug 8,08 Millimeter. Ihr Rundkopfgeschoss wog 14,6 Gramm und hatte eine Mündungsgeschwindigkeit von 637 m/s. 1905 wurde die 8 x 57 mm modifiziert, die ansonsten übernommene Kaliberbezeichnung erhielt nun im weiteren den Zusatz „S" für „stark" (8 x 57 JS). Da der Geschossdurchmesser auf 8,20 Millimeter erhöht wurde (Spitzkopfgeschoss; Gewicht: 9,97 Gramm, Mündungsgeschwin-

Die Patrone 8 x 57 mm Mauser

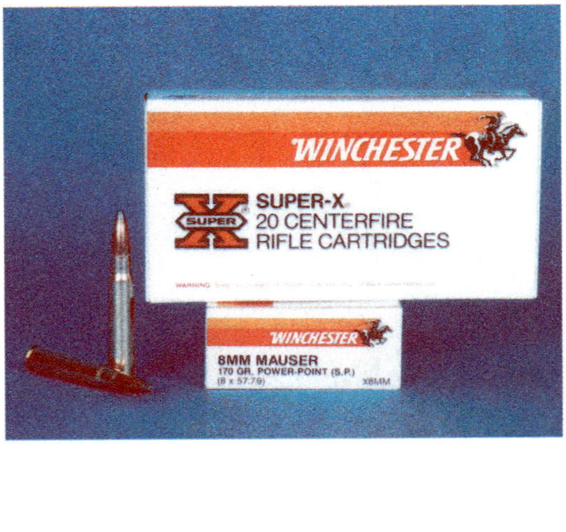

digkeit: 878 m/s), steht „stark“ allerdings nicht für eine stärkere Pulverladung, sondern für ein „stärkeres“, größeres Geschoss. Wegen des „stärkeren“ Geschosses sind tunlichst keine 8 x 57 JS-Patronen aus Waffen zu verschießen, die für das Kaliber 8 x 57 J bestimmt sind.
Das reine J-Kaliber hatte nur noch das alte Mauser-„Kommiss“-Gewehr von 1888, alle weiteren Mauser-Militärwaffen waren bereits für das JS-Kaliber eingerichtet.

| Kaliber | Geschossgewicht grains/Gramm | | V0 in m/s | E0 in Joule |
|---|---|---|---|---|
| 8 x 57J | 226 | 14,6 | 637 | 2962 |
| 8 x 57JS | 154 | 9,97 | 878 | 3843 |

## .338 Winchester Magnum

Die Patrone .338 Winchester Magnum wurde 1959 von der Firma Winchester für die Winchester-Repetierbüchse Modell 70 Alaskan herausgebracht. Diese Waffe war als weitreichende Büchse zur Jagd auf Eisbären gedacht.
Einige Jahre später brachte auch Remington einige seiner Remington 700-Büchsen für das Kaliber .338 Winchester Magnum heraus. Auf der Basis dieses Modells stellte die Firma dann nach und nach zu verschiedenen Anlässen einige spezielle Scharfschützen-Repetierbüchsen vor, insbesondere solche für den Einsatz bei polizeilichen Spezialeinheiten. Die Patrone ist schwächer als die .338 Lapua Magnum, sie wird aber vor allem in den USA und in Südamerika sehr gerne als polizeiliche Präzisionsschützenpatrone verwendet.

*.338 Winchester Magnum Präzisionsschützenpatrone*

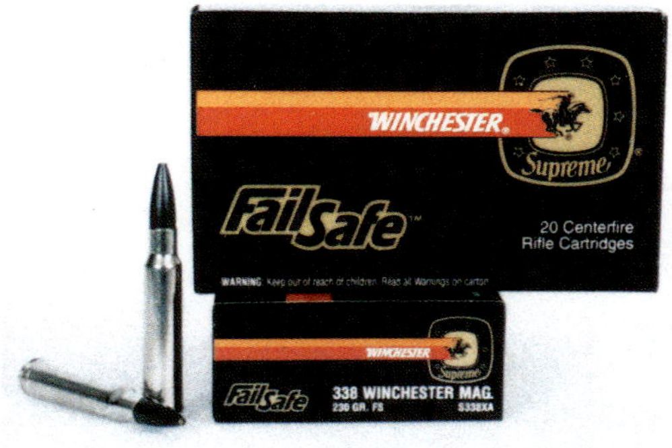


| Kaliber | Geschossgewicht grains/Gramm | | V0 in m/s | E0 in Joule |
|---|---|---|---|---|
| .338 Win.Mag. | 200 | 12,96 | 902 | 5272 |
| .338 Win.Mag. | 250 | 16,2 | 811 | 5328 |

## .338 Lapua Magnum

1983 begann das American Research Institute der Research Armament Co. im Auftrag der US-Marine damit, für diese eine neue, besonders starke Scharfschützenpatrone zu entwickeln. Dafür zog man den Hülsenmund einer .416 Rigby-Großwildpatrone auf den Durchmesser eines .338er Projektils ein. Dadurch wollte man einem 250 grains (16,2 Gramm) schweren Geschoss eine Anfangsgeschwindigkeit von etwa 915 m/s geben. Die Zielenergie so eines Geschosses war damit enorm. 1985 war die Patrone fertig. Das Geschoss wurde von Hornady hergestellt, die Patronenhülse von Brass Extrusions Labs Ltd., die zugehörige Repetierbüchse lieferte die Firma Research Armament. Dann erst übernahm das finnische Unternehmen Lapua die kommerzielle Produktion der Patrone, was schließlich auch zu deren Namensgebung führte.

| Kaliber | Geschossgewicht grains/Gramm | | V0 in m/s | E0 in Joule |
|---|---|---|---|---|
| .338 Lapua Magnum | 250 | 16,2 | 915 | 6782 |

## .50 BMG (Browning Machine Gun)

Das Kaliber .50 BMG wurde 1921 von dem bekannten amerikanischen Waffenkonstrukteur John Moses Browning entwickelt, als Munition für das ebenfalls von ihm konstruierte Browning-Maschinengewehr. 1923 wurde das Browning-MG bei der amerikanischen Armee eingeführt. Es ist bezeichnend, dass nach mehr als 75 Jahren immer noch Waffen dieses Kalibers von den NATO-Streitkräften eingesetzt werden, vornehmlich als schwere MGs auf Panzern und als Fliegerabwehr-MGs.

*.338 Lapua Magnum Präzisionsschützenpatrone*

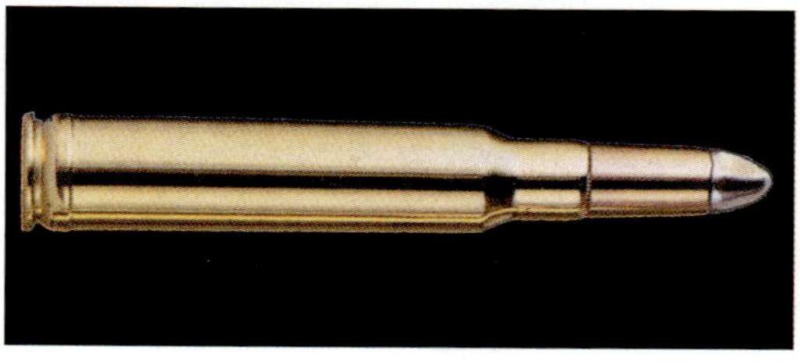

*Die riesige Patrone .50 BMG (Browning Machine Gun) von Mag-Tech/CBC*

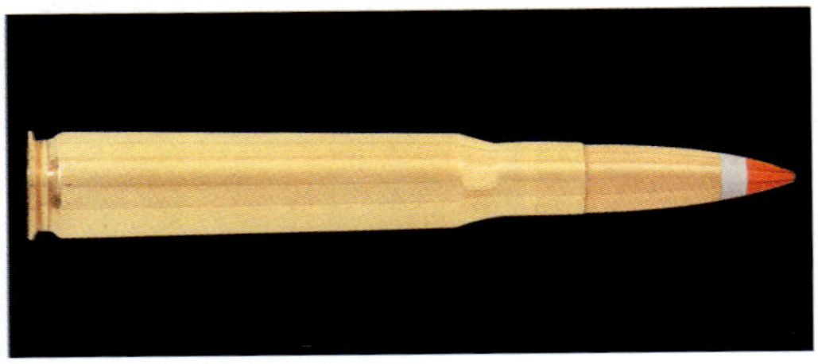

Inzwischen gibt es auch Repetierbüchsen in diesem immensen Kaliber zum militärischen Präzisionsschießen auf Entfernungen von über 1500 Metern. Die ersten Hersteller, die Präzisionsrepetierbüchsen in .50 BMG herausgebracht haben, waren die amerikanischen Firmen Barrett, McMillan und Harris. Die Geschossenergie der .50 BMG ist enorm groß. Nur schwer gepanzerte Fahrzeuge, etwa heutige, moderne Panzer, halten einem Beschuss mit diesem Kaliber stand.

| Kaliber | Geschossgewicht grains/Gramm | V0 in m/s | E0 in Joule |
|---|---|---|---|
| .50 BMG, M33 | 668 43,2 | 884 | 16880 |
| .50 BMG, M2 | 720 46,7 | 853 | 16990 |

## *Munition für Militar- und Polizeiflinten*

Zur Verwendung in kurzen, kampfmäßigen (Combat-)Flinten gibt es die verschiedensten Munitionen. Am bekanntesten ist das Flintenlaufgeschoss, auch Slug genannt. In Europa ist der Markenname „Brenneke“ ein Synomym dafür. Es gibt aber, vor allem in den USA, noch verschiedene andere Hersteller von Slug-Flintenpatronen, etwa Remington und Federal. Polizeilich wird auch häufig so genannte Buckshot-Flintenmunition verwendet. Flintenpatronen dieser Art enthalten sieben bis neun Bleikugeln. Zusätzlich zu den eingeführten kampfmäßigen Flintenpatronen gibt es auch noch diverse Sonder- und Prototypen verschiedener Firmen. Aus einer Patrone wird dabei zum Beispiel ein so genanntes Flechettenprojektil verschossen. Dabei handelt es sich um

*Buckshot-Flintenpatronen der Firma Remington*

*Verschiedene Zielscheiben der Firma Remington*

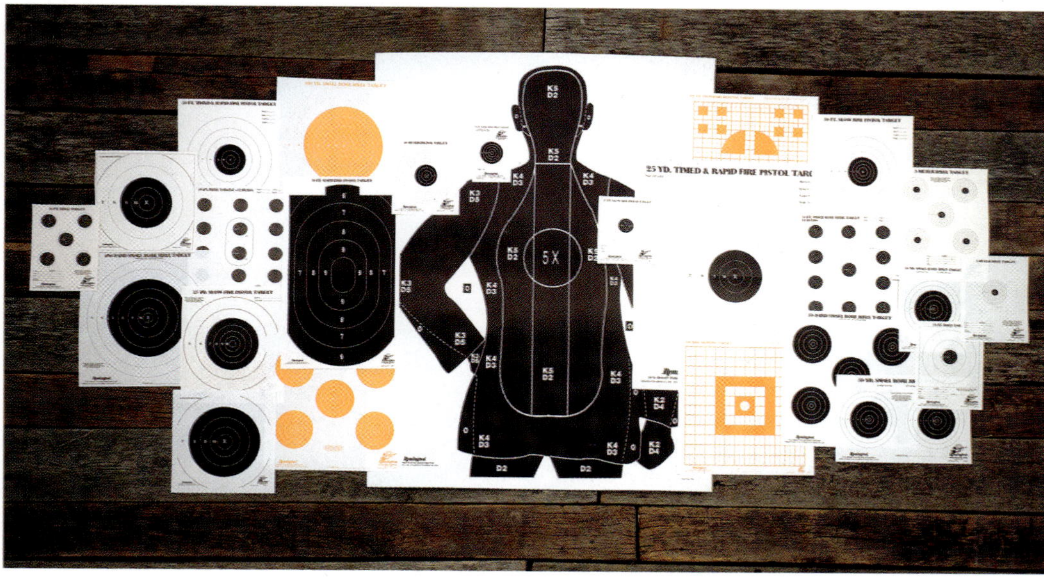

*Rottweil-Flintenpatrone mit Brenneke-Flintenlaufgeschoss (Slug)*

eine Art Pfeilgeschoss. Andere Flintenlaufgeschosskonstruktionen bestehen aus einem unterkalibrigen, kegelformigen massiven Blei- oder Kupfergeschoss, das sich in einer Kunststoffumhüllung befindet, die das Geschoss innerhalb des Laufes „führt“, und die zu Boden fällt, sobald das Geschoss den Lauf verlassen hat. Üblicherweise werden Slugs nur aus zylindrischen, glatten Flintenläufen verschossen. Es gibt aber auch Flinten im Kaliber 12, die gezogene Läufe aufweisen. Damit kann man auf Entfernungen von über 100 Metern recht zielgenau schießen.

| Kaliber | Geschossgewicht grains/Gramm | V0 in m/s | E0 in Joule |
|---|---|---|---|
| 12/76 Brenneke Slug | 39 460 | 3045 | |
| 12/76 Remington Slug | 1 oz. 28,35 | 488 | 3375 |

*Patrone von Remington mit Flintenlaufgeschoss*

*Schnitte durch die Brenneke-Slug-Patrone und durch die Express-Flintenpatrone mit Buckshot-Ladung von Rottweil*

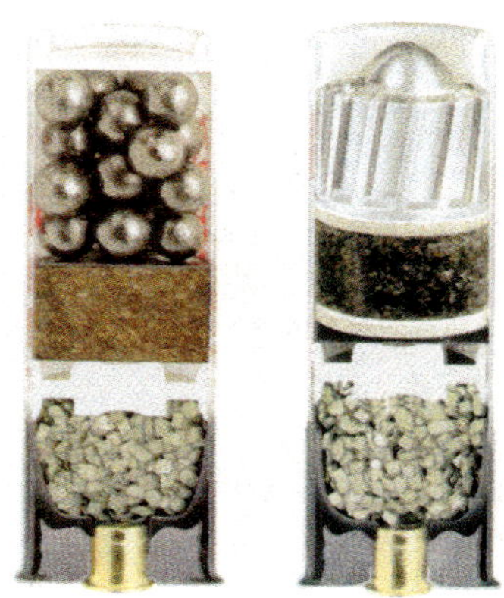

# Explosionszeichnungen

In dieser Enzyklopädie werden viele Begriffe verwendet, die für den Außenstehenden oft erst verständlich sind, wenn sie anhand der Explosionszeichnungen nachvollzogen werden können. Die meisten militärischen und polizeilichen Handfeuerwaffen haben in etwa das gleiche Funktionskonzept. Auch dieses lässt sich mittels der Explosionszeichnungen sehr gut erkennen und besser begreifen.

## *Halbautomatische Combat-Flinte (Riot Gun)*

Beachten Sie hierzu die Schnittzeichnung einer Benelli-Flinte (S. 76). Die Nummerierung in der Darstellung steht für folgende Waffenteile:

1. Röhrenmagazin
2. Patronenlager
3. Spanngriff
4. Verschlussstück
5. Sicherungsdruckknopf
6. Federführungsstange
7. Verschlussfeder
8. Hahn
9. Schlagbolzen
10. Verschlusskopf

## *Halbautomatische Militärbüchse*

Die Explosionszeichnung auf Seite 77 ist die des FAL-Sturmgewehres von FN, eines automatischen Militärgewehres „der ersten Generation".
Die wichtigsten Waffenteile sind nummeriert. Die Nummern stehen für Folgendes:

1. Schaft
2. Pistolengriff
3. Magazingehäuseboden
4. Magazinfeder
5. Patronenzuführungsstück
6. Magazingehäuse
7. Sicherung/Feuerwahlhebel
8. Abzug

8.a) Abzugsbügel

*Schnittdarstellung einer Benelli Riot Gun*

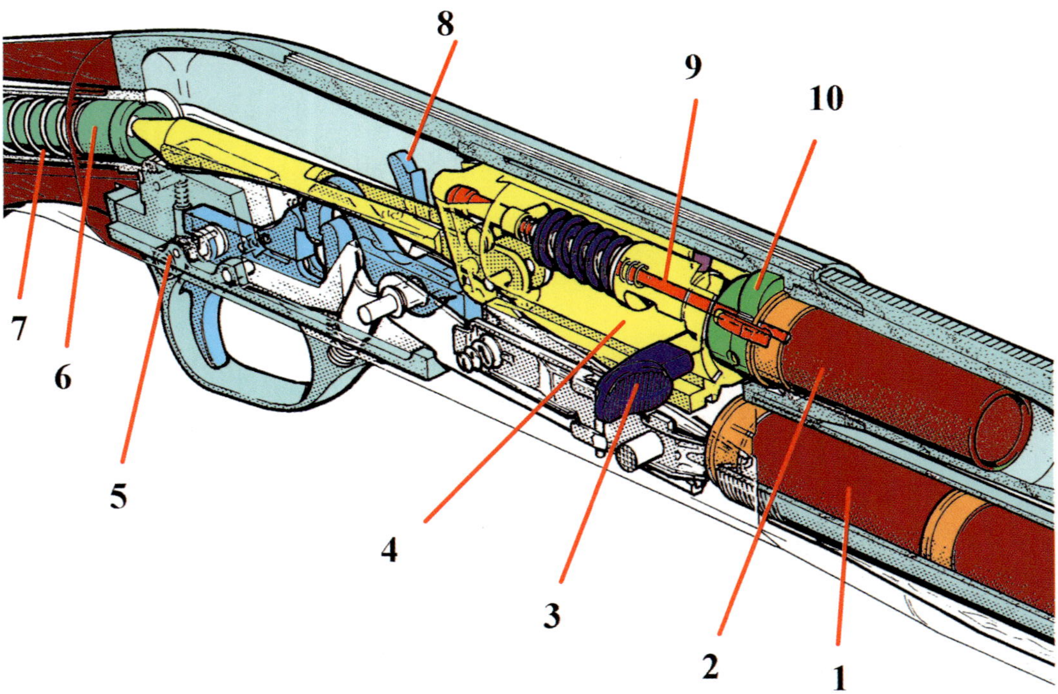

*Explosionszeichnung eines FN-FAL-Sturmgewehres*

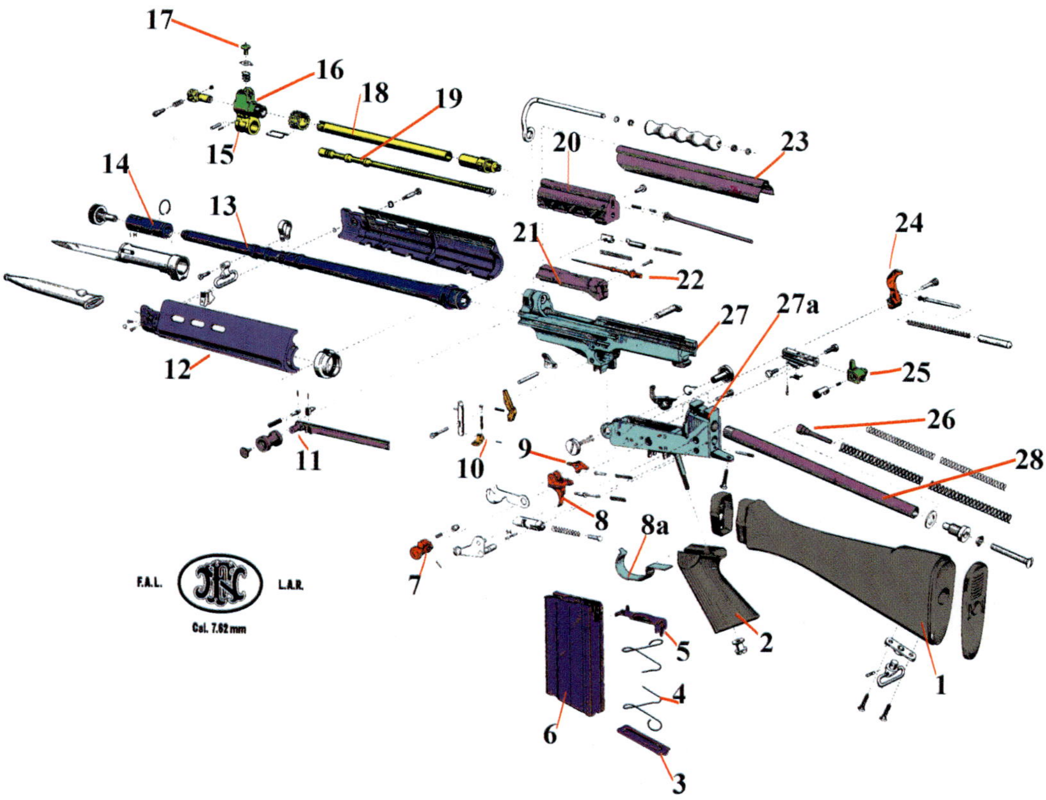


9. Abzugsstange
10. Magazinhalteknopf
11. Spannhebel
12. Handschutz
13. Lauf
14. Mündungsfeuerdämpfer
15. Gasblock
16. Kornsockel
17. Korn
18. Gaszylinder
19. Gaskolbenstange
20. Verschlussstück
21. Fallblockverriegelung
22. Schlagbolzen
23. Verschlussstückabdeckung
24. Schlaghahn
25. Dioptervisier
26. Verschlussfederführungsstange
27. vorderes Verschlussteil

27.a) Abzugsgehäuse

28. Verschlussfedergehäuse

## *Halbautomatischer Selbstladekarabiner*

Auf Seite 78 ist der kurze Ruger Mini-14-Selbstladekarabiner schematisch dargestellt.
Man kann hier gut die Unterschiede zwischen einer langen Büchse (allgemein: „Militärgewehr") und einem kürzeren Karabiner erkennen.
Die Nummern stehen für die folgenden Waffenteile:

1. Abzug
2. Abzugsstange
3. Sicherungshebel
4. Schlaghahn
5. Abzugsgehäuse
6. Abzugsbügel
7. Magazinhalteknopf
8. Magazingehäuse
9. Patronenzuführungsstück
10. Magazinfeder
11. Magazinbodenverschlussplatte
12. Magazinbodenplatte
13. Verschlussfanghebel

*Explosionszeichnung des Selbstladekarabiners Ruger Mini-14*

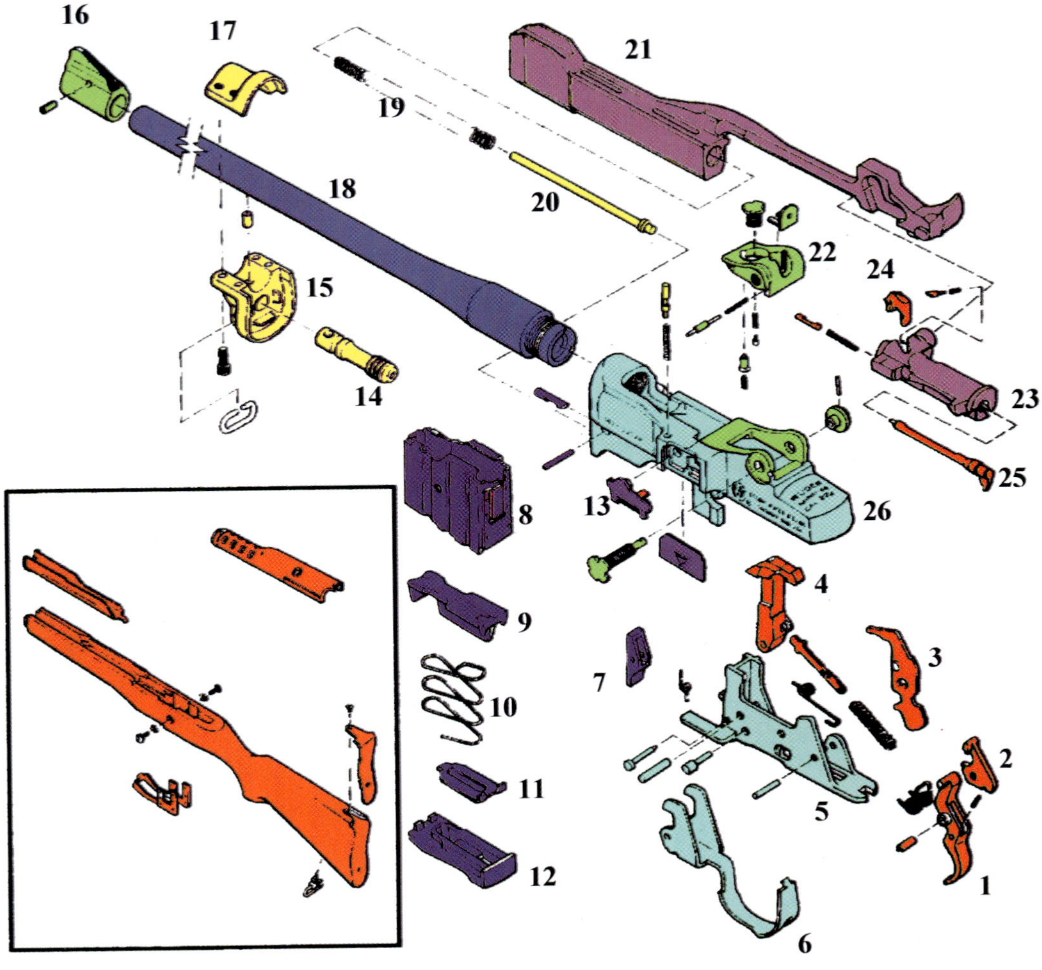


14. Gaskolben
15. Gaszylinder
16. Korn
17. Gaszylinderabdeckung
18. Lauf
19. Verschlussfeder
20. Verschlussfederführungsstange
21. Spannhebel mit Spannhebelschlitten
22. Dioptervisier
23. Verschlussstück
24. Patronenauszieher
25. Schlagstück
26. vorderes Verschlussteil

## *Vollautomatisches Sturmgewehr*

Als Beispiel für eine vollautomatische Waffe ist auf Seite 79 eine Beretta AR-70 abgebildet. Das als Nummer 43 angegebene Waffenteil ist der Freigabehebel, der die Abzugsstange (Nummer 56) von der Halterast im Schlagstück (Nummer 45) wegdrückt, sodass die Waffe weiter feuert, so lange der Abzug gedrückt gehalten wird. Ein weiteres interessantes Detail an der abgebildeten Waffe ist, dass die Verschlussfeder (Nummer 3) um die Gaskolbenstange (Nummer 2) herum angebracht ist, mit deren Hilfe das System automatisch repetiert.

Die dargestellten Waffenteile der Beretta AR-70 sind nachfolgend benannt:

1. Lauf
2. Gaskolbenstange

*Explosionszeichnung des Gewehres AR-70 von Beretta*

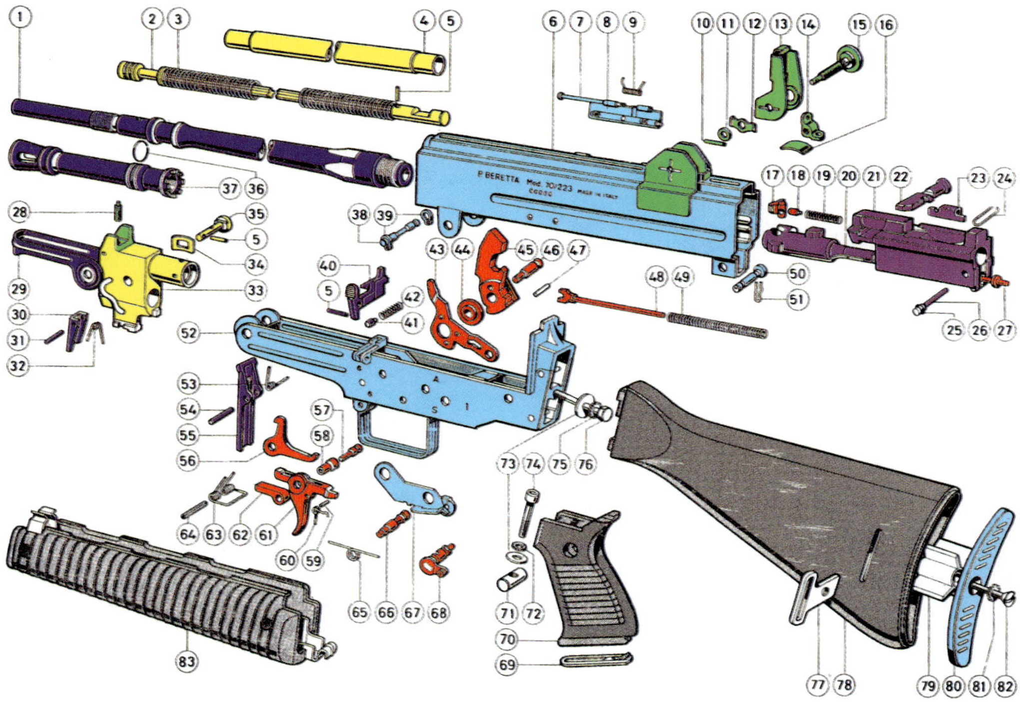

3. Verschlussfeder
4. Gaskolbengehäuse
5. Splint
6. Systemkasten
7. Auswerferscharnierquerstift
8. Auswerferabdeckung
9. Auswerferabdeckungsfeder
10. Dioptervisierverstiftung
11. Ring des Dioptervisiers
12. Feder für die Einstellung des Dioptervisiers
13. Dioptervisiergehäuse
14. Dioptervisier
15. Einstellung des Dioptervisiers
16. Dioptervisierfeder
17. Patronenauszieher
18. Patronenauszieherverstiftung
19. Patronenauszieherfeder
20. Verschlussstück
21. Verschlussgehäuse
22. Spanngriff
23. Spanngrifffangklinke
24. Spanngrifffeder
25. Schlagbolzenverschlusswellenricht
26. Schlagbolzenverschlusswelle
27. Schlagbolzen
28. Korn
29. Hebel für Granatwerfer
30. Gewehrgranatwerferklinke
31. Gewehrgranatwerferklinkenquerstift
32. Gewehrgranatwerferklinkenfeder
33. Gaszylinder
34. Gasregulatorfeder
35. Gasregulator
36. Verschlussring für Gewehrgranate
37. Gewehrgranatenaufsteckstück
38. Scharnierstift
39. Scharnierstiftringe (zwei)
40. Verschlussfanghebel
41. Verschlussfanghebelstift
42. Verschlussfanghebelfeder
43. Freigabehebel (vollautomatisches Feuer)
44. Schlaghahnquerstiftgehäuse
45. Schlaghahn
46. Schlaghahnquerstift
47. Schlaghahnfederverschlusswelle
48. Schlaghahnfederführungsstange
49. Schlaghahnfeder
50. Systemkastenverschlussquerstift
51. Systemkastenverschlussquerstiftfeder
52. Abzugsgehäuse
53. Magazinhalteknopffeder
54. Magazinhalteknopfquerstift
55. Magzinhalteknopf
56. Abzugsstange
57. Abzugsquerstift
58. Abzugsquerstiftgehäuse

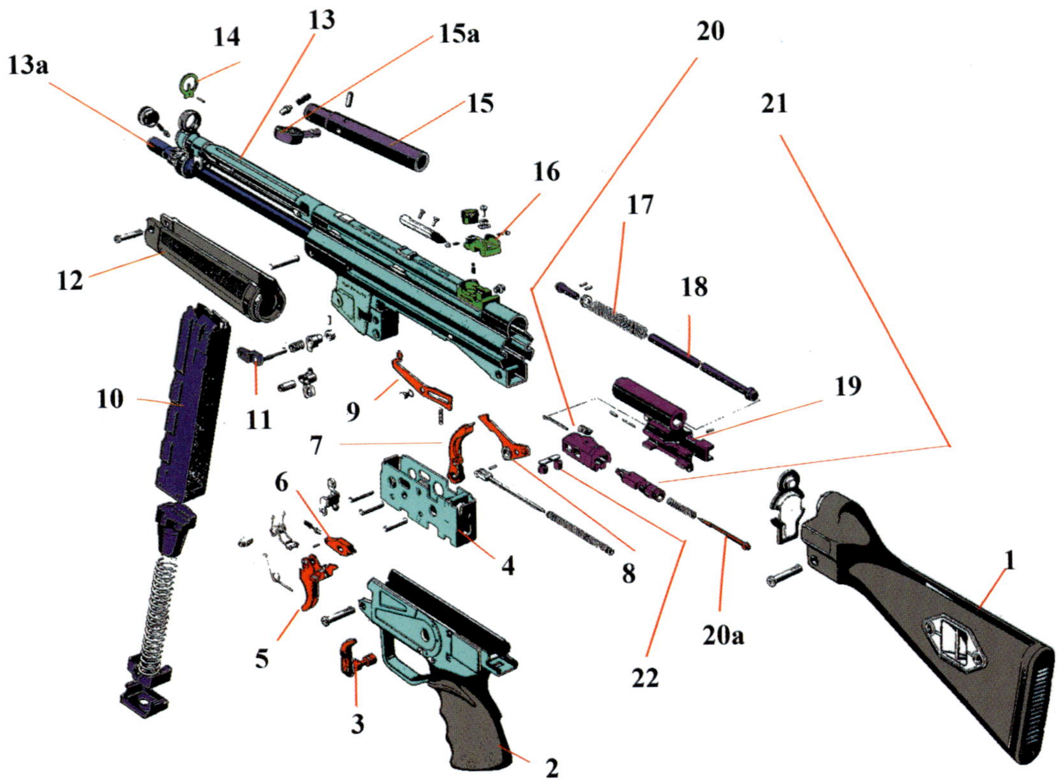


59. Abzugsstangenfederquerstift
60. Abzugsstangenfeder
61. Abzug
62. Freigabehebel
63. Abzugsfeder
64. Abzugsfederquerstift
65. Freigabehebelfeder
66. Freigabehebelquerstift
67. Freigabehebelquerstiftplatte
68. kombinierter Sicherungs- und Feuerwahl-drehhebel
69. Pistolengriffbodenplatte
70. Pistolengriff
71. Pistolengriffanschlussnut
72. Verschlussring
73. Scharnierstiftringe (zwei)
74. Pistolengiffkammer
75. Verschlussring
76. Schaftöse
77. Gewehrriemenöse
78. Schaft
79. Schaftkappenmutterführungsbüchse
80. Schaftkappe
81. Sicherungsmutter
82. Schaftkappenschraube
83. Handschutz

## *Maschinenpistole*

Die Explosionszeichnung auf Seite 80 zeigt die berühmte Maschinenpistole (MP) 5 von Heckler & Koch. Auch hier ist der Freigabehebel (Waffenteil Nummer 8) besonders hervorzuheben.
Durch den Freigabehebel, der die Abzugsstange wegdrückt, kann auch mit der MP5 vollautomatisch geschossen werden.

1. Schaft
2. Pistolengriff und Systemkasten
3. Sicherungs- und Feuerwahlhebel
4. Abzugsgehäuse
5. Abzug
6. Abzugsstange

*Explosionszeichnung des neuen Heckler & Koch-Sturmgewehres G36*

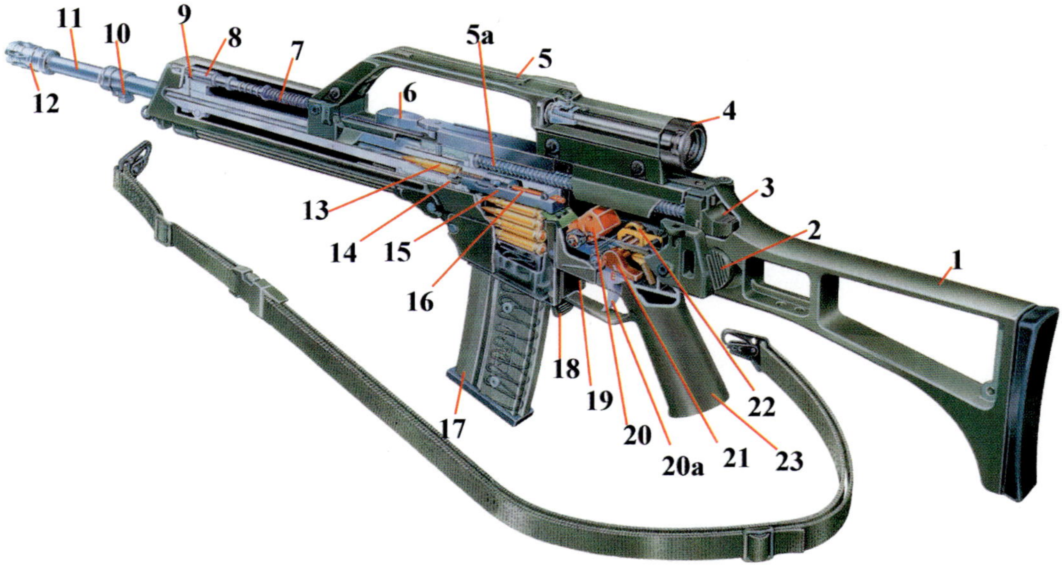


7. Schlaghahn
8. Freigabehebel
9. Auswerfer
10. Magazin
11. Magazinhalteknopf
12. Handschutz
13. Verschlussstückgehäuse
13.a) Lauf
14. Korn
15. Spannstange
15.a) Spannhebel
16. Trommeldioptervisier
17. Verschlussfeder
18. Verschlussfederführungsstange
19. Verschlussgehäuse
20. Verschlusskopf
20.a) Schlagbolzen
21. Lenkstück für Verriegelungsrollen
22. Verriegelungsrollen

## *Modernes Sturmgewehr*

Abschließend ist auf Seite 81 die Explosionszeichnung des neuen halb- und vollautomatischen Sturmgewehres (wahlweise auch 3-Schuss-Feuerstoß) der deutschen Bundeswehr, des Heckler & Koch G36, zu sehen.

In der Explosionszeichnung kann das Zusammenspiel der Einzelteile der Waffe deutlich erkannt werden.

1. Klappschaft
2. Klappschaftverriegelung
3. Systemkastenverriegelung
4. Zieloptik
5. Tragebügel
5.a) Verschlussfeder mit Federführungsstange
6. Spannhebel
7. Gaskolbenstange
8. Gaskolben
9. Gaskanal
10. Bayonettaufpflanzung
11. Lauf
12. Mündungsfeuerdämpfer
13. Patronenlager
14. Verschlusswarzen
15. Verschlussblock
16. Schlagbolzen
17. Magazin
18. Magazinhalteknopf
19. Verschlussfanghebel
20. Schlaghahn
20.a) Abzug
21. Sicherungs- und Feuerwahlhebel
22. Freigabehebel
23. Pistolengriff

# Militärwaffen von A-Z

A a

## Accuracy International

Die britische Firma Accuracy International, die ihren Sitz in Portsmouth hat, produziert vornehmlich Scharfschützenbüchsen für den militärischen und behördlichen Einsatz. 1982 entwickelte der Besitzer und Direktor der Firma die PM (Precision Magazine) Sniper Rifle. Diese Präzisionsschützenbüchse wurde 1986 als L96A1 bei der britischen Armee eingeführt. Einige Jahre später folgte eine modifizierte Variante, die als L97A1 eingeführt wurde. Diese Waffe war mit einem Schmidt & Bender-Zielfernrohr, 6 x 42, ausgerüstet.
Die PM-Büchse gab es in mehreren Versionen: als PM Counter-Terrorist, mit Optik, Schmidt & Bender, 6 x 42 oder 2,5–10 x 56, als PM Covert, mit Klappschaft, und als PM Infantry. Spätere Versionen bestanden aus der PM Long Range Sniper Rifle, Kaliber 7 mm Rem.Mag. oder .300 Win.Mag., mit Optik, S&B 12 x 42, der PM Moderate Rifle, mit Schalldämpfer für Subsonic-Munition, und der PM Super Magnum für das Kaliber .338 Lapua Magnum.
1992 wurde auf der Basis der PM-Büchse die Arctic Warfare (AW)-Scharfschützenbüchse entwickelt. In den späten 80er Jahren erhielt als erstes die schwedische Armee diese Waffe, bezeichnet als PSG-90.

*Logo der Firma Accuracy International (AI)*

ACCURACY INTERNATIONAL

Die AW-Serie besteht neben den militärischen Versionen auch aus der AW-Police, Kaliber .308 Winchester oder .243 Winchester.
Diese Waffe brachte die Firma AI 1997 auf den Markt. Sie hat einen Stainless-Lauf und ein S&B-Zielfernrohr, 3–12 x 50. Das Modell AWS (ausschließlich), bei dem S für „Silenced" steht, und auch das Modell AWM Super Magnum für die Kaliber .338 Lapua Magnum und .300 Win.Mag. gibt es mit eingebautem Schalldämpfer. Der Schaft des AWM-Modells besteht aus zwei Kunststoffplatten, die mit Muffenschrauben aneinander befestigt sind.
1997 gründete die Firma Accuracy International ein amerikanisches Tochterunternehmen in Oak Ridge, Tennessee, die Accuracy International North America Inc.

### *Accuracy International AW (Arctic Warfare)*

**TECHNISCHE DATEN**

| | |
|---|---|
| Kaliber: | .223 Rem. (5,56 NATO) oder .308 Win. (7,62 NATO) |
| Magazin: | herausnehmbar |
| Kapazität: | .223: 8 Patronen; .308: 10 Patronen |
| Magazinhalteknopf: | vor dem Abzugsbügel |
| System: | Repetierbüchse |
| Verschlussbedienung: | Kammerstängel |
| Feuerarten: | Einzelfeuer |

*AI AWM im Kaliber .338*

*AI AW im Koffer*

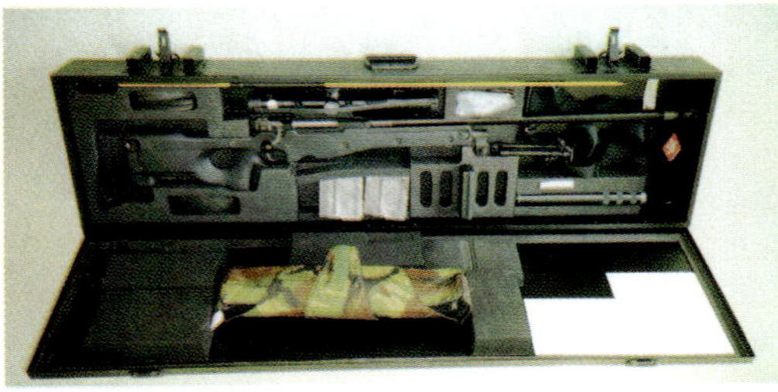

| | |
|---|---|
| Verriegelung: | 3 Verriegelungswarzen |
| Gesamtlänge: | 118 cm |
| Lauflänge: | 66 cm |
| Gesamtgewicht: | .223: 6,2 kg; .308: 5,9 kg |
| Visierung: | Zielfernrohr, Schmidt & Bender, 6 x 42 oder 10 x 42 MKII |
| Sicherung: | manuelle Sicherung rechts hinter dem Kammerstängel; Schlagbolzensicherung |
| Schaft: | grüner Kunststoffschaft, mit Daumenloch |

**BESONDERHEITEN**

Grün lackiert, einklappbares Zweibein, spezieller Mündungsfeuerdämpfer/Kompensator, speziell konstruiert zur Verwendung bei besonders niedrigen Temperaturen (bis -40°C). Wird in Metallkoffer ausgeliefert. Der Hinterschaft kann durch zusätzliche Verbindungsstücke individuell verlängert werden. Die Waffe ist bei verschiedenen NATO-Armeen eingeführt. Sie wird auch von polizeilichen Sondereinheiten diverser Länder verwendet.

## *Accuracy International AWM (Arctic Warfare Super Magnum)*

**TECHNISCHE DATEN**

| | |
|---|---|
| Kaliber: | .300 Win. Mag. oder .338 Lapua Mag. |
| Magazin: | herausnehmbar |
| Kapazität: | 5 Patronen |
| Magazinhalteknopf: | vor dem Abzugsbügel |
| System: | Repetierbüchse |
| Verschlussbedienung: | Kammerstängel |
| Feuerarten: | Einzelfeuer |

*AI AWM*

*AI AWM in .338*

| | |
|---|---|
| Verriegelung: | 6 Verriegelungswarzen |
| Gesamtlänge: | .300: 120 cm; .338: 123 cm |
| Lauflänge: | .300: 66 cm; .338: 68,6 cm |
| Gesamtgewicht: | .300: 7,1 kg; .338: 6,8 kg |
| Visierung: | Zielfernrohr, Schmidt & Bender, 10 x 42, 3–12 x 50 oder 4–16 x 50 MKII |
| Sicherung: | manuelle Sicherung rechts hinter dem Kammerstängel; Schlagbolzensicherung |
| Schaft: | grüner oder dunkelgrauer Kunststoffschaft, mit Daumenloch |

**BESONDERHEITEN**

Grün oder dunkelgrau lackiert, einklappbares Zweibein, spezieller Mündungsfeuerdämpfer/Kompensator, speziell konstruiert zur Verwendung bei besonders niedrigen Temperaturen (bis -40°C). Wird in Metallkoffer ausgeliefert. Der Hinterschaft kann durch zusätzliche Verbindungsstücke individuell verlängert werden. Das AWM, .300 Win.Mag., hat einen gefluteten Lauf. Die Waffe ist zum Beschießen von bis zu 1000 m entfernten Zielen vorgesehen.

## *Accuracy International AWP (Arctic Warfare Police)*

**TECHNISCHE DATEN**

| | |
|---|---|
| Kaliber: | .243 Win. oder .308 Win. (7,62 NATO) |
| Magazin: | herausnehmbar |
| Kapazität: | 10 Patronen |
| Magazinhalteknopf: | vor dem Abzugsbügel |
| System: | Repetierbüchse |
| Verschlussbedienung: | Kammerstängel |

*AI AWP*

*AI AWP Police Sniper Rifle*

| | |
|---|---|
| Feuerarten: | Einzelfeuer |
| Verriegelung: | 3 Verriegelungswarzen |
| Gesamtlänge: | 112 cm |
| Lauflänge: | 61 cm |
| Gesamtgewicht: | 6,5 kg |
| Visierung: | Zielfernrohr, Schmidt & Bender, 3–12 x 50 MKII |
| Sicherung: | manuelle Sicherung rechts hinter dem Kammerstängel; Schlagbolzensicherung |
| Schaft: | schwarzer Kunststoffschaft, mit Daumenloch |

**BESONDERHEITEN**

Schwarz lackiert, einklappbares Zweibein, speziell konstruiert zur Verwendung bei besonders niedrigen Temperaturen (bis -40°C). Wird in Metallkoffer ausgeliefert. Der Hinterschaft kann durch zusätzliche Verbindungsstücke verlängert werden. Sie wird v.a. für polizeiliche Spezialeinheiten hergestellt.

## *Accuracy International AWS (Arctic Warfare Silencer)*

**TECHNISCHE DATEN**

| | |
|---|---|
| Kaliber: | .308 Win. (Subsonic) |
| Magazin: | herausnehmbar |
| Kapazität: | 10 Patronen |
| Magazinhalteknopf: | vor dem Abzugsbügel |
| System: | Repetierbüchse |
| Verschlussbedienung: | Kammerstängel |
| Feuerarten: | Einzelfeuer |
| Verriegelung: | 3 Verriegelungswarzen |
| Gesamtlänge: | 120 cm |
| Lauflänge: | 66 cm |
| Gesamtgewicht: | 6 kg |
| Visierung: | Zielfernrohr, Schmidt & Bender, 6 x 42 oder 3–12 x 50 MKII |
| Sicherung: | manuelle Sicherung rechts hinter dem Kammerstängel; Schlagbolzensicherung |
| Schaft: | grüner Kunststoffschaft, mit Daumenloch |

*AI AWS*

**BESONDERHEITEN**

Grün lackiert, einklappbares Zweibein, im Lauf integrierter Schalldämpfer, speziell konstruiert zur Verwendung bei sehr niedrigen Temperaturen (bis -40°C). Wird in Kunststoffkoffer ausgeliefert. Der Hinterschaft kann durch zusätzliche Verbindungsstücke individuell verlängert werden. Die Waffe wird vornehmlich für Spezialeinheiten hergestellt.

## *Accuracy International AW50 (Arctic Warfare)*

**TECHNISCHE DATEN**

| | |
|---|---|
| Kaliber: | .50 BMG |
| Magazin: | herausnehmbar |
| Kapazität: | 5 Patronen |
| Magazinhalteknopf: | vor dem Abzugsbügel |
| System: | Repetierbüchse |
| Verschlussbedienung: | Kammerstängel |
| Feuerarten: | Einzelfeuer |
| Verriegelung: | 6 starke Verriegelungswarzen |
| Gesamtlänge: | 142 cm; mit eingeklapptem Schaft: 117 cm |
| Lauflänge: | 68,6 cm |
| Gesamtgewicht: | 15 kg |
| Visierung: | Zielfernrohr, Schmidt & Bender, 10 x 42, 3–12 x 50 oder 4–16 x 50 MKII |
| Sicherung: | manuelle Sicherung rechts hinter dem Kammerstängel; Schlagbolzensicherung |
| Schaft: | grüner Kunststoff-Klappschaft |

*AI AW50*

*AI AW50*

**BESONDERHEITEN**

Schwarz lackiert, einklappbares Zweibein, extra Bein unter dem Schaft, spezieller Mündungsfeuerdämpfer, Rückschlagdämpfungssystem, speziell konstruiert zur Verwendung bei besonders niedrigen Temperaturen (bis -40°C). Wird in Metallkoffer ausgeliefert. Diese schwere Scharfschützenbüchse ist für besonders weite Schussdistanzen konzipiert.

## Armalite

Die Armalite Division wurde 1954 als eine Tochtergesellschaft der Fairchild Engine & Airplane Corporation gegründet. Armalite wollte eine Linie von Waffen entwickeln, bei denen möglichest viele Aluminium-Legierungen und Kunststoffe aus der Flugzeug-Industrie verwendet werden. Das erste Konzept war das AR-3, entwickelt durch den Chefdesigner der Firma, Eugene Stoner. Der Entwurf resultierte in dem AR-10 und später schließlich in den AR-15 Gewehren. Das AR-10, entworfen von Stoner, wurde in Lizenz auch von den Niederländischen Artillerie-Einrichtungen in Zaandam hergestellt.

Nach einer Testreihe und Modifikationen in den Jahren 1955, 1956 und 1957 wurde die Armalite-Waffenreihe 1958 dahingehend erweitert, dass sie auch eine vollautomatische Karabinerversion, eine Präzisionsschützenversion und ein leichtes Maschinengewehr umfasste. 1959 gründete man eine weltweite Verkaufsabteilung. Die Firma Artillerie-Inrichtingen/Eurometaal im holländischen Zaandam sollte die neue Serie in Lizenz produzieren und Armalite hoffte auf große Armee-Aufträge. Bei den abschließenden Tests durch die holländische Armee wurde dann aber festgestellt, dass die Prüfungs-Waffe nach mehreren hundert Schüssen fatale Fehler produzierte; man sah deshalb vom Kauf der Armalite-Waffe ab. Es hält sich das Gerücht, dass ein hochrangiger Offizier die Testreihe abbrechen ließ, weil die Armeeführung und die niederländische Politik an einer anderen Entscheidung interessiert gewesen seien. Schließlich entschied man sich in Holland, das belgische FN-FAL-Sturmgewehr einzuführen. Man verkaufte die bereits vorhandenen Armalite-Waffen an den Sudan, Portugal und Guatemala. 1957 brachte das US-amerikanische Armee- und Verteidigungsministerium einen umfangreichen Forderungskatalog für ein neu einzuführendes Selbstlademilitärgewehr heraus. Bei der Waffe sollte es sich um eine Waffe in einem kleinen Kaliber handeln, die aber auf 300 yards (274,32 m) die gleichen ballistischen Eigenschaften wie eine Waffe im .30er Kaliber (7,62 mm) haben und die nicht mehr als 2,7 kg wiegen sollte. Armalite modifizierte sein Modell AR-10 für die Verwendung des Kaliber .222 Remington. Als allerdings die Forderung von den US-Offiziellen aufgestockt und die ballistische Forderung für eine Entfernung von bis zu 500 yards (457,2 m) gelten sollte, gab es ein Problem.

Deshalb entwickelte Armalite für seine Waffe die neue Patrone .222 Remington Special, später als .223 Remington bezeichnet. Die Waffe dafür erhielt den Namen AR-15. Obwohl klar war, dass noch einige Modifikationen eingebracht werden mussten, entsprach das neue Gewehr den Forderungen hervorragend. Modifiziert wurde das AR-15 etwa dahingehend, dass man an seiner Oberseite noch einen Tragegriff anbrachte und den Lauf mit einem besseren Mündungsfeuerdämpfer versah. Die Waffe hatte ursprünglich ein 30-Schuss-Magazin. Zur Gewichtsreduzierung wurde dann auch noch ein 20-Schuss-Magazin entwickelt. Dennoch – ein großer Rückschlag für Armalite – führte die U.S. Army 1958 nicht das AR-15, sondern den M14-Selbstlader, Kaliber .308 Winchester, ein. Armalite verlor dadurch

*Armalite-Logo*

das Interesse an seinem AR-15-Projekt und verkaufte die Rechte an die Firma Colt.

Colt wiederum entwickelte das AR-15 weiter und kam 1959 mit der modifizierten Version AR-15-01 auf den Markt. Man verkaufte diese Waffe zunächst an die Regierungen von Indien und Malaysia. Dann begann sich die U.S. Air Force für das neue Sturmgewehr zu interessieren, was dazu führte, dass das AR-15-01 1962 entgegen Widerständen im amerikanischen Kongress 1962 als Standardwaffe bei der Air Force, bei den Navy Seals und bei einer speziellen Militärberatertruppe in Vietnam eingeführt wurde. Und dann meldete auch die Army Interesse an. Im Herbst 1962 wurde die Waffe unter dem Namen XM-16 nochmals getestet. Dies führte dazu, dass 100 000 AR-15-Gewehre für die Luftlandetruppen und andere militärische Spezialeinheiten angeschafft wurden. 1963 verkürzte Colt die Laufdralllänge des Gewehres, um die ballistischen Eigenschaften der Waffe zu verbessern. Im gleichen Jahr erhielt die Waffe auf Betreiben der Army ihren so genannten Acceleratorknopf. Dieses Bedienteil wurde auf der rechten Seite des Systemkasten unter dem Spanngriff angebracht. Wenn das Verschlussstück, aus welchen Gründen auch immer, nicht komplett verriegelt, d.h. „stecken geblieben" ist, kann das Verschlussstück mittels des Acceleratorknopfes manuell nach vorn in die Verriegelungsstellung gebracht werden. Die geänderte Waffe erhielt die militärische Bezeichnung XM16E1.

Ende 1963 erhielt Colt dann den US-Regierungsauftrag zur Lieferung von 85 000 XM16E1 an die Army sowie 19 000 Waffen an die Air Force. Ab 1965 kamen dann die ersten Beschwerden über das Gewehr von den Truppen aus Vietnam. Viele davon waren zwar auf eine mangelhafte Wartung zurückzuführen, es gab aber auch durchaus ernst zu nehmende Probleme bezüglich des Patronenausziehers und des Nachlademechanismusses allgemein. Die Probleme wurden 1966 durch die Änderung verschiedener Waffenteile und die Verwendung einer modifizierten Patrone behoben. 1966 erhielt Colt einen zweiten Auftrag, diesmal zur Lieferung von 835 000 Sturmgewehren. Die Bezeichnung XM16E1 wurde 1967 in M16A1 abgeändert. Weil es immer noch zu Patronenauszugsproblemen kam, wurde die Waffe ab Mai 1967 mit einem verchromten Patronenlager ausgeliefert. Weil das US-Verteidigungsministerium den Umstand missbilligte, dass sein Militärgewehr nur von einem einzigen Hersteller, Colt, gefertigt wurde, kaufte die Regierung im Juni 1967 Colt die kompletten Herstellungsrechte daran für 4,5 Millionen Dollar ab. Sie zahlte außerdem eine Gebühr für jedes in Lizenz hergestellte M16. Die Waffen wurden von nun an auch von Hydra-Matic, einer Firma der General Motors-Gruppe, und von Harrington & Richardson hergestellt. 1982 wurde eine neue Waffenversion, das M16A1E1, vorgestellt, das später als M16A2 bezeichnet wurde. Diese Büchse hatte eine modifizierte Dioptervisierung und einen schweren Lauf mit einer noch kürzeren Dralllänge. Ihr Pistolengriff, ihr Schaft und ihr Mündungsdämpfer wurde ebenfalls verändert. Zudem war ihr Abzugs- und Feuermechanismus dahingehend geändert, dass nun auch 3-Schuss-Feuerstöße abgegeben werden konnten. Eine weitere neue Version war das M16A3 mit flacher Oberseite, das neben Einzelfeuer entweder nur mit vollautomatischem Feuer (Modell 091) oder zusätzlich mit 3-Schuss-Feuerstößen (Modell 905) zu erhalten ist. Die AR-15- und M16-Waffenreihe besteht aus diversen Variationen; von den normalen Modellen gibt es inzwischen etwa 20 und von denen mit schwerem Lauf auch schon mehr als 10. Auch von der kurzen Carbine-Version gibt es mehr als 10 Modifikationen. Die vollautomatischen M16-Waffen gibt es heute in 15 Arten, davon mehrere spezielle Kommandomodelle (XM177, XM177E1, XM177E2) der amerikanischen Armeespezialeinheiten. 1996 wurde die Firma Armalite von Eagle Arms übernommen, Armalite besteht aber unter seinem ursprünglichen Namen weiter.

## *Armalite AR-10A2*

**TECHNISCHE DATEN**

| | |
|---|---|
| Kaliber: | .308 Win. |
| Magazin: | herausnehmbar |
| Kapazität: | 10 oder 20 Patronen |
| Magazinhalteknopf: | auf der linken Seite des Magazinschachtes |
| System: | Selbstladewaffe (Gasdrucklader) |
| Verschlussbedienung: | Spanngriff |
| Feuerarten: | halbautomatisch (Einzelfeuer) |
| Verriegelung: | Rotationskammerverschluss mit 6 Verriegelungs- und 1 Sicherungswarze |

*Armalite AR-10A2*

| | |
|---|---|
| Gesamtlänge: | 104 cm |
| Lauflänge: | 50,8 cm |
| Gesamtgewicht: | 4,5 kg |
| Visierung: | Tragegriff mit verstellbarer Kimme und Korn in M16-Art |
| Sicherung: | manueller Sicherungshebel links am Systemkasten |
| Schaft: | Kunststoffschaft mit Pistolengriff |

### BESONDERHEITEN

Kunststoff-Handschutz, mattschwarze Oberfläche, Stainless-Steel-Lauf.

## *Armalite AR-10A4 Special Purpose Rifle*

### TECHNISCHE DATEN

| | |
|---|---|
| Kaliber: | .308 Win. |
| Magazin: | herausnehmbar |
| Kapazität: | 10 oder 20 Patronen |
| Magazinhalteknopf: | auf der linken Seite des Magazinschachtes |
| System: | Selbstladewaffe (Gasdrucklader) |
| Verschlussbedienung: | Spanngriff |
| Feuerarten: | halbautomatisch (Einzelfeuer) |
| Verriegelung: | Rotationskammerverschluss mit 6 Verriegelungs- und 1 Sicherungswarze |
| Gesamtlänge: | 104 cm |
| Lauflänge: | 50,8 cm; HBAR-Matchlauf, schwer |
| Gesamtgewicht: | 4,35 kg |
| Visierung: | Picatinny-Visiermontageschiene |
| Sicherung: | manueller Sicherungshebel links am Systemkasten |
| Schaft: | Kunststoffschaft mit Pistolengriff |

### BESONDERHEITEN

Kunststoff-Handschutz, mattschwarze Oberfläche, Chromstahl-Lauf.

## *Armalite AR-10A4 Carbine Stainless*

### TECHNISCHE DATEN

| | |
|---|---|
| Kaliber: | .308 Win. |
| Magazin: | herausnehmbar |
| Kapazität: | 10 oder 20 Patronen |

*Armalite AR-10A4 Special Purpose Rifle*

*Armalite AR-10A4 Carbine Stainless*

| | |
|---|---|
| Magazinhalteknopf: | auf der linken Seite des Magazinschachtes |
| System: | Selbstladewaffe (Gasdrucklader) |
| Verschlussbedienung: | Spanngriff |
| Feuerarten: | halbautomatisch (Einzelfeuer) |
| Verriegelung: | Rotationskammerverschluss mit 6 Verriegelungs- und 1 Sicherungswarze |
| Gesamtlänge: | 94,2 cm |
| Lauflänge: | 40,6 cm |
| Gesamtgewicht: | 4,1 kg |
| Visierung: | Picatinny-Visiermontageschiene |
| Sicherung: | manueller Sicherungshebel links am Systemkasten |
| Schaft: | Kunststoffschaft mit Pistolengriff |

### BESONDERHEITEN

Kunststoff-Handschutz, mattschwarze Oberfläche, Stainless-Steel-Lauf.

## *Armalite AR-10(T)*

### TECHNISCHE DATEN

| | |
|---|---|
| Kaliber: | .308 Win. |
| Magazin: | herausnehmbar |
| Kapazität: | 10 oder 20 Patronen |
| Magazinhalteknopf: | auf der linken Seite des Magazinschachtes |
| System: | Selbstladewaffe (Gasdrucklader) |
| Verschlussbedienung: | Spanngriff |
| Feuerarten: | halbautomatisch (Einzelfeuer) |
| Verriegelung: | Rotationskammerverschluss mit 6 Verriegelungs- und 1 Sicherungswarze |
| Gesamtlänge: | 110,5 cm |

*Armalite AR-10(T)*

| | |
|---|---|
| Lauflänge: | 61 cm |
| Gesamtgewicht: | 4,7 kg |
| Visierung: | Picatinny-Visiermontageschiene, Kornsockel |
| Sicherung: | manueller Sicherungshebel links am Systemkasten |
| Schaft: | Kunststoffschaft mit Pistolengriff |

**BESONDERHEITEN**

Gefluteter Kunststoff-Handschutz, mattschwarze Oberfläche, schwerer Stainless-Steel-Lauf.

## Armalite AR-10(T) Carbine

**TECHNISCHE DATEN**

| | |
|---|---|
| Kaliber: | .308 Win. |
| Magazin: | herausnehmbar |
| Kapazität: | 10 oder 20 Patronen |
| Magazinhalteknopf: | auf der linken Seite des Magazinschachtes |
| System: | Selbstladewaffe (Gasdrucklader) |
| Verschlussbedienung: | Spanngriff |
| Feuerarten: | halbautomatisch (Einzelfeuer) |
| Verriegelung: | Rotationskammerverschluss mit 6 Verriegelungs- und 1 Sicherungswarze |
| Gesamtlänge: | 94,2 cm |
| Lauflänge: | 40,6 cm |
| Gesamtgewicht: | 3,9 kg |
| Visierung: | Picatinny-Visiermontageschiene, Kornsockel |
| Sicherung: | manueller Sicherungshebel links am Systemkasten |
| Schaft: | Kunststoffschaft mit Pistolengriff |

**BESONDERHEITEN**

Gefluteter Kunststoff-Handschutz, mattschwarze Oberfläche, schwerer Stainless-Steel-Lauf.

## Armalite M15A2 Carbine

**TECHNISCHE DATEN**

| | |
|---|---|
| Kaliber: | .223 Rem. |
| Magazin: | herausnehmbar |
| Kapazität: | 7, 10, 20 oder 30 Patronen |

*Armalite AR-10(T) Carbine*

*Armalite M15A2 Carbine*

| | |
|---|---|
| Magazinhalteknopf: | auf der linken Seite des Magazinschachtes |
| System: | Selbstladewaffe (Gasdrucklader) |
| Verschlussbedienung: | Spanngriff |
| Feuerarten: | halbautomatisch (Einzelfeuer) |
| Verriegelung: | Rotationskammerverschluss mit 7 Verriegelungswarzen |
| Gesamtlänge: | 90,4 cm |
| Lauflänge: | 40,6 cm |
| Gesamtgewicht: | 3,2 kg |
| Visierung: | Tragegriff m. verstellb. Kimme u. Korn in M16-Art |
| Sicherung: | manueller Sicherungshebel links am Systemkasten |
| Schaft: | Kunststoffschaft mit Pistolengriff |

**BESONDERHEITEN**

Kunststoff-Handschutz, mattschwarze Oberfläche.

## Armalite M15A2 HBAR

**TECHNISCHE DATEN**

| | |
|---|---|
| Kaliber: | .223 Rem. |
| Magazin: | herausnehmbar |
| Kapazität: | 7, 10, 20 oder 30 Patronen |
| Magazinhalteknopf: | auf der linken Seite des Magazinschachtes |
| System: | Selbstladewaffe (Gasdrucklader) |
| Verschlussbedienung: | Spanngriff |
| Feuerarten: | halbautomatisch (Einzelfeuer) |
| Verriegelung: | Rotationskammerverschluss mit 7 Verriegelungswarzen |
| Gesamtlänge: | 97,5 cm |
| Lauflänge: | 50,8 cm |

*Armalite M15A2 HBAR*

| | |
|---|---|
| Gesamtgewicht: | 4,1 kg |
| Visierung: | Tragegriff mit verstellbarer Kimme und Korn in M16-Art |
| Sicherung: | manueller Sicherungshebel links am Systemkasten |
| Schaft: | Kunststoffschaft mit Pistolengriff |

**BESONDERHEITEN**

Kunststoff-Handschutz, mattschwarze Oberfläche. Schwerer Stainless-Stahl-Lauf mit Mündungsfeuerdämpfer.

## *Armalite M15A2 National Match*

**TECHNISCHE DATEN**

| | |
|---|---|
| Kaliber: | .223 Rem. |
| Magazin: | herausnehmbar |
| Kapazität: | 7, 10, 20 oder 30 Patronen |
| Magazinhalteknopf: | auf der linken Seite des Magazinschachtes |
| System: | Selbstladewaffe (Gasdrucklader) |
| Verschlussbedienung: | Spanngriff |
| Feuerarten: | halbautomatisch (Einzelfeuer) |
| Verriegelung: | Rotationskammerverschluss mit 7 Verriegelungswarzen |
| Gesamtlänge: | 97,5 cm |
| Lauflänge: | 50,8 cm |
| Gesamtgewicht: | 4,1 kg |
| Visierung: | Tragegriff mit verstellbarer Kimme und Korn in M16-Art |
| Sicherung: | manueller Sicherungshebel links am Systemkasten |
| Schaft: | Kunststoffschaft mit Pistolengriff |

**BESONDERHEITEN**

Gefluteter Kunststoff-Handschutz, mattschwarze Oberfläche. Schwerer Stainless-Stahl-Lauf mit Mündungsfeuerdämpfer.

## *Armalite M15A4 Carbine*

**TECHNISCHE DATEN**

| | |
|---|---|
| Kaliber: | .223 Rem. |

*Armalite M15A2 National Match*

*Armalite M15A4 Carbine*

| | |
|---|---|
| Magazin: | herausnehmbar |
| Kapazität: | 7, 10, 20 oder 30 Patronen |
| Magazinhalteknopf: | auf der linken Seite des Magazinschachtes |
| System: | Selbstladewaffe (Gasdrucklader) |
| Verschlussbedienung: | Spanngriff |
| Feuerarten: | halbautomatisch (Einzelfeuer) |
| Verriegelung: | Rotationskammerverschluss mit 7 Verriegelungswarzen |
| Gesamtlänge: | 90,4 cm |
| Lauflänge: | 40,6 cm |
| Gesamtgewicht: | 3,2 kg |
| Visierung: | Picatinny-Visiermontageschiene, Kornsockel |
| Sicherung: | manueller Sicherungshebel links am Systemkasten |
| Schaft: | Kunststoffschaft mit Pistolengriff |

**BESONDERHEITEN**

Kunststoff-Handschutz, mattschwarze Oberfläche.

## *Armalite M15A4 Special Purpose Rifle*

**TECHNISCHE DATEN**

| | |
|---|---|
| Kaliber: | .223 Rem. |
| Magazin: | herausnehmbar |
| Kapazität: | 7, 10, 20 oder 30 Patronen |
| Magazinhalteknopf: | auf der linken Seite des Magazinschachtes |
| System: | Selbstladewaffe (Gasdrucklader) |
| Verschlussbedienung: | Spanngriff |
| Feuerarten: | halbautomatisch (Einzelfeuer) |
| Verriegelung: | Rotationskammerverschluss mit 7 Verrieg.-warzen |
| Gesamtlänge: | 100,3 cm |

*Armalite M15A4 Special Purpose Rifle*

*Armalite M15A4 Carbine*

| | |
|---|---|
| Lauflänge: | 50,8 cm |
| Gesamtgewicht: | 3,5 kg |
| Visierung: | Picatinny-Visiermontageschiene, Kornsockel |
| Sicherung: | manueller Sicherungshebel links am Systemkasten |
| Schaft: | Kunststoffschaft mit Pistolengriff |

**BESONDERHEITEN**

Gefluteter Kunststoff-Handschutz, mattschwarze Oberfläche. Schwerer Chromstahl-Matchlauf.

## *Armalite M15A4(T)*

**TECHNISCHE DATEN**

| | |
|---|---|
| Kaliber: | .223 Rem. |
| Magazin: | herausnehmbar |
| Kapazität: | 7, 10, 20 oder 30 Patronen |
| Magazinhalteknopf: | auf der linken Seite des Magazinschachtes |
| System: | Selbstladewaffe (Gasdrucklader) |
| Verschlussbedienung: | Spanngriff |
| Feuerarten: | halbautomatisch (Einzelfeuer) |
| Verriegelung: | Rotationskammerverschluss mit 7 Verrieg.-warzen |
| Gesamtlänge: | 107,7 cm |
| Lauflänge: | 61 cm |
| Gesamtgewicht: | 4,2 kg |
| Visierung: | Picatinny-Visiermontageschiene, Kornsockel |
| Sicherung: | manueller Sicherungshebel links am Systemkasten |
| Schaft: | Kunststoffschaft mit Pistolengriff |

**BESONDERHEITEN**

Gefluteter Kunststoff-Handschutz, mattschwarze Oberfläche. Schwerer Stainless-Steel-Matchlauf.

## *ArmaLite M15A4(T) Carbine*

**TECHNISCHE DATEN**

| | |
|---|---|
| Kaliber: | .223 Rem. |
| Magazin: | herausnehmbar |
| Kapazität: | 7, 10, 20 oder 30 Patronen |
| Magazinhalteknopf: | auf der linken Seite des Magazinschachtes |
| System: | Selbstladewaffe (Gasdrucklader) |
| Verschlussbedienung: | Spanngriff |
| Feuerarten: | halbautomatisch (Einzelfeuer) |

*Armalite M15A4(T) Carbine*

| | |
|---|---|
| Verriegelung: | Rotationskammerverschluss mit 7 Verrieg.-warzen |
| Gesamtlänge: | 90,2 cm |
| Lauflänge: | 40,6 cm |
| Gesamtgewicht: | 3,4 kg |
| Visierung: | Picatinny-Visiermontageschiene, Kornsockel |
| Sicherung: | manueller Sicherungshebel links am Systemkasten |
| Schaft: | Kunststoffschaft mit Pistolengriff |

**BESONDERHEITEN**

Gefluteter Kunststoff-Handschutz, mattschwarze Oberfläche. Stainless-Steel-Lauf.

# Armament Technology

Armament Technology ist ein kleines Unternehmen, das sich vornehmlich auf die Produktion von Scharfschützengewehren spezialisiert hat. Die Firma wurde 1988 von Match-Schützen und Scharfschützen gegründet und hat ihren Sitz in Halifax, Kanada. Die Firmengründer wollten die Präzision der ohnehin schon legendären Scharfschützenbüchse M24 der US-Armee verbessern, und sie waren dabei außergewöhnlich erfolgreich. Fünf-Schuss-Gruppen auf 100 Meter hatten mit Norma Match-Patronen mit 168 grains HPBT-Geschoss einen Durchmesser zwischen 7,4 und 9,3 mm.

Das Armament Technology-Gewehr basiert auf der Remington 700. Der Lauf der Waffe hat einen besonders konstruierten, rechtsdrehenden Drall mit

*Armament Technology-Logo*

Armament Technology

*Arms Technology AT1-M24 Tactical Sniper, Typ 1*

fünf Zügen. Die Montageschiene für das Zielfernrohr entspricht den NATO-Spezifikationen. Der Kunststoffschaft ist mit Kevlar verstärkt; das System ist in einen Block aus Flugzeug-Aluminium gebettet.

Armament Technology liefert seine Präzisionsschützenbüchsen nicht nur an Sportschützen, sondern vor allem auch an spezielle Regierungsstellen in der ganzen Welt.

## *Arms Technology AT1-M24 Tactical Sniper, Typ 1*

### TECHNISCHE DATEN

| | |
|---|---|
| Kaliber: | .308 Win. (7,62 NATO) oder .300 Win.Mag. |
| Magazin: | fest oder herausnehmbar |
| Kapazität: | 5 Patronen (festes M.); 5 oder 10 Patronen (herausnehmbares M.) |
| Magazinhalteknopf: | nicht notwendig/links unter dem Magazinschacht |
| System: | Repetierbüchse |
| Verschlussbedienung: | Kammerstängel |
| Feuerarten: | Einzelfeuer |
| Verriegelung: | 2 Verriegelungswarzen (Remington 700) |
| Gesamtlänge: | 115 cm |
| Lauflänge: | 66 cm |
| Gesamtgewicht: | 6 kg |
| Visierung: | Zielfernrohr, Bausch & Lomb, 10-fach, oder nach Wahl |
| Sicherung: | manuelle Sicherung r. hinter dem Kammerstängel |
| Schaft: | Kevlar-verstärkter Kunststoffschaft |

### BESONDERHEITEN

Metallteile mit mattschwarzer Oberfläche, Harris-Zweibein.

## *Arms Technology AT1-M24 Tactical Sniper, Typ 2*

### TECHNISCHE DATEN

| | |
|---|---|
| Kaliber: | .308 Win. (7,62 NATO) oder .300 Win.Mag. |
| Magazin: | fest oder herausnehmbar |
| Kapazität: | 5 Patronen (festes M.); 5 oder 10 Patronen |
| Magazinhalteknopf: | nicht notwendig/links unter dem Magazinschacht |
| System: | Repetierbüchse |
| Verschlussbedienung: | Kammerstängel |
| Feuerarten: | Einzelfeuer |
| Verriegelung: | 2 Verriegelungswarzen (Remington 700) |
| Gesamtlänge: | 115 cm |
| Lauflänge: | 66 cm |
| Gesamtgewicht: | 6 kg |
| Visierung: | Zielfernrohr, Bausch & Lomb, 10-fach, o. n. Wahl |
| Sicherung: | man. Sicherung r. hinter dem Kammerstängel |
| Schaft: | Kevlarverstärkter Kunststoffschaft, mit verlängerbarer und verstellbarer Schaftkappe |

### BESONDERHEITEN

Metallteile mit mattschwarzer Oberfläche, Harris-Zweibein.

*Arms Technology AT1-M24 Tactical Sniper, Typ 2*

# Auto-Ordnance Corporation

Das Name Auto-Ordnance wird sofort mit dem Begriff „Tommy Gun“ in Verbindung gebracht. Diese legendäre Maschinenpistole wurde Ende des Ersten Weltkrieges von Brigadegeneral John T. Thompson entworfen.
Die amerikanische Firma Auto-Ordnance führte die Waffe 1919 als sog. Modell 1921 ein. Anfänglich war die MP als Waffe der amerikanischen Gangster-Ära bekannt. 1928 kaufte die amerikanische Regierung eine Anzahl für den Einsatz bei den Marines und der Küstenwache.
Nach Ausbruch des Zweiten Weltkriegs, bestand eine solche Nachfrage nach Tommy Guns, dass Auto-Ordnance nicht in der Lage war, sie in ausreichenden Stückzahlen herzustellen, deshalb übernahm Colt einen Großteil der Produktion. Während dieser Periode baute die Firma Colt etwa 15 000 Thompson-Maschinenpistolen für die amerikanische Armee. 1940 kam aus Großbritannien ein Großauftrag für das Thompson-Modell 1928-1.
Auto-Ordnance übergab der Firma Savage den Auftrag, die Waffen für diese Bestellung zu produzieren. Die späteren Modelle, wie etwa das M1 und das M1A1, waren auch Teil des britischen Auftrages. Insgesamt baute Savage mehr als 1,5 Millionen dieser Thompson-MPs. Die ersten Ausführungen der Tommy Gun besaßen das Blish-Verschlusssystem. Dabei handelt es sich um einen Verschluss mit zwei stählernen Riegelblöcken, die gegeneinanderlaufen und dadurch die Rückbewegung des Verschlussblockes verlangsamen. Diesem System wurde von der amerikanischen Regierung eine Absage erteilt, worauf man einen reinen Massenträgheitsverschluss verwendete. Ende 1942 wurde die Thompson-MP von der US-Maschinenpistole M3 abgelöst, deren Spitzname „Grease Gun“ war. Die Massenherstellung der M3-MP war erheblich kostengünstiger als die der Tommy Gun.
Die Grease Gun wurde von George Hyde und Frederick Sampson von der Firma Inland Manufacturing Division, die zu General Motors gehört, entworfen. Auto-Ordnance existierte als eine Firma weiter. Seit dem Zweiten Weltkrieg wurden dort weiter Thompson-MPs für Armee- und Polizei-Einheiten auf der ganzen Welt hergestellt.
Zudem baut Auto-Ordnance verschiedene Modelle der M1911-A1-Selbstladepistole.

## *Auto-Ordnance Thompson Model 1927A-1*

**TECHNISCHE DATEN**

| | |
|---|---|
| Kaliber: | .45 ACP |
| Magazin: | herausnehmbar, Stangen- oder Trommelmagazin |
| Kapazität: | 30 Patronen (Stangenmagazin), 50 oder 100 Patronen (Trommelmagazin) |
| Magazinhalteknopf: | auf der linken Seite des Systemkastens über dem Abzug |
| System: | Selbstladewaffe (Masseverschluss) |
| Verschlussbedienung: | Spanngriff |
| Feuerarten: | halbautomatisch (nur Einzelfeuer) |
| Verriegelung: | reiner Masseverschluss |
| Gesamtlänge: | 104 cm |
| Lauflänge: | 45,7 cm |
| Gesamtgewicht: | 5,9 kg |
| Visierung: | verstellbare Kimme |
| Sicherung: | manueller Sicherungshebel links am Systemkasten über dem Pistolengriff |
| Schaft: | abnehmbarer Nussbaumschaft mit Pistolengriff und zusätzlichem Pistolengriff vorne |

**BESONDERHEITEN**

Eines der berühmten Tommy Gun-Maschinenpistolenmodelle. Spanngriff mit zentraler Ausnehmung (für Visierliniendurchsicht) oben auf dem Systemkasten. Lauf mit Kühlrippen und mit Mündungsfeuerdämpfer versehen.

*Auto-Ordnance Corporation-Logo*

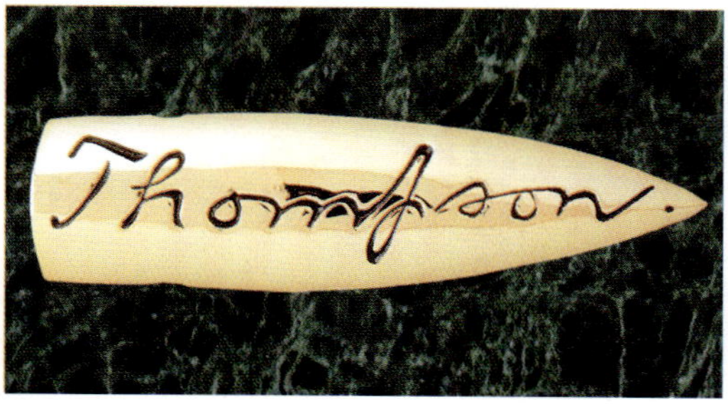


*Auto-Ordnance Thompson Model 1927 A-1*

*Auto-Ordnance Thompson Model 1927A-1C Lighweight*

## *Auto-Ordnance Thompson Model 1927A-1C Lightweight*

**TECHNISCHE DATEN**

| | |
|---|---|
| Kaliber: | .45 ACP |
| Magazin: | herausnehmbar, Stangen- oder Trommelmagazin |
| Kapazität: | 30 Patronen (Stangenmagazin), 50 oder 100 Patronen (Trommelmagazin) |
| Magazinhalteknopf: | auf der linken Seite des Systemkastens über dem Abzug |
| System: | Selbstladewaffe (Masseverschluss) |
| Verschlussbedienung: | Spanngriff |
| Feuerarten: | halbautomatisch (nur Einzelfeuer) |
| Verriegelung: | reiner Masseverschluss |
| Gesamtlänge: | 104 cm |
| Lauflänge: | 45,7 cm |
| Gesamtgewicht: | 4,3 kg |
| Visierung: | verstellbare Kimme |
| Sicherung: | manueller Sicherungshebel links am Systemkasten über dem Pistolengriff |
| Schaft: | abnehmbarer Nussbaumschaft mit Pistolengriff und zusätzlichem Pistolengriff vorne |

**BESONDERHEITEN**

Eines der berühmten Tommy Gun-Maschinenpistolenmodelle. Leichtmetall-Systemkasten und Verschlussgehäuse. Spanngriff mit zentraler Ausnehmung (für Visierliniendurchsicht) oben auf dem Systemkasten. Lauf mit Kühlrippen und mit Mündungsfeuerdämpfer versehen.

## *Auto-Ordnance Thompson Model 1927A-5*

**TECHNISCHE DATEN**

*Auto-Ordnance Thompson Model 1927A-5*

| | |
|---|---|
| Kaliber: | .45 ACP |
| Magazin: | herausnehmbar, Stangen- oder Trommelmagazin |
| Kapazität: | 30 Patronen (Stangenmagazin), 50 oder 100 Patronen (Trommelmagazin) |
| Magazinhalteknopf: | auf der linken Seite des Systemkastens über dem Abzug |
| System: | Selbstladewaffe (Masseverschluss) |
| Verschlussbedienung: | Spanngriff |
| Feuerarten: | halbautomatisch (nur Einzelfeuer) |
| Verriegelung: | reiner Masseverschluss |
| Gesamtlänge: | 66 cm |
| Lauflänge: | 34,3 cm |
| Gesamtgewicht: | 3,2 kg |
| Visierung: | verstellbare Kimme |
| Sicherung: | manueller Sicherungshebel links am Systemkasten über dem Pistolengriff |
| Schaft: | Nussbaumschaft mit Pistolengriff und zusätzlichem Pistolengriff vorne |

**BESONDERHEITEN**

Version der Tommy Gun-Maschinenpistolenmodelle ohne Anschlagschaft. Spanngriff mit zentraler Ausnehmung (für Visierliniendurchsicht) oben auf dem Systemkasten. Lauf mit Kühlrippen und mit Mündungsfeuerdämpfer versehen.

## *Auto-Ordnance Thompson Model 1928*

**TECHNISCHE DATEN**

| | |
|---|---|
| Kaliber: | .45 ACP |
| Magazin: | herausnehmbar, Stangen- oder Trommelmagazin |
| Kapazität: | 30 Patronen (Stangenmagazin), 50 oder 100 Patronen (Trommelmagazin) |
| Magazinhalteknopf: | a. d. linken Seite d. Systemkastens über d. Abzug |
| System: | Selbstladewaffe (Masseverschluss) |
| Verschlussbedienung: | Spanngriff |
| Feuerarten: | halb- und vollautomatisch |
| Verriegelung: | reiner Masseverschluss |
| Gesamtlänge: | 87,6 cm |
| Lauflänge: | 26,7 cm |
| Gesamtgewicht: | 5,2 kg |
| Visierung: | verstellbare Kimme |

*Auto-Ordnance Thompson Model 1928*

*Auto-Ordnance Thompson Model 1928*

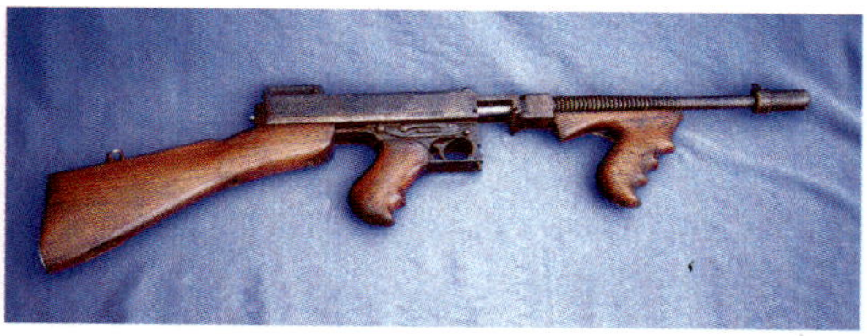

| | |
|---|---|
| Sicherung: | manueller Sicherungshebel links am Systemkasten über dem Pistolengriff |
| Schaft: | abnehmbarer Nussbaumschaft mit Pistolengriff und zusätzlichem Pistolengriff vorne |

**BESONDERHEITEN**

Eines der berühmten Tommy Gun-Maschinenpistolenmodelle. Feuerwahlhebel neben dem Sicherungshebel; Feuerkadenz: etwa 700 Schuss pro Minute. Spanngriff mit zentraler Ausnehmung (für Visierliniendurchsicht) oben auf dem Systemkasten. Lauf mit Kühlrippen und mit Mündungsfeuerdämpfer versehen.

## *Auto-Ordnance Thompson Model M1*

**TECHNISCHE DATEN**

| | |
|---|---|
| Kaliber: | .45 ACP |
| Magazin: | herausnehmbar, Stangen- oder Trommelmagazin |
| Kapazität: | 30 Patronen (Stangenmagazin) |
| Magazinhalteknopf: | auf der linken Seite des Systemkastens über dem Abzug |
| System: | Selbstladewaffe (Masseverschluss) |
| Verschlussbedienung: | Spanngriff |
| Feuerarten: | halb- und vollautomatisch |
| Verriegelung: | reiner Masseverschluss |
| Gesamtlänge: | 81,3 cm |
| Lauflänge: | 26,7 cm |
| Gesamtgewicht: | 5 kg |
| Visierung: | festes Visier |
| Sicherung: | manueller Sicherungshebel links am Systemkasten über dem Pistolengriff |
| Schaft: | abnehmbarer Nussbaumschaft mit Pistolengriff |

*Auto-Ordnance Thompson Model M1*

*Auto-Ordnance Thompson Model M1A1*

**BESONDERHEITEN**

Eines der berühmten Tommy Gun-Maschinenpistolenmodelle. Feuerwahlhebel neben dem Sicherungshebel. Lauf außen glatt, ohne Kühlrippen oder Kompensator. Spanngriff mit zentraler Ausnehmung (Visierliniendurchsicht) oben auf dem Systemkasten. Lauf mit Kühlrippen und mit Mündungsfeuerdämpfer versehen. Abgebildet ist Modell M1A1.

## *Auto-Ordnance Thompson Model M1 Carbine*

**TECHNISCHE DATEN**

| | |
|---|---|
| Kaliber: | .45 ACP |
| Magazin: | herausnehmbar, Stangen- oder Trommelmagazin |
| Kapazität: | 30 Patronen (Stangenmagazin) |
| Magazinhalteknopf: | a. d. linken Seite d. Systemkastens über d. Abzug |
| System: | Selbstladewaffe (Masseverschluss) |
| Verschlussbedienung: | Spanngriff |
| Feuerarten: | halbautomatisch (nur Einzelfeuer) |
| Verriegelung: | reiner Masseverschluss |
| Gesamtlänge: | 96,5 cm |
| Lauflänge: | 42 cm |
| Gesamtgewicht: | 5,2 kg |
| Visierung: | festes Visier |
| Sicherung: | manueller Sicherungshebel links am Systemkasten über dem Pistolengriff |
| Schaft: | abnehmbarer Nussbaumschaft mit Pistolengriff |

**BESONDERHEITEN**

Kurze Karabinerversion der berühmten Tommy Gun-Maschinenpistolenmodelle. Lauf außen glatt, ohne Kühlrippen oder Kompensator.

*Auto-Ordnance Thompson Model M1 Carbine*

*Selbstladeflinten Benelli M3 Super 90 Chrom*

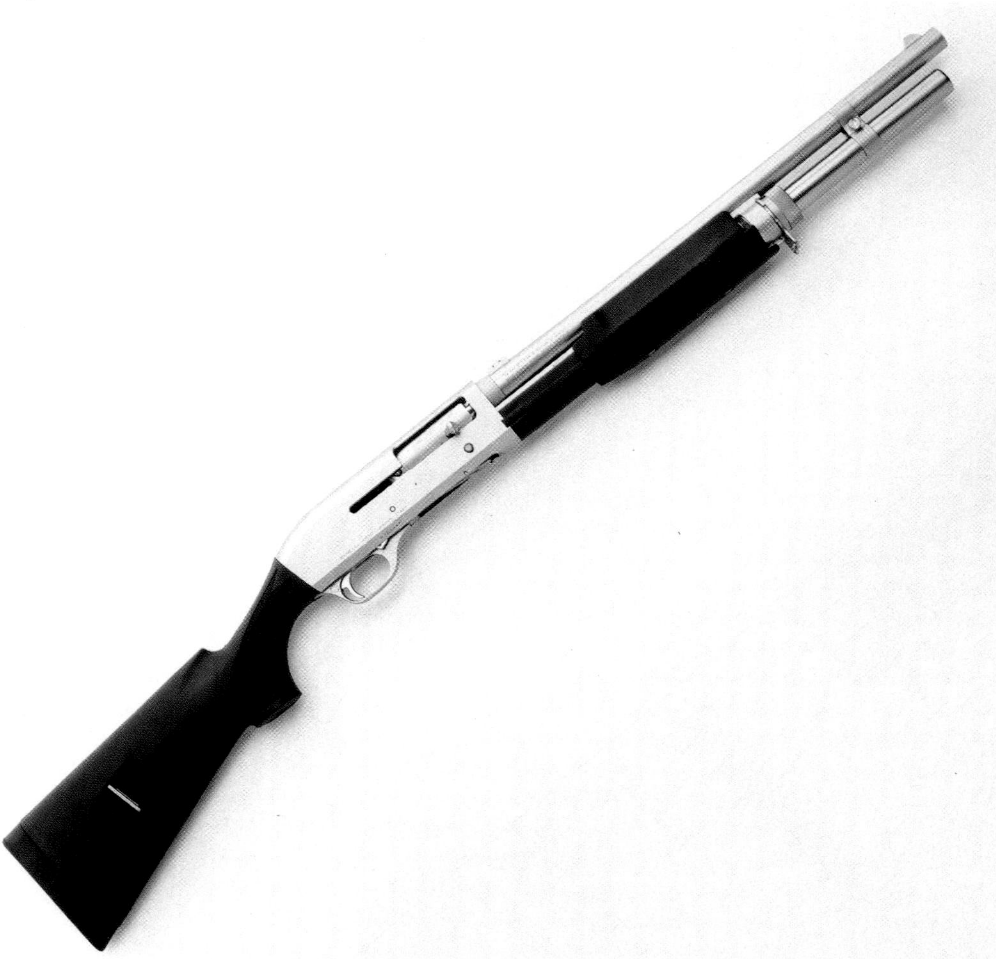

*Selbstladeflinten Benelli M1 Super 90*

## Baikal/Izhevsky Mekhanichesky Zavod

Der Bau von Waffen durch das russische Unternehmen Izhevsky hat seinen Ursprung im Jahr 1885. Damals gab die russische Regierung den Auftrag, in Tula, Izhevsky und Sestroretsk mit der Produktion von zivilen und militärischen Schusswaffen zu beginnen. Die russische Revolution im Jahr 1917 bereitete der Firma turbulente Zeiten.
Die inzwischen installierte neue Rote Armee wollte die alten zaristischen Waffen- und Munitionsarsenale erneuern und modernisieren und man forcierte die Kapazitäten in Izhevsky. Das Unternehmen baute zwischen 1918 und 1920 fast 1,3 Millionen Waffen, davon 15 000 Maschinengewehre und 175 000 Nagant-Revolver, zudem wurden etwa 840 Millionen Patronen unterschiedlicher Kaliber hergestellt. Die riesigen Produktionskapazitäten von Izhevsky nutzte man dann auch im Zweiten Weltkrieg aus.
1949 begann das inzwischen zu Izhevsky Mekhanichesky Zavod umfirmierte Staatsunternehmen schließlich mit dem Bau von Sportbüchsen und -flinten. Die doppelläufige Izh-49-Flinte basierte auf dem Sauer-Modell 9.

*Baikal/Izhevsky Mekhanichesky Zavod-Logo*

1954 brachte Izhevsky mit dem Model Izh-54 eine Eigenkonstruktion heraus, die von den Waffeningenieuren Leonid Pugachyev und Anatoly Klimov entwickelt wurde. Die bekannteste Flinte der Firma, die von Sergei Khuzyakhmetov entwickelte Izh-27, kam 1973 auf den Markt. Die Büchsen der Firma sind mit Namenskürzel „IJ“ versehen, etwa „IJ-27“.
Izhevsky Mekhanichesky Zavod produziert unter dem russischen Kürzel „Izh“, im Westen allgemein unter dem Markennamen Baikal vertrieben, inzwischen eine größere Anzahl verschiedener Büchsen und Flinten. Zudem baut die Firma auch Luftdruckwaffen, unter anderem das futuristisch anmutende Luftgewehr Izh-62, das mit Skelettschaft und Aimpoint-Visier ausgestattet ist. Alle Baikal-Waffen gelten als ausnehmend preisgünstig, sehr robust und zuverlässig.

### *Baikal Degtyarev DP*

**TECHNISCHE DATEN**

| | |
|---|---|
| Kaliber: | 7,62 x 54R |
| Magazin: | Trommelmagazin |
| Kapazität: | 47 Patronen |
| Magazinhalteknopf: | entfällt |
| System: | Selbstladewaffe (Gasdrucklader) |
| Verschlussbedienung: | Spanngriff |
| Feuerarten: | vollautomatisch |
| Verriegelung: | 2 federgelagerte Verschlusswarzen auf beiden Seiten des Verschlussstücks verriegeln in Aussparungen des Systemkastens (Kjellman-Frijberg-System) |
| Gesamtlänge: | 127 cm |
| Lauflänge: | 60,5 cm |
| Gesamtgewicht: | 11,9 kg |
| Visierung: | Schiebevisier |
| Sicherung: | manueller Sicherungshebel rechts hinter dem Verschlussstückgehäuse |
| Schaft: | Holzschaft |

*Baikal Degtyarev DP*

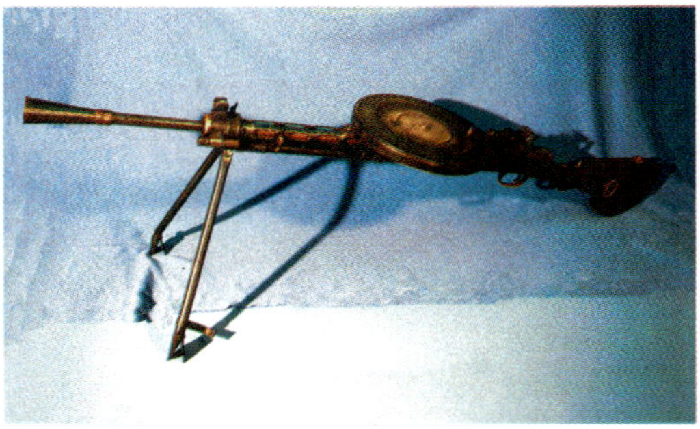

**BESONDERHEITEN**

1926 in der russischen Armee eingeführt. Nachfolger war das Modell DPM, bei dem die Verschlussfeder aus der Rückseite des Systemkastens herausstand. Als Modell DT auf einem Fahrzeug eingesetzt, hatte sie ein 60-Schuss-Trommelmagazin und einen Stahlanschlagschaft.

## *Baikal IZH-81KM Pump Action*

**TECHNISCHE DATEN**

| | |
|---|---|
| Kaliber: | 12/76 |
| Magazin: | herausnehmbares Kastenmagazin |
| Kapazität: | 5 Patronen |
| Magazinhalteknopf: | vor dem Abzugsbügel |
| System: | Repetierflinte |
| Verschlussbedienung: | Vorderschaft |
| Feuerarten: | Einzelfeuer |
| Verriegelung: | Vertikalblock |
| Gesamtlänge: | 109, 113 oder 123 cm |
| Lauflänge: | 56 cm, 60 cm oder 70 cm |
| Gesamtgewicht: | 3,4 kg |
| Visierung: | Flintenkorn |
| Sicherung: | Druckknopfsicherung hinter dem Abzugsbügel |
| Schaft: | Birken-, Buchen oder Nussbaumholz, mit oder ohne separaten Pistolengriff |

**BESONDERHEITEN**

Leichtmetall-Systemkasten.

## *Baikal IZH-81M Pump Action Rifle*

**TECHNISCHE DATEN**

| | |
|---|---|
| Kaliber: | 12/76 |
| Magazin: | Röhrenmagazin |
| Kapazität: | 4 oder 6 Patronen |
| Magazinhalteknopf: | entfällt |
| System: | Repetierflinte |
| Verschlussbedienung: | Vorderschaft |
| Feuerarten: | Einzelfeuer |

*Baikal IZH-81KM Pump Action Rifle*

*Baikal IZH-81M Pump Action Rifle*

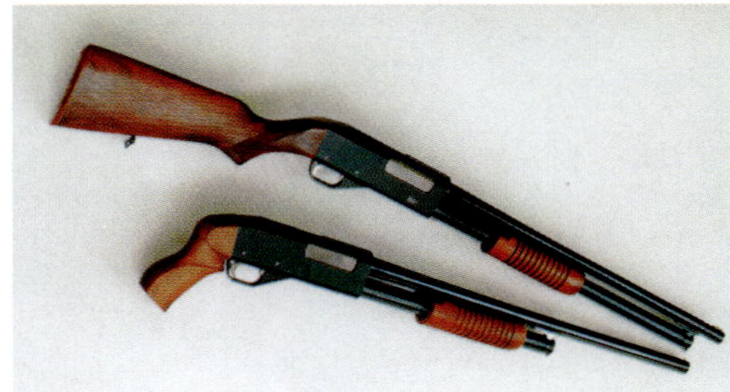

| | |
|---|---|
| Verriegelung: | Vertikalblock |
| Gesamtlänge: | 109, 113 oder 123 cm |
| Lauflänge: | 56 cm, 60 cm oder 70 cm |
| Gesamtgewicht: | 3,4 kg |
| Visierung: | Flintenkorn |
| Sicherung: | Druckknopfsicherung hinter dem Abzugsbügel |
| Schaft: | Birken-, Buchen oder Nussbaumholz, mit oder ohne separaten Pistolengriff |

**BESONDERHEITEN**

Leichtmetall-Systemkasten.

## *Baikal Model K-50M*

**TECHNISCHE DATEN**

| | |
|---|---|
| Kaliber: | 7,62 x 25 (Russisch) |
| Magazin: | herausnehmbares Magazin |
| Kapazität: | 35 Patronen |
| Magazinhalteknopf: | Hebel hinter dem Magazinschacht |
| System: | Selbstladewaffe (Masseverschluss) |
| Verschlussbedienung: | Spanngriff |
| Feuerarten: | halb- und vollautomatisch |
| Verriegelung: | reiner Masseverschluss |
| Gesamtlänge: | mit herausgezogenem Schaft 75 cm; mit eingeschobenem Schaft 57,2 cm |
| Lauflänge: | 26,9 cm |
| Gesamtgewicht: | 3,4 kg |
| Visierung: | feste Visierung |

*Baikal Model K-50M*

| | |
|---|---|
| Sicherung: | kombinierter Sicherungs- und Feuerwahlhebel im Abzug |
| Schaft: | Stahl-Skelettschaft |

**BESONDERHEITEN**

Das System ist abgeleitet von der russischen PPSh-41-Maschinenpistole, kombiniert mit dem Stahlanschlagschaft der französischen MAT-38. Die Waffe wurde in China und Nordvietnam entwickelt und produziert.

## *Baikal PPSh-41*

**TECHNISCHE DATEN**

| | |
|---|---|
| Kaliber: | 7,62 x 25 (Russisch) |
| Magazin: | herausnehmbares Stangen- oder Trommelmagazin |
| Kapazität: | 35 oder 71 Patronen |
| Magazinhalteknopf: | Hebel hinter dem Magazinschacht |
| System: | Selbstladewaffe (Masseverschluss) |
| Verschlussbedienung: | Spanngriff |
| Feuerarten: | halb- und vollautomatisch |
| Verriegelung: | reiner Masseverschluss |
| Gesamtlänge: | 84,2 cm |
| Lauflänge: | 26,9 cm |
| Gesamtgewicht: | 4,2 kg |
| Visierung: | feste Visierung |
| Sicherung: | kombinierter Sicherungs- und Feuerwahlhebel im Abzug |
| Schaft: | Holzschaft |

**BESONDERHEITEN**

Von dem russischen Waffeningenieur Georgi Shpagin entwickelt. Stahlhandschutz mit Kühllöchern um den Lauf. Nach der deutschen Invasion 1941 in immensen Mengen hergestellt.

## *Baikal SKS Simonov Karabiner*

**TECHNISCHE DATEN**

| | |
|---|---|
| Kaliber: | 7,62 x 39 mm |
| Magazin: | herausnehmbar |
| Kapazität: | 10 Patronen |

*Baikal PPSh-41*

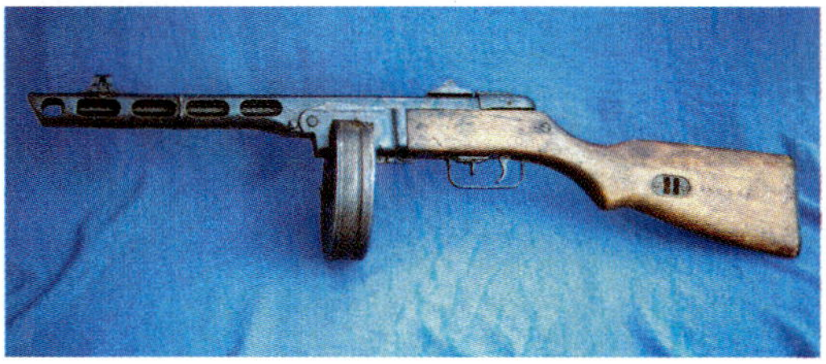

*Baikal SKS Simonov*

| | |
|---|---|
| Magazinhalteknopf: | vor dem Magazinschacht |
| System: | Selbstladewaffe (Gasdrucklader) |
| Verschlussbedienung: | Spanngriff |
| Feuerarten: | halbautomatisch (Einzelfeuer) |
| Verriegelung: | Vertikalblock |
| Gesamtlänge: | 102 cm |
| Lauflänge: | 52 cm |
| Gesamtgewicht: | 3,9 kg |
| Visierung: | Schiebevisierung |
| Sicherung: | auf der rechten Seite des Systemkastens |
| Schaft: | Holzschaft |

**BESONDERHEITEN**

Vorgänger des Sturmgewehres AK-45; üblicherweise mit einem Klappbayonett ausgestattet. Das SKS war die erste russische Waffe im Kaliber 7,62 x 39 mm. In China als Typ 56 und im früheren Jugoslawien als Modell M59 eingeführt. Das abgebildete Gewehr ist eine moderne, von der Firma Norinco hergestellte Version.

## *Baikal Tokarev 1940 (SVT40)*

**TECHNISCHE DATEN**

| | |
|---|---|
| Kaliber: | 7,62 x 54R |
| Magazin: | herausnehmbares Magazin |
| Kapazität: | 10 Patronen |
| Magazinhalteknopf: | hinter dem Magazinschacht |
| System: | Selbstladewaffe (Gasdrucklader) |
| Verschlussbedienung: | Spanngriff |
| Feuerarten: | halbautomatisch (Einzelfeuer) |
| Verriegelung: | Vertikalblock |
| Gesamtlänge: | 122,6 cm |
| Lauflänge: | 61 cm |
| Gesamtgewicht: | 3,9 kg |
| Visierung: | Schiebevisierung |
| Sicherung: | hinter dem Abzugsbügel |

*Baikal Tokarev M1940 (SVT40)*

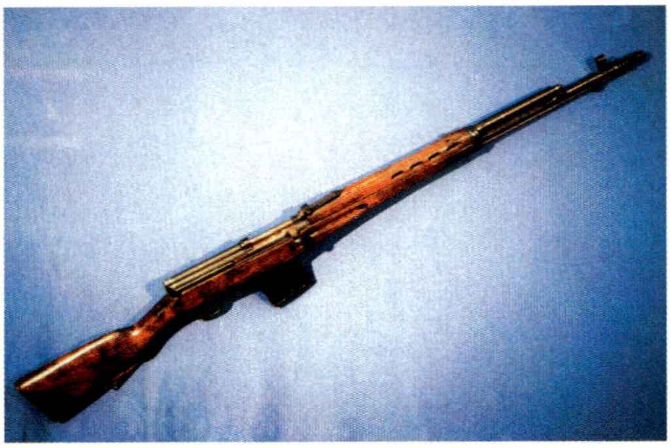

| | |
|---|---|
| Schaft: | Holzhinter- und Vorderschaft sowie Handschutz aus Metall |

**BESONDERHEITEN**

Lauf mit großem Mündungsfeuerdämpfer. Das Modell SVT40 hat ein Laufband zwischen dem Handschutz und dem Vorderschaft. Der Vorgänger der Waffe, das Modell SVT38, hatte zwei Laufbänder. Der Bereich unter dem Lauf wurde bei den nachfolgenden Modellen geändert.

# Benelli

*Benelli-Logo*

Benelli

Die Firma Benelli, nun Armi Benelli, gegründet am Anfang des 20. Jahrhunderts durch die Brüder Filippo und Giovanni Benelli, hat ihren Sitz im italienischen Urbino. Die Firma war vornehmlich bekannt als Produzent von Motorrädern und Moped, baut aber auch verschiedene Maschinen und Werkzeuge sowie seit 1967 auch Schusswaffen.

Benelli baut heute neben einer Reihe von Pistolen auch diverse Modelle halbautomatischer Selbstladeflinten für jagdliche und sportliche Zwecke. Inzwischen macht die Firma vor allem mit den Modellen Super 90 M1 und M3 auf dem Polizei- und Militärmarkt Furore.

Aus waffentechnischer Sicht ist vor allem das Modell M3 Super 90 interessiert. Die Funktion dieser Waffe kann einfach manuell von Selbstlader auf Vorderschaftrepetierer umgestellt werden und umgekehrt. Dazu ist lediglich ein Ring vorne am Röhrenmagazin vor dem Vorderschaft um eine Vierteldrehung zu drehen und einzurasten.

*Benelli M3 Super 90 Combat*

## *Benelli M3 Super 90 Combat*

**TECHNISCHE DATEN**

| | |
|---|---|
| Kaliber: | 12/76 |
| Magazin: | Röhrenmagazin |
| Kapazität: | 6 Patronen |
| Magazinhalteknopf: | entfällt |
| System: | Repetierflinte/Selbstladeflinte (Rückstoßlader) |
| Verschlussbedienung: | Vorderschaft/Spannhebel |
| Feuerarten: | manuell oder halbautomatisch, Einzelfeuer |
| Verriegelung: | Kammerverschluss mit Rotationskopf |
| Gesamtlänge: | 104,5 cm |
| Lauflänge: | 50 cm; Zylinderchoke |
| Gesamtgewicht: | 3,5 kg |
| Visierung: | Büchsenvisierung |
| Sicherung: | Druckknopfsicherung hinten am Abzugsbügel, mit roter Signalseite auf der rechten Seite |
| Schaft: | mit Glasfiber verstärkter Kunststoffschaft |

**BESONDERHEITEN**

Mattschwarze Oberfläche, zum Verschießen von Slugs geeignet. Ist gleichzeitig Selbstlade- und Pump Action-Flinte. Zur Umstellung muss nur ein Ring, der sich vor dem Vorderschaft beim Riemenbügel befindet, gedreht und eingerastet werden.

## *Benelli M3 Super 90 Chrom*

**TECHNISCHE DATEN**

| | |
|---|---|
| Kaliber: | 12/76 |
| Magazin: | Röhrenmagazin |
| Kapazität: | 6 Patronen |
| Magazinhalteknopf: | entfällt |
| System: | Repetierflinte/Selbstladeflinte (Rückstoßlader) |
| Verschlussbedienung: | Vorderschaft/Spannhebel |
| Feuerarten: | manuell oder halbautomatisch, Einzelfeuer |
| Verriegelung: | Kammerverschluss mit Rotationskopf |

*Benelli M3 Super 90 Chrom*

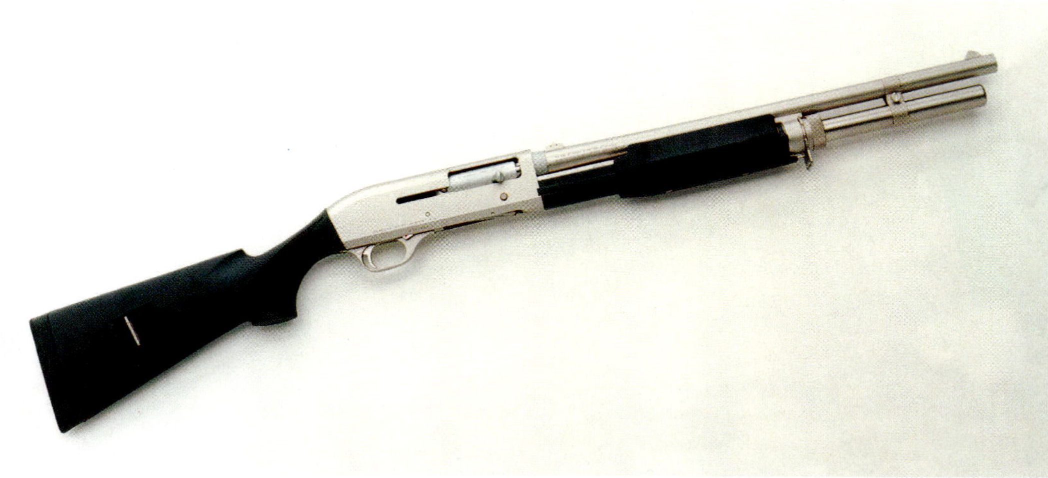

| | |
|---|---|
| Gesamtlänge: | 104,5 cm |
| Lauflänge: | 50 cm; Zylinderchoke |
| Gesamtgewicht: | 3,5 kg |
| Visierung: | Büchsenvisierung |
| Sicherung: | Druckknopfsicherung hinten am Abzugsbügel, mit roter Signalseite auf der rechten Seite |
| Schaft: | mit Glasfiber verstärkter Kunststoffschaft |

**BESONDERHEITEN**

Matt verchromte Oberfläche, zum Verschießen von Slugs geeignet. Ist gleichzeitig Selbstlade- und Pump Action-Flinte. Zur Umstellung muss nur ein Ring, der sich vor dem Vorderschaft beim Riemenbügel befindet, gedreht und eingerastet werden.

## *Benelli M1 Super 90 Tactical*

**TECHNISCHE DATEN**

| | |
|---|---|
| Kaliber: | 12/76 |
| Magazin: | Röhrenmagazin |
| Kapazität: | 7 Patronen |
| Magazinhalteknopf: | entfällt |
| System: | Selbstladeflinte (Rückstoßlader) |
| Verschlussbedienung: | Spannhebel |
| Feuerarten: | halbautomatisch, Einzelfeuer |
| Verriegelung: | Kammerverschluss mit Rotationskopf |
| Gesamtlänge: | 101,5 cm |
| Lauflänge: | 47 cm; Zylinderchoke |
| Gesamtgewicht: | 3,1 kg |
| Visierung: | Büchsenvisierung |
| Sicherung: | Druckknopfsicherung hinten am Abzugsbügel, mit roter Signalseite auf der rechten Seite |
| Schaft: | mit Glasfiber verstärkter Kunststoffschaft |

*Benelli M1 Super 90 Tactical*

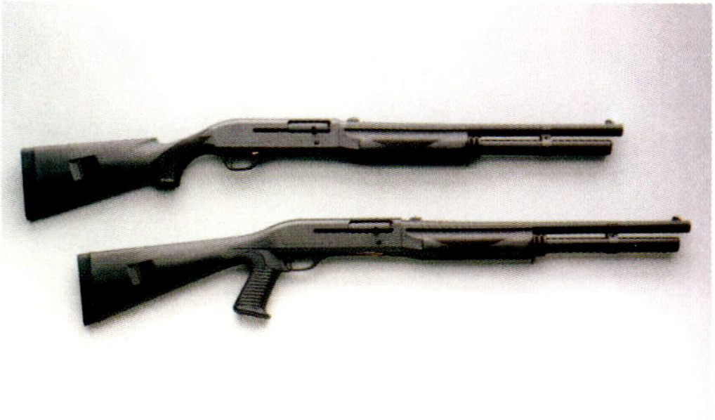

**BESONDERHEITEN**

Mattschwarze Oberfläche, zum Verschießen von Slugs geeignet. Auf dem Foto ist die Waffe mit normalem Schaft und mit speziellem Pistolengriffschaft abgebildet.

## *Benelli M3T Super 90 Combat Folding Stock*

**TECHNISCHE DATEN**

| | |
|---|---|
| Kaliber: | 12/76 |
| Magazin: | Röhrenmagazin |
| Kapazität: | 6 Patronen |
| Magazinhalteknopf: | entfällt |
| System: | Repetierflinte/Selbstladeflinte (Rückstoßlader) |
| Verschlussbedienung: | Vorderschaft/Spannhebel |
| Feuerarten: | manuell oder halbautomatisch, Einzelfeuer |
| Verriegelung: | Kammerverschluss mit Rotationskopf |

*Benelli M3T Super 90 Combat Folding Stock*

| | |
|---|---|
| Gesamtlänge: | 78 cm (Schaft eingeklappt) oder 104,5 cm (Schaft ausgeklappt) |
| Lauflänge: | 50 cm; Zylinderchoke |
| Gesamtgewicht: | 3,5 kg |
| Visierung: | Combat-Büchsenvisierung |
| Sicherung: | Druckknopfsicherung hinten am Abzugsbügel, mit roter Signalseite auf der rechten Seite |
| Schaft: | Klappschaft aus Metall, mit Glasfiber verstärkter Pistolengriff-Kunststoffschaft |

**BESONDERHEITEN**

Mattschwarze Oberfläche, zum Verschießen von Slugs geeignet. Der Metallschaft wird nach oben über das Gehäuse geklappt. Ist gleichzeitig Selbstlade- und Pump Action-Flinte. Zur Umstellung muss nur ein Ring, der sich vor dem Vorderschaft beim Riemenbügel befindet, gedreht und eingerastet werden.

### *Benelli M3T Super 90 Short Combat Folding Stock*

**TECHNISCHE DATEN**

| | |
|---|---|
| Kaliber: | 12/76 |
| Magazin: | Röhrenmagazin |
| Kapazität: | 6 Patronen |
| Magazinhalteknopf: | entfällt |
| System: | Repetierflinte/Selbstladeflinte (Rückstoßlader) |
| Verschlussbedienung: | Vorderschaft/Spannhebel |
| Feuerarten: | manuell oder halbautomatisch, Einzelfeuer |
| Verriegelung: | Kammerverschluss mit Rotationskopf |
| Gesamtlänge: | 63,5 cm (Schaft eingeklappt) oder 90 cm (Schaft ausgeklappt) |
| Lauflänge: | 35,5 cm; Zylinderchoke |
| Gesamtgewicht: | 3,4 kg |
| Visierung: | Combat-Büchsenvisierung |
| Sicherung: | Druckknopfsicherung hinten am Abzugsbügel, mit roter Signalseite auf der rechten Seite |
| Schaft: | Klappschaft aus Metall, mit Glasfiber verstärktem Pistolengriff-Kunststoffschaft |

*Benelli M3T Super 90 Short Combat Folding Stock*

**BESONDERHEITEN**

Mattschwarze Oberfläche, zum Verschießen von Slugs geeignet. Der Metallschaft wird nach oben über das Gehäuse geklappt. Ist gleichzeitig Selbstlade- und Pump Action-Flinte. Zur Umstellung muss nur ein Ring, der sich vor dem Vorderschaft beim Riemenbügel befindet, gedreht und eingerastet werden.

## Beretta

Bereits im 15. Jahrhundert betrieb Bartolomeo Beretta im norditalienischen Gardone eine kleine Waffenwerkstatt. Er begann damit, Gewehrläufe für andere Waffenhersteller zu fertigen. Sein Sohn, Giovannino, folgte ihm nach und entwickelte sich zu einem der bekanntesten italienischen Büchsenmacher. Er fertigte sowohl Flinten als auch Büchsen. Im 18. Jahrhundert nahm Pietro Beretta das Firmenzepter in die Hand. Er erhielt Großaufträge zur Belieferung der napoleonischen Armee. Nach der Schlacht von Waterloo, als der Militärwaffenmarkt zusammengebrochen war, beschäftigte sich Beretta vornehmlich mit dem Bau von Jagd- und Sportwaffen. Pietros Sohn, Giuseppe, hatte diesbezüglich ein gutes Gespür und Beretta war besonders in der Phase von 1840 bis 1865 groß im Jagdwaffengeschäft. Guiseppes Sohn, wieder ein Pietro Beretta, begann Anfang des 20. Jahrhunderts damit, die Firma auf moderne Produktionstechniken umzustellen. Die auf ihn folgende Familiengeneration, Giuseppe und Carlo, machten aus Beretta ein echtes multinationales Unternehmen mit Tochterfirmen und Niederlassungen in den USA, in Frankreich, in Brasilien und in Griechenland.

*Beretta-Logo*

P. BERETTA
Beretta
defence division

Heute wird das Unternehmen von Ugo Gussalli Beretta geführt und hat einen großen Namen auf dem Gebiet der Militärwaffen, aber auch der sportlichen und jagdlichen Flinten und Büchsen sowie der Selbstladepistolen.
In den frühen 60er Jahren entwickelte man bei Beretta das Militärgewehr Modell BM 59. Dabei handelte es sich um eine modifizierte Version des Garand M1. In Italien verwendete man dafür einen anderen Lauf, im Kaliber .308 Winchester, einen geänderten Magazinschacht, einen Gaszylinder aus rostträgem Stahl und ein geändertes Abzugssystem für Einzel- und Dauerfeuer, bezüglich dessen sich der Feuerwahlhebel auf der linken Seite des Systemkastens befand.
1984 kam Beretta mit einer neuen Sturmgewehrfamilie auf den Markt, dem Modell 70/90, das 1990 bei der italienischen Armee als Standardwaffe eingeführt wurde. Bei den Pistolen schaffte man den Durchbruch 1986 mit der Einführung der Beretta 92 F, Kaliber 9 mm Para, als neue Dienstwaffe der amerikanischen Armee. Da die Amerikaner die Produktion der Waffe in den USA gefordert hatten, gründete Beretta dort die Firma Beretta USA Corp. mit Sitz in Accokeek, Maryland.

## *Beretta BM 59 Ital*

**TECHNISCHE DATEN**

| | |
|---|---|
| Kaliber: | .308 Win. |
| Magazin: | herausnehmbar |
| Kapazität: | 15, 20 oder 25 Patronen |
| Magazinhalteknopf: | vor dem Magazinschacht |
| System: | Selbstladewaffe (Gasdrucklader) |
| Verschlussbedienung: | Spanngriff |
| Feuerarten: | halb- und vollautomatisch |
| Verriegelung: | Drehkammerverschluss |
| Gesamtlänge: | 109,5 cm |
| Lauflänge: | 49 cm |
| Gesamtgewicht: | 4,4 kg |
| Visierung: | Dioptervisier, höhen- u. seitenverstellbar |
| Sicherung: | vor dem Abzugsbügel |
| Schaft: | Holzschaft, Vorderschaft mit Handschutz |

**BESONDERHEITEN**

Bei dieser Waffe handelt es sich um eine verbesserte Version des Garand-Selbstladegewehres. Am Lauf befindet sich ein Mündungsfeuerdämpfer, Vorrichtungen für einen Kompensator und die Möglichkeit, ein Bayonett aufzupflanzen. Klappzweibein. Feuerwahlhebel auf der linken Seite des Systemkastens vor dem Handschutz. Abklappbarer Winterabzugsbügel. Granatwerferkimme über die reguläre Kimme zu schieben. Das Magazin kann mit entsprechenden Clips auch von oben durch die Waffe geladen werden. Im Hinterschaft kann Waffenwerkzeug untergebracht werden.

## *Beretta BM 59 Ital-A*

**TECHNISCHE DATEN**

| | |
|---|---|
| Kaliber: | .308 Win. |
| Magazin: | herausnehmbar |
| Kapazität: | 15, 20 oder 25 Patronen |
| Magazinhalteknopf: | vor dem Magazinschacht |
| System: | Selbstladewaffe (Gasdrucklader) |
| Verschlussbedienung: | Spanngriff |
| Feuerarten: | halb- und vollautomatisch |
| Verriegelung: | Drehkammerverschluss |
| Gesamtlänge: | 112 cm (mit ausgeklapptem Schaft), 72,5 cm (mit eingeklapptem Schaft) |
| Lauflänge: | 47 cm |
| Gesamtgewicht: | 4,5 kg |
| Visierung: | Dioptervisier, höhen- u. seitenverstellbar |
| Sicherung: | vor dem Abzugsbügel |
| Schaft: | Stahlrohr-Klappschaft, Vorderschaft und Handschutz aus Holz, Kunststoff-Pistolengriff |

*Beretta BM 59 Ital*

*Beretta BM 59 Ital-A*

**BESONDERHEITEN**

Bei dieser Waffe handelt es sich um eine verbesserte Version des Garand-Gewehres. Es besitzt ein abnehmbares Laufteil zum Aufpflanzen eines Granatwerfers, einen Mündungsfeuerdämpfer, Kompensator-Vorrichtung und Bayonettaufpflanzung. Stahlrohr-Klappschaft. Feuerwahlhebel auf der linken Seite des Systemkastens vor dem Handschutz. Abklappbarer Winterabzugsbügel. Granatwerferkimme über die reguläre Kimme zu schieben. Das Magazin kann mit entsprechenden Clips auch von oben durch die Waffe geladen werden.

## Beretta BM 59 Ital-Alpini

**TECHNISCHE DATEN**

| | |
|---|---|
| Kaliber: | .308 Win. |
| Magazin: | herausnehmbar |
| Kapazität: | 15, 20 oder 25 Patronen |
| Magazinhalteknopf: | vor dem Magazinschacht |
| System: | Selbstladewaffe (Gasdrucklader) |
| Verschlussbedienung: | Spanngriff |
| Feuerarten: | halb- und vollautomatisch |
| Verriegelung: | Drehkammerverschluss |
| Gesamtlänge: | 111 cm (mit ausgeklapptem Schaft), 85,5 cm (mit eingeklapptem Schaft) |
| Lauflänge: | 49 cm |
| Gesamtgewicht: | 4,5 kg |
| Visierung: | Dioptervisier, höhen- und seitenverstellbar |
| Sicherung: | vor dem Abzugsbügel |
| Schaft: | Stahlrohr-Klappschaft, Vorderschaft und Handschutz aus Holz, Kunststoff-Pistolengriff |

**BESONDERHEITEN**

Bei dieser Waffe handelt es sich um eine verbesserte Version des Garand-Gewehres. Der Lauf hat einen Mündungsfeuerdämpfer, Kompensator-Vorrichtung und Bayonettaufpflanzung. Anklappbares Zweibein. Stahlrohr-Klappschaft. Feuerwahlhebel auf der linken Seite des Systemkastens vor dem Handschutz. Abklappbarer Winterabzugsbügel. Granatwerferkimme über die reguläre Kimme zu schieben. Das Magazin kann mit entsprechenden Clips auch von oben durch die Waffe geladen werden.

*Beretta BM 59 Ital-Alpini*

*Beretta BM 59 Ital Mark I*

## Beretta BM 59 Ital Mark I

**TECHNISCHE DATEN**

| | |
|---|---|
| Kaliber: | .308 Win. |
| Magazin: | herausnehmbar |
| Kapazität: | 15, 20 oder 25 Patronen |
| Magazinhalteknopf: | vor dem Magazinschacht |
| System: | Selbstladewaffe (Gasdrucklader) |
| Verschlussbedienung: | Spanngriff |
| Feuerarten: | halb- und vollautomatisch |
| Verriegelung: | Drehkammerverschluss |
| Gesamtlänge: | 104 cm |
| Lauflänge: | 44,5 cm |
| Gesamtgewicht: | 4,1 kg |
| Visierung: | Dioptervisier, höhen- und seitenverstellbar |
| Sicherung: | vor dem Abzugsbügel |
| Schaft: | Hinter- und Vorderschaft und Handschutz aus Holz |

**BESONDERHEITEN**

Bei dieser Waffe handelt es sich um eine verbesserte Version des Garand-Gewehres. Der Lauf hat einen Mündungsfeuerdämpfer, Kompensator-Vorrichtung und Bayonettaufpflanzung. Feuerwahlhebel auf der linken Seite des Systemkastens vor dem Handschutz. Abklappbarer Winterabzugsbügel. Das Magazin kann mit entsprechenden Clips auch von oben durch die Waffe geladen werden. Im Hinterschaft kann Waffenwerkzeug untergebracht werden.

## Beretta BM 59 Ital Mark II

**TECHNISCHE DATEN**

| | |
|---|---|
| Kaliber: | .308 Win. |
| Magazin: | herausnehmbares Magazin |

*Beretta BM 59 Ital Mark II*

| | |
|---|---|
| Kapazität: | 15, 20 oder 25 Patronen |
| Magazinhalteknopf: | vor dem Magazinschacht |
| System: | Selbstladewaffe (Gasdrucklader) |
| Verschlussbedienung: | Spanngriff |
| Feuerarten: | halb- und vollautomatisch |
| Verriegelung: | Drehkammerverschluss |
| Gesamtlänge: | 104 cm |
| Lauflänge: | 44,5 cm |
| Gesamtgewicht: | 4,3 kg |
| Visierung: | Dioptervisier, höhen- und seitenverstellbar |
| Sicherung: | vor dem Abzugsbügel |
| Schaft: | Hinter- und Vorderschaft sowie Handschutz aus Holz |

**BESONDERHEITEN**

Bei dieser Waffe handelt es sich um eine verbesserte Version des Garand-Gewehres. Der Lauf hat einen Mündungsfeuerdämpfer, Kompensator-Vorrichtung und Bayonettaufpflanzung. Feuerwahlhebel auf der linken Seite des Systemkastens vor dem Handschutz. Abklappbarer Winterabzugsbügel. Das Magazin kann mit entsprechenden Clips auch von oben durch die Waffe geladen werden. Im Hinterschaft kann Waffenwerkzeug untergebracht werden.

## Beretta BM 59 Ital Mark III

**TECHNISCHE DATEN**

| | |
|---|---|
| Kaliber: | .308 Win. |
| Magazin: | herausnehmbares Magazin |
| Kapazität: | 15, 20 oder 25 Patronen |
| Magazinhalteknopf: | vor dem Magazinschacht |
| System: | Selbstladewaffe (Gasdrucklader) |
| Verschlussbedienung: | Spanngriff |
| Feuerarten: | halb- und vollautomatisch |
| Verriegelung: | Drehkammerverschluss |
| Gesamtlänge: | 105,5 cm (mit ausgeklapptem Schaft), 80,5 cm (mit eingeklapptem Schaft) |
| Lauflänge: | 44,5 cm |
| Gesamtgewicht: | 4,3 kg |

*Beretta BM 59 Ital Mark III*

| | |
|---|---|
| Visierung: | Dioptervisier, höhen- u. seitenverstellbar |
| Sicherung: | vor dem Abzugsbügel |
| Schaft: | Stahlrohr-Klappschaft, Vorderschaft und Handschutz aus Holz, Kunststoff-Pistolengriff |

**BESONDERHEITEN**

Bei dieser Waffe handelt es sich um eine verbesserte Version des Garand-Gewehres. Der Lauf hat einen Mündungsfeuerdämpfer, Kompensator-Vorrichtung und Bayonettaufpflanzung. Anklappbares Zweibein. Stahlrohr-Klappschaft. Feuerwahlhebel auf der linken Seite des Systemkastens vor dem Handschutz. Das Magazin kann mit entsprechenden Clips auch von oben durch die Waffe geladen werden.

## Beretta BM 59 Ital Mark IV

**TECHNISCHE DATEN**

| | |
|---|---|
| Kaliber: | .308 Win. |
| Magazin: | herausnehmbar |
| Kapazität: | 15, 20 oder 25 Patronen |
| Magazinhalteknopf: | vor dem Magazinschacht |
| System: | Selbstladewaffe (Gasdrucklader) |
| Verschlussbedienung: | Spanngriff |
| Feuerarten: | halb- und vollautomatisch |
| Verriegelung: | Drehkammerverschluss |
| Gesamtlänge: | 113 cm |
| Lauflänge: | 49 cm |
| Gesamtgewicht: | 5,5 kg |

*Beretta BM 59 Ital Mark IV*

| | |
|---|---|
| Visierung: | Dioptervisier, höhen- und seitenverstellbar |
| Sicherung: | vor dem Abzugsbügel |
| Schaft: | Hinter- und Vorderschaft sowie Handschutz aus Holz, Kunststoff-Pistolengriff |

**BESONDERHEITEN**

Bei dieser Waffe handelt es sich um eine verbesserte Version des Garand-Gewehres. Der Lauf hat einen Mündungsfeuerdämpfer, Kompensator-Vorrichtung und Bayonettaufpflanzung. Feuerwahlhebel auf der linken Seite des Systemkastens vor dem Handschutz. Abklappbarer Winterabzugsbügel. Das Magazin kann mit entsprechenden Clips auch von oben durch die Waffe geladen werden. Im Hinterschaft kann Waffenwerkzeug untergebracht werden.

## *Beretta BM 59 Ital-Paratrooper*

**TECHNISCHE DATEN**

| | |
|---|---|
| Kaliber: | .308 Win. |
| Magazin: | herausnehmbar |
| Kapazität: | 15, 20 oder 25 Patronen |
| Magazinhalteknopf: | vor dem Magazinschacht |
| System: | Selbstladewaffe (Gasdrucklader) |
| Verschlussbedienung: | Spanngriff |
| Feuerarten: | halb- und vollautomatisch |
| Verriegelung: | Drehkammerverschluss |
| Gesamtlänge: | 122,5 cm (mit ausgeklapptem Schaft), 72,5 cm (mit eingeklapptem Schaft) |
| Lauflänge: | 46,5 cm |
| Gesamtgewicht: | 4,6 kg |
| Visierung: | Dioptervisier, höhen- und seitenverstellbar |
| Sicherung: | vor dem Abzugsbügel |
| Schaft: | Stahlrohr-Klappschaft, Vorderschaft und Handschutz aus Holz, Kunststoff-Pistolengriff |

**BESONDERHEITEN**

Bei dieser Waffe handelt es sich um eine verbesserte Version des Garand-Gewehres. Der Lauf hat einen Mündungsfeuerdämpfer, Kompensator-Vorrichtung und Bayonettaufpflanzung.

*Beretta BM 59 Ital-Paratrooper*

*Beretta BM 59 Ital SL*

Anklappbares Zweibein. Stahlrohr-Klappschaft. Feuerwahlhebel auf der linken Seite des Systemkastens vor dem Handschutz. Abklappbarer Winterabzugsbügel. Granatwerferkimme über die reguläre Kimme zu schieben. Das Magazin kann mit entsprechenden Clips auch von oben durch die Waffe geladen werden.

## *Beretta BM 59 Ital SL*

**TECHNISCHE DATEN**

| | |
|---|---|
| Kaliber: | .308 Win. |
| Magazin: | herausnehmbar |
| Kapazität: | 15, 20 oder 25 Patronen |
| Magazinhalteknopf: | vor dem Magazinschacht |
| System: | Selbstladewaffe (Gasdrucklader) |
| Verschlussbedienung: | Spanngriff |
| Feuerarten: | halbautomatisch (Einzelfeuer) |
| Verriegelung: | Drehkammerverschluss |
| Gesamtlänge: | 109 cm |
| Lauflänge: | 44,5 cm |
| Gesamtgewicht: | 4,6 kg |
| Visierung: | Dioptervisier, höhen- und seitenverstellbar |
| Sicherung: | vor dem Abzugsbügel |
| Schaft: | Hinter- und Vorderschaft sowie durchgehender Handschutz aus Holz |

**BESONDERHEITEN**

Bei dieser Waffe handelt es sich um eine verbesserte Version des Garand-Gewehres. Bayonettaufpflanzung vor dem Gaszylinder am Lauf. Abklappbarer Winterabzugsbügel. Im Hinterschaft kann Waffenwerkzeug untergebracht werden.

## *Beretta M 12*

**TECHNISCHE DATEN**

| | |
|---|---|
| Kaliber: | 9 mm Para |
| Magazin: | herausnehmbar |
| Kapazität: | 32 Patronen |
| Magazinhalteknopf: | unter der Abzugsbügelvorderseite |

*Beretta M 12*

| | |
|---|---|
| System: | Selbstladewaffe (Masseverschluss) |
| Verschlussbedienung: | Spanngriff |
| Feuerarten: | halb- und vollautomatisch |
| Verriegelung: | reiner Masseverschluss mit Teleskopverschlussstück |
| Gesamtlänge: | 64,5 cm (mit ausgeklapptem Schaft), 42 cm (mit eingeklapptem Schaft) |
| Lauflänge: | 20 cm |
| Gesamtgewicht: | 3 kg |
| Visierung: | Diopter-Klappvisier für 150 und 250 m, seitenverstellbar, Korn höhenverstellbar |
| Sicherung: | separate Sicherungs- und Feuerwahldruckknöpfe über dem Pistolengriff, Griffstücksicherung |
| Schaft: | Stahlrohr-Klappschaft, Vorderschaft und Pistolengriff aus Kunststoff; auch mit festem Holzschaft erhältlich |

**BESONDERHEITEN**

Mattschwarze Oberfläche; vorbereitet für die Montage von Optik, Nachsicht- oder Laserzielgerät. Spezieller Vorderschaft mit eingebauter Lampe erhältlich. Spezieller Schalldämpferlauf erhältlich.

## *Beretta PM 12S*

**TECHNISCHE DATEN**

| | |
|---|---|
| Kaliber: | 9 mm Para |
| Magazin: | herausnehmbar |
| Kapazität: | 32 Patronen |
| Magazinhalteknopf: | unter der Abzugsbügelvorderseite |
| System: | Selbstladewaffe (Masseverschluss) |
| Verschlussbedienung: | Spanngriff |
| Feuerarten: | halb- und vollautomatisch |
| Verriegelung: | reiner Masseverschluss mit Teleskopverschlussstück |
| Gesamtlänge: | 66 cm (mit ausgeklapptem Schaft), 42 cm (mit eingeklapptem Schaft) |
| Lauflänge: | 20 cm |
| Gesamtgewicht: | 3,4 kg |
| Visierung: | Diopter-Klappvisier für 100 und 200 m, höhen- und seitenverstellbar |
| Sicherung: | kombinierter Sicherungs- und Feuerwahlhebel auf der linken Systemkastenseite, Griffstücksicherung |
| Schaft: | Stahlrohr-Klappschaft, Vorderschaft und Pistolengriff aus Kunststoff |

*Beretta PM 12S*

### BESONDERHEITEN

Mattschwarze Oberfläche; vorbereitet für die Montage von Optik, Nachsicht- oder Laserzielgerät. Spezieller Vorderschaft mit eingebauter Lampe erhältlich. Spezieller Schalldämpferlauf erhältlich.

## *Beretta 70/90 AR Assault Rifle Standard*

### TECHNISCHE DATEN

| | |
|---|---|
| Kaliber: | .223 Rem. |
| Magazin: | herausnehmbar |
| Kapazität: | 30 Patronen |
| Magazinhalteknopf: | vor dem Abzugsbügel |
| System: | Selbstladewaffe (Gasdrucklader) |
| Verschlussbedienung: | Spanngriff |
| Feuerarten: | halb- und vollautomatisch oder 3-Schuss-Feuerstöße |
| Verriegelung: | Drehkammerverschluss |
| Gesamtlänge: | 99,8 cm |
| Lauflänge: | 45 cm |
| Gesamtgewicht: | 4 kg |
| Visierung: | Klappdioptervisier 250/400 m, seitenverstellbar, Korn höhenverstellbar |
| Sicherung: | beidseitiger, kombinierter Sicherungs- und Feuerwahlhebel |
| Schaft: | Schaft und Pistolengriff aus Kunststoff |

### BESONDERHEITEN

Mattschwarze Oberfläche. Gasdrucksystem verstellbar für normale und besondere Bedingungen. Bayonettaufpflanzung unter dem Gaszylinder. Kann mit einem Zweibein ausgestattet werden.
Klappbarer Abzugsbügel (Winterabzug). Tragegriff, vorbereitet für Optik-, Nachtsicht- oder Laserzielgerätmontage.

## *Beretta 70/90 AS LMG (Light Machine Gun)*

### TECHNISCHE DATEN

| | |
|---|---|
| Kaliber: | .223 Rem. |

*Beretta 70/90 AR Assault Rifle Standard*

*Beretta 70/90 AS LMG (Light Machine Gun)*

| | |
|---|---|
| Magazin: | herausnehmbar |
| Kapazität: | 30 Patronen |
| Magazinhalteknopf: | vor dem Abzugsbügel |
| System: | Selbstladewaffe (Gasdrucklader) |
| Verschlussbedienung: | Spanngriff |
| Feuerarten: | halb- und vollautomatisch |
| Verriegelung: | Drehkammerverschluss |
| Gesamtlänge: | 100 cm |
| Lauflänge: | 46,5 cm |
| Gesamtgewicht: | 5,4 kg |
| Visierung: | Mikrometervisier 300–800 m |
| Sicherung: | beidseitiger, kombinierter Sicherungs- und Feuerwahlhebel |
| Schaft: | Schaft und Pistolengriff aus Kunststoff, Handschutz aus Stahl |

### BESONDERHEITEN

Mattschwarze Oberfläche. Gasdrucksystem verstellbar für normale und besondere Bedingungen. Klappzweibein.
Klappbarer Abzugsbügel (Winterabzug). Tragegriff, vorbereitet für Optik-, Nachtsicht- oder Laserzielgerätmontage.

## *Beretta 70/90 SC Carbine*

### TECHNISCHE DATEN

| | |
|---|---|
| Kaliber: | .223 Rem. |
| Magazin: | herausnehmbar |
| Kapazität: | 30 Patronen |
| Magazinhalteknopf: | vor dem Abzugsbügel |
| System: | Selbstladewaffe (Gasdrucklader) |
| Verschlussbedienung: | Spanngriff |
| Feuerarten: | halb- und vollautomatisch oder 3-Schuss-Feuerstöße |
| Verriegelung: | Drehkammerverschluss |
| Gesamtlänge: | 98,6 cm (Schaft ausgeklappt), 75,1 cm (Schaft eingeklappt) |
| Lauflänge: | 45 cm |
| Gesamtgewicht: | 4 kg |

*Beretta 70/90 SC Carbine*

| | |
|---|---|
| Visierung: | Klappdioptervisier 250/400 m, seitenverstellbar, Korn höhenverstellbar |
| Sicherung: | beidseitiger, kombinierter Sicherungs- und Feuerwahlhebel |
| Schaft: | Stahl-Klappschaft, Pistolengriff und Handschutz aus Kunststoff |

**BESONDERHEITEN**

Mattschwarze Oberfläche. Gasdrucksystem verstellbar für normale und besondere Bedingungen. Bayonettaufpflanzung unter dem Gaszylinder. Kann mit einem Zweibein ausgestattet werden. Klappbarer Abzugsbügel (Winterabzug). Tragegriff, vorbereitet für Optik-, Nachtsicht- oder Laserzielgerätmontage.

## *Beretta 70/90 SCS Carbine*

**TECHNISCHE DATEN**

| | |
|---|---|
| Kaliber: | .223 Rem. |
| Magazin: | herausnehmbar |
| Kapazität: | 30 Patronen |
| Magazinhalteknopf: | vor dem Abzugsbügel |
| System: | Selbstladewaffe (Gasdrucklader) |
| Verschlussbedienung: | Spanngriff |

*Beretta 70/90 SCS Carbine*

| | |
|---|---|
| Feuerarten: | halb- und vollautomatisch oder 3-Schuss-Feuerstöße |
| Verriegelung: | Drehkammerverschluss |
| Gesamtlänge: | 87,6 cm (Schaft ausgeklappt), 64,7 cm (Schaft eingeklappt) |
| Lauflänge: | 35,2 cm |
| Gesamtgewicht: | 3,8 kg |
| Visierung: | Klappdioptervisier 250/400 m, seitenverstellbar, Korn höhenverstellbar |
| Sicherung: | beidseitiger, kombinierter Sicherungs- und Feuerwahlhebel |
| Schaft: | Stahl-Klappschaft, Pistolengriff und Handschutz aus Kunststoff |

**BESONDERHEITEN**

Mattschwarze Oberfläche. Gasdrucksystem verstellbar für normale und besondere Bedingungen. Klappbarer Abzugsbügel (Winterabzug). Tragegriff, vorbereitet für Optik-, Nachtsicht- oder Laserzielgerätmontage.

# Blaser

*Blaser-Logo*

**Blaser**

Die deutsche Blaser Jagdwaffen GmbH hat ihren Sitz in Isny im Allgäu.

Die Firma wurde 1977 von Horst Blaser gegründet. 1986 übernahm sie der bis dahin leitende Blaser-Büchsenmacher Gerhard Blenk. Blaser spezialisiert sich auf den Bau hervorragender Jagdwaffen, die teilweise reich graviert auch in Luxusausführungen angeboten werden. Anfänglich handelte es sich bei den Gewehren von Blaser ausschließlich um Kipplaufwaffen, Büchsen und Flinten.

Blaser bietet seine Büchsen auch komplett mit montierten Zielfernrohren an; man verwendet ausschließlich feine Markenzielfernrohre, etwa solche von Zeiss, Swarowski, Schmidt & Bender oder auch von Leupold. Zudem können sie unmittelbar ab Werk ausgerüstet mit dem Mag-Na-Port-Rückstoßdämpfungssystem und mit einem Rückschlagverminderungssystem im Kolben ausgeliefert werden.

1993 stellte Blaser auf der Internationalen Waffen-

Messe IWA in Nürnberg eine neue Repetierbüchse vor, das Modell Blaser R 93, unter anderem als Einzelladerbüchse (Modell R-93 UIT Standard) und als 10-schüssigen Repetierer (Modell R-93 CISM), beides feine Match-Waffen zum sportlichen Schießen auf 300 Meter. 1997 stellte man eine spezielle Scharfschützenversion des R 93 vor.

Die R 93-Büchsen haben ein komplett neu entwickeltes Geradezug-Repetiersystem, das besonders sicher ist. Der Kammerstängel wird nach hinten gezogen, ohne ihn erst anheben zu müssen. Der Verschlusskopf ist mit einer Art 360 Grad-Verschlussring mit 12 Verriegelungssegmenten versehen, die beim Schließen des Systems in einen korrespondierenden, zirkelförmigen Verschlussring um den Lauf eingreifen. Aufgrund eines einfachen Wechsellaufsystems kann bei den R 93-Repetierern problemlos ein Lauf- und damit Kaliberwechsel erfolgen.

Blaser hat übrigens auch eine spezielle Technik entwickelt, um dem Rosten der Waffen entgegenzuwirken. In einem speziellen Fertigungsprozess werden die verwendeten Stähle mittels der so genannten Blaser-Q-Technik behandelt. Dabei werden die Stahloberflächen mit Stickstoffgas in Verbindung gebracht, das tief (ca. 0,2 mm) in den Stahl eindringt und ihn vor Korrosion schützt.

## *Blaser R 93 Tactical*

**TECHNISCHE DATEN**

| | |
|---|---|
| Kaliber: | .308 Win. |
| Magazin: | herausnehmbar |
| Kapazität: | 10 Patronen |
| Magazinhalteknopf: | rechts unten am Magazinschacht |
| System: | Repetierbüchse |
| Verschlussbedienung: | Kammerstängel |
| Feuerarten: | Einzelfeuer |
| Verriegelung: | spezieller 360°-Verschluss |
| Gesamtlänge: | 112 cm |
| Lauflänge: | 60 cm (mit Mündungsbremse) |
| Gesamtgewicht: | 7,3 kg (mit Zielfernrohr und Zweibein) |
| Visierung: | ohne; spezielle Zielfernrohrmontage |
| Sicherung: | Schiebesicherung hinten am Verschluss |
| Schaft: | Aluminium mit Kunststoff, verstellbare Backe und Schaftkappe |

*Blaser R 93 Tactical*

**BESONDERHEITEN**

Mattschwarze Oberfläche; freiliegender, gefluteter Lothar Walther-Lauf, spezielles abnehmbares Zweibein mit Handschutz. Waffe ist abgebildet mit einem 16-fachen Leupold Mark IV-Zielfernrohr.

# Brown

*Brown-Logo*

Chet Brown ist der Gründer der amerikanischen Firma Brown Precision Inc. Brown baute ursprünglich nach Kundenwünschen Custom-Büchsen auf Bestellung.

1970 war er einer der ersten Büchsenmacher, die mit Gewehrschäften aus Kunststoff experimentierten. Die Kunststoffschäfte wurden dann sehr schnell besonders bei Benchrest-Schützen beliebt, da sie jeglichen Witterungsverhältnissen standhalten; zudem sind sie ja um einiges leichter als Holzschäfte. Die Brown-Kunststoffschäfte sind häufig aus Kevlar- oder Fiberglasmaterialien. Die Firma Brown hat ihren Sitz in Los Molinos, Kalifornien. Brown verwendet für die Herstellung seiner Büchsen im großen Maße rostträgen Stainless-Stahl. Teilweise werden die Stahlteile auch vernickelt oder teflonbeschichtet. Brown-Gewehre werden auf Basis der Remington 700- und 40X-Büchsen sowie auf Basis der Winchester M70 hergestellt. Die Systeme werden mit Stainless-Match-Läufen von Shilen versehen sowie, falls gewünscht, mit unterschiedlichen Mündungsbremsen. Der auftraggebende Kunde bestimmt individuell das Kaliber der Waffe, die Lauflänge, den Schaft und das Finish. Alle mechanischen Teile werden sorgfältig von Hand gearbeitet. Brown baut auch eine spezielle Scharfschützenbüchse.

### *Brown Tactical Elite*

**TECHNISCHE DATEN**

| | |
|---|---|
| Kaliber: | .223 Rem., .308 Win., .300 Win.Mag., oder nach Wahl |
| Magazin: | fest oder herausnehmbar |
| Kapazität: | 3 oder 5 Patronen |
| Magazinhalteknopf: | entfällt/vorne im Abzugsbügel |
| System: | Repetierbüchse |
| Verschlussbedienung: | Kammerstängel |
| Feuerarten: | Einzelfeuer |
| Verriegelung: | 2 Verschlusswarzen (Remington 700) |
| Gesamtlänge: | 103 cm |
| Lauflänge: | 61 cm |
| Gesamtgewicht: | 4,5 kg |
| Visierung: | ohne, vorbereitet für Zielfernrohrmontage |
| Sicherung: | manuelle Sicherung rechts hinter der Verschlusskammer |
| Schaft: | schwarzer Kevlar-Kunststoffschaft mit Pistolengriff und verstellbarer Schaftkappe |

**BESONDERHEITEN**

Spezielles Klappzweibein; mattschwarzer Schutzüberzug.

*Brown Tactical Elite*

## Bushmaster

Die 1979 gegründete amerikanische Firma Quality Parts Company hat ihren Sitz in Windham im US-Bundesstaat Maine. Anfänglich baute die Firma ausschließlich Waffenteile und Accessoires für das amerikanische Militär und die US-Polizei.

*Bushmaster-Logo*

Dann ging man dazu über, auch die unterschiedlichsten Teile für den Zivilmarkt zu produzieren, zunächst für das AR-15-Selbstladegewehr, dann aber auch für andere in den USA gängige zivile Militärwaffen von FAL, Heckler & Koch, Ruger, Kalashnikov und UZI sowie für .45er Government-Pistolen. Das inzwischen gegründete Tochterunternehmen, die Bushmaster Firearms Inc., baut nun komplette Waffen, insbesondere die unter dem Namen XM15 vertriebenen M-16/AR-15-Variationen für den zivilen amerikanischen Markt.

Wegen seiner hervorragenden Fertigungsqualitäten erhielt Bushmaster vor dem Golfkrieg schließlich auch den Großauftrag, die neuen M16-A2-M4-Sturmgewehre für die US-Armee herzustellen. Diese Waffe bietet die Firma in entsprechend abgeänderten halbautomatischen Versionen als Modell XM15-E2S auf dem amerikanischen Zivilmarkt an. Der Zusatz „S“ steht hier für semi-, also halbautomatisch.

Bushmaster baut inzwischen sogar spezielle XM15-Wettkampfwaffen, die auf mehrere hundert Meter zielgenau schießen. Wie bei den ursprünglichen alten Colt M16-Sturmgewehren befindet sich auch bei den Bushmaster-Waffen auf der rechten Seite des Systemkastens ein Druckknopf, der Acceleratorknopf, mittels dessen der Verschluss beim Vorschnellen noch manuell beschleunigt werden kann; dadurch läuft der Nachlademechanismus sicherer ab.

Auch die halbautomatischen „S“-Bushmaster-Selbstladebüchsen werden in den Vereinigten Staaten inzwischen nur mehr an Behörden und Sammler mit einer besonderen Erwerbslizenz dafür verkauft.

*Bushmaster XM15 E2S Dissipator Carbine*

## Bushmaster XM15 E2S Dissipator Carbine

### TECHNISCHE DATEN

| | |
|---|---|
| Kaliber: | .223 Rem. |
| Magazin: | herausnehmbar |
| Kapazität: | 30 Patronen |
| Magazinhalteknopf: | auf der rechten Seite des Magazinschachtes |
| System: | Selbstladewaffe (Gasdrucklader) |
| Verschlussbedienung: | Spanngriff |
| Feuerarten: | XM15 E2-Version halb- und vollautomatisch, XM15 E2S-Version nur halbautom. (Einzelfeuer) |
| Verriegelung: | Rotationskammerverschluss mit 7 Verriegelungswarzen |
| Gesamtlänge: | 87,6 cm |
| Lauflänge: | 40,6 cm |
| Gesamtgewicht: | 3,4 kg |
| Visierung: | verstellbares Dioptervisier im Tragegriff |
| Sicherung: | manueller Sicherungshebel und Feuerwahlhebel links am Systemkasten |
| Schaft: | Kunststoffschaft mit Pistolengriff |

### BESONDERHEITEN

Schwarz phosphatiert. Diese Waffe ist mit einem Handschutz mit spezieller Hitzeableitung ausgestattet.

## Bushmaster XM 15 E2 Dissipator V-Match Carbine

### TECHNISCHE DATEN

| | |
|---|---|
| Kaliber: | .223 Rem. |
| Magazin: | herausnehmbar |
| Kapazität: | 30 Patronen |
| Magazinhalteknopf: | auf der rechten Seite des Magazinschachtes |
| System: | Selbstladewaffe (Gasdrucklader) |
| Verschlussbedienung: | Spanngriff |
| Feuerarten: | XM15 E2-Version halb- und vollautomatisch, XM15 E2S-Version nur halbautom. (Einzelfeuer) |
| Verriegelung: | Rotationskammerverschluss mit 7 Verriegelungswarzen |

*Bushmaster XM15 E2S Dissipator V-Match Carbine*

| | |
|---|---|
| Gesamtlänge: | 87,6 cm |
| Lauflänge: | 40,6 cm |
| Gesamtgewicht: | 3,4 kg |
| Visierung: | ohne, Montageschiene für Optik |
| Sicherung: | manueller Sicherungshebel und Feuerwahlhebel links am Systemkasten |
| Schaft: | Kunststoffschaft mit Pistolengriff |

### BESONDERHEITEN

Schwarz phosphatiert. Diese Waffe ist mit einem Handschutz mit spezieller Hitzeableitung ausgestattet.

## Bushmaster XM15 E2 HBAR Law Enforcement

### TECHNISCHE DATEN

| | |
|---|---|
| Kaliber: | .223 Rem. |
| Magazin: | herausnehmbar |
| Kapazität: | 30 Patronen |
| Magazinhalteknopf: | auf der rechten Seite des Magazinschachtes |
| System: | Selbstladewaffe (Gasdrucklader) |
| Verschlussbedienung: | Spanngriff |
| Feuerarten: | XM15 E2-Version halb- und vollautomatisch, XM15 E2S-Version nur halbautom. (Einzelfeuer) |
| Verriegelung: | Rotationskammerverschluss mit 7 Verriegelungswarzen |

*Bushmaster XM15 E2S HBAR Law Enforcement*

Gesamtlänge: 100 cm
Lauflänge: 51 cm
Gesamtgewicht: 3,9 kg
Visierung: verstellbares Dioptervisier im Tragegriff
Sicherung: manueller Sicherungshebel und Feuerwahlhebel links am Systemkasten
Schaft: Kunststoffschaft mit Pistolengriff

**BESONDERHEITEN**

Schwarz phosphatiert. Lauf mit Mündungsfeuerdämpfer und Bayonettaufpflanzung. Auch erhältlich als Carbine-Version mit Teleskopröhrenschaft (Gesamtlänge: 86,4 cm; Lauflänge: 40,6 cm).

## *Bushmaster XM15 E2 Shorty Carbine*

**TECHNISCHE DATEN**

Kaliber: .223 Rem.
Magazin: herausnehmbar
Kapazität: 30 Patronen
Magazinhalteknopf: auf der rechten Seite des Magazinschachtes
System: Selbstladewaffe (Gasdrucklader)
Verschlussbedienung: Spanngriff
Feuerarten: XM15 E2-Version halb- und vollautomatisch, XM15 E2S-Version nur halbautom. (Einzelfeuer)
Verriegelung: Rotationskammerverschluss mit 7 Verriegelungswarzen
Gesamtlänge: 88,3 cm
Lauflänge: 40,6 cm
Gesamtgewicht: 3,2 kg
Visierung: verstellbares Dioptervisier im Tragegriff

*Bushmaster XM15 E2S Shorty Carbine*

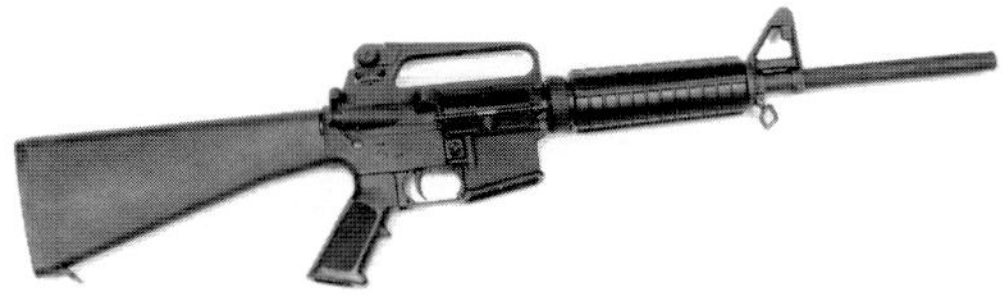

Sicherung: manueller Sicherungshebel und Feuerwahlhebel links am Systemkasten
Schaft: Kunststoffschaft mit Pistolengriff

**BESONDERHEITEN**

Schwarz phosphatiert.

## *Bushmaster XM15 E2 Target Rifle*

**TECHNISCHE DATEN**

Kaliber: .223 Rem.
Magazin: herausnehmbar
Kapazität: 30 Patronen
Magazinhalteknopf: auf der rechten Seite des Magazinschachtes
System: Selbstladewaffe (Gasdrucklader)
Verschlussbedienung: Spanngriff
Feuerarten: XM15 E2-Version halb- und vollautomatisch, XM15 E2S-Version nur halbautom. (Einzelfeuer)
Verriegelung: Rotationskammerverschluss mit 7 Verriegelungswarzen

*Bushmaster XM15 E2S Target Rifle*

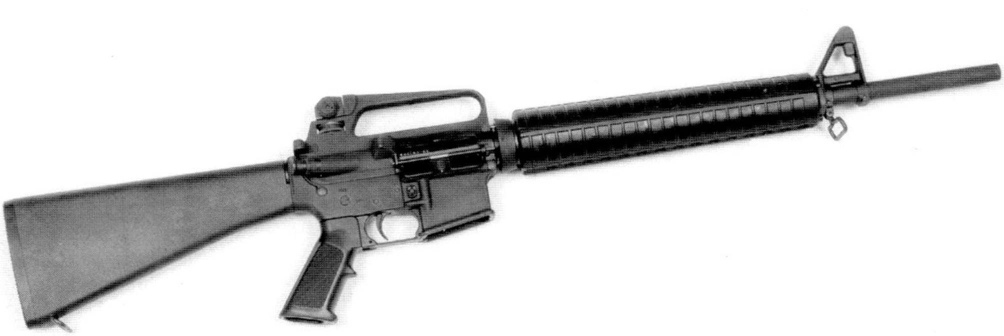

*Bushmaster XM15 E2S V-Match Competition Rifle*

| | |
|---|---|
| Gesamtlänge: | 97 cm |
| Lauflänge: | 51 cm |
| Gesamtgewicht: | 3,9 kg |
| Visierung: | verstellbares Dioptervisier im Tragegriff |
| Sicherung: | manueller Sicherungshebel und Feuerwahlhebel links am Systemkasten |
| Schaft: | Kunststoffschaft mit Pistolengriff |

**BESONDERHEITEN**

Schwarz phosphatiert. Diese Waffe ist auch mit Lauflängen von 61 oder 66 cm erhältlich.

## *Bushmaster XM15 E2 V-Match Competition Rifle*

**TECHNISCHE DATEN**

| | |
|---|---|
| Kaliber: | .223 Rem. |
| Magazin: | herausnehmbar |
| Kapazität: | 30 Patronen |
| Magazinhalteknopf: | auf der rechten Seite des Magazinschachtes |
| System: | Selbstladewaffe (Gasdrucklader) |
| Verschlussbedienung: | Spanngriff |
| Feuerarten: | XM15 E2-Version halb- und vollautomatisch, XM15 E2S-Version nur halbautom. (Einzelfeuer) |
| Verriegelung: | Rotationskammerverschluss mit 7 Verriegelungswarzen |
| Gesamtlänge: | 97 cm |
| Lauflänge: | 51 cm |
| Gesamtgewicht: | 3,8 kg |
| Visierung: | ohne, Montageschiene für Optik |
| Sicherung: | manueller Sicherungshebel und Feuerwahlhebel links am Systemkasten |
| Schaft: | Kunststoffschaft |

**BESONDERHEITEN**

Schwarz phosphatiert. Systemkasten ohne Tragegriff. Auch mit 61- und 66-cm-Lauflänge erhältlich.

## *Bushmaster X17 Bullpup Rifle*

**TECHNISCHE DATEN**

| | |
|---|---|
| Kaliber: | .223 Rem. |
| Magazin: | herausnehmbar |
| Kapazität: | 30 Patronen |
| Magazinhalteknopf: | auf der linken Seite des Magazinschachtes |
| System: | Selbstladewaffe (Gasdrucklader) |
| Verschlussbedienung: | Spanngriff |
| Feuerarten: | XM17-Version halb- und vollautomatisch, XM17S-Version nur halbautomatisch (Einzelfeuer) |
| Verriegelung: | Rotationskammerverschluss mit 7 Verriegelungswarzen |
| Gesamtlänge: | 76 cm |
| Lauflänge: | 54,6 cm |
| Gesamtgewicht: | 3,8 kg |
| Visierung: | festes Visier im Tragegriff, Montageschiene für Optik |
| Sicherung: | manueller Sicherungshebel rechts und Feuerwahlhebel links am Systemkasten |
| Schaft: | Bullpup-Kunststoffschaft |

**BESONDERHEITEN**

Schwarz phosphatiert. Magazinschacht im Hinterschaft (Bullpup).

*Bushmaster XM17S Bullpup*

*CZ 700 Subsonic Präzisionsschützenbüchse*

*CZ Scorpion-Maschinenpistole*

# C c

## Calico

1982 wurde in Bakersfield, Kalifornien, die Firma California Instrument Company gegründet. Zunächst konzentrierte man sich auf den Bau von Werkzeugen für die Ölindustrie. Im Mai 1985 begann man damit, auch Schusswaffen herzustellen. Calico entwickelte leichte halb- oder vollautomatische Kurz- und Langwaffen mit einem bis dato absolut atypischen Magazin. Dabei handelt es sich um ein spezielles Wendel- oder Spiralmagazin, das an der Oberseite der Waffe befestigt wird.

Mehrere Reihen von Patronen, die sich in Schussrichtung in dem Magazin befinden, werden mit Federkraft und durch die Rotationsbewegung der Spiralachse im Magazin weitergedrückt und eine nach dem anderen dem Patronenlager zugeführt. Die erste Waffe dieser Art, die Calico vorstellte, war eine kurze halbautomatische .22 l.r.-Büchse mit einer Kapazität von 100 (!) Schuss. Dieser Waffe folgten 1989 mit der selben Technik eine Pistole, eine Maschinenpistole und ein halbautomatischer Kurzkarabiner, je im Kaliber 9 mm Para, mit 50- und 100-Schuss-Magazinen. Dann brachte man noch zwei Maschinenpistolen mit ausziehbarem Hinterschaft und zwei Kunststoffpistolengriffen heraus. Auf der Vorderseite des Abzuges befinden sich jeweils sowohl ein separater Feuerwahlhebel als auch eine manuelle Sicherung. Calico wurde inzwischen ein Opfer der neuen strengeren amerikanischen Waffengesetze. Für den Zivilmarkt sind dort keine Waffen mehr zugelassen, deren Magazine mehr als 10 Schuss fassen. Daher ist die Firma Calico nun auf behördliche Bestellungen und Exportaufträge angewiesen.

*Calico-Logo*

### *Calico Liberty 50 Carbine*

**TECHNISCHE DATEN**

| | |
|---|---|
| Kaliber: | 9 mm Para |
| Magazin: | abnehmbares Wendelmagazin |
| Kapazität: | 50 Patronen |
| Magazinhalteknopf: | Druckknopf hinter dem Magazin |
| System: | Selbstladewaffe (Masseverschluss) |
| Verschlussbedienung: | Spanngriff |
| Feuerarten: | halbautomatisch (Einzelfeuer) |
| Verriegelung: | reiner Masseverschluss |
| Gesamtlänge: | 87,6 cm |
| Lauflänge: | 40,9 cm |
| Gesamtgewicht: | 3,2 kg |
| Visierung: | feste Kimme und verstellbares Korn über dem Magazin |
| Sicherung: | beidseitige Druckknopfsicherung |
| Schaft: | Schaft, Griff und Magazin aus resistentem Kunststoff |

**BESONDERHEITEN**

Mattschwarze Schutzbeschichtung. Möglichkeit, den Ladezustand des Patronenlagers zu überprüfen, ohne dabei die Waffe zu Spannen oder eine Patrone zu laden.

### *Calico Liberty 100 Carbine*

**TECHNISCHE DATEN**

| | |
|---|---|
| Kaliber: | 9 mm Para |
| Magazin: | abnehmbares Wendelmagazin |
| Kapazität: | 100 Patronen |
| Magazinhalteknopf: | Druckknopf hinter dem Magazin |
| System: | Selbstladewaffe (Masseverschluss) |
| Verschlussbedienung: | Spanngriff |
| Feuerarten: | halbautomatisch (Einzelfeuer) |
| Verriegelung: | reiner Masseverschluss |

*Calico Liberty 50 Carbine*

*Calico Liberty 100 Carbine*

| | |
|---|---|
| Gesamtlänge: | 87,6 cm |
| Lauflänge: | 40,9 cm |
| Gesamtgewicht: | 3,2 kg |
| Visierung: | feste Kimme und verstellbares Korn über dem Magazin |
| Sicherung: | beidseitige Druckknopfsicherung |
| Schaft: | Schaft, Griff und Magazin aus resistentem Kunststoff |

**BESONDERHEITEN**

Mattschwarze Schutzbeschichtung. Möglichkeit, den Ladezustand des Patronenlagers zu überprüfen, ohne dabei die Waffe zu Spannen oder eine Patrone zu laden.

### *Calico M-955A*

**TECHNISCHE DATEN**

| | |
|---|---|
| Kaliber: | 9 mm Para |
| Magazin: | abnehmbares Wendelmagazin |
| Kapazität: | 50 oder 100 Patronen |
| Magazinhalteknopf: | Druckknopf hinter dem Magazin |
| System: | Selbstladewaffe (Masseverschluss) |
| Verschlussbedienung: | Spanngriff |
| Feuerarten: | halb- oder vollautomatisch |
| Verriegelung: | reiner Masseverschluss |
| Gesamtlänge: | 63,5 cm |
| Lauflänge: | 27,9 cm |
| Gesamtgewicht: | 2,4 kg |
| Visierung: | feste Kimme und verstellbares Korn |
| Sicherung: | beidseitige Druckknopfsicherung, Feuerwahlhebel vorne im Abzugsbügel |
| Schaft: | ausziehbarer Schaft, zwei Kunststoff-Pistolengriffe, Leichtmetall-Systemkasten |

*Calico M-955A*

**BESONDERHEITEN**

Mattschwarz. Verstellbarer Mündungsfeuer- und Rückstoßdämpfer. Reguläre Feuerkadenz: 600–700 Schuss pro Minute, variierbar.

### *Calico M-960A*

**TECHNISCHE DATEN**

| | |
|---|---|
| Kaliber: | 9 mm Para |
| Magazin: | abnehmbares Wendelmagazin |
| Kapazität: | 50 oder 100 Patronen |
| Magazinhalteknopf: | Druckknopf hinter dem Magazin |
| System: | Selbstladewaffe (Masseverschluss) |
| Verschlussbedienung: | Spanngriff |
| Feuerarten: | halb- oder vollautomatisch |
| Verriegelung: | reiner Masseverschluss |
| Gesamtlänge: | 53,3 cm (eingeschobener Schaft) |
| Lauflänge: | 17,8 cm |
| Gesamtgewicht: | 2,1 kg |
| Visierung: | feste Kimme und verstellbares Korn |
| Sicherung: | beidseitige Druckknopfsicherung, Feuerwahlhebel vorne im Abzugsbügel |
| Schaft: | ausziehbarer Schaft, zwei Kunststoff-Pistolengriffe, Leichtmetall-Systemkasten |

**BESONDERHEITEN**

Mattschwarz. Verstellbarer Mündungsfeuer- und Rückstoßdämpfer. Reguläre Feuerkadenz: 600–700 Schuss pro Minute, variierbar.

## Carcano/Mannlicher-Carcano

Mannlicher-Carcano-Waffen waren fast 50 Jahre lang aktuell. Das Militärrepetiergewehr Modell 1891 wurde von Salvatore Carcano entwickelt. Car-

*Calico M-960A*

*Carcano/Mannlicher-Carcano–Logo*

cano war ein hochrangiger Offizier und Waffeningenieur im staatlichen italienischen Waffenarsenal in Turin. Carcano verwendete für sein Modell 1891 ein modifiziertes Verschlusssystem der Mauser 1888-Büchse und kombinierte dies mit dem Mannlicher-Magazin, das mit einem Ladestreifen mit sechs Patronen geladen wurde. Das Carcano-Logo ist das offizielle Zeichen des staatlichen Turiner Waffenarsenals.

1892 wurde Carcanos Waffe als Standardwaffe der italienischen Armee eingeführt. Ebenfalls eingeführt wurde eine kürzere Karabinerversion des Gewehres, das Modell 1891 Carbine. Diese Waffe hatte ein interessantes Klappbayonett. Die Carcano-Waffen hatten ursprünglich alle das Kaliber 6,5 x 52 mm Mannlicher-Carcano. Das Carcano-System wies allerdings einige Schwachpunkte auf. Einer davon war der Patronenladestreifen, aufgrund dessen der Magazinschacht recht schnell schmutzig werden konnte. Da deshalb, nämlich 1895, 1897, 1907 und 1912, häufig Änderungen an der Waffe vorgenommen wurden, gibt es diverse Versionen des Modells 1891. 1938 wurde eine komplett neue Reihe von Militärgewehren und -karabinern vorgestellt. Da sich das 6,5 mm-Kaliber in den unterschiedlichsten bewaffneten Konflikten, etwa in Äthiopien, als zu schwach herausgestellt hatte, hatte die neue italienische Militärgewehrfamilie das Kaliber 7,35 x 51 mm Carcano. Seltsamerweise führte die italienische Armee dann zu Beginn des Zweiten Weltkrieges aber das Kaliber 6,5 x 52 mm wieder ein und man änderte viele 7,35 mm-Waffen in solche im alten Kaliber ab.

Ein unrühmliches Ansehen erwarben sich Carcano-Waffen durch den Mord an US-Präsident John F. Kennedy am 22. November 1963 in Dallas. Man ermittelte, dass Kennedy von Lee Harvey Oswald mit einer 6,5 mm Carcano-Repetierbüchse, Modell 91/38, erschossen wurde. Dabei handelte es sich um ein Gewehr, das vom Kaliber 7,35 mm auf 6,5 mm zurückgeändert worden war.

Ende des Zweiten Weltkrieges wurden geringe Mengen von Carcano-Büchsen für einige deutsche Armeeeinheiten im Kaliber 8 x 57 JS hergestellt. Die italienische Armee verwendete noch lange Zeit Carcano-Gewehre. Dann wurden sie schließlich von dem Beretta-Modell BM59 abgelöst, einer modifizierten US-Garand-Selbstladebüchse im Kaliber 7,62 x 51 NATO mit herausnehmbarem Magazin.

## *Carcano M1891*

**TECHNISCHE DATEN**

| | |
|---|---|
| Kaliber: | 6,5 x 52 mm Mannlicher-Carcano |
| Magazin: | fest, für Ladestreifen |
| Kapazität: | 6 Patronen (Ladestreifen) |
| Magazinhalteknopf: | entfällt |
| System: | Repetierbüchse |
| Verschlussbedienung: | Kammerstängel |
| Feuerarten: | Einzelfeuer |
| Verriegelung: | 2 Verriegelungswarzen (Mauser-System) |
| Gesamtlänge: | 129 cm (Gewehr); 92 cm (Karabiner) |
| Lauflänge: | 78 cm (Gewehr); 45 cm (Karabiner) |
| Gesamtgewicht: | 3,9 kg (Gewehr); 3,0 kg (Karabiner) |
| Visierung: | Schiebevisier, 500–2000 m (500–1500 m bzgl. Karabiner) |
| Sicherung: | manuelle Flügelsicherung hinten am System |
| Schaft: | Holzschaft |

**BESONDERHEITEN**

Der Kammerstängel befindet sich vor der Verschlusskammer. Die Karabinerversion besitzt ein langes, anklappbares Speerspitzenbayonett. Die Dralllänge der Waffe nimmt in Richtung Laufmündung ab.

*Carcano M1891*

*Carcano M1891-Karabiner*

## *Carcano M1938*

**TECHNISCHE DATEN**

| | |
|---|---|
| Kaliber: | 6,5 x 52 mm Mannlicher-Carcano oder 7,35 x 51 mm Carcano |
| Magazin: | fest, für Ladestreifen |
| Kapazität: | 6 Patronen (Ladestreifen) |
| Magazinhalteknopf: | entfällt |
| System: | Repetierbüchse |
| Verschlussbedienung: | Kammerstängel |
| Feuerarten: | Einzelfeuer |
| Verriegelung: | 2 Verriegelungswarzen (Mauser-System) |
| Gesamtlänge: | 102 cm (Gewehr); 92 cm (Karabiner) |
| Lauflänge: | 53 cm (Gewehr); 45 cm (Karabiner) |
| Gesamtgewicht: | 6,5 mm: 3,5 kg (Gewehr); 3 kg (Karabiner); 7,35 mm: 3,4 kg (Gewehr); 2,95 kg (Karabiner); |
| Visierung: | festes Visier |
| Sicherung: | manuelle Flügelsicherung hinten am System |
| Schaft: | Holzschaft |

**BESONDERHEITEN**

Der Kammerstängel befindet sich vor der Verschlusskammer. Die Waffe besitzt ein anklappbares Speerspitzenbayonett.

*Carcano M1938*

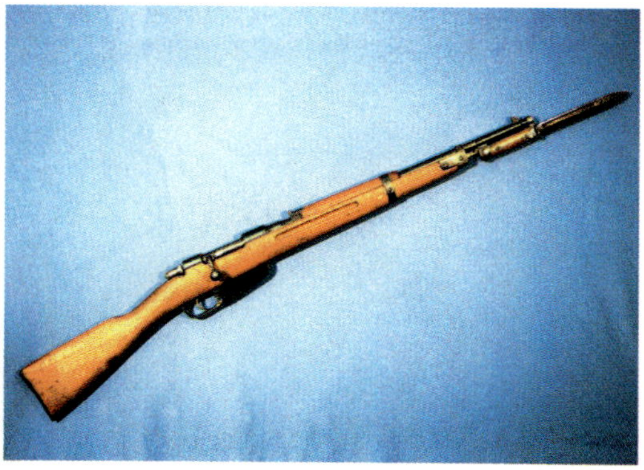

# CETME

CETME steht für Centro de Estudios de Materiales Especiales. Der spanische Staatsbetrieb entwickelte nach dem Zweiten Weltkrieg ein neues Sturmgewehr für die spanischen Streitkräfte. Der vorher bei Mauser beschäftigte Waffeningenieur Vorgrimmler verbesserte mit seiner Waffe den Prototypen des Mauser-Sturmgewehres 45M von Anfang 1945. Bezüglich der Entstehung der Waffe gibt es einen interessanten Fakt: Das spanische Gewehr war bereits mit einem Rollenverschluss ausgestattet, der später erst durch die Waffen von Heckler & Koch bekannt wurde. Ursprünglich hatte die CETME-Waffe das eigenständige Kaliber 7,62 x 51 CETME, das schwächer war als das Kaliber 7,62 x 51 NATO (.308 Win.).

In den frühen 50er Jahren erwarb die holländische Waffenfirma NWM aus Den Bosch die Produktionsrechte an dem CETME-Sturmgewehr. Damals war NWM Teil einer internationalen Wehrexport-Firmengruppe. Die Produktionsrechte galten weltweit, allerdings nicht für Deutschland, das damals noch nicht wieder eine eigene Armee besaß.

Deutschland erhielt erst 1956 von den Allierten wieder das Recht, eine bewaffnete Armee aufzustellen. Man begann dann dort mit einer Ausschreibung für eine neues Militärgewehr. Es gab schließlich vier Kandidaten: als G1 das belgische FN-FAL, als G2 das SIG-Sturmgewehr, als G3 die CETME-Waffe und als G4 das holländisch-amerikanische AR-10. Aufgrund des traditionell guten Verhältnisses zwischen Deutschland und Spanien sowie des Umstandes, dass nach dem Krieg viele in der deutschen Waffenindustrie beschäftigt gewesene Personen in Spanien eine Anstellung gefunden hatten, war es von Anfang an klar, dass das Gewehr von CETME die erste Wahl der Deutschen sein würde.

Unter Mithilfe der Entwicklungsabteilung von Rheinmetall wurde die Technik der CETME-Waffe den deutschen Anforderungen angepasst und nach und nach zum so genannten Gewehrprojekt G3 weiterentwickelt.

Die Herstellung der neuen deutschen Militärwaffe sollte die Firma Heckler & Koch übernehmen. Interessenten an dem G3 von Heckler & Koch aus dem Ausland sollten sich nicht an Deutschland, sondern an die holländische Firma NWM wenden. Da die deutsche Regierung diesen Zustand für nicht tragbar hielt, versuchte sie, diese Regelung der Allierten zu Fall zu bringen. Und nach intensiven politischen Verhandlungen wurde NWM tatsächlich gezwungen, die CETME-Herstellungsrechte an Heckler & Koch abzutreten.

Wegen des enormen Erfolges, den das Rollenverschlusssystem schließlich überall auf der Welt hatte, war dies für die Holländer natürlich eine schwere historische Niederlage. Die spanische Originalversion des CETME-Gewehres war inzwischen zum NATO-Standardkaliber abgeändert und 1958 als Modell 58 bei den spanischen Truppen eingeführt worden.

Aus waffentechnischer Sicht ist bei der Waffe vor allem auch interessant, dass ihr Patronenlager horizontale Rillen aufweist. Das verhindert, dass die Patronenhülse im Lager stecken bleibt. Hierzu kann es bei Selbstladebüchsen zwar kommen, eine Rillenkonstruktion im Patronenlager war aber bei anderen Militärwaffen, wie etwa dem FN-FAL, dennoch nicht notwendig. Die original CETME M58-Büchse hatte ein Schiebevisier und keinen Holz- oder Kunststoffhandschutz. Spätere Versionen wiesen einen Handschutz teils aus Holz, teils aus Plastik und teils aus geprägtem Blech auf; zudem hatten sie ein von den Heckler & Koch-Waffen bekanntes Drehdioptervisier.

## *CETME Modell 58*

**TECHNISCHE DATEN**

| | |
|---|---|
| Kaliber: | 7,62 x 51 mm NATO (.308 Win.) |
| Magazin: | herausnehmbar |
| Kapazität: | 20 Patronen |
| Magazinhalteknopf: | zwischen Abzugsbügel und Magazinschacht |
| System: | Selbstladewaffe (Gasdrucklader) |
| Verschlussbedienung: | Spanngriff |
| Feuerarten: | halb- und vollautomatisch |
| Verriegelung: | Rollenverschluss |
| Gesamtlänge: | 101,5 cm |
| Lauflänge: | 45 cm |
| Gesamtgewicht: | 4,5 kg |
| Visierung: | frühe Modelle: Schiebevisier; spätere Modelle: Drehdioptervisier (Heckler & Koch) |
| Sicherung: | kombinierter Sicherungs- und Feuerwahlhebel links am Systemkasten |
| Schaft: | Holzschaft und -handschutz oder Blechprägehandschutz und Kunststoffpistolengriff |

**BESONDERHEITEN**

Klappzweibein. Tragegriff und Kornschutzring. Der Spanngriff ist mit dem Gasdruckkolben verbunden und befindet sich über dem Gaszylinder über dem Lauf.

*CETME Modell 58*

## *CETME Modell FR-8 Cetmeton*

**TECHNISCHE DATEN**

| | |
|---|---|
| Kaliber: | 7,62 x 51 mm NATO (.308 Win.) |
| Magazin: | fest |
| Kapazität: | 5 Patronen |
| Magazinhalteknopf: | entfällt |
| System: | Repetierbüchse |
| Verschlussbedienung: | Kammerstängel |
| Feuerarten: | Einzelfeuer |
| Verriegelung: | Verriegelungswarzen (Mauser-System) |
| Gesamtlänge: | 98,1 cm |
| Lauflänge: | 45 cm |
| Gesamtgewicht: | 3,6 kg |
| Visierung: | feste Kimme oder Dioptervisier |
| Sicherung: | Mauser-Flügelsicherung hinten am System |
| Schaft: | Holzschaft und -handschutz |

**BESONDERHEITEN**

Aufgrund der Röhre unter dem Lauf könnte man

*CETME Modell FR-8 Cetmeton*

*CETME Modell L*

von einem Gasdruck-Selbstlader ausgehen. Die Röhre ist aber lediglich zur Aufnahme von Putzstange und Putzzeug bestimmt.

## *CETME Modell L*

**TECHNISCHE DATEN**

| | |
|---|---|
| Kaliber: | 5,56 x 45 mm NATO (.223 Rem.) |
| Magazin: | herausnehmbar |
| Kapazität: | 30 Patronen |
| Magazinhalteknopf: | rechts am Magazinschacht |
| System: | Selbstladewaffe (Gasdrucklader) |
| Verschlussbedienung: | Spanngriff |
| Feuerarten: | halb- und vollautomatisch |
| Verriegelung: | Rollenverschluss |
| Gesamtlänge: | Gewehr (Modell L): 101,5 cm;<br>Karabiner (Modell LC): 86 cm |
| Lauflänge: | Gewehr (Modell L): 45 cm;<br>Karabiner (Modell LC): 32 cm |
| Gesamtgewicht: | Gewehr (Modell L): 4,5 kg;<br>Karabiner (Modell LC): 3,2 kg |
| Visierung: | frühe Modelle: Schiebevisier; spätere Modelle: Drehdioptervisier (Heckler & Koch) |
| Sicherung: | kombinierter Sicherungs- und Feuerwahlhebel links am Systemkasten |
| Schaft: | Kunststoffschaft und -handschutz oder Blechprägehandschutz und Pistolengriff |

**BESONDERHEITEN**

Klappzweibein. Tragegriff und Kornschutzring. Die Karabinerversion, Modell LC, besitzt einen ausziehbaren Stahlhinterschaft, die Waffe mit eingeschobenem Schaft ist nur 66,5 cm lang.

# Colt

*Colt-Logo*

Die bekannte Colt's Manufacturing Company Inc. hat ihren Sitz in Hartford, Connecticut, an der Ostküste der Vereinigten Staaten. Colt baut bereits seit mehr als 160 Jahren Waffen, zunächst nur Revolver, seit Beginn dieses Jahrhunderts auch Gewehre und Selbstladepistolen. 1911 brachte die Firma ihre berühmte halbautomatische Selbstladepistole Colt Modell 1911 im Kaliber .45 ACP auf den Markt, die der legendäre John Moses Browning (1854–1926) entwickelt hatte.

Auf dem Gebiet der Militärwaffen ist Colt vor allem wegen seines M16/AR-15-Waffensystems bekannt. Über die Geschichte des legendären M16 und seiner zivilen Version, des AR-15, wurde bereits auf zehntausenden von Seiten in hunderten von Büchern berichtet. Einige der Bücher sind voll des Lobes für die Waffe, während andere ihre Technik scharf kritisieren und dabei vor allem auf die schlechten Erfahrungen, die man teilweise in Vietnam damit gemacht hat, hinweisen. Nichtsdestotrotz ist das M16, zusammen mit dem AK-47, wohl die bekannteste und am häufigsten kopierte Militärbüchse.

Es gibt die unterschiedlichsten M16-Versionen. Eines der Standardwerke über das Waffensystem ist das Buch „The Black Rifle“ von R.B. Stevens und E.C. Ezell. Darin wird auf 416 Seiten auf die Geschichte des M16 eingegangen. Im Laufe der Jahre hat Colt unter der Bezeichnung AR-15 diverse Zivilvarianten seines berühmten M16-Selbstladegewehres auf den Markt gebracht. Das M16 mit seinem markanten Tragebügel wurde 1956 von Eugene Stoner, der damals noch für die Firma Armalite arbeitete, entworfen. Armalite war seinerzeit ein Teil des Fairchild Engine and Airplane-Konzerns und Stoner war der Chefingenieur der Firma. 1959 übernahm die Firma Colt die Produktion des M16. Während des Vietnam-Krieges wurde das Militärgewehr auch auch von den Firmen Harrington & Richardson und sogar von General Motors gebaut. Insgesamt wurden vom M16 im Laufe der Jahre in verschiedenen Versionen etwa 3 440 000 Stück produziert.

Die aktuelle Colt-Zivillinie besteht unter anderem aus dem Modell AR-15 Match Target-Selbstlader, der in den Kalibern .223 Rem., 9 mm Para und auch dem russischen 7,62 x 39 mm lieferbar ist.

## *Colt M4 Carbine*

**TECHNISCHE DATEN**

| | |
|---|---|
| Kaliber: | .223 Rem. |
| Magazin: | herausnehmbar |
| Kapazität: | 20 oder 30 Patronen |
| Magazinhalteknopf: | auf der rechten Seite des Magazinschachtes |
| System: | Selbstladewaffe (Gasdrucklader) |
| Verschlussbedienung: | Spanngriff |
| Feuerarten: | halb- oder vollautomatisch oder 3-Schuss-Feuerstöße |
| Verriegelung: | Rotationskammerverschluss mit 7 Verriegelungswarzen |
| Gesamtlänge: | 81,3 cm (mit eingeschobenem Schaft), 88,9 cm (mit ausgezogenem Schaft) |
| Lauflänge: | 38,8 oder 40,6 cm |
| Gesamtgewicht: | 2,6 kg (mit kurzem Lauf) |

*Colt M4 mit RIS und Remington-Flinte 870 Police*

| | |
|---|---|
| Visierung: | verstellbares A2-Dioptervisier im abnehmbaren Tragegriff, mit MilSpec Picatinny oder Knight RIS-Montageschiene |
| Sicherung: | kombinierter Sicherungs- und Feuerwahlhebel links am Systemkasten |
| Schaft: | einschiebbarer Stahlrohrschaft, in 4 Positionen rastbar |

**BESONDERHEITEN**

Waffe in Modulbauweise: unterschiedliche Konfigurationsmöglichkeiten. Auf dem Foto ist das Gewehr mit RIS-Montageschiene, Elcan-Zielfernrohr, Laserzielgerät und MagLite-Lampe abgebildet. Darüber ist die Waffe mit RIS-Schiene und die Remington-Flinte 870 Police zu sehen.

## *Colt M16 A2*

**TECHNISCHE DATEN**

| | |
|---|---|
| Kaliber: | .223 Rem. |
| Magazin: | herausnehmbar |
| Kapazität: | 20 oder 30 Patronen |
| Magazinhalteknopf: | auf der rechten Seite des Magazinschachtes |
| System: | Selbstladewaffe (Gasdrucklader) |
| Verschlussbedienung: | Spanngriff |

*Colt M4 mit Elcan-Optik und M203-40 mm-Granatwerfer*

*Colt M16 A2*

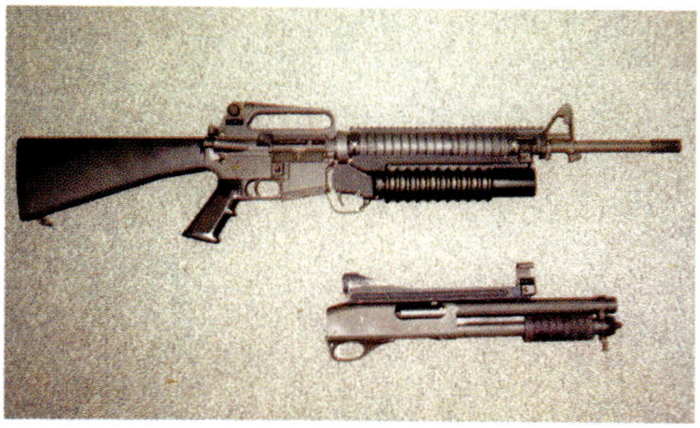

| | |
|---|---|
| Feuerarten: | halbautomatisch oder 3-Schuss-Feuerstöße |
| Verriegelung: | Rotationskammerverschluss mit 7 Verriegelungswarzen |
| Gesamtlänge: | 100,6 cm |
| Lauflänge: | 50,8 cm |
| Gesamtgewicht: | 3,6 kg |
| Visierung: | verstellbares Dioptervisier im Tragegriff |
| Sicherung: | kombinierter Sicherungs- und Feuerwahlhebel links am Systemkasten |
| Schaft: | Schaft, Pistolengriff und Handschutz aus Kunststoff |

**BESONDERHEITEN**

Unterschiede zwischen den Ausführungen A2 und A1: verstellbares Dioptervisier, verbesserter Pistolengriff und Handschutz, kombinierter Mündungsfeuer- und Rückstoßdämpfer, Hülsenschutz hinter dem Auswurffenster (für Linksschützen). Modell A2 schießt nicht, wie das M16 A1, vollautomatisch.

## *Colt Match Target Competition HBAR Flattop (R6700)*

**TECHNISCHE DATEN**

| | |
|---|---|
| Kaliber: | .223 Rem. |
| Magazin: | herausnehmbar |
| Kapazität: | 5, 20 oder 30 Patronen |
| Magazinhalteknopf: | auf der rechten Seite des Magazinschachtes |
| System: | Selbstladewaffe (Gasdrucklader) |
| Verschlussbedienung: | Spanngriff |
| Feuerarten: | halbautomatisch |

*Colt Match Target Competition HBAR Flattop (R6700)*

| | |
|---|---|
| Verriegelung: | Rotationskammerverschluss mit 7 Verriegelungswarzen |
| Gesamtlänge: | 99,1 cm |
| Lauflänge: | 51 cm |
| Gesamtgewicht: | 3,9 kg |
| Visierung: | Flattop-Gehäuse, verstellbares Dioptervisier im abnehmbaren Tragegriff |
| Sicherung: | Sicherungshebel links am Systemkasten |
| Schaft: | Schaft und Handschutz aus Kunststoff |

**BESONDERHEITEN**

Mattschwarz phosphatiert. Besondere Match-Dralllänge des Laufes.

*Colt Match Target HBAR (Heavy Barrel)*

## *Colt Match Target HBAR (Heavy Barrel)*

**TECHNISCHE DATEN**

| | |
|---|---|
| Kaliber: | .223 Rem. |
| Magazin: | herausnehmbar |
| Kapazität: | 5, 20 oder 30 Patronen |
| Magazinhalteknopf: | auf der rechten Seite des Magazinschachtes |
| System: | Selbstladewaffe (Gasdrucklader) |
| Verschlussbedienung: | Spanngriff |
| Feuerarten: | halbautomatisch |
| Verriegelung: | Rotationskammerverschluss mit 7 Verriegelungswarzen |
| Gesamtlänge: | 99,1 cm |
| Lauflänge: | 51 cm |
| Gesamtgewicht: | 3,9 kg |
| Visierung: | verstellbares Dioptervisier im Tragegriff |
| Sicherung: | Sicherungshebel links am Systemkasten |
| Schaft: | Schaft und Handschutz aus Kunststoff |

**BESONDERHEITEN**

Mattschwarz phosphatiert. Die Waffe ist auch in den Kalibern 9 mm Para, 7,62 x 39 mm und als 3 kg-Leichtversion erhältlich. Besondere Match-Dralllängen des Laufes.

*Colt Match Target HBAR II (Heavy Barrel)*

## *Colt Match Target HBAR II (Heavy Barrel)*

**TECHNISCHE DATEN**

| | |
|---|---|
| Kaliber: | .223 Rem. |
| Magazin: | herausnehmbar |
| Kapazität: | 5, 20 oder 30 Patronen |
| Magazinhalteknopf: | auf der rechten Seite des Magazinschachtes |
| System: | Selbstladewaffe (Gasdrucklader) |
| Verschlussbedienung: | Spanngriff |
| Feuerarten: | halbautomatisch |
| Verriegelung: | Rotationskammerverschluss mit 7 Verriegelungswarzen |
| Gesamtlänge: | 87,6 cm |
| Lauflänge: | 40,9 cm |
| Gesamtgewicht: | 3,2 kg |
| Visierung: | verstellbares Dioptervisier im Tragegriff |
| Sicherung: | Sicherungshebel links am Systemkasten |
| Schaft: | Schaft und Handschutz aus Kunststoff |

**BESONDERHEITEN**

Mattschwarz phosphatiert. Besondere Match-Dralllänge des Laufes.

## *Colt Sporter Competition HBAR Flattop (R6700CH)*

**TECHNISCHE DATEN**

| | |
|---|---|
| Kaliber: | .223 Rem. |
| Magazin: | herausnehmbar |
| Kapazität: | 5, 20 oder 30 Patronen |
| Magazinhalteknopf: | auf der rechten Seite des Magazinschachtes |
| System: | Selbstladewaffe (Gasdrucklader) |
| Verschlussbedienung: | Spanngriff |
| Feuerarten: | halbautomatisch |
| Verriegelung: | Rotationskammerverschluss mit 7 Verriegelungswarzen |
| Gesamtlänge: | 99,1 cm |
| Lauflänge: | 51 cm |
| Gesamtgewicht: | 4,8 kg, inkl. Zielfernrohr |
| Visierung: | Flattop-Gehäuse, mit 3–9-fachem, gummibeschichtetem Zielfernrohr |
| Sicherung: | Sicherungshebel links am Systemkasten |
| Schaft: | Schaft und Handschutz aus Kunststoff |

*Colt Sporter Competition HBAR Flattop (R6700CH)*

**BESONDERHEITEN**

Mattschwarz phosphatiert. Besondere Match-Dralllänge des Laufes.

## *Colt Sporter HBAR (Heavy Barrel)*

**TECHNISCHE DATEN**

| | |
|---|---|
| Kaliber: | .223 Rem. |
| Magazin: | herausnehmbar |
| Kapazität: | 5, 20 oder 30 Patronen |
| Magazinhalteknopf: | auf der rechten Seite des Magazinschachtes |
| System: | Selbstladewaffe (Gasdrucklader) |
| Verschlussbedienung: | Spanngriff |
| Feuerarten: | halbautomatisch |
| Verriegelung: | Rotationskammerverschluss mit 7 Verrieg.-warzen |
| Gesamtlänge: | 99,1 cm |
| Lauflänge: | 51 cm |
| Gesamtgewicht: | 3,4 kg |
| Visierung: | verstellbares Dioptervisier im Tragegriff |
| Sicherung: | Sicherungshebel links am Systemkasten |
| Schaft: | Schaft und Handschutz aus Kunststoff |

**BESONDERHEITEN**

Mattschwarz phosphatiert.

*Colt Sporter HBAR (Heavy Barrel)*

*Colt Sporter Match Target Lightweight (MT6530)*

## *Colt Sporter Lightweight 9 mm (MT6430)*

**TECHNISCHE DATEN**

| | |
|---|---|
| Kaliber: | 9 mm Para |
| Magazin: | herausnehmbar |
| Kapazität: | 5 oder 20 Patronen |
| Magazinhalteknopf: | auf der rechten Seite des Magazinschachtes |
| System: | Selbstladewaffe (Masseverschluss) |
| Verschlussbedienung: | Spanngriff |
| Feuerarten: | halbautomatisch |
| Verriegelung: | reiner Masseverschluss |
| Gesamtlänge: | 87,6 cm |
| Lauflänge: | 40,6 cm |
| Gesamtgewicht: | 3,2 kg |
| Visierung: | verstellbares Dioptervisier im Tragegriff |
| Sicherung: | Sicherungshebel links am Systemkasten |
| Schaft: | Schaft und Handschutz aus Kunststoff |

*Colt Sporter Lightweight 9 mm (MT6430)*

**BESONDERHEITEN**

Mattschwarz phosphatiert. Besondere Match-Dralllänge des Laufes. Diese Waffe wird in vielen Staaten, u.a. auch in den USA als Polizeikarabiner verwendet.

## *Colt Sporter Match Target Lightweight (MT6530)*

**TECHNISCHE DATEN**

| | |
|---|---|
| Kaliber: | .223 Rem. |
| Magazin: | herausnehmbar |
| Kapazität: | 5, 20 oder 30 Patronen |
| Magazinhalteknopf: | auf der rechten Seite des Magazinschachtes |
| System: | Selbstladewaffe (Gasdrucklader) |
| Verschlussbedienung: | Spanngriff |
| Feuerarten: | halbautomatisch |
| Verriegelung: | Rotationskammerverschluss mit 7 Verriegelungswarzen |
| Gesamtlänge: | 87,6 cm |
| Lauflänge: | 40,6 cm |
| Gesamtgewicht: | 3 kg |
| Visierung: | verstellbares Dioptervisier im Tragegriff |
| Sicherung: | Sicherungshebel links am Systemkasten |
| Schaft: | Schaft und Handschutz aus Kunststoff |

**BESONDERHEITEN**

Mattschwarz phosphatiert. Besondere Match-Dralllänge des Laufes.

# CZ

Die tschechische Firma CZ, die Abkürzung für „Ceska Zbrojovka", hat ihren Sitz in Uhersk-Brod, einem kleinen Ort in der Nähe von Brünn am Fuße der Karpaten. Die heutige Tschechische Republik hat eine lange Tradition im Bau von Schusswaffen. Seit dem Ersten Weltkrieg baute man dort vornehmlich in den Firmen Zbrojovka Brno, Ceska Zbrojovka Strakonice und Zavody Skoda unter anderem auch Militärwaffen. Die erstgenannte, in Brno (Brünn) ansässige Firma wurde durch die Entwicklung des leichten Maschinengewehres 2-GB-33 bekannt. 1937 verkaufte man die Produktionslizenz für die Waffe an den englischen Staatsbetrieb Enfield, der das leicht abgeänderte Maschinengewehr dann unter dem Namen „Bren Gun" im britischen Kaliber .303 weltberühmt machte.

Die eigentliche Firma CZ entstand im Juli 1936 in Folge der Bedrohung durch Nazi-Deutschland. Schließlich wurde die Tschechoslowakei doch von Deutschland eingenommen. Von 1939 war man bei CZ daher gezwungen, Maschinengewehre für die deutsche Armee zu bauen. Nach dem Zweiten Weltkrieg war das Land von den Russen besetzt und CZ baute in extremen Stückzahlen militärische Kalashnikov-Sturmgewehre. Seitdem die Firma nun in ihrer jetzigen Form besteht, spezialisierte sie sich immer mehr auf den Bau von Selbstladepistolen und Repetierbüchsen.

CZ ist heute einer der weltweit größten Produzenten leichter sowohl militärischer als auch ziviler Hand- und Faustfeuerwaffen. Die Firma exportiert ihre Produkte in mehr als 70 Länder rund um den Erdball. In der Zeit des Kalten Krieges waren die CZ-Produkte zwar in der westlichen Welt wenig bekannt, inzwischen sind sie aber wegen ihres besonders guten Preis-Leistungsverhältnisses äußerst populär.

*CZ-Logo*

Einige der CZ-Modelle, insbesondere die bekannte Pistole CZ-75, standen Modell und Pate für diverse Konstruktionen anderer internationaler Hersteller.

*CZ/AK-47*

## *CZ/AK-47*

**TECHNISCHE DATEN**

| | |
|---|---|
| Kaliber: | 7,62 x 39 mm |
| Magazin: | herausnehmbar |
| Kapazität: | 30 Patronen |
| Magazinhalteknopf: | vor dem Abzugsbügel |
| System: | Selbstladewaffe (Gasdrucklader) |
| Verschlussbedienung: | Spanngriff |
| Feuerarten: | halb- und vollautomatisch |
| Verriegelung: | Rotationskammerverschluss |
| Gesamtlänge: | 88,1 cm |
| Lauflänge: | 41,4 cm |
| Gesamtgewicht: | 3,45 kg |
| Visierung: | verstellbares Schiebevisier |
| Sicherung: | Sicherungshebel rechts am Systemkasten |
| Schaft: | Hartholzschaft in verschiedenen Ausführungen |

**BESONDERHEITEN**

Systemkasten und Lauf mattschwarz beschichtet. Bei der Waffe handelt es sich um eine spezielle tschechische Version des russischen AK-47 Kalashnikov.

## *CZ 537 Sniper*

**TECHNISCHE DATEN**

| | |
|---|---|
| Kaliber: | .308 Win. |
| Magazin: | fest |
| Kapazität: | 4 Patronen |
| Magazinhalteknopf: | entfällt |
| System: | Repetierbüchse |
| Verschlussbedienung: | Kammerstängel |

*CZ 537 Sniper*

| | |
|---|---|
| Feuerarten: | Einzelfeuer |
| Verriegelung: | 2 Verriegelungswarzen (Mauser-System) |
| Gesamtlänge: | 115 cm |
| Lauflänge: | 65 cm |
| Gesamtgewicht: | 5,25 kg |
| Visierung: | ohne, vorbereitet für Zielfernrohrmontage |
| Sicherung: | manuelle Sicherung rechts hinter dem Kammerstängel |
| Schaft: | mit Pistolengriff und verstellbarer Schaftkappe und Backe |

**BESONDERHEITEN**

Verstellbares Klappzweibein. Liefert auf 300 Meter Entfernung 5-Schuss-Gruppen von 120 mm.

## *CZ 700 Sniper*

**TECHNISCHE DATEN**

| | |
|---|---|
| Kaliber: | .308 Win. |
| Magazin: | herausnehmbar |
| Kapazität: | 10 Patronen |
| Magazinhalteknopf: | entfällt |
| System: | rechts am Schaft |
| Verschlussbedienung: | Kammerstängel |

*CZ 700 Sniper*

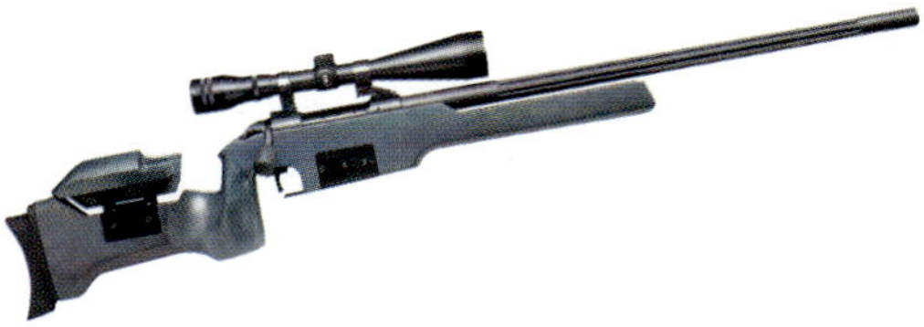

| | |
|---|---|
| Feuerarten: | Einzelfeuer |
| Verriegelung: | 3 Verriegelungswarzen |
| Gesamtlänge: | 121,5 cm |
| Lauflänge: | 65 cm |
| Gesamtgewicht: | 6,2 kg; inkl. Zielfernrohr und Zweibein |
| Visierung: | ohne, vorbereitet für Zielfernrohrmontage, ZF nach Wahl |
| Sicherung: | manuelle Sicherung rechts hinter dem Kammerstängel |
| Schaft: | Schichtholz, mit Pistolengriff und verstellbarer Schaftkappe und Backe |

**BESONDERHEITEN**

Verstellbares Klappzweibein. Spezieller, gefluteter Lauf. Verschluss und Patronenlager mit Gasentlastungsbohrungen. Schaftfarbe oder -beschichtung nach Wahl.

## *CZ 700 Sniper Subsonic*

**TECHNISCHE DATEN**

| | |
|---|---|
| Kaliber: | .308 Win. |
| Magazin: | herausnehmbar |
| Kapazität: | 10 Patronen |

*CZ 700 Sniper Subsonic*

*CZ 2000 Assault Rifle Short*

*CZ 2000 Assault Rifle*

| | |
|---|---|
| Magazinhalteknopf: | entfällt |
| System: | rechts am Schaft |
| Verschlussbedienung: | Kammerstängel |
| Feuerarten: | Einzelfeuer |
| Verriegelung: | 3 Verriegelungswarzen |
| Gesamtlänge: | 123 cm |
| Lauflänge: | 45 cm |
| Gesamtgewicht: | 6,7 kg; inkl. Zielfernrohr und Zweibein |
| Visierung: | ohne, vorbereitet für Zielfernrohrmontage, ZF nach Wahl |
| Sicherung: | manuelle Sicherung rechts hinter dem Kammerstängel |
| Schaft: | Schichtholz, mit Pistolengriff und verstellbarer Schaftkappe und Backe |

**BESONDERHEITEN**

Verstellbares Klappzweibein. Spezieller, gefluteter Lauf. Verschluss und Patronenlager mit Gasentlastungsbohrungen. Schaftfarbe oder -beschichtung nach Wahl.

## *CZ 2000 Assault Rifle*

**TECHNISCHE DATEN**

| | |
|---|---|
| Kaliber: | .223 Rem. |
| Magazin: | herausnehmbar |
| Kapazität: | 30 Patronen |
| Magazinhalteknopf: | vor dem Abzugsbügel |
| System: | Selbstladewaffe (Gasdrucklader, Kalashnikov-System) |
| Verschlussbedienung: | Spanngriff |
| Feuerarten: | halb- und vollautomatisch sowie 3-Schuss-Feuerstöße |
| Verriegelung: | Rotationskammerverschluss |
| Gesamtlänge: | 85 cm (Schaft ausgeklappt); 61,5 cm (Schaft eingeklappt) |
| Lauflänge: | 38,2 cm |
| Gesamtgewicht: | 3,1 kg |
| Visierung: | voll verstellbares Schiebevisier (100–800 m) mit Seitenschutz, spezielle Zielfernrohrmontage |
| Sicherung: | kombinierter Sicherungs- und Feuerwahlhebel links am Systemkasten |

| | |
|---|---|
| Schaft: | Klappskelettschaft, Pistolengriff und Handschutz aus Kunststoff |

**BESONDERHEITEN**

Mattschwarz beschichtet. Kunststoffmagazin. Lauf mit einer Einhakaufpflanzung für Zweibein und Bayonett ausgestattet; kann auch als Granatwerferaufpflanzung verwendet werden. 3-Punkt-Nachtvisier.

## *CZ 2000 Assault Rifle Short*

**TECHNISCHE DATEN**

| | |
|---|---|
| Kaliber: | .223 Rem. |
| Magazin: | herausnehmbar |
| Kapazität: | 30 Patronen |
| Magazinhalteknopf: | vor dem Abzugsbügel |
| System: | Selbstladewaffe (Gasdrucklader, Kalashnikov-System) |
| Verschlussbedienung: | Spanngriff |
| Feuerarten: | halb- und vollautomatisch sowie 3-Schuss-Feuerstöße |
| Verriegelung: | Rotationskammerverschluss |
| Gesamtlänge: | 67,5 cm (Schaft ausgeklappt); 43,5 cm (Schaft eingeklappt) |
| Lauflänge: | 18,5 cm |
| Gesamtgewicht: | 2,7 kg |
| Visierung: | voll verstellbares Schiebevisier (100–800 m) mit Seitenschutz, spezielle Zielfernrohrmontage |
| Sicherung: | kombinierter Sicherungs- und Feuerwahlhebel links am Systemkasten |
| Schaft: | Klappskelettschaft, Pistolengriff und Handschutz aus Kunststoff |

**BESONDERHEITEN**

Mattschwarz beschichtet. Kunststoffmagazin. 3-Punkt-Nachtvisier.

## *CZ 2000 LMG Light Machine Gun*

**TECHNISCHE DATEN**

| | |
|---|---|
| Kaliber: | .223 Rem. |
| Magazin: | herausnehmbar |
| Kapazität: | 30 Patronen oder Trommelmagazin aus Kunststoff für 200 Patronen |
| Magazinhalteknopf: | vor dem Abzugsbügel |
| System: | Selbstladewaffe (Gasdrucklader, Kalashnikov-System) |
| Verschlussbedienung: | Spanngriff |
| Feuerarten: | halb- und vollautomatisch sowie 3-Schuss-Feuerstöße |
| Verriegelung: | Rotationskammerverschluss |

*CZ 2000 LMG Light Machine Gun*

| | |
|---|---|
| Gesamtlänge: | 105 cm (Schaft ausgeklappt); 81 cm (Schaft eingeklappt) |
| Lauflänge: | 57,7 cm |
| Gesamtgewicht: | 4,2 kg |
| Visierung: | voll verstellbares Schiebevisier (100–1000 m) mit Seitenschutz, spezielle Zielfernrohrmontage |
| Sicherung: | kombinierter Sicherungs- und Feuerwahlhebel links am Systemkasten |
| Schaft: | Klappskelettschaft, Pistolengriff und Handschutz aus Kunststoff |

**BESONDERHEITEN**

Mattschwarz beschichtet. Kunststoffmagazin. Lauf mit einer Einhakaufpflanzung für Zweibein. 3-Punkt-Nachtvisier.

## *CZ/Lada Assault Rifle*

**TECHNISCHE DATEN**

| | |
|---|---|
| Kaliber: | .223 Rem. (5,56 x 45 mm NATO) oder 5,45 x 39 mm |
| Magazin: | herausnehmbar |
| Kapazität: | 30 Patronen |
| Magazinhalteknopf: | vor dem Abzugsbügel |
| System: | Selbstladewaffe (Gasdrucklader) |
| Verschlussbedienung: | Spanngriff |
| Feuerarten: | halb- und vollautomatisch sowie 3-Schuss-Feuerstöße |

*CZ/Lada Aussault Rifle*

*CZ/Lada Carbine*

| | |
|---|---|
| Verriegelung: | Rotationskammerverschluss |
| Gesamtlänge: | 85 cm |
| Lauflänge: | 38,2 cm |
| Gesamtgewicht: | 3,0 kg |
| Visierung: | verstellbares Schiebevisier, spezielle Zielfernrohrmontage |
| Sicherung: | kombinierter Sicherungs- und Feuerwahlhebel links am Systemkasten |
| Schaft: | Klapprohrschaft aus Stahl |

**BESONDERHEITEN**

Mattschwarz beschichtet. Kunststoff-Handschutz und Klappzweibein auf Wunsch.

## *CZ/Lada Carbine*

**TECHNISCHE DATEN**

| | |
|---|---|
| Kaliber: | .223 Rem. (5,56 x 45 mm NATO) oder 5,45 x 39 mm |
| Magazin: | herausnehmbar |
| Kapazität: | 30 Patronen |
| Magazinhalteknopf: | vor dem Abzugsbügel |
| System: | Selbstladewaffe (Gasdrucklader) |
| Verschlussbedienung: | Spanngriff |
| Feuerarten: | halb- und vollautomatisch sowie 3-Schuss-Feuerstöße |
| Verriegelung: | Rotationskammerverschluss |
| Gesamtlänge: | 67,5 cm |
| Lauflänge: | 18,5 cm |
| Gesamtgewicht: | 2,6 kg |
| Visierung: | verstellbares Schiebevisier |
| Sicherung: | kombinierter Sicherungs- und Feuerwahlhebel links am Systemkasten |
| Schaft: | Klapprohrschaft aus Stahl |

**BESONDERHEITEN**

Mattschwarz beschichtet. Kunststoff-Handschutz.

## *CZ/Lada Light Machine Gun*

**TECHNISCHE DATEN**

| | |
|---|---|
| Kaliber: | .223 Rem. (5,56 x 45 mm NATO) o. 5,45 x 39 mm |
| Magazin: | herausnehmbar |
| Kapazität: | 30 Patronen |
| Magazinhalteknopf: | vor dem Abzugsbügel |
| System: | Selbstladewaffe (Gasdrucklader) |
| Verschlussbedienung: | Spanngriff |
| Feuerarten: | halb- u. vollautomatisch sowie 3-Schuss-Feuerstöße |

*CZ/Lada Light Machine Gun*

*CZ Scorpion Model 82/Model 83/Model 61E*

| | |
|---|---|
| Verriegelung: | Rotationskammerverschluss |
| Gesamtlänge: | 105 cm |
| Lauflänge: | 57,7 cm |
| Gesamtgewicht: | 4,1 kg |
| Visierung: | verstellbares Schiebevisier (bis 1000 m), spezielle Montage für Zielfernrohr oder Nachtzielgerät |
| Sicherung: | kombinierter Sicherungs- und Feuerwahlhebel links am Systemkasten |
| Schaft: | Klapprohrschaft aus Stahl |

#### BESONDERHEITEN

Mattschwarz beschichtet. Kunststoff-Handschutz und Klappzweibein.

## *CZ Scorpion Model 82/Model 83/ Model 61E*

#### TECHNISCHE DATEN

| | |
|---|---|
| Kaliber: | 9 mm Makarov (Modell 82), 9 mm kurz (Modell 83) oder 7,65 mm Browning (Modell 61E) |
| Magazin: | herausnehmbar |
| Kapazität: | 12, 24 oder 30 Patronen |
| Magazinhalteknopf: | links am Systemkasten |
| System: | Selbstladewaffe (Masseverschluss) |
| Verschlussbedienung: | Spanngriff, beiseitig |
| Feuerarten: | halb- und vollautomatisch |
| Verriegelung: | reiner Masseverschluss |

*CZ Scorpion Model 82/Model 83/Model 61E*

| | |
|---|---|
| Gesamtlänge: | 51,7 cm (Schaft ausgeklappt); 27 cm (Schaft eingeklappt) |
| Lauflänge: | 11,3 cm (82/83) oder 11,5 cm (61E) |
| Gesamtgewicht: | 1,44 kg (82/83) oder 1,28 kg (61E) |
| Visierung: | Klappdioptervisier (75 und 150 m) |
| Sicherung: | kombinierter Sicherungs- und Feuerwahlhebel links am Systemkasten |
| Schaft: | Stahl-Klapprohrschaft, Pistolengriff aus Kunststoff oder Holz |

#### BESONDERHEITEN

Mattschwarz. Theoretische Feuerkadenz: 750 Schuss pro Minute.

*DPMS Bull Twenty-Four Special Sniper-Büchse*

*Soldat an Maschinengewehr*

# D d

## D&L Sports Inc.

Die Firma D&L Inc. hat ihren Sitz in Gillette im US-Bundesstaat Wyoming. Sie wurde von Dave Lauck gegründet.
Das Unternehmen hat sich darauf spezialisiert, vorhandene Waffensysteme zu verfeinern und zu verbessern. D&L baut besonders feine und präzise Scharfschützenbüchsen. Die Waffen werden komplett nach den Wünschen der Kunden, Privatpersonen oder Behörden, „zusammengestellt" und gebaut. Die Spezialisten der Firma machen individuelle Vorschläge. D&L bietet auch eine eigenständige Präzisionsschützenausbildung an.
Dave Lauck war jahrelang Polizeibeamter und trainierte polizeiliche Sniper- und SWAT-Teams. Als Wettkampfschütze hat Lauck diverse Sniper-Matches gewonnen. Seine Hauptkunden sind Wettkampfschützen und polizeiliche Spezialeinheiten.

### *D&L MR30 PG (Professional Grade) Tactical Rifle*

**TECHNISCHE DATEN**

| | |
|---|---|
| Kaliber: | .308 Win. |
| Magazin: | fest |
| Kapazität: | 5 Patronen |
| Magazinhalteknopf: | abklappbarer Magazinboden |
| System: | Repetierbüchse |
| Verschlussbedienung: | Kammerstängel |

*D&L Sports Inc.-Logo*

D&L Sports Custom Firearms

*D&L MR30 PG (Professional Grade) Tactical Rifle*

| | |
|---|---|
| Feuerarten: | Einzelfeuer |
| Verriegelung: | Verriegelungswarzen |
| Gesamtlänge: | 112 cm |
| Lauflänge: | 61 cm |
| Gesamtgewicht: | 6,8 kg |
| Visierung: | ohne; Zielfernrohrmontage mit Doppelringen |
| Sicherung: | manuelle Sicherung rechts hinter dem Kammerstängel |
| Schaft: | speziell konstruierter Kevlarschaft mit verstellbarer Schaftkappe und Backe |

**BESONDERHEITEN**

Scharfschützenbüchse auf Basis des Remington 700-Systems. Spezieller, gefluteter Stainless-Stahl-Lauf der Firma Hart. Spezieller Mündungsfeuer- und Rückstoßdämpfer. Harris-Zweibein. Besonderes Abzugssystem.

### *D&L MR30 Tactical Rifle*

**TECHNISCHE DATEN**

| | |
|---|---|
| Kaliber: | .308 Win. |
| Magazin: | fest |
| Kapazität: | 5 Patronen |
| Magazinhalteknopf: | abklappbarer Magazinboden |

*D&L MR30 Tactical Rifle*

| | |
|---|---|
| System: | Repetierbüchse |
| Verschlussbedienung: | Kammerstängel |
| Feuerarten: | Einzelfeuer |
| Verriegelung: | Verriegelungswarzen |
| Gesamtlänge: | 112 cm |
| Lauflänge: | 61 cm |
| Gesamtgewicht: | 7 kg |
| Visierung: | ohne; Zielfernrohrmontage mit Doppelringen |
| Sicherung: | manuelle Sicherung rechts hinter dem Kammerstängel |
| Schaft: | speziell konstruierter Skelettschaft mit Pistolengriff und verstellbarer Schaftkappe und Backe |

**BESONDERHEITEN**

Scharfschützenbüchse auf Basis des Remington 700-Systems. Spezieller, schwerer Stainless-Stahl-Lauf der Firma Hart. Spezieller Mündungsfeuer- und Rückstoßdämpfer. Harris-Zweibein. Besonderes Abzugssystem.

## *D&L Professional Perimeter Carbine*

**TECHNISCHE DATEN**

| | |
|---|---|
| Kaliber: | .223 Rem. |
| Magazin: | herausnehmbar |
| Kapazität: | 20 oder 30 Patronen |

*D&L Professional Perimeter Carbine*

| | |
|---|---|
| Magazinhalteknopf: | auf der linken Seite des Systemkastens |
| System: | Selbstladewaffe (Gasdrucklader) |
| Verschlussbedienung: | Spanngriff |
| Feuerarten: | halbautomatisch (Einzelfeuer) |
| Verriegelung: | Rotationskammerverschluss |
| Gesamtlänge: | 87 cm |
| Lauflänge: | 42 cm |
| Gesamtgewicht: | 4,1 kg |
| Visierung: | ohne; spezielle Visiermontageschiene |
| Sicherung: | manueller Sicherungshebel links am Systemkasten |
| Schaft: | Kunststoffschaft mit Pistolengriff und Handschutz |

**BESONDERHEITEN**

Oberflächenfarbe nach Wunsch. Lampen- und Lasermontage vorne am Handschutz. Harris-Zweibein. Spezieller, schwerer Stainless-Stahl-Lauf. Besonderes Abzugssystem. Die Waffe kann mit Mündungsfeuerdämpfer und Schalldämpfer ausgestattet werden.

# Daewoo

*Daewoo-Logo*

DAEWOO

Die südkoreanische Waffenherstellungsfirma Daewoo Precision Industries Ltd. mit Sitz in Seoul ist Teil des riesigen Daewoo-Konzerns, der unter anderem Flugzeuge, Schiffe, elektronische Produkte, Maschinen und vor allem Autos produziert.

Neben verschiedenen Pistolen baut Daewoo seit Jahren auch Gewehre. Das Modell DR200 im Kaliber .223 Rem., eingeführt bereits im Jahre 1985, ist eine interessante Kombination der Techniken des Colt M16-und des AK-47-Sturmgewehres. Die Waffe wird vor allem nach Nordamerika exportiert. 1997 brachte man eine besondere Version des Selbstladegewehres heraus: das Modell DR300 im russischen Kaliber 7,62 x 39 mm.

Daewoo baut schon verhältnismäßig lange – bereits seit fast 20 Jahren – Handfeuerwaffen. Die ersten beiden Langwaffen der Firma waren die Modelle Max-1 und Max-2, beide Kaliber .223 Rem. Das Max-1 hatte einen ausziehbaren Teleskopschaft und das Max-2 einen umklappbaren Schaft. In sämtli-

*Daewoo DR 200*

chen Daewoo-Selbstladegewehren wird das Colt M16/AR-15-Magazin verwendet. 1985 brachte Daewoo die Selbstladebüchse AR-100, .223 Rem., auf den Markt.

## *Daewoo DR 200*

**TECHNISCHE DATEN**

| | |
|---|---|
| Kaliber: | .223 Rem. |
| Magazin: | herausnehmbar |
| Kapazität: | 5, 10 oder 20 Patronen (AR-15-Magazin) |
| Magazinhalteknopf: | auf der rechten Seite des Magazinschachtes |
| System: | Selbstladewaffe (Gasdrucklader, Colt-System) |
| Verschlussbedienung: | Spanngriff |
| Feuerarten: | halb- und vollautomatisch |
| Verriegelung: | Rotationskammerverschluss |
| Gesamtlänge: | 99,6 cm |
| Lauflänge: | 46,5 cm |
| Gesamtgewicht: | 4,1 kg |
| Visierung: | militärische Dioptervisierung, Korntunnel, spezielle Zielfernrohrmontage erhältlich |
| Sicherung: | beidseitige Druckknopfsicherung am Systemkasten oberhalb des Pistolengriffs |
| Schaft: | Kunststoff, mit Pistolengriff und Daumenloch |

**BESONDERHEITEN**

Mattschwarz phosphatiert. Die Waffe wird ohne Magazine ausgeliefert, es sind aber alle Colt- oder Armalite-Magazine, Kaliber .223 Rem., zu verwenden.

# Dakota

Die Dakota Arms Company ist ein relativ kleines und junges Unternehmen. Der Firmengründer, der Amerikaner Don Allen, arbeitete bis 1984 als Pilot

*Dakota-Logo*

einer Boeing 727 bei der US-Fluggesellschaft Northwest Airlines. Seit 1962 hatte er allerdings bereits in seiner Freizeit auf der Basis des Winchester 70-Systems sehr erfolgreich Custom-Repetierbüchsen gebaut.

Nach seiner Pensionierung gründete er zusammen mit seiner Frau in Sturgis im US-Bundesstaat South Dakota die Firma Dakota Arms Incorporated. Der erste Repetierer, den Allen dann in Serie fertigte, war sein Modell Dakota 76, das 1987 vorgestellt wurde. Neben den Waffen selbst entwickelte Allen auch verschiedene neue Büchsenkaliber mit besonders guten ballistischen Eigenschaften für die Jagd auf schweres bis besonders schweres Wild, etwa seine 7 mm Dakota, .300 Dakota, .330 Dakota, .375 Dakota, .416 Dakota und .450 Dakota. Im Herbst 1995 kam Allen mit einer traditionellen Doppelflinte, dem Modell „American Legend", auf den Markt. Auf der Basis seines Modell 76-Repetierers baute er eine spezielle, besonders weit reichende Präzisionsschützenbüchse, die er als Modell „Longbow" bezeichnete und die bis zu einer Entfernung von 1500 Metern sehr genau schießt. Die Waffe ist mit einem Lothar-Walther-Matchlauf ausgestattet und Allen garantiert dafür, dass eine auf 100 Meter geschossene 5-Schuss-Gruppe einen Durchmesser von nicht mehr als 13 mm hat.

## *Dakota Longbow*

**TECHNISCHE DATEN**

| | |
|---|---|
| Kaliber: | .338 Lapua Magnum, .300 Dakota Magnum oder .330 Dakota Magnum |
| Magazin: | fest |
| Kapazität: | 5 Patronen |
| Magazinhalteknopf: | entfällt |
| System: | Repetierbüchse |
| Verschlussbedienung: | Kammerstängel |
| Feuerarten: | Einzelfeuer |
| Verriegelung: | 2 Verriegelungswarzen, schweres System |
| Gesamtlänge: | 127 cm |

Dakota-Longbow

| | |
|---|---|
| Lauflänge: | 71 cm |
| Gesamtgewicht: | 6,2 kg; ohne Zielfernrohr |
| Visierung: | ohne; Picatinny-Optikmontageschiene |
| Sicherung: | Flügelsicherung hinten an der Kammer |
| Schaft: | McMillan-A2-Kunststoffschaft mit verstellbarer Schaftkappe und Backe |

**BESONDERHEITEN**

Lothar-Walther-Lauf; Anbringungsmöglichkeit für Zweibein vorne am Vorderschaft.

# S.W. Daniel Inc.

Die US-Firma S.W. Daniel Inc. aus Atlanta begann im Jahr 1990 damit, seine Maschinenpistole Cobray M11 herzustellen. Die Waffe ist eine verbesserte Version der berühmten Ingram M10-MP. Der amerikanische Waffenkonstrukteur Gordon B. Ingram hatte diese Maschinenpistole bereits 1946 für die US-Armee entwickelt. Von da ab hatte die Waffe unter den militärischen Bezeichnungen US-M1, US-M2, US-M3 und US-M4 in den verschiedensten amerikanischen Armeeeinheiten Dienst getan. Als Ingram versuchte, mit seiner Konstruktion auch auf dem Zivilmarkt Fuß zu fassen, nannte er die MP Ingram M5. Auch hiervon folgten mehrere Modelle, die die Nummerierungen 6 bis 9 erhielten. 1969 entwickelte Ingram die komplett neuen Modelle MAC-10, Kaliber 9 mm Para und .45 ACP, und MAC-11, Kaliber 9 mm kurz. Die Waffen wurden für Ingram von der Firma Military Armament Corp., Marietta, Georgia, hergestellt. Da sich, wohl besonders auch wegen der harten Konkurrenz des Heckler & Koch-Produkts MP5, kaum Interessenten für Ingrams MAC-10 und MAC-11-Maschinenpistolen fanden, musste Military Armament 1975 Konkurs anmelden. Zwar versuchte sich dann noch die Firma RPB Industries aus Atlanta am Bau der Ingram-MPs, als aber 1983 schließlich das Bureau for Alcohol, Tobacco and Firearms, BATF, die zivile Herstellung von Maschinenpistolen in den USA gravierend einschränkte, war auch dieses Unternehmen am Ende. Einer der Anteilseigner von RPB war danach allerdings immer noch vom kommerziellen Erfolg des Ingram-Konzepts überzeugt und gründete die Firma S.W. Daniel Inc. Das MP-Modell dieser Firma wurde Cobray M-11/Nine genannt.

Die Waffe ist in verschiedenen Punkten unterschiedlich zur Ingrams ursprünglicher Konstruktion, es gibt nun etwa auch eine reine halbautomatische Version und noch mehr Kalibervariationen. Wie Medienberichten zu entnehmen ist, hat es S.W. Daniel nun anscheinend geschafft, dass sein Produkt inzwischen von Regierungsstellen einiger Länder erworben wurde. Angeblich habe die holländische Regierung eine größere Stückzahl Cobray-MPs gekauft, diese aber unmittelbar an die neuen palästinensischen Polizeibehörden weitergeliefert. Von der israelischen Regierung wurde dies nicht bestätigt, sie habe die Waffen sichergestellt und eingezogen.

### *SWD Cobray M-11/Nine*

**TECHNISCHE DATEN**

| | |
|---|---|
| Kaliber: | 9 mm Para (M-11) oder 9 mm kurz (M-12) |
| Magazin: | herausnehmbar |
| Kapazität: | 13 oder 32 Patronen |
| Magazinhalteknopf: | hinten am Griff |
| System: | Selbstladewaffe (Masseverschluss) |
| Verschlussbedienung: | Spanngriff, beidseitig |
| Feuerarten: | halb- und vollautomatisch |
| Verriegelung: | reiner Masseverschluss |
| Gesamtlänge: | 28,7 cm |
| Lauflänge: | 13,6 cm |
| Gesamtgewicht: | 1,6 kg |
| Visierung: | festes Dioptervisier |
| Sicherung: | kombinierter Sicherungs- und Feuerwahlhebel rechts am Systemkasten |
| Schaft: | ohne; oder mit Stahl-Klapprohrschaft |

**BESONDERHEITEN**

Mattschwarze Oberfläche. Gewinde zur Kompensator- oder Schalldämpferanbringung um die Laufmündung.

*SWD Cobray M-11/Nine*

# Diemaco

*Diemaco-Logo*

Diemaco Inc. mit Sitz in Kitchener, Ontario, Kanada, ist ein Tochterunternehmen der Firma Devtek Aerospace Co. Die Firma stellt in Lizenz verschiedene Varianten des AR-15/M16-Sturmgewehres her und feiert damit beachtliche Erfolge. Einer der Firmenkunden ist die niederländische Armee, die einige unterschiedliche Versionen des Diemaco-Gewehres orderte, um damit das FN-FAL-Sturmgewehr zu ersetzen. Der Umstand, dass Diemaco und nicht Colt als eigentlicher AR-15/M16-Hersteller die Waffen liefert, ist darauf zurückzuführen, dass die Firma Colt in den letzten Jahren mit diversen Herstellungsproblemen zu kämpfen hatte.

Wie praktisch alle modernen Militärhandfeuerwaffen, stellt auch die Waffe von Diemaco eigentlich eine ganze Waffenfamilie dar. Die Palette reicht von einem Standard-Sturmgewehr, einer Präzisionsschützenversion und einer kurzen Karabinerversion bis hin zu einem leichten Maschinengewehr. Alle Waffen haben das Kaliber 5,56 x 45 mm NATO, also im zivilen Sprachgebrauch das Kaliber .223 Remington. Das Modell C7 Combat Rifle ist für die reguläre Truppe bestimmt, während das Modell C7A1 von militärischen Spezialeinheiten, etwa den Kampfschwimmern, verwendet wird. In Kürze entscheiden mehrere NATO-Mitgliedsstaaten, welches leichte Maschinengewehr sie statt des bisherigen, bekannten FN-MAG in ihren Armeen einführen. Das LSW von Diemaco hat gute Chancen, das Rennen zu machen. Aufgrund seiner besonders einfachen Konstruktion, die auch sehr wenig Wartung erfordert, rangiert allerdings auch das leichte MG der Firma Stoner recht weit vorne.

### *Diemaco C7 Combat Rifle*

**TECHNISCHE DATEN**

| | |
|---|---|
| Kaliber: | .223 Rem. |
| Magazin: | herausnehmbar |
| Kapazität: | 30 Patronen |
| Magazinhalteknopf: | auf der rechten Seite des Magazinschachtes |
| System: | Selbstladewaffe (Gasdrucklader) |
| Verschlussbedienung: | Spanngriff |
| Feuerarten: | halb- und vollautomatisch |

*Diemaco C7 Combat Rifle*

| | |
|---|---|
| Verriegelung: | Rotationskammerverschluss |
| Gesamtlänge: | 100 cm |
| Lauflänge: | 50 cm |
| Gesamtgewicht: | 3,4 kg |
| Visierung: | verstellbares Visier (M16-Art) |
| Sicherung: | kombinierter Sicherungs- und Feuerwahlhebel links am Systemkasten, mit Anzeige rechts |
| Schaft: | Schaft, Pistolengriff und Handschutz aus Kunststoff |

**BESONDERHEITEN**

Mattschwarz. Kann unter dem Lauf mit einem M203-Granatwerfer bestückt werden.

## *Diemaco C7A1 Combat Rifle/Semi-Sniper*

**TECHNISCHE DATEN**

| | |
|---|---|
| Kaliber: | .223 Rem. |
| Magazin: | herausnehmbar |
| Kapazität: | 30 Patronen |
| Magazinhalteknopf: | auf der rechten Seite des Magazinschachtes |
| System: | Selbstladewaffe (Gasdrucklader) |
| Verschlussbedienung: | Spanngriff |
| Feuerarten: | halb- und vollautomatisch |
| Verriegelung: | Rotationskammerverschluss |
| Gesamtlänge: | 100 cm |
| Lauflänge: | 50 cm |
| Gesamtgewicht: | 3,4 kg |
| Visierung: | Visieroptik; kann mit einem Elcan-Zielfernrohr und unterschiedlichen Montageschienen bestückt werden (Weaver, Rarde, Picatinny, RIS) |
| Sicherung: | kombinierter Sicherungs- und Feuerwahlhebel links am Systemkasten, mit Anzeige rechts |
| Schaft: | Schaft, Pistolengriff und Handschutz aus Kunststoff |

*Diemaco C7A1 Combat Rifle/Semi-Sniper*

**BESONDERHEITEN**

Mattschwarz. Für militärische Spezialeinheiten als Präzisionsschützenbüchse vorgesehen.

## *Diemaco C8 Carbine*

**TECHNISCHE DATEN**

| | |
|---|---|
| Kaliber: | .223 Rem. |
| Magazin: | herausnehmbar |
| Kapazität: | 30 Patronen |
| Magazinhalteknopf: | auf der rechten Seite des Magazinschachtes |
| System: | Selbstladewaffe (Gasdrucklader) |
| Verschlussbedienung: | Spanngriff |
| Feuerarten: | halb- und vollautomatisch |
| Verriegelung: | Rotationskammerverschluss |
| Gesamtlänge: | 76 cm, mit ausgefahrenem Schaft |
| Lauflänge: | 37 cm |
| Gesamtgewicht: | 2,7 kg |
| Visierung: | verstellbares Visier (M16-Art) |
| Sicherung: | kombinierter Sicherungs- und Feuerwahlhebel links am Systemkasten, mit Anzeige rechts |
| Schaft: | Stahl-Schiebeschaft, Pistolengriff und Handschutz |

**BESONDERHEITEN**

Mattschwarz.

*Diemaco C8 Carbine*

*Diemaco LWS*

## *Diemaco LSW*

**TECHNISCHE DATEN**

| | |
|---|---|
| Kaliber: | .223 Rem. |
| Magazin: | herausnehmbar |
| Kapazität: | 30 Patronen |
| Magazinhalteknopf: | auf der rechten Seite des Magazinschachtes |
| System: | Selbstladewaffe (Gasdrucklader) |
| Verschlussbedienung: | Spanngriff |
| Feuerarten: | halb- und vollautomatisch |
| Verriegelung: | Rotationskammerverschluss |
| Gesamtlänge: | 100 cm |
| Lauflänge: | 50 cm |
| Gesamtgewicht: | 5,8 kg |
| Visierung: | verstellbares Visier (M16-Art) |
| Sicherung: | kombinierter Sicherungs- und Feuerwahlhebel links am Systemkasten, mit Anzeige rechts |
| Schaft: | Schaft, Pistolengriff (hinten und vorne) und Handschutz aus Kunststoff |

**BESONDERHEITEN**

Mattschwarz. Klappzweibein.

# DPMS

*DPMS-Logo*

DPMS
Defense Procurement
Manufacturing Services Inc.

*DPMS A-15 Panther Pump Rifle*

Die Firma DPMS (Defense Procurement Manufacturing Services Inc.), 1986 von Randy Luth gegründet, fungiert vornehmlich als Zwischenhändler für große Wehrindustrieaufträge. Daneben produziert DPMS auf der Basis der AR-15-Waffenfamilie auch selbst einige Sturmgewehrmodelle.

Die Systemkästen der Waffen der Firma DPMS werden für diese von Sturm, Ruger & Co. aus 7075-T6-Flugzeugaluminium hergestellt. Zusätzlich zu den Waffen verkauft DPMS auch eigenständig diverse Zubehörteile, inklusive Leatherwood-Zielfernrohren, eine firmeneigene Marke, und optische Visiere anderer Hersteller, wie etwa die bekannten Produkte von Elcan. Im weiteren umfasst die Produktpalette von DPMS Mündungsfeuerdämpfer, Rückstoßdämpfer, Zweibeine, Kunststoffschäfte, Optikmontageschienen sowie weitere Kleinteile für das AR-15-Waffensystem.

Als Dienstleistung bietet DPMS auch einen speziellen Laufhärtungsprozess an, der die Schusspräzision des Laufes merklich verbessern soll. Dabei wird der Lauf unter anderem 20 bis 30 Stunden lang auf eine Temperatur von -184°C abgekühlt. Dann erhitzt man den Lauf auf +148°C und lässt ihn langsam wieder abkühlen. Diese Prozedur führt zu einer starken Verdichtung der Metallstrukturen und deshalb zu weniger Verwindungen im Material bei der Schussabgabe.

Die DPMS AR-15 Pump Gun ist eine ganz spezielle Waffe der Firma. Sie ist zwar ähnlich dem AR-15 aufgebaut, verfügt aber über ein Vorderschaftrepetiersystem. Die Waffe wurde von dem bekannten Waffenkonstrukteur Le Branson für DPMS entwickelt.

## *DPMS A-15 Panther Pump Rifle*

**TECHNISCHE DATEN**

| | |
|---|---|
| Kaliber: | .223 Rem. |
| Magazin: | herausnehmbar |
| Kapazität: | 10, 20 oder 30 Patronen |
| Magazinhalteknopf: | auf der linken Seite des Systemkastens |
| System: | Repetierbüchse |

| | |
|---|---|
| Verschlussbedienung: | Vorderschaft |
| Feuerarten: | Einzelfeuer |
| Verriegelung: | Kammerverschluss mit Rotationskopf |
| Gesamtlänge: | 100,3 cm |
| Lauflänge: | 50,8 cm |
| Gesamtgewicht: | 3,9 kg |
| Visierung: | A2-Visier/Tragegriff |
| Sicherung: | Sicherungshebel links am Systemkasten |
| Schaft: | Zytel-Kunststoffschaft |

**BESONDERHEITEN**

Mattschwarzer Schaft. Aluminium-Pumprepetiervorderschaft.

## *DPMS Arctic Panther Black*

**TECHNISCHE DATEN**

| | |
|---|---|
| Kaliber: | .223 Rem. |
| Magazin: | herausnehmbar |
| Kapazität: | 10, 20 oder 30 Patronen |
| Magazinhalteknopf: | auf der linken Seite des Magazinschachtes |
| System: | Selbstladewaffe (Gasdrucklader) |
| Verschlussbedienung: | Spanngriff |
| Feuerarten: | halbautomatisch (Einzelfeuer) |
| Verriegelung: | Rotationskammerverschluss |
| Gesamtlänge: | 97 cm |
| Lauflänge: | 50,8 cm |
| Gesamtgewicht: | 4,5 kg |
| Visierung: | ohne; spezielle Optikmontage |
| Sicherung: | Sicherungshebel links am Systemkasten |
| Schaft: | Zytel-Kunststoffschaft; Pistolengriff mit Daumenauflage |

**BESONDERHEITEN**

Mattschwarzer Schaft. Aluminium-Handschutz. Verstellbares Harris-Zweibein. Gefluteter Stainless-Steel-Lauf.

*DPMS Arctic Panther Black*

*DPMS Arctic White Panther*

## *DPMS Arctic White Panter*

**TECHNISCHE DATEN**

| | |
|---|---|
| Kaliber: | .223 Rem. |
| Magazin: | herausnehmbar |
| Kapazität: | 10, 20 oder 30 Patronen |
| Magazinhalteknopf: | auf der linken Seite des Magazinschachtes |
| System: | Selbstladewaffe (Gasdrucklader) |
| Verschlussbedienung: | Spanngriff |
| Feuerarten: | halbautomatisch (Einzelfeuer) |
| Verriegelung: | Rotationskammerverschluss |
| Gesamtlänge: | 97 cm |
| Lauflänge: | 50,8 cm |
| Gesamtgewicht: | 4,5 kg |
| Visierung: | ohne; spezielle Optikmontage |
| Sicherung: | Sicherungshebel links am Systemkasten |
| Schaft: | Zytel-Kunststoffschaft |

**BESONDERHEITEN**

Mattschwarzer Schaft. Pulverbeschichtung auf dem Gehäuse und dem Aluminium-Handschutz. Lauf teflonbeschichtet. Verstellbares Harris-Zweibein. Gefluteter Stainless-Steel-Lauf.

## *DPMS Bulldog*

**TECHNISCHE DATEN**

| | |
|---|---|
| Kaliber: | .223 Rem. |
| Magazin: | herausnehmbar |
| Kapazität: | 10, 20 oder 30 Patronen |
| Magazinhalteknopf: | auf der linken Seite des Magazinschachtes |
| System: | Selbstladewaffe (Gasdrucklader) |
| Verschlussbedienung: | Spanngriff |
| Feuerarten: | halbautomatisch (Einzelfeuer) |
| Verriegelung: | Rotationskammerverschluss |
| Gesamtlänge: | 100,3 bis 110,5 cm |
| Lauflänge: | 50,8 cm |
| Gesamtgewicht: | 5 kg |

*DPMS Bulldog*

| | |
|---|---|
| Visierung: | ohne; spezielle Optikmontage |
| Sicherung: | Sicherungshebel links am Systemkasten |
| Schaft: | Zytel-Kunststoffschaft; mit verstellbarer und ausziehbarer Schaftkappe |

**BESONDERHEITEN**

Mattschwarzer Schaft. Aluminium-Handschutz. Gefluteter Stainless-Steel-Lauf.

## *DPMS Panther Bull A-15*

**TECHNISCHE DATEN**

| | |
|---|---|
| Kaliber: | .223 Rem. |
| Magazin: | herausnehmbar |
| Kapazität: | 10, 20 oder 30 Patronen |
| Magazinhalteknopf: | auf der linken Seite des Magazinschachtes |
| System: | Selbstladewaffe (Gasdrucklader) |
| Verschlussbedienung: | Spanngriff |
| Feuerarten: | halbautomatisch (Einzelfeuer) |
| Verriegelung: | Rotationskammerverschluss |
| Gesamtlänge: | 97 cm |
| Lauflänge: | 50,8 cm |
| Gesamtgewicht: | 4,5 kg |
| Visierung: | ohne; spezielle Optikmontage |

*DPMS Panther Bull A-15*

*DPMS Panther Bull Gold*

| | |
|---|---|
| Sicherung: | Sicherungshebel links am Systemkasten |
| Schaft: | Zytel-Kunststoffschaft |

**BESONDERHEITEN**

Mattschwarzer Schaft. Aluminium-Handschutz. Verstellbares Harris-Zweibein. Gefluteter Stainless-Steel-Lauf.

## *DPMS Panther Bull Gold*

**TECHNISCHE DATEN**

| | |
|---|---|
| Kaliber: | .223 Rem. |
| Magazin: | herausnehmbar |
| Kapazität: | 10, 20 oder 30 Patronen |
| Magazinhalteknopf: | auf der linken Seite des Magazinschachtes |
| System: | Selbstladewaffe (Gasdrucklader) |
| Verschlussbedienung: | Spanngriff |
| Feuerarten: | halbautomatisch (Einzelfeuer) |
| Verriegelung: | Rotationskammerverschluss |
| Gesamtlänge: | 97 cm |
| Lauflänge: | 50,8 cm |
| Gesamtgewicht: | 4,5 kg |
| Visierung: | ohne; spezielle Optikmontage |
| Sicherung: | Sicherungshebel links am Systemkasten |
| Schaft: | Zytel-Kunststoffschaft; Pistolengriff mit Pachmayr-Vindicator-Griffschalen |

**BESONDERHEITEN**

Schaft, Gehäuse, Montageschiene und Handschutz goldfarben überzogen. Verstellbares Harris-Zweibein. Mattschwarzer, gefluteter Stainless-Steel-Lauf.

## *DPMS Panther Bull SST Sixteen*

**TECHNISCHE DATEN**

| | |
|---|---|
| Kaliber: | .223 Rem. |
| Magazin: | herausnehmbar |

*DPMS Panther Bull SST Sixteen*

| | |
|---|---|
| Kapazität: | 10, 20 oder 30 Patronen |
| Magazinhalteknopf: | auf der linken Seite des Magazinschachtes |
| System: | Selbstladewaffe (Gasdrucklader) |
| Verschlussbedienung: | Spanngriff |
| Feuerarten: | halbautomatisch (Einzelfeuer) |
| Verriegelung: | Rotationskammerverschluss |
| Gesamtlänge: | 87 cm |
| Lauflänge: | 40,6 cm |
| Gesamtgewicht: | 4,1 kg |
| Visierung: | ohne; spezielle Optikmontage |
| Sicherung: | Sicherungshebel links am Systemkasten |
| Schaft: | Zytel-Kunststoffschaft |

**BESONDERHEITEN**

Mattschwarzer Schaft. Aluminium-Handschutz. Verstellbares Harris-Zweibein. Schwerer Stainless-Steel-Lauf. Die Waffe auf der Abbildung ist mit einem Elcan-EL-01-Zielfernrohr, 3,4 x 55, ausgestattet.

## *DPMS Panther Bull Twenty-Four Special*

**TECHNISCHE DATEN**

| | |
|---|---|
| Kaliber: | .223 Rem. |
| Magazin: | herausnehmbar |
| Kapazität: | 10, 20 oder 30 Patronen |
| Magazinhalteknopf: | auf der linken Seite des Magazinschachtes |
| System: | Selbstladewaffe (Gasdrucklader) |
| Verschlussbedienung: | Spanngriff |
| Feuerarten: | halbautomatisch (Einzelfeuer) |
| Verriegelung: | Rotationskammerverschluss |
| Gesamtlänge: | 107 cm |
| Lauflänge: | 61 cm |
| Gesamtgewicht: | 5 kg |
| Visierung: | ohne; spezielle Optikmontage |
| Sicherung: | Sicherungshebel links am Systemkasten |
| Schaft: | Zytel-Kunststoffschaft; Pistolengriff mit Daumenauflage |

*DPMS Panther Bull Twenty-Four Special*

**BESONDERHEITEN**

Mattschwarzer Schaft. Aluminium-Handschutz. Verstellbares Harris-Zweibein. Schwerer, gefluteter Stainless-Steel-Lauf.

## *DPMS Panther Super Bull Twenty-Four*

**TECHNISCHE DATEN**

| | |
|---|---|
| Kaliber: | .223 Rem. |
| Magazin: | herausnehmbar |
| Kapazität: | 10, 20 oder 30 Patronen |
| Magazinhalteknopf: | auf der linken Seite des Magazinschachtes |
| System: | Selbstladewaffe (Gasdrucklader) |
| Verschlussbedienung: | Spanngriff |
| Feuerarten: | halbautomatisch (Einzelfeuer) |
| Verriegelung: | Rotationskammerverschluss |
| Gesamtlänge: | 107 cm |
| Lauflänge: | 61 cm |
| Gesamtgewicht: | 5 kg |
| Visierung: | ohne; spezielle Optikmontage |
| Sicherung: | Sicherungshebel links am Systemkasten |
| Schaft: | Zytel-Kunststoff-Skelettschaft |

**BESONDERHEITEN**

Mattschwarzer Schaft. Aluminium-Handschutz. Verstellbares Harris-Zweibein. Besonders schwerer Stainless-Steel-Lauf.

*DPMS Panther Super Bull Twenty-Four*

# E e

## Erma-Suhl

*Erma-Suhl-Logo*

Erma, als Abkürzung für Erfurter Maschinenfabrik, inzwischen mit Sitz in Dachau bei München, wurde 1949 neu gegründet. Die Firma war bereits im Jahr 1922 in Erfurt gegründet worden und hieß zunächst nach ihrem Gründer Erma-Werke B. Geipel GmbH.
Ein bekanntes Produkt aus den Erfurter Zeiten der Firma ist die Erma MP-40 Schmeisser Maschinenpistole. Eine weitere legendäre Waffe, die die Firma während des Zweiten Weltkrieges zusammen mit Mauser und Haenel herstellte, war das Sturmgewehr MP44 im Kaliber 7,92 mm kurz (7,92 x 33 mm). 1945, unmittelbar nach dem Ende des Zweiten Weltkrieges, wurde die Erfurter Firma von den Alliierten geschlossen. Nach der Gründung des Nachkriegsunternehmens 1949 zog man 1952 nach Dachau. In den ersten Jahren nach der Neugründung fertigte Erma vor allem Waffenteile für die alliierten Besatzungskräfte in Deutschland.
Für die neue deutsche Bundeswehr bekam die Firma dann verschiedene Aufträge zum Bau militärischer Panzerteile. Inzwischen ist Erma auch mit Waffen für den Schießsport sehr erfolgreich. Zunächst baute die Firma Kleinkaliberversionen der berühmten Luger 08-Pistole und verschiedene KK-Nachbauten der Walther-Modelle PP und PPK. Ein großer Erfolg war eine .22er Version des berühmten Winchester .30-M1 Karabiners.
Dann kam Erma mit einer Eigenkonstruktion auf den Markt, der Sportpistolenserie ESP, von der insbesondere das Modell ESP-85 einen sehr guten Ruf hat. Neben dem .22er M1-Karabiner baut die Firma in diesem Kaliber auch verschiedene Unterhebelrepetierbüchsen, so genannte „Lever Action"-Büchsen. Eines der letzten Erma-Produkte ist das Erma SR-100-Scharfschützengewehr. Die Waffe weist eine Konstruktion in Modulbauweise auf, weshalb diverse Teile daran einfach individuell ausgestauscht werden können, unter anderem der Lauf samt Patronenlager (Kaliberwechsel!), der Schaft und natürlich die Zieloptik.
1998 wurde die Firma Erma von der Suhler Jagd- und Sportwaffen GmbH übernommen, die unter anderem die bekannten und teuren Merkel-Gewehre herstellt.

### *Erma MP28/II*

**TECHNISCHE DATEN**

| | |
|---|---|
| Kaliber: | 9 mm Para |
| Magazin: | herausnehmbar |
| Kapazität: | 20, 32 oder 50 Patronen (Trommelmagazin) |
| Magazinhalteknopf: | am Magazinschacht |
| System: | Selbstladewaffe (Rückstoßlader) |
| Verschlussbedienung: | Spanngriff |
| Feuerarten: | halb- und vollautomatisch |
| Verriegelung: | reiner Masseverschluss |
| Gesamtlänge: | 81,2 cm |
| Lauflänge: | 19,6 cm |
| Gesamtgewicht: | 3,9 kg |
| Visierung: | Schiebevisier |
| Sicherung: | Druckknopf über dem Abzugsbügel |
| Schaft: | Holzschaft |

**BESONDERHEITEN**

Kurze Maschinenpistole. Handschutz um den Lauf mit Kühllöchern versehen. Die Waffe wurde von der Haenel Waffen- und Fahrradfabrik und später für die belgische Armee als Modell 34 Mitraillette von Pieper in Belgien hergestellt. Zudem wurde sie in Lizenz in Spanien gebaut; 1929 baute man sie im Kaliber 7,65 Para für Portugal.

*Erma MP28/II*

*Erma MP40*

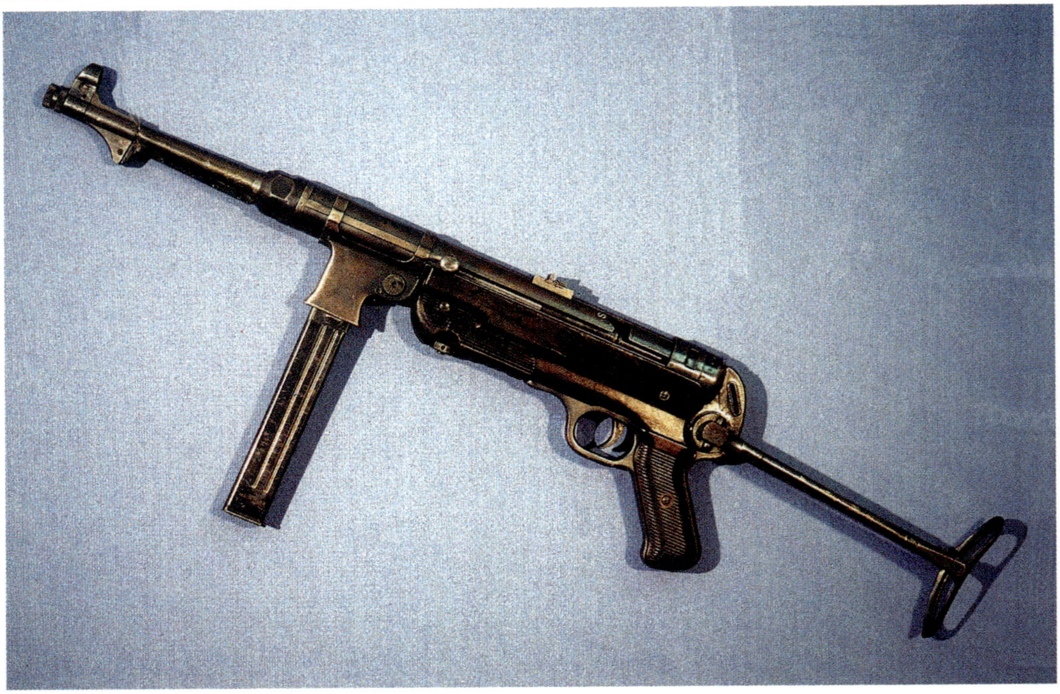

## *Erma Schmeisser MP40*

**TECHNISCHE DATEN**

| | |
|---|---|
| Kaliber: | 9 mm Para |
| Magazin: | herausnehmbar |
| Kapazität: | 32 Patronen |
| Magazinhalteknopf: | rechts am Magazinschacht |
| System: | Selbstladewaffe (Rückstoßlader) |
| Verschlussbedienung: | Spanngriff |
| Feuerarten: | nur vollautomatisch |
| Verriegelung: | reiner Masseverschluss |
| Gesamtlänge: | 83,2 cm (mit ausgeklapptem Schaft); 62,9 cm (mit eingeklapptem Schaft) |
| Lauflänge: | 24,8 cm |
| Gesamtgewicht: | 3,9 kg |
| Visierung: | festes Klappvisier für 50 und 100 m |
| Sicherung: | Spanngriffnut hinten am Gehäuse |
| Schaft: | Stahl-Klappschaft |

**BESONDERHEITEN**

Einfache Form der MP38-Maschinenpistole. Weist unter dem vorderen Ende des Laufes eine modifizierbare Klappunterstützung auf. Trotz der Bezeichnung „Schmeisser" wurde die MP von einem deutschen Waffenkonstrukteur namens Vollmer entwickelt. Die Waffe wurde von Erma, Haenel und dem österreichischen Unternehmen Steyr hergestellt.

## *Erma MP44*

**TECHNISCHE DATEN**

| | |
|---|---|
| Kaliber: | 7,92 x 33 mm kurz |
| Magazin: | herausnehmbar |
| Kapazität: | 30 Patronen |
| Magazinhalteknopf: | rechts am Magazinschacht |
| System: | Selbstladewaffe (Gasdrucklader) |
| Verschlussbedienung: | Spanngriff |
| Feuerarten: | halb- und vollautomatisch |
| Verriegelung: | Fallblockverschluss |
| Gesamtlänge: | 94 cm |
| Lauflänge: | 41,8 cm |

*Erma MP44*

Patrone 7,92 x 33 mm kurz

| | |
|---|---|
| Gesamtgewicht: | 5,1 kg |
| Visierung: | Schiebevisier |
| Sicherung: | Drehhebel links über dem Pistolengriff |
| Schaft: | Holzschaft, Handschutz aus Pressstahl |

**BESONDERHEITEN**

Ursprünglich als MP43 eingeführt. Separater Feuerwahldruckknopf (halb- oder vollautomatisch) über dem Pistolengriff. Verwandte Modelle sind die MP43/1, mit aufschraubbarem Granatwerfer, die extrem ungewöhliche MP44(P), mit einem gebogenen Lauf (!) zur Verwendung aus der Deckung heraus, und die MP44(K), ebenfalls, jedoch stärker gebogenem Lauf. Auf der entsprechenden Abbildung ist auch eine Patrone im Kaliber 7,92 x 33 mm zu sehen.

## *Erma-Suhl SR100 Scharfschützenbüchse*

**TECHNISCHE DATEN**

| | |
|---|---|
| Kaliber: | .308 Win., .300 Win. Mag., .338 Lapua Mag. oder .50 BMG |
| Magazin: | herausnehmbar |
| Kapazität: | 10, 8 oder 5 Patronen |
| Magazinhalteknopf: | rechts am Schaft |

Erma-Suhl SR100 Scharfschützenbüchse

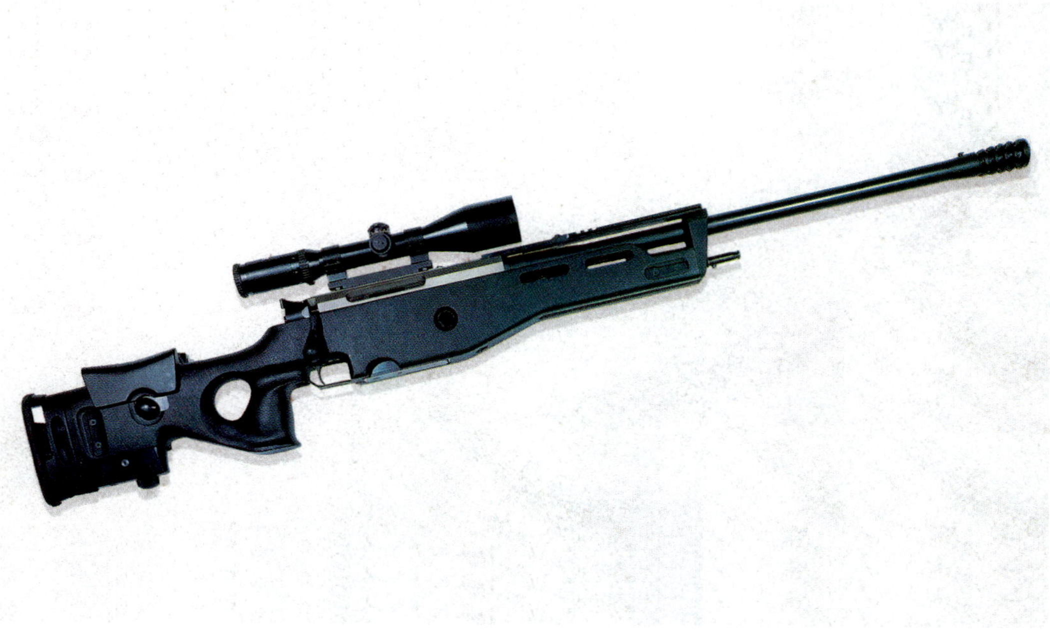

Erma-Suhl SR100 Scharfschützenbüchse

| | |
|---|---|
| System: | Repetierbüchse |
| Verschlussbedienung: | Kammerstängel |
| Feuerarten: | Einzelfeuer |
| Verriegelung: | 3 Verriegelungswarzen |
| Gesamtlänge: | 124,5–134,5 cm |
| Lauflänge: | 65–75 cm |
| Gesamtgewicht: | 6,9–7,5 kg |
| Visierung: | ohne; spezielle Zielfernrohrmontage; auf Wunsch mit Behelfsdioptervisier lieferbar |
| Sicherung: | Sicherungshebel hinter der Kammer; Fallsicherung |
| Schaft: | Kunststoff-Skelettschaft |

**BESONDERHEITEN**

Modulare Konstruktion. Matt brüniert. Verschlusshülse aus speziellem Flugzeugaluminium. Kaliberwechsel einfach durch Auswechseln der Läufe, der Verschlusskammer und des Magazins möglich. Der Abzugswiderstand ist einstellbar von 500 bis 3000 Gramm. Zweibein. Spezielle Montageschiene zur Anbringung von Zielleuchten und eines Laufflimmerbandes. Auf der Abbildung ist das Erma-Suhl-Modell SR100 mit Zieloptik und Behelfsdioptervisier zu sehen.

Erma-Suhl SR100 Scharfschützenbüchse

# F f

## Feg

Die Vorgängerfirma des ungarischen Waffenherstellungsunternehmens Feg, mit Sitz in Budapest, hat ihre Ursprünge im Jahr 1891, als man unter dem Namen Fegyver & Gepayar Reszvenytarsasag mit der Produktion begann. Heute wie damals produziert das Unternehmen auch Werkzeugmaschinen. Feg wurde vor allem durch seine Frommer-Pistolen bekannt. Ungarn war bis 1918 Teil des österreichisch-ungarischen Kaiserreiches. Während des Zweiten Weltkrieges wurden die Produktionskapazitäten von Feg dazu benutzt, sowohl die ungarische Armee wieder zu bewaffnen als auch Militärwaffen für den Export herzustellen. Nach dem Krieg stellte Feg in Lizenz das russische AK-47-Sturmgewehr sowie das Dragunov-Scharfschützengewehr her. Seit Jahrzehnten baut die Firma auf der Basis der FN Browning High Power-Pistole auch diverse Pistolenmodelle. Die Feg-Ingenieure verbesserten die von dem Amerikaner John Moses Browning entworfene FN-Pistole in vielen Punkten. Unter anderem gibt es die Feg-Waffe auch mit einem Double Action-Abzug. Auf dem Gebiet der Büchsen ist Feg weniger bekannt. Unter verschiedenen Feg-eigenen Modellbezeichnungen baut man vornehmlich Büchsen bekannter Hersteller nach oder vermarktet seine eigenen Produkte unter anderen Namen. Viele der Feg-Waffen werden heute unter dem Namen Fegarmy verkauft. Das Unternehmen hat sich inzwischen auch auf die Herstellung von Stahlformen für Maschinenteile spezialisiert und arbeitet diesbezüglich sogar nach der ISO-Norm 9002.

*Feg-Logo*

*Feg SA-85*

## *Feg SA-85*

**TECHNISCHE DATEN**

| | |
|---|---|
| Kaliber: | 7,62 x 39 mm |
| Magazin: | herausnehmbar |
| Kapazität: | 30 Patronen |
| Magazinhalteknopf: | vor dem Abzugsbügel |
| System: | Selbstladewaffe (Gasdrucklader) |
| Verschlussbedienung: | Spanngriff |
| Feuerarten: | halb- und vollautomatisch |
| Verriegelung: | Drehverriegelungswarzen |
| Gesamtlänge: | 89,5 oder 93 cm |
| Lauflänge: | 41,5 cm |
| Gesamtgewicht: | 3,4 oder 3,8 kg |
| Visierung: | Schiebevisier |
| Sicherung: | große Schiebesicherung rechts am Systemkasten |
| Schaft: | Schaft und Pistolengriff aus Hartholzschaft, wahlweise Hinterschaft mit Daumenloch |

**BESONDERHEITEN**

Das SA-85 basiert auf dem russischen AK-47 Kalashnikov. Bei der auf dem Foto unten abgebildeten Waffe erkennt man den typischen AK-47-Mündungsbereich.

## *Feg SA-85 Sniper*

**TECHNISCHE DATEN**

| | |
|---|---|
| Kaliber: | 7,62 x 39 mm |
| Magazin: | herausnehmbar |
| Kapazität: | 30 Patronen |
| Magazinhalteknopf: | vor dem Abzugsbügel |
| System: | Selbstladewaffe (Gasdrucklader) |
| Verschlussbedienung: | Spanngriff |
| Feuerarten: | halb- und vollautomatisch |
| Verriegelung: | Drehverriegelungswarzen |

*Feg SA-85 Sniper*

| | |
|---|---|
| Gesamtlänge: | 87 cm |
| Lauflänge: | 41,5 cm |
| Gesamtgewicht: | 3,95 kg |
| Visierung: | Schiebevisier oder Zielfernrohr, ähnlich dem russischen PSO-1 |
| Sicherung: | große Schiebesicherung rechts am Systemkasten |
| Schaft: | Schaft und Pistolengriff aus Hartholzschaft |

#### BESONDERHEITEN

Scharfschützenwaffen, basierend auf dem russischen AK-47 Kalashnikov. Das Zielfernrohr stammt aus Ungarn und ähnelt dem russischen PSO-1 des Dragunov-Scharfschützengewehres.

### *Feg SG KGP-9*

#### TECHNISCHE DATEN

| | |
|---|---|
| Kaliber: | 9 mm Para |
| Magazin: | herausnehmbar |
| Kapazität: | 25 Patronen |
| Magazinhalteknopf: | vor dem Abzugsbügel |
| System: | Selbstladewaffe (Rückstoßlader) |
| Verschlussbedienung: | Spanngriff |

*Feg SG KGP-9*

| | |
|---|---|
| Feuerarten: | halb- und vollautomatisch |
| Verriegelung: | reiner Masseverschluss |
| Gesamtlänge: | 64,5 cm (Schaft ausgeklappt) oder 38,5 cm (Schaft eingeklappt) |
| Lauflänge: | 19 cm |
| Gesamtgewicht: | 2,7 kg |
| Visierung: | Klappdioptervisier für 100 und 200 Meter |
| Sicherung: | oben im Abzugsbügel, dient gleichzeitig zur Feuerwahl |
| Schaft: | klappbarer Stahlrohrschaft, Pistolengriff und Vorderschaft aus Kunststoff |

#### BESONDERHEITEN

Kleine Maschinenpistole mit Gehäuse aus Blechprägeteilen. Für die Waffe ist auch ein 25 cm langer Wechsellauf erhältlich.

## FN-Herstal

*FN-Herstal-Logo*

Die belgische Waffenherstellerfirma Fabrique Nationale hat ihren Sitz in Herstal in der Nähe von Liège und wurde bereits 1889 gegründet. Die erste Waffe, die das Unternehmen herstellte, war die Infanteriebüchse Modell 1889 im Kaliber 7,65 x 53 mm. Dieses Gewehr war von Mauser entwickelt worden und wurde dann von FN in Lizenz hergestellt. Die nächste militärische FN-Waffe war das Modell 1930, eine belgische Variante der Selbstladebüchse Browning Automatic Rifle (BAR) M1918, ebenfalls im Kaliber 7,65 x 53 mm. Eine verbesserte Version dieses Gewehres war dann das Modell FN-Browning Type D, das es in den Kaliber 7,92 x 57 mm und .30-06 gab.
Noch vor Beginn des Zweiten Weltkrieges entwickelte FN das Sturmgewehr SAFN Modell 49, wegen des Kriegsausbruchs begann die Produktion der Waffe dann aber erst nach 1945 anzulaufen. Die

*FN-Herstal FAL*

SAFN-Selbstladebüchse wurde in mehreren Kalibern gebaut, es gab sie in halb- und vollautomatischen und auch als Scharfschützenversionen. Berühmt wurde FN vor allem durch die Selbstladepistole High Power HP-35. Diese damals immens innovative Pistole wurde 1926 von John M. Browning entwickelt und FN hatte die Produktionsrechte daran erworben. Das wohl bekannteste FN-Militärgewehr ist sicherlich das FN FAL. FAL steht für Fusil Automatique Légère (Light Automatic Rifle). Die Waffe hat das Kaliber 7,62 x 51 mm NATO (.308 Winchester). Sie wurde 1950 vorgestellt und es gab sie zunächst in drei verschiedenen Basisversionen, als Modell Standard, als Modell HB (Heavy Barrel/schwerer Lauf) mit Zweibein, und als Modell Para mit Klappschaft. In Brasilien baute die Firma IMBEL das FAL bis 1988. Die Nachfolgewaffe des FAL war bei FN das Modell FN-CAL, Kaliber 5,56 x 45 mm. Dieses Gewehr wurde allerdings nur bis 1975 produziert. 1980 stellte FN ein verbessertes Modell davon vor, das FNC, wieder im NATO-Kaliber 5,56 x 45 mm. Das FNC wird inzwischen auch in Indonesien in Lizenz hergestellt. Die neueste FN-Entwicklung ist das futuristische Modell P90, praktisch ein Zwischending zwischen einem militärischen Selbstladekarabiner und einer Maschinenpistole. Die Waffe hat das extra dafür entstandene Kaliber 5,7 x 28 mm. Das P90 ist extrem kurz und hat dennoch die große Magazinkapazität von 50 Patronen. Die Patronen werden innerhalb des Magazins in Doppelreihen neunziggradwinkelig zur Schussrichtung verwahrt. Erst während des Lade- und Zuführungsvorganges wird die einzelne Patrone jeweils in die Schussrichtung gedreht. Mit dem gleichen, neuen P90-Kaliber brachte FN dann auch noch ein neue Armeepistole heraus, die 20-schüssige Five-seveN-Pistole. Schwerere, von FN hergestellte Militärwaffen sind das Minimi-Maschinengewehr, kurz M249 SAW, im Kaliber 5,56 x 45 mm, das ältere MAG-Maschinengewehr, kurz M240, Kaliber 7,62 x 51 mm, und das schwere .50 M2HB-QCB-Maschinengewehr, Kaliber .50 BMG (Browning Machine Gun), das allerdings nur auf Fahrzeugen und Lafetten montiert zu benutzen ist.

Der heutige FN-Konzern hat Niederlassungen in den Vereinigten Staaten und in Kanada, zudem steht er in einer engen Geschäftsverbindung mit dem amerikanischen Munitionsgiganten Winchester. Allerdings spielt FN-Browning auch selbst auf dem Markt für jagdliche und sportliche Munition eine führende Rolle.

## *FN-Herstal FAL*

### TECHNISCHE DATEN

| | |
|---|---|
| Kaliber: | 7,62 x 51 mm (.308 Win.) |
| Magazin: | herausnehmbares Magazin |
| Kapazität: | 20 Patronen |
| Magazinhalteknopf: | hinter dem Magazinschacht |
| System: | Selbstladewaffe (Gasdrucklader) |
| Verschlussbedienung: | Spanngriff |
| Feuerarten: | halb- und vollautomatisch |
| Verriegelung: | Vertikalblockverschluss |
| Gesamtlänge: | Standard, fester Schaft: 109 cm<br>Standard-Klappschaft, ausgeklappt: 109,5 cm<br>Standard-Klappschaft, eingeklappt: 84,5 cm |
| Lauflänge: | 55,3 cm |
| Gesamtgewicht: | 3,9 oder 4,3 kg |
| Visierung: | verstellbares Schiebevisier (bis 600 Meter) oder Klappvisier (150 und 250 Meter) oder festes Visier (Para; 300 Meter) |
| Sicherung: | kombinierter Sicherungs- und Feuerwahlhebel |
| Schaft: | fester Kunststoffschaft oder Klappschaft |

### BESONDERHEITEN

Anklappbarer Tragegriff; Klappzweibein; Mündungsfeuerdämpfer dient gleichzeitig als Bayonettaufpflanzung; Gasdruckabzapfung zum Abschuss von Gewehrgranaten. Auf der Abbildung ist das FN-FAL-Modell der belgischen Armee zu sehen.

*FN-Herstal FAL*

*FN-Herstal FAL-HB*

## *FN-Herstal FAL-HB*

**TECHNISCHE DATEN**

| | |
|---|---|
| Kaliber: | 7,62 x 51 mm (.308 Win.) |
| Magazin: | herausnehmbares Magazin |
| Kapazität: | 20 Patronen |
| Magazinhalteknopf: | hinter dem Magazinschacht |
| System: | Selbstladewaffe (Gasdrucklader) |
| Verschlussbedienung: | Spanngriff |
| Feuerarten: | halb- und vollautomatisch |
| Verriegelung: | Vertikalblockverschluss |
| Gesamtlänge: | 115 cm |
| Lauflänge: | 55,3 cm |
| Gesamtgewicht: | 6 kg |
| Visierung: | verstellbares Visier (260 bis 600 Meter) |
| Sicherung: | kombinierter Sicherungs- und Feuerwahlhebel |
| Schaft: | fester Kunststoffschaft |

**BESONDERHEITEN**

Anklappbarer Tragegriff; Klappzweibein; Mündungsfeuerdämpfer dient gleichzeitig als Bayonettaufpflanzung; Gasdruckabzapfung zum Abschuss von Gewehrgranaten.
Die Waffe ist sowohl als Sturmgewehr als auch als leichtes Maschinengewehr konzipiert. Ihre Bezeichnung lautet auch als FN-FALO.

## *FN-Herstal FAL-Para*

**TECHNISCHE DATEN**

| | |
|---|---|
| Kaliber: | 7,62 x 51 mm (.308 Win.) |
| Magazin: | herausnehmbares Magazin |
| Kapazität: | 20 Patronen |
| Magazinhalteknopf: | hinter dem Magazinschacht |
| System: | Selbstladewaffe (Gasdrucklader) |
| Verschlussbedienung: | Spanngriff |
| Feuerarten: | halb- und vollautomatisch |
| Verriegelung: | Vertikalblockverschluss |
| Gesamtlänge: | Para-Klappschaft, ausgeklappt: 102 cm<br>Para-Klappschaft, eingeklappt: 77 cm |

*FN-Herstal FAL-Para*

| | |
|---|---|
| Lauflänge: | 45,8 oder 55,3 cm |
| Gesamtgewicht: | 3,75 oder 3,9 kg |
| Visierung: | Klappvisier (150 und 250 Meter) oder festes Visier (Para; 300 Meter) |
| Sicherung: | kombinierter Sicherungs- und Feuerwahlhebel |
| Schaft: | fester Kunststoffschaft oder Klappschaft |

**BESONDERHEITEN**

Anklappbarer Tragegriff; Klappzweibein; Mündungsfeuerdämpfer dient gleichzeitig als Bayonettaufpflanzung; Gasdruckabzapfung zum Abschuss von Gewehrgranaten.

## *FN-Herstal FNC*

**TECHNISCHE DATEN**

| | |
|---|---|
| Kaliber: | 5,56 x 45 mm (.223 Rem.) |
| Magazin: | herausnehmbares Magazin |
| Kapazität: | 30 Patronen |
| Magazinhalteknopf: | über dem Abzugsbügel |
| System: | Selbstladewaffe (Gasdrucklader) |
| Verschlussbedienung: | Spanngriff |
| Feuerarten: | halbautomatisch, 3-Schuss-Feuerstöße und vollautomatisch |
| Verriegelung: | Rotationskammerverschluss |
| Gesamtlänge: | Standard, fester Schaft: 101 cm;<br>Standard-Klappschaft, ausgeklappt: 99,7 cm;<br>Standard-Klappschaft, eingeklappt: 76,6 cm;<br>Para-Klappschaft, ausgeklappt: 91,1 cm;<br>Para-Klappschaft, eingeklappt: 68 cm |

*FN-Herstal FNC*

*FN-Herstal MAG (M240)*

| | |
|---|---|
| Lauflänge: | 44,9 cm |
| Gesamtgewicht: | 4 oder 4,1 kg |
| Visierung: | verstellbares Klappvisier |
| Sicherung: | kombinierter Sicherungs- und Feuerwahlhebel links am Systemkasten |
| Schaft: | fester Kunststoffschaft oder Klappschaft |

### BESONDERHEITEN

Mündungsfeuerdämpfer mit Bayonettaufpflanzung für M7-Bayonett um den Lauf; diverse optische Visiere und Ziellampen als Zubehör.

## *FN-Herstal MAG (M240)*

### TECHNISCHE DATEN

| | |
|---|---|
| Kaliber: | 7,62 x 51 mm (.308 Win.) |
| Magazin: | Patronengurte |
| Kapazität: | entfällt |
| Magazinhalteknopf: | entfällt |
| System: | Selbstladewaffe (Gasdrucklader) |
| Verschlussbedienung: | Spanngriff |
| Feuerarten: | vollautomatisch |
| Verriegelung: | Vertikalblockverschluss |
| Gesamtlänge: | 126 cm |
| Lauflänge: | 63 cm |
| Gesamtgewicht: | 11 kg |
| Visierung: | verstellbares Visier (300 bis 1800 Meter) |
| Sicherung: | Druckknopfsicherung am Pistolengriff |
| Schaft: | fester Hartholzschaft oder ohne Schaft |

### BESONDERHEITEN

Spezielles Modell, fest an Fahrzeugen angebracht; mit elektronischem Feuersystem; verstellbare Gasdruckkontrolle zur Kadenzbestimmung; Laufsystem mit Tragegriff.

## *FN-Herstal Minimi (M249SAW)*

### TECHNISCHE DATEN

| | |
|---|---|
| Kaliber: | 5,56 x 45 mm (.223 Rem.) |
| Magazin: | herausnehmbar, Magazinbox oder Patronengurte |
| Kapazität: | 30 Patronen oder 200 Patronen (Box) |
| Magazinhalteknopf: | hinter dem Magazinschacht |
| System: | Selbstladewaffe (Gasdrucklader) |

*FN-Herstal Minimi (M249SAW)*

*FN-Herstal Minimi (M249SAW)*

| | |
|---|---|
| Verschlussbedienung: | Spanngriff |
| Feuerarten: | vollautomatisch |
| Verriegelung: | Rotationskammerverschluss |
| Gesamtlänge: | Standard, fester Schaft: 104 cm; Para-Klappschaft, ausgeklappt: 91,4 cm; Para-Klappschaft, eingeklappt: 76,6 cm |
| Lauflänge: | Standard: 46,6 cm; Para: 34,9 cm |
| Gesamtgewicht: | 7,1 kg |
| Visierung: | verstellbares Visier (300 bis 1000 Meter) |
| Sicherung: | Druckknopfsicherung über dem Pistolengriff; bei älteren Modelle gleichzeitig Ladezustandsanzeige |
| Schaft: | Teleskopschaft, Klappschaft oder fester Schaft (MK2) |

### BESONDERHEITEN

Laufsystem mit Tragegriff; Klappzweibein; FNC- oder M16-Magazine können ohne Abänderungen verwendet werden; abnehmbarer Abzugsbügel.

## FN-Herstal Mauser M1924 Carbine

### TECHNISCHE DATEN

| | |
|---|---|
| Kaliber: | 8 x 57 mm Mauser, 7 x 57 mm Mauser oder 7,65 mm Mauser |
| Magazin: | fest |
| Kapazität: | 5 Patronen |
| Magazinhalteknopf: | entfällt |
| System: | Repetierbüchse |
| Verschlussbedienung: | Kammerstängel |
| Feuerarten: | Einzelfeuer |
| Verriegelung: | 2 Verriegelungswarzen (Mauser-System) |
| Gesamtlänge: | 95 cm |
| Lauflänge: | 44 cm |
| Gesamtgewicht: | 3,3 kg |
| Visierung: | Schiebevisier (200 bis 1400 Meter) |
| Sicherung: | Flügelsicherung hinter dem Verschlusszylinder |
| Schaft: | Schaft und Handschutz aus Holz |

*FN-Herstal Mauser M1924 Karabiner*

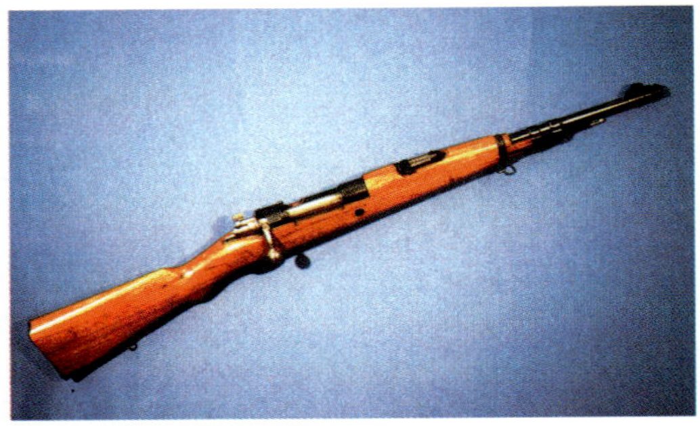

*FN-Herstal Wilhelmina*

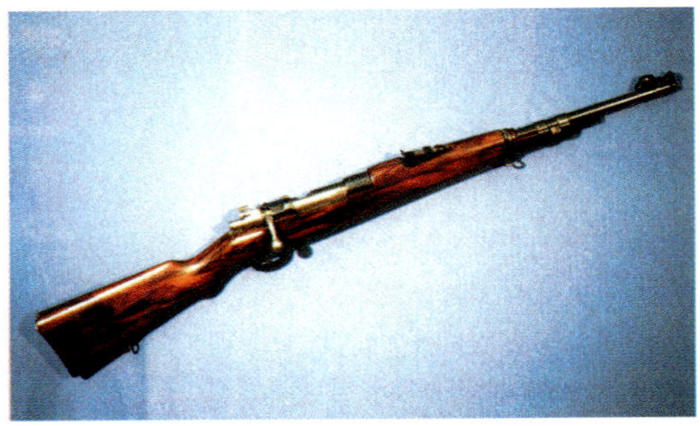

### BESONDERHEITEN

Diese eigentliche Mauser-Waffe wurde nach dem Zweiten Weltkrieg von FN in Belgien sowohl als Karabiner (M1924) als auch als Gewehr (M1924/30) gebaut, das eine Gesamtlänge von 110 cm hatte. Beide Modelle wurden in die verschiedensten Länder exportiert, u.a. nach Argentinien, Bolivien, Brasilien, Chile, Kolumbien, Costa Rica, Ecuador, Uruguay, Venezuela, Paraguay, Peru, Mexiko, den Iran, Litauen, China, den Jemen, Liberia, Luxemburg, die Niederlande, Jugoslawien und die Türkei.

Die auf dem Foto abgebildeten Karabiner waren Dienstwaffen der holländischen Polizei. Auf der Hülsenbrücke der oberen Waffe ist ein großes „J“ und eine Krone eingestempelt, was auf die Regentschaft Königin Julianas hinweist. Die ähnliche Waffe darunter trägt bezüglich der Regentschaft Königin Wilhelminas ein großes „W“ und eine Krone.

## FN-Herstal M1949 SAFN

### TECHNISCHE DATEN

| | |
|---|---|
| Kaliber: | .30-06, 7 x 57 mm Mauser, 8 x 57 mm Mauser, oder 7,65 mm Mauser |
| Magazin: | herausnehmbares Magazin |
| Kapazität: | 10 Patronen |

*FN-Herstal Mauser M1949 SAFN*

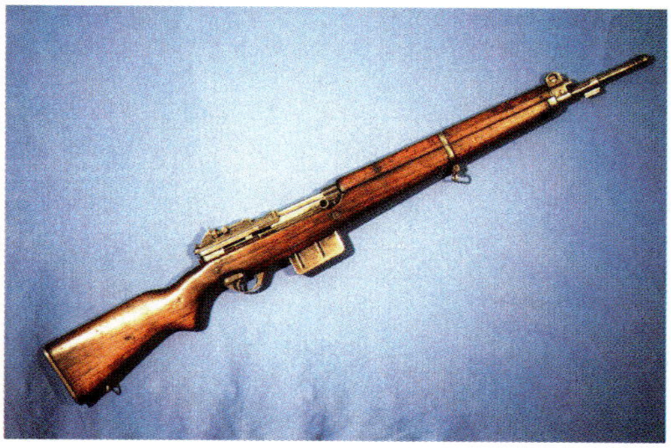

| | |
|---|---|
| Magazinhalteknopf: | vor dem Abzugsbügel |
| System: | Selbstladewaffe (Gasdrucklader) |
| Verschlussbedienung: | Spanngriff |
| Feuerarten: | halbautomatisch |
| Verriegelung: | Vertikalblockverschluss |
| Gesamtlänge: | 111 cm |
| Lauflänge: | 59 cm |
| Gesamtgewicht: | 4,3 kg |
| Visierung: | Schiebevisier |
| Sicherung: | Schiebesicherung hinten im Abzugsbügel |
| Schaft: | Schaft und Handschutz aus Holz oder Blechpräge-Handschutz |

**BESONDERHEITEN**

Obwohl diese Waffe bereits in den späten 30er Jahren des 20. Jahrhunderts von dem belgischen Waffenkonstrukteur Dieudonné aus Saive entwickelt wurde, sorgte der Zweite Weltkrieg dafür, dass sie erst ab 1948 produziert wurde. Die Waffe wurde zur Standardwaffe der Truppen von Argentinien, Belgien, Belgisch Kongo, Brasilien, Kolumbien, Ägypten, Luxemburg, Indonesien, dem ehemaligen holländischen Teil Indiens, sowie von Venezuela. Das Gewehr hatte bereits das gleiche Gasdrucksystem wie später das FN-FAL.

## *FN-Herstal P90*

**TECHNISCHE DATEN**

| | |
|---|---|
| Kaliber: | 5,7 x 28 mm (SS190) |
| Magazin: | herausnehmbares Magazin |
| Kapazität: | 50 Patronen |
| Magazinhalteknopf: | beidseitig hinter dem Magazinschacht |
| System: | Selbstladewaffe (Rückstoßlader) |
| Verschlussbedienung: | Spanngriff |
| Feuerarten: | halb- und vollautomatisch |
| Verriegelung: | reiner Masseverschluss |
| Gesamtlänge: | 50 cm |
| Lauflänge: | 31 cm |

*FN-Herstal P90*

| | |
|---|---|
| Gesamtgewicht: | 3 kg |
| Visierung: | 1-faches optisches Tritium-Visier |
| Sicherung: | beidseitige Druckknopfsicherung unter dem Abzug |
| Schaft: | widerstandsfähiger Bullpup-Kunststoffschaft |

**BESONDERHEITEN**

Extrem kompaktes Waffensystem. Kann mit diversen optischen Zielhilfen, Ziellaser, Ziellampen oder IR-Zielgeräten ausgestattet werden. Montageschiene für Lampen etc. links am Gehäuse. Am Lauf ist ein Schalldämpfer anzubringen.

# Franchi

*Franchi-Logo*

Die italienische Waffenherstellungsfirma Luigi Franchi hat ihren Sitz in Fornaci in der norditalienischen Region Brescia, die bereits seit dem Mittelalter wegen der dortigen Waffenherstellung bekannt ist. Franchi baut neben verschiedenen hervorragenden Bockdoppelflinten auch diverse Selbstladeflintenmodelle.

Die bekanntesten Franchi-Produkte sind inzwischen die so genannten Riot-Guns der Firma, die Modelle SPAS-12 (1983 eingeführt) und SPAS-15, welche bereits beide bei einigen militärischen und polizeili-

Franchi PA-7

Franchi PA-8E

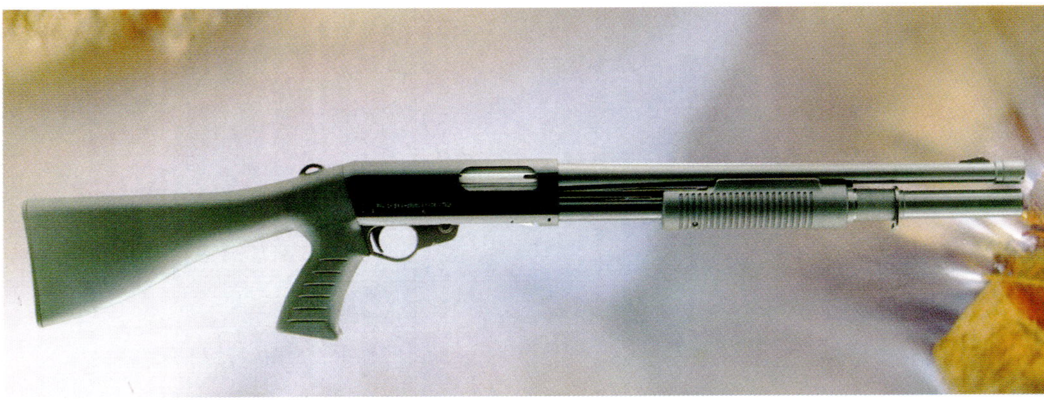

chen Spezialeinheiten eingeführt sind. Beide Waffen sind sowohl Pumprepetier- als auch Selbstladeflinten, denn sie können von einem auf das andere System umgestellt werden.

## Franchi Model Pump PA-7

**TECHNISCHE DATEN**

| | |
|---|---|
| Kaliber: | 12/76 |
| Magazin: | Röhrenmagazin |
| Kapazität: | 5 Patronen, 7 mit Magazinverlängerung |
| Magazinhalteknopf: | entfällt |
| System: | Repetierflinte |
| Verschlussbedienung: | Vorderschaft |
| Feuerarten: | Einzelfeuer |
| Verriegelung: | Vertikalblockverschluss |
| Gesamtlänge: | 108 cm |
| Lauflänge: | 47,5 oder 61 cm |
| Gesamtgewicht: | 3,2 kg |
| Visierung: | Flintenkorn |
| Sicherung: | Druckknopf a. d. Vorderseite des Abzugsbügels |
| Schaft: | Schaft und Pistolengriff aus Hartholz, mattschwarz |

**BESONDERHEITEN**

Mattschwarze Oberfläche, auf dem Foto mit Magazinverlängerung abgebildet.

## Franchi Model Pump PA-8E

**TECHNISCHE DATEN**

| | |
|---|---|
| Kaliber: | 12/76 |
| Magazin: | Röhrenmagazin |
| Kapazität: | 5 Patronen, 7 mit Magazinverlängerung |
| Magazinhalteknopf: | entfällt |
| System: | Repetierflinte |
| Verschlussbedienung: | Vorderschaft |
| Feuerarten: | Einzelfeuer |
| Verriegelung: | Vertikalblockverschluss |

*Franchi PA-8L*

| | |
|---|---|
| Gesamtlänge: | 108 cm |
| Lauflänge: | 47,5 oder 61 cm |
| Gesamtgewicht: | 3,1 kg |
| Visierung: | Flintenkorn |
| Sicherung: | Druckknopf auf der Vorderseite des Abzugsbügels |
| Schaft: | Schaft und Pistolengriff aus Hartholz, mattschwarz |

**BESONDERHEITEN**

Mattschwarze Oberfläche, auf dem Foto mit Magazinverlängerung abgebildet.

## *Franchi Model Pump PA-8L*

**TECHNISCHE DATEN**

| | |
|---|---|
| Kaliber: | 12/76 |
| Magazin: | Röhrenmagazin |
| Kapazität: | 5 Patronen, 7 mit Magazinverlängerung |
| Magazinhalteknopf: | entfällt |
| System: | Repetierflinte |
| Verschlussbedienung: | Vorderschaft |
| Feuerarten: | Einzelfeuer |
| Verriegelung: | Vertikalblockverschluss |
| Gesamtlänge: | 107 cm |
| Lauflänge: | 47,5 oder 61 cm |
| Gesamtgewicht: | 3,0 kg |
| Visierung: | Flintenkorn |
| Sicherung: | Druckknopf auf der Vorderseite des Abzugsbügels |
| Schaft: | Metall-Klappschaft und Kunststoff-Pistolengriff |

**BESONDERHEITEN**

Mattschwarze Oberfläche.

*Franchi SPAS-12*

## *Franchi Model SPAS-12*

**TECHNISCHE DATEN**

| | |
|---|---|
| Kaliber: | 12/76 |
| Magazin: | Röhrenmagazin |
| Kapazität: | 7 Patronen |
| Magazinhalteknopf: | entfällt |
| System: | Repetierflinte/Selbstladeflinte (Gasdrucklader) |
| Verschlussbedienung: | Vorderschaft/Spannhebel |
| Feuerarten: | manuell oder halbautomatisch, Einzelfeuer |
| Verriegelung: | Vertikalblockverschluss |
| Gesamtlänge: | 107 cm |
| Lauflänge: | 55 cm |
| Gesamtgewicht: | 4,0 kg |
| Visierung: | Büchsenvisierung |
| Sicherung: | Druckknopfsicherung auf der Vorderseite des Abzugsbügels |

*Franchi SPAS-12-Flinte*

| | |
|---|---|
| Schaft: | Metall-Klappschaft oder Kunststoffschaft, mit Pistolengriff |

**BESONDERHEITEN**

Mattschwarze Oberfläche; in der Mitte der Vorderschaftunterseite befindet sich ein Umschalter, mittels dessen einfach zwischen Selbstlade- und Vorderschaftrepetiersystem gewählt werden kann. Auf dem Foto sind oben das Modell Franchi SPAS-12 und unten das Modell SPAS-15 abgebildet, beide mit Kunststoffschaft.

## *Franchi Model SPAS-15*

**TECHNISCHE DATEN**

| | |
|---|---|
| Kaliber: | 12/76 |
| Magazin: | herausnehmbares Stangenmagazin |
| Kapazität: | 6 Patronen |
| Magazinhalteknopf: | vor dem Abzugsbügel |
| System: | Repetierflinte/Selbstladeflinte (Gasdrucklader) |
| Verschlussbedienung: | Vorderschaft/Spannhebel |
| Feuerarten: | manuell oder halbautomatisch, Einzelfeuer |
| Verriegelung: | Vertikalblockverschluss |
| Gesamtlänge: | 98 oder 100 cm |
| Lauflänge: | 45 cm |
| Gesamtgewicht: | 3,9 oder 4,1 kg |
| Visierung: | Büchsenvisierung |
| Sicherung: | Sicherung vorne links im Abzugsbügel, Griffstücksicherung vorne am Pistolengriff |
| Schaft: | Metall-Klappschaft oder Hartholzschaft, mattschwarz, mit Pistolengriff |

**BESONDERHEITEN**

Mattschwarze Oberfläche; Tragegriff auf dem Systemkasten; in der Mitte der Vorderschaftunterseite befindet sich ein Umschalter, mittels dessen einfach zwischen Selbstlade- und Vorderschaftrepetiersystem gewählt werden kann.

*Franchi SPAS-15-Flinte*

# G g

## Gibbs

Die Firma Gibbs Rifle Company wurde 1991 von Val Forgett jr. in Martinsburg im US-Bundesstaat West Virginia gegründet. In weniger als einem Jahr stampfte man auf einem brachliegenden Areal eine Fabrik mit einer Produktionsfläche von 3700 Quadratmeter aus dem Boden.
Gibbs hatte die Produktionsrechte sowohl der bekannten Waffenfirma Parker-Hale aus dem englischen Birmingham als auch die Rechte der amerikanischen Firma Midland Gun Company erworben. Gibbs führt die Produktion beider renommierter Waffenmarken fort. Die Parker-Hale-Büchsen basieren auf dem Mauser 98-System während die Midland-Waffen auf dem System der Springfield 1903-Repetierer aufgebaut sind. Gibbs fertigt inzwischen auch das Scharfschützengewehr M-85, das zunächst von der britischen Eliteeinheit S.A.S. (Special Air Service) eingeführt wurde und inzwischen auf der ganzen Welt von diversen Behörden verwendet wird. Gibbs verdankt seinen Erfolg zudem dem Aufkauf und der Weitervermarktung alter Militär-Repetierbüchsen, die man im Ausland aus alten Militärlagern erwirbt und dann hergerichtet und restauriert auf dem Zivilmarkt an Schützen und Waffensammler weiterveräußert.

*Gibbs-Logo*

Gibbs Rifle Company

### *Gibbs Parker-Hale M-85 Sniper*

**TECHNISCHE DATEN**

| | |
|---|---|
| Kaliber: | .308 Win. |
| Magazin: | herausnehmbar |
| Kapazität: | 10 Patronen |
| Magazinhalteknopf: | vor dem Magazinschacht |
| System: | Repetierbüchse |
| Verschlussbedienung: | Kammerstängel |
| Feuerarten: | Einzelfeuer |
| Verriegelung: | 3 Verriegelungswarzen |
| Gesamtlänge: | 114,3 cm |
| Lauflänge: | 61 cm |
| Gesamtgewicht: | 5,7 kg, inkl. Zielfernrohr |
| Visierung: | wegklappbares Visier, vorbereitet für Zielfernrohrmontage |
| Sicherung: | Sicherung rechts hinter dem Kammerstängel; Spannzustandsanzeige, hinten am Verschlusszylinder herausstehend |
| Schaft: | spezieller McMillan-Fiberglasschaft |

**BESONDERHEITEN**

Matt brüniert; Zweibein; der McMillan-Schaft ist in verschiedenen Camouflage-Farben erhältlich (NATO-grün, Desert, Urban, Jungle, Arctic und schwarz).

*Gibbs Parker-Hale M-85 Sniper*

## GOL

Die Abkürzung GOL steht für „Gottfrieds Originelle Lösung“. Gottfried ist dabei der Vorname des deutschen Büchsenmachermeisters Gottfried Prechtl aus dem Ort Weinheim, östlich von Mannheim. Auf

*Gol-Logo*

Gol®-Sniper

der Basis des Mauser 98-Systems baut Prechtl eine Serie von Präzisions- und Scharfschützengewehren von höchster Qualität. Die bekannteste Waffe der Serie ist die GOL Sniper-Büchse, die mit den verschiedensten Schafttypen ausgerüstet bestellt werden kann. Das Gewehr im Kaliber .308 Win. liefert auf 100 Meter 10-Schuss-Treffergruppen von 12 bis 14 mm Durchmesser. Ein weiteres bekanntes GOL-Produkt ist der so genannte StoCon-Skelettschaft aus Laminatholz. Neben dem Sniper gibt es inzwischen einen zweiten Scharfschützengewehrtyp von GOL, das Modell „S", das auf dem neuen Sako M591/
L691-System basiert. Die Littauische Armee war die erste, die diese Scharfschützenbüchse in den Dienst gestellt hat.

## *GOL-Scharfschützenbüchse Standard-Synthetik*

**TECHNISCHE DATEN**

| | |
|---|---|
| Kaliber: | .308 Win. |
| Magazin: | fest |
| Kapazität: | 5 Patronen |
| Magazinhalteknopf: | entfällt |
| System: | Repetierbüchse |
| Verschlussbedienung: | Kammerstängel |
| Feuerarten: | Einzelfeuer |
| Verriegelung: | 2 Verriegelungswarzen (Mauser-System) |
| Gesamtlänge: | etwa 118 cm |
| Lauflänge: | 65 cm, ohne Mündungsfeuerdämpfer |
| Gesamtgewicht: | etwa 5,5 kg, inkl. Zielfernrohr |
| Visierung: | ohne, vorbereitet für Zielfernrohrmontage |
| Sicherung: | Sicherung rechts hinter dem Kammerstängel |
| Schaft: | mattschwarzer Kunststoffschaft mit Pistolengriff |

**BESONDERHEITEN**

Lauf und Verschluss mattschwarz; Vorderschaft mit Harris-Zweibein; Timney-Abzugssystem; die Büchse basiert auf einem Mauser Modell 98-System.

*GOL-Scharfschützenbüchse Standard-Synthetik*

*GOL-Scharfschützenbüchse Modell S*

## *GOL-Scharfschützenbüchse Modell S*

**TECHNISCHE DATEN**

| | |
|---|---|
| Kaliber: | .308 Win., .300 Win. Mag. |
| Magazin: | entfällt |
| Kapazität: | einschüssige Waffe |
| Magazinhalteknopf: | entfällt |
| System: | Repetierbüchse |
| Verschlussbedienung: | Kammerstängel |
| Feuerarten: | Einzelfeuer |
| Verriegelung: | 2 Verriegelungswarzen (Sako-System) |
| Gesamtlänge: | 123 cm |
| Lauflänge: | 65 cm, ohne Mündungsfeuerdämpfer |
| Gesamtgewicht: | 6,6 kg |
| Visierung: | ohne, vorbereitet für Zielfernrohrmontage |
| Sicherung: | Sicherung rechts hinter dem Kammerstängel |
| Schaft: | spezieller, offener StoCon-Schichtholz-Skelettschaft, regulärer Schichtholzschaft oder mattschwarzer Kunststoffschaft mit Pistolengriff |

**BESONDERHEITEN**

Sako-System; Lauf entweder Stainless, vernickelt oder mattschwarz; diese Waffe hat in Tests bewiesen, dass sie auf 100 Meter 5-Schuss-Gruppen mit Durchmessern von 11 bis 14 mm schießt.

*Scharfschütze auf der Lauer*

*Soldat an Maschinengewehr*

# H h

## Harrington & Richardson (H&R)/New England Firearm (NEF)

Die amerikanische Waffenfirma Harrington & Richardson, H&R, wurde 1871 von Gilbert Harrington und Franklin Wesson gegründet. Harrington war vorher in Worchester, Massachusetts, Büchsenmacher der kleinen Revolverfabrik Ballard & Fairbanks gewesen. Zusammen mit seinem Onkel Franklin Wesson, der vorher im Einmannbetrieb Gewehre hergestellt hatte, baute er dann eine neue Firma auf. Wegen der großen Nachfrage nach doppelläufigen Flinten beschloss die Firma dann auch solche Waffen zu bauen; man schloss einen Lizenzvertrag mit der englischen Firma Anson & Deeley. Weil dann auch die Nachfrage nach Harrington & Richardson-Revolvern immer mehr zunahm und der Betrieb sich bereits an der Produktionskapazitätsgrenze befand, wurde die Zusammenarbeit mit Anson & Deeley 1886 wieder beendet.

1888 wurde H&R grundlegend neuorganisiert und in Harrington & Richardson Arms Company umbenannt. Nachdem die beiden Gründer 1897 kurz hintereinander gestorben waren, wurde die Firma von einem dreiköpfigen Team übernommen: Brooks, dem bisherigen H & R-Verwaltungsleiter, Edwin C. Harrington, dem 20-jährigen Sohn von Gilbert Harrington und Mary A. Richardson, der Tochter von William Richardson. Nach den langen Jahren in Worchester zog die Firma schließlich nach Gardner in Massachusetts um. Harrington & Richardson verkauft heute diverse einläufige Flinten und Büchsen sowie weiterhin H&R-Revolver. Zudem stellt die Firma unter dem Namen ihrer Tochterfirma, New England Arms, ebenfalls Schusswaffen her. H&R beziehungsweise New England Arms hat ein einfaches, kurzes Überlebens-Kipplaufgewehr entwickelt, das nun Teil der Survival-Ausrüstung verschiedener Einheiten der U.S. Army ist. Diese Waffe gibt es auf dem Zivilmarkt in verschiedenen Büchsen- und Flintenkalibern.

*Harrington & Richardson (H&R)/NEF-Logo*

### *H&R/NEF Survivor 357 MAG*

**TECHNISCHE DATEN**

| | |
|---|---|
| Kaliber: | .357 Mag./.38 spec. |
| Magazin: | ohne |
| Kapazität: | entfällt |
| Magazinhalteknopf: | entfällt |
| System: | Einzelladerkipplaufbüchse |
| Verschlussbedienung: | Baskülverschluss |
| Feuerarten: | Einzelfeuer |
| Verriegelung: | Querriegel hinten in der Basküle |
| Gesamtlänge: | 91,4 cm |
| Lauflänge: | 55,9 cm |
| Gesamtgewicht: | 2,7 kg |
| Visierung: | verstellbares Büchsenvisier |
| Sicherung: | ohne; Transferstange zwischen Hahn und Zündstift |
| Schaft: | Kunststoffschaft mit Pistolengriff und Daumenloch |

**BESONDERHEITEN**

Im Hinterschaft befindet sich ein Fach für Überlebensausrüstungsgegenstände, im Vorderschaft für Munition.

### *H&R/NEF Survivor 223*

**TECHNISCHE DATEN**

| | |
|---|---|
| Kaliber: | .223 Rem. |

*H&R/NEV Survivor 357 MAG (Überlebensgewehr)*

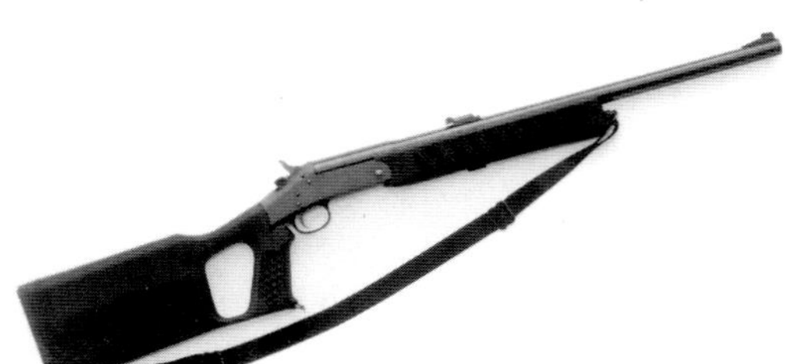

*H&R/NEV Überlebensgewehr 223*

| | |
|---|---|
| Magazin: | ohne |
| Kapazität: | entfällt |
| Magazinhalteknopf: | entfällt |
| System: | Einzelladerkipplaufbüchse |
| Verschlussbedienung: | Baskülverschluss |
| Feuerarten: | Einzelfeuer |
| Verriegelung: | Querriegel hinten in der Basküle |
| Gesamtlänge: | 91,4 cm |
| Lauflänge: | 55,9 cm |
| Gesamtgewicht: | 2,7 kg |
| Visierung: | Zielfernrohrmontageschiene |
| Sicherung: | ohne; Transferstange zwischen Hahn und Zündstift |
| Schaft: | Kunststoffschaft mit Pistolengriff und Daumenloch |

**BESONDERHEITEN**

Im Hinterschaft befindet sich ein Fach für Überlebensausrüstungsgegenstände, im Vorderschaft für Munition.

# Harris Gunworks Inc.

Die US-Firma Harris Gunsworks Inc. operiert von Phoenix, Arizona, aus. Die vornehmliche Produktpalette des Unternehmens besteht aus Präzisionsschützenbüchsen, die in unterschiedlichen Kalibern bei unterschiedlichen Regierungsbehörden Verwendung finden. Zudem stellt Harris diverse sportliche Wettkampfgewehre her. Mit den Sniper Rifles, den Präzisionsschützenbüchsen von Harris wird von den sie verwendenden Spezialeinheiten auf Entfernungen von bis zu 800 Metern geschossen. Die Firma baut auch mehrere Sniper-Büchsen im Kaliber .50 BMG (Browning Machine Gun), die über 1500 Meter zielgenau schießen. Eine der .50er Waffen hat einen Klappschaft, wodurch das riesige Gewehr erheblich leichter zu transportieren ist. Ein weiteres bekanntes Harris-Produkt ist die Combo Sniper Rifle, für die verschiedene, leicht austauschbare Wechselläufe in unterschiedlichen Kalibern angeboten werden. Das Standard-Set an Wechselläufen besteht aus einem im Kaliber .308 Win., einem in .30-06 Springfield und einem in .300 Winchester Magnum. Die Waffe kann auch mit einem speziellen Schalldämpferlauf ausgestattet werden.
Als spezielle militärische Scharfschützenbüchse brachte Harris Gunworks vor einiger Zeit sein Modell Long Range Phoenix heraus, das für das eigens dafür entwickelte Kaliber .30 Phoenix ausgelegt ist und besonders enge Schussgruppen liefert.

*Harris Gunworks-Logo*

## *Harris Long Range Phoenix Sniper Rifle*

**TECHNISCHE DATEN**

| | |
|---|---|
| Kaliber: | .300 Phoenix oder andere .300er Kaliber |
| Magazin: | fest |
| Kapazität: | 5 Patronen |
| Magazinhalteknopf: | entfällt |
| System: | Repetierbüchse |
| Verschlussbedienung: | Kammerstängel |
| Feuerarten: | Einzelfeuer |
| Verriegelung: | 2 Verriegelungswarzen |
| Gesamtlänge: | 127 cm |
| Lauflänge: | 73,7 cm |
| Gesamtgewicht: | 5,7 kg |
| Visierung: | ohne; vorgerichtet für Zielfernrohrmontage |
| Sicherung: | manuelle Sicherung rechts hinter dem Kammerstängel |
| Schaft: | Fiberglasschaft mit verstellbarer Backe |

*Harris Long Range Phoenix Sniper Rifle*

Harris M-86 Sniper Rifle

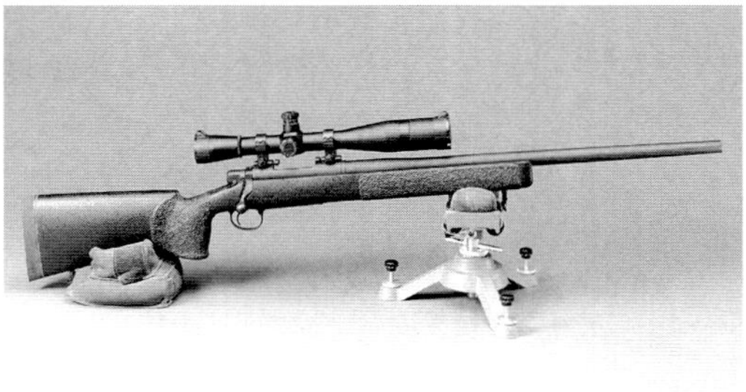

**BESONDERHEITEN**

Oberfläche mattschwarz; spezieller, gefluteter Lauf; Harris-Zweibein.

## *Harris M-86 Sniper Rifle*

**TECHNISCHE DATEN**

| | |
|---|---|
| Kaliber: | .308 Win., .300 Win. Mag. |
| Magazin: | herausnehmbar |
| Kapazität: | 5 oder 10 Patronen |
| Magazinhalteknopf: | vor dem Abzugsbügel |
| System: | Repetierbüchse |
| Verschlussbedienung: | Kammerstängel |
| Feuerarten: | Einzelfeuer |
| Verriegelung: | 2 Verriegelungswarzen |
| Gesamtlänge: | 105 cm |
| Lauflänge: | 61 cm |
| Gesamtgewicht: | 6,1 kg |
| Visierung: | ohne; diverse Zielfernrohre auf Wunsch montiert |
| Sicherung: | manuell, rechts hinten neben d. Verschlusszylinder |
| Schaft: | Fiberglasschaft mit Pistolengriff |

**BESONDERHEITEN**

Oberfläche mattschwarz phosphatiert; auf der Abbildung mit Leupold Police 3,5–10-fachem Zielfernrohr zu sehen; Harris-Zweibein.

## *Harris M-87 Sniper Rifle*

Harris M-87 Sniper Rifle

**TECHNISCHE DATEN**

| | |
|---|---|
| Kaliber: | .50 BMG |
| Magazin: | herausnehmbar |
| Kapazität: | 5 Patronen |
| Magazinhalteknopf: | vor dem Abzugsbügel |
| System: | Repetierbüchse |
| Verschlussbedienung: | Kammerstängel |
| Feuerarten: | Einzelfeuer |
| Verriegelung: | 2 Verriegelungswarzen |
| Gesamtlänge: | 135 cm |
| Lauflänge: | 74 cm; inkl. Mündungsfeuerdämpfer |
| Gesamtgewicht: | 9,5 kg |
| Visierung: | ohne; diverse Zielfernrohre auf Wunsch montiert |
| Sicherung: | manuell, rechts hinten neben d. Verschlusszylinder |
| Schaft: | Fiberglasschaft mit Pistolengriff und Daumenloch |

**BESONDERHEITEN**

Oberfläche mattschwarz; Präzisionsschützenbüchse zum Beschuss von Fahrzeugen und Hubschraubern auf Entfernungen bis etwa 1500 Meter.

## *Harris M-89 Sniper Rifle*

**TECHNISCHE DATEN**

| | |
|---|---|
| Kaliber: | .308 Win. |
| Magazin: | herausnehmbar |
| Kapazität: | 5, 10 oder 20 Patronen |
| Magazinhalteknopf: | vor dem Abzugsbügel |
| System: | Repetierbüchse |
| Verschlussbedienung: | Kammerstängel |
| Feuerarten: | Einzelfeuer |
| Verriegelung: | 2 Verriegelungswarzen |
| Gesamtlänge: | 83,5 cm |
| Lauflänge: | 45,7 cm |
| Gesamtgewicht: | 7,0 kg |
| Visierung: | ohne; diverse Zielfernrohre auf Wunsch montiert |
| Sicherung: | manuell, rechts hinten neben d. Verschlusszylinder |
| Schaft: | Fiberglasschaft mit Pistolengriff |

Harris M-89 Sniper Rifle

*Harris M-89 Multi-Barrel Sniper Rifle*

**BESONDERHEITEN**

Oberfläche mattschwarz.

## *Harris M-89 Multi-Barrel Sniper Rifle*

**TECHNISCHE DATEN**

| | |
|---|---|
| Kaliber: | .308 Win., Wechselläufe für Kal. .30-06. und 300 Win. Mag. |
| Magazin: | herausnehmbar |
| Kapazität: | 5, 10 oder 20 Patronen |
| Magazinhalteknopf: | vor dem Abzugsbügel |
| System: | Repetierbüchse |
| Verschlussbedienung: | Kammerstängel |
| Feuerarten: | Einzelfeuer |
| Verriegelung: | 2 Verriegelungswarzen |
| Gesamtlänge: | 97,4 cm |
| Lauflänge: | 45,7 cm (71 cm mit Rückstoßdämpfer) |
| Gesamtgewicht: | 5,2 kg |
| Visierung: | ohne; vorgerichtet für Zielfernrohrmontage |
| Sicherung: | manuelle Sicherung rechts hinten neben dem Verschlusszylinder |
| Schaft: | Fiberglasschaft |

**BESONDERHEITEN**

Oberfläche mattschwarz; geliefert in Koffer mit zwei Austauschläufen in den Kalibern .30-06 und .300 Win. Mag.

## *Harris M-89 Multi-Barrel Stainless Sniper Rifle*

**TECHNISCHE DATEN**

| | |
|---|---|
| Kaliber: | .308 Win., Wechselläufe für Kal. .30-06. und 300 Win. Mag. |
| Magazin: | herausnehmbar |
| Kapazität: | 5, 10 oder 20 Patronen |
| Magazinhalteknopf: | vor dem Abzugsbügel |
| System: | Repetierbüchse |
| Verschlussbedienung: | Kammerstängel |
| Feuerarten: | Einzelfeuer |
| Verriegelung: | 2 Verriegelungswarzen |
| Gesamtlänge: | 97,4 cm |
| Lauflänge: | 45,7 cm |
| Gesamtgewicht: | 5,2 kg |
| Visierung: | ohne; vorgerichtet für Zielfernrohrmontage |

*Harris M-89 Multi-Barrel Sniper Rifle*

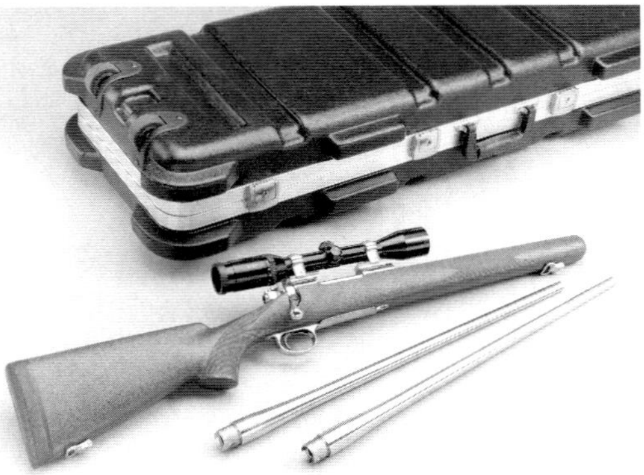

| | |
|---|---|
| Sicherung: | manuell, rechts hinten neben d. Verschlusszylinder |
| Schaft: | Fiberglasschaft |

**BESONDERHEITEN**

Lauf und Verschlusshülsenoberfläche Stainless-Stahl, matt.

## *Harris M-92 BMG Bullpup Long Range Sniper Rifle*

**TECHNISCHE DATEN**

| | |
|---|---|
| Kaliber: | .50 BMG |
| Magazin: | ohne |
| Kapazität: | entfällt |
| Magazinhalteknopf: | entfällt |
| System: | Einzellader-Repetierbüchse |
| Verschlussbedienung: | Kammerstängel |
| Feuerarten: | Einzelfeuer |
| Verriegelung: | 2 Verriegelungswarzen |
| Gesamtlänge: | 105 cm |
| Lauflänge: | 64 cm; inkl. Mündungsfeuerdämpfer |
| Gesamtgewicht: | 10,9 kg |
| Visierung: | ohne; diverse Zielfernrohre auf Wunsch montiert |
| Sicherung: | manuell, rechts hinten neben d. Verschlusszylinder |
| Schaft: | kurzer Fiberglasschaft mit Pistolengriff und Daumenloch |

*Harris M-92 BMG Bullpup Long Range Sniper Rifle*

**BESONDERHEITEN**

Oberfläche mattschwarz; Präzisionsschützenbüchse zum Beschuss von Fahrzeugen und Hubschraubern auf Entfernungen bis etwa 1500 Meter. Wird als weit reichende Scharfschützenwaffe etwa auch von den U.S. Navy Seals verwendet.

*Harris M-93 Sniper Rifle*

## *Harris M-93 Sniper Rifle*

**TECHNISCHE DATEN**

| | |
|---|---|
| Kaliber: | .50 BMG |
| Magazin: | herausnehmbar |
| Kapazität: | 10 oder 20 Patronen |
| Magazinhalteknopf: | vor dem Abzugsbügel |
| System: | Repetierbüchse |
| Verschlussbedienung: | Kammerstängel |
| Feuerarten: | Einzelfeuer |
| Verriegelung: | 2 Verriegelungswarzen |
| Gesamtlänge: | 135 cm |
| Lauflänge: | 73,7 cm |
| Gesamtgewicht: | 9,5 kg |
| Visierung: | ohne; diverse Zielfernrohre auf Wunsch montiert |
| Schaft: | Fiberglasschaft mit Pistolengriff; Hinterschaft zum einfacheren Transport anklappbar |

*Harris M-93 Sniper Rifle mit Klappschaft*

**BESONDERHEITEN**

Oberfläche mattschwarz; spezielles Klappzweibein; Beschuss von Zielen auf Entfernungen bis über 1500 m.

## *Harris M-95 Ultra Light*

**TECHNISCHE DATEN**

| | |
|---|---|
| Kaliber: | .50 BMG |
| Magazin: | herausnehmbar |
| Kapazität: | 10 oder 20 Patronen |
| Magazinhalteknopf: | vor dem Abzugsbügel |
| System: | Repetierbüchse |
| Verschlussbedienung: | Kammerstängel |
| Feuerarten: | Einzelfeuer |
| Verriegelung: | 2 Verriegelungswarzen |
| Gesamtlänge: | 135 cm |
| Lauflänge: | 73,7 cm; inkl. Mündungsfeuerdämpfer |
| Gesamtgewicht: | 8,2 kg |
| Visierung: | ohne; diverse Zielfernrohre auf Wunsch montiert |
| Sicherung: | manuell, rechts hinten neben d. Verschlusszylinder |
| Schaft: | Fiberglasschaft mit Pistolengriff und Daumenloch |

**BESONDERHEITEN**

Oberfläche mattschwarz; Verschlusshülse aus Titan, Lauf aus Carbonstahl; Beschuss von Zielen auf Entfernungen bis etwa 2000 m.

## *Harris M-96 Long Range Sniper Rifle*

**TECHNISCHE DATEN**

| | |
|---|---|
| Kaliber: | .50 BMG |
| Magazin: | herausnehmbar |
| Kapazität: | 5 Patronen |
| Magazinhalteknopf: | vor dem Abzugsbügel |
| System: | Selbstladewaffe (Gasdrucklader) |
| Verschlussbedienung: | Spanngriff |
| Feuerarten: | halbautomatisch (Einzelfeuer) |
| Verriegelung: | Vertikalblockverschluss |

*Harris M-95 Ultra Light*

*Harris M-96 Long Range Sniper Rifle*

| | |
|---|---|
| Gesamtlänge: | 142,2 cm |
| Lauflänge: | 73,6 cm; inkl. Mündungsfeuerdämpfer |
| Gesamtgewicht: | 11,3 kg |
| Visierung: | ohne; Zielfernrohrmontage |
| Sicherung: | manuelle Sicherung rechts am Systemkasten |
| Schaft: | Aluminium- und Kunststoffschaft |

**BESONDERHEITEN**

Spanngriff kann auf gegenüberliegende Seite verlegt werden; spezielles Zweibein; Gasdrucksystem verstellbar; Beschuss von Zielen auf Entfernungen bis etwa 2000 m.

## *Harris RBLP (spez. Waffe für Linkshänder)*

**TECHNISCHE DATEN**

| | |
|---|---|
| Kaliber: | .308 Win. |
| Magazin: | ohne |
| Kapazität: | entfällt |
| Magazinhalteknopf: | entfällt |
| System: | Einzellader-Repetierbüchse |
| Verschlussbedienung: | Kammerstängel |

*Harris RBLP*

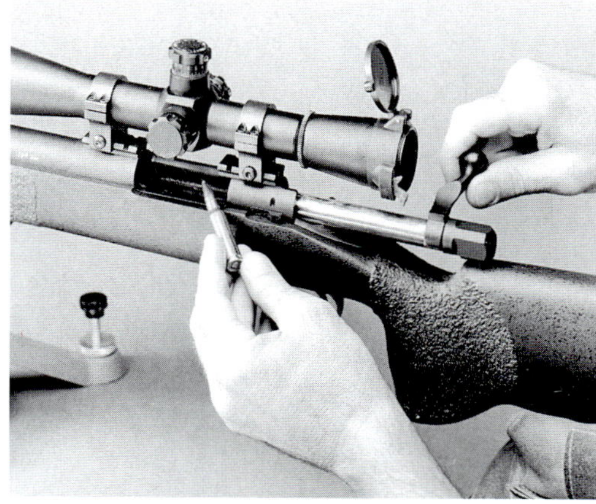

| | |
|---|---|
| Feuerarten: | Einzelfeuer |
| Verriegelung: | 2 Verriegelungswarzen |
| Gesamtlänge: | 113 cm |
| Lauflänge: | 66 cm |
| Gesamtgewicht: | 5,3 kg |
| Visierung: | ohne; diverse Zielfernrohre auf Wunsch montiert |
| Sicherung: | manuell, rechts hinten neben d. Verschlusszylinder |
| Schaft: | Fiberglasschaft mit Pistolengriff |

**BESONDERHEITEN**

Oberfläche mattschwarz; die Bezeichnung RBLP steht für Right-hand Bolt, Left-side Port (Kammerstängel rechts, Auswurffenster links).

*Heckler & Koch HK 11E Maschinengewehr*

# Heckler & Koch

*Heckler & Koch-Logo*

Die deutsche Firma Heckler & Koch, HK, wurde 1949 gegründet. Als zu Beginn der 50er Jahre die deutsche Bundeswehr aufgebaut wurde, bekam HK den Auftrag, das neue militärische Sturmgewehr G3, Kaliber .308 Win. (7,62 x 51 mm) zu entwickeln und zu fertigen. Das G3 war eine Weiterentwicklung des spanischen CETME-Selbstladers. Unter Mithilfe der Entwicklungsabteilung von Rheinmetall wurde die Technik der CETME-Waffe den deutschen Anforderungen angepasst und zum so genannten G3 weiterentwickelt. Heckler & Koch verwendete für sein Sturmgewehr den vielgerühmten, so genannten Rollenverschluss des CETME-Konzepts und erstmals auch einen Polygonlauf. Polygonläufe haben keine Züge und Felder, sondern ein vieleckiges, in sich gedrehtes Profil, das das Geschoss, wenn es durch den Lauf getrieben wird, ebenfalls um seine Längsachse rotieren lässt.

Viele der technischen Neuerungen der militärischen HK-Waffen sind nun auch in den Sport- und Jagdwaffen der Firma Heckler & Koch zu finden, insbesondere der Rollenverschluss, das militärische, fein einstellbare Dioptervisier und auch das Polygonlaufprofil. Zusätzlich zu seiner Maschinenpistole M5, die bei polizeilichen und mlilitärischen Spezialeinheiten einen wahren Siegeszug angetreten hat, fertigt HK für diese Klientel seit Jahren auch einige feine Scharfschützenbüchsen. Nachdem Heckler & Koch mit seinem Mitte der 80er Jahre für die deutsche Bundeswehr entwickelten, futuristischen Sturmgewehr G-11 mit seiner innovativen hülsenlosen Munition Schiffbruch erlitten hatte – die Waffen wurde nicht eingeführt –, kam die stets auf Behördenaufträge angewiesene Firma in erhebliche finanzielle Schwierigkeiten. Dass sich in den 80er Jahren dann auch noch die Amerikaner für die Einführung der Beretta 92 und nicht, wie ursprünglich ins Auge gefasst, der Heckler & Koch P7 M13 als neue US-Militärpistole entschieden, führte dazu, dass Heckler & Koch schließlich im März 1991 von der englischen Firma Royal Ordnance aufgekauft wurde, einer Tochterfirma der British Aerospace. Da das traditionsreiche Unternehmen dann aber mit seiner neuen Pistolenfamilie USP (Universal-Selbstlade-Pistole) wieder einen großen Hit auf den Markt brachte, hat es sich inzwischen finanziell wieder gefangen. Die so genannte Socom-Version der USP, Kaliber .45 ACP, wurde bei den Navy Seals und bei einigen anderen Sondertruppen der amerikanischen Streitkräfte eingeführt.

Heckler & Koch bietet seine Waffen in kompletter Modulbauweise an. Alle Gewehre, Karabiner und Pistolen können durch die Verwendung von verschiedenen Abzugs- und Verschlusseinheiten sowie durch leicht anbringbare, andere Schäfte und Aufpflanzungs- und Montageeinrichtungen etwa zum Abschuss von Gewehrgranaten oder für andere Zieloptiken leicht vom Schützen selbst modifiziert und seinen Anforderungen angepasst werden.

1997 entwickelte Heckler & Koch ein komplett neues militärisches Gewehrkonzept. Die neue HK G36-Waffenfamilie beinhaltet ein Sturmgewehr, ein kurzes Karabinermodell und ein leichtes Maschinengewehr. Für viele unverständlich, verwendete die Firma bei G36 nicht das altbewährte Rollenverschlusssystem, sondern stattete die Waffe mit einem normalen Drehkammerverschluss aus.

## Heckler & Koch HK 11E Maschinengewehr

**TECHNISCHE DATEN**

| | |
|---|---|
| Kaliber: | .308 Win. (7,62 x 51 mm NATO) |
| Magazin: | herausnehmbares Magazin |
| Kapazität: | 20 Patronen |
| Magazinhalteknopf: | vor dem Abzugsbügel |
| System: | Selbstladewaffe (Rückstoßlader) |
| Verschlussbedienung: | Spanngriff |
| Feuerarten: | halbautomatisch, 3-Schuss-Feuerstöße und vollautomatisch |
| Verriegelung: | HK-Rollenverschluss |
| Gesamtlänge: | 103 cm |
| Lauflänge: | 45 cm, ohne Mündungsfeuerdämpfer |
| Gesamtgewicht: | 8,15 kg |
| Visierung: | Trommeldioptervisier, verstellbar von 100 bis 1000 Meter; Stanag-Montage; Zielfernrohr, 4 x 24 |
| Sicherung: | beidseitiger, kombinierter Sicherungs- und Feuerwahlhebel über dem Abzugsbügel |
| Schaft: | Kunststoffschaft mit Pistolengriff, Blechprägehandschutz |

**BESONDERHEITEN**

Verstellbares Klappzweibein; klappbarer Tragegriff; Magazine miteinander zu verbinden; die Waffe verfügt über einen sehr leise operierenden Spanngriff und über einen mitgelieferten zweiten, leicht auszutauschenden Lauf.

## Heckler & Koch HK 21E Maschinengewehr

**TECHNISCHE DATEN**

| | |
|---|---|
| Kaliber: | .308 Win. (7,62 x 51 mm NATO) |
| Magazin: | Patronengurt oder Magazinbox |
| Kapazität: | 100 Patronen |
| Magazinhalteknopf: | vor dem Abzugsbügel |
| System: | Selbstladewaffe (Rückstoßlader) |
| Verschlussbedienung: | Spanngriff |
| Feuerarten: | halbautomatisch, 3-Schuss-Feuerstöße und vollautomatisch |
| Verriegelung: | HK-Rollenverschluss |
| Gesamtlänge: | 114 cm |
| Lauflänge: | 65 cm |
| Gesamtgewicht: | 9,3 kg |
| Visierung: | Trommeldioptervisier, verstellbar von 100 bis 1200 Meter; Stanag-Montage; Zielfernrohr, 4 x 24 |
| Sicherung: | beidseitiger, kombinierter Sicherungs- und Feuerwahlhebel über dem Abzugsbügel |
| Schaft: | Kunststoffschaft mit Pistolengriff, Blechprägehandschutz |

**BESONDERHEITEN**

Mattschwarze Oberfläche; verstellbares Klappzweibein; klappbarer Tragegriff; auf Wunsch zusätzlicher Pistolengriff unter dem Vorderschaft; die Waffe verfügt über einen sehr leise operierenden Spanngriff und über einen mitgelieferten zweiten, leicht auszutauschenden Lauf.

*Heckler & Koch HK 21E Maschinengewehr*

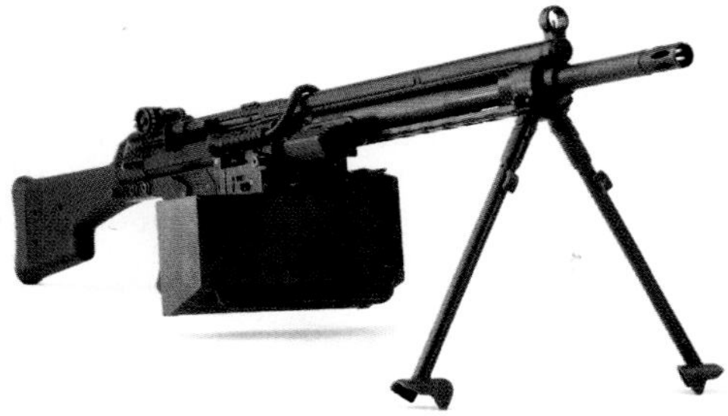

## Heckler & Koch HK 23E Maschinengewehr

**TECHNISCHE DATEN**

| | |
|---|---|
| Kaliber: | .223 Rem. (5,65 x 45 mm) |
| Magazin: | Patronengurt oder Magazinbox |
| Kapazität: | 200 Patronen (Box) |
| Magazinhalteknopf: | rechts vor dem Magazinschacht |
| System: | Selbstladewaffe (Rückstoßlader) |
| Verschlussbedienung: | Spanngriff |
| Feuerarten: | halbautomatisch, 3-Schuss-Feuerstöße und vollautomatisch |
| Verriegelung: | HK-Rollenverschluss |
| Gesamtlänge: | 103 cm |
| Lauflänge: | 45 cm, ohne Mündungsfeuerdämpfer |

*Heckler & Koch HK 23E Maschinengewehr*

| | |
|---|---|
| Gesamtgewicht: | 8,8 kg |
| Visierung: | Trommeldioptervisier; Stanag-Montage |
| Sicherung: | beidseitiger, kombinierter Sicherungs- u. Feuerwahlhebel über dem Abzugsbügel |
| Schaft: | Kunststoffschaft mit Pistolengriff |

**BESONDERHEITEN**

Mattschwarze Oberfläche; verstellbares Klappzweibein.

## *Heckler & Koch HK 33E*

**TECHNISCHE DATEN**

| | |
|---|---|
| Kaliber: | 5,56 x 45 mm |
| Magazin: | herausnehmbares Magazin |
| Kapazität: | 25 oder 30 Patronen |
| Magazinhalteknopf: | vor dem Abzugsbügel |
| System: | Selbstladewaffe (Rückstoßlader) |
| Verschlussbedienung: | Spanngriff |
| Feuerarten: | halbautomatisch, 3-Schuss-Feuerstöße und vollautomatisch |
| Verriegelung: | HK-Rollenverschluss |
| Gesamtlänge: | 92 cm mit festem oder ausgefahrenem Teleskop-Schaft (74 cm eingefahren) |
| Lauflänge: | 34 cm, ohne Mündungsfeuerdämpfer |
| Gesamtgewicht: | 3,9 kg |
| Visierung: | Dioptervisier, verstellbar; spezielle Zielfernrohr-Montage |
| Sicherung: | beidseitiger, kombinierter Sicherungs- und Feuerwahlhebel über dem Abzugsbügel |
| Schaft: | fester Kunststoffschaft oder mit Teleskop-Stahlschaft mit verschiedenfarbiger Schaftkappe |

*Heckler & Koch HK 33E*

*Heckler & Koch HK 33E mit HK 79-A1 40 mm-Granatwerfer*

*Heckler & Koch HK 33E mit HK 79-A1 40 mm-Granatwerfer*

**BESONDERHEITEN**

Mattschwarze oder unterschiedliche Camouflagefarbene Oberflächen; unterschiedliche Feueroptionen erhältlich (auch rein halbautomatisch und halbautomatisch, nur mit 3-Schuss-Feuerstößen); unter dem Lauf der Waffe kann ein Granatenabschussgerät montiert werden.

## *Heckler & Koch HK 33EK*

**TECHNISCHE DATEN**

| | |
|---|---|
| Kaliber: | 5,56 x 45 mm |
| Magazin: | herausnehmbares Magazin |
| Kapazität: | 25 oder 30 Patronen |

*Heckler & Koch HK 33EK*

*Heckler & Koch HK 33E-GR3*

| | |
|---|---|
| Magazinhalteknopf: | vor dem Abzugsbügel |
| System: | Selbstladewaffe (Rückstoßlader) |
| Verschlussbedienung: | Spanngriff |
| Feuerarten: | halbautomatisch, 3-Schuss-Feuerstöße und vollautomatisch |
| Verriegelung: | HK-Rollenverschluss |
| Gesamtlänge: | 86,5 cm mit ausgefahrenem Teleskop-Schaft (67 cm eingefahren) |
| Lauflänge: | 34 cm, ohne Mündungsfeuerdämpfer |
| Gesamtgewicht: | 3,9 kg |
| Visierung: | Dioptervisier, verstellbar |
| Sicherung: | beidseitiger, kombinierter Sicherungs- u. Feuerwahlhebel über dem Abzugsbügel |
| Schaft: | Teleskop-Stahlschaft mit verschiedenfarbiger Schaftkappe |

#### BESONDERHEITEN

Mattschwarze oder unterschiedliche Camouflagefarbene Oberflächen; unterschiedliche Feueroptionen erhältlich; unter dem Lauf der Waffe kann ein Granatenabschussgerät montiert werden.

## *Heckler & Koch HK 33E-GR3*

#### TECHNISCHE DATEN

| | |
|---|---|
| Kaliber: | 5,56 x 45 mm |
| Magazin: | herausnehmbares Magazin |
| Kapazität: | 25 oder 30 Patronen |
| Magazinhalteknopf: | vor dem Abzugsbügel |
| System: | Selbstladewaffe (Rückstoßlader) |
| Verschlussbedienung: | Spanngriff |
| Feuerarten: | halbautomatisch, 3-Schuss-Feuerstöße und vollautomatisch |
| Verriegelung: | HK-Rollenverschluss |
| Gesamtlänge: | 92,5 cm |
| Lauflänge: | 39 cm, ohne Mündungsfeuerdämpfer |
| Gesamtgewicht: | 3,9 kg |
| Visierung: | Dioptervisier, verstellbar; spez. Zielfernrohr-Montage |
| Sicherung: | beidseitiger, kombinierter Sicherungs- und Feuerwahlhebel über dem Abzugsbügel |
| Schaft: | fester Kunststoffschaft in unterschiedlichen Farben |

#### BESONDERHEITEN

Mattschwarze oder unterschiedliche Camouflagefarbene Oberflächen; unterschiedliche Feueroptionen erhältlich (auch rein halbautomatisch und halbautomatisch, nur mit 3-Schuss-Feuerstößen).

## *Heckler & Koch HK 33E Scharfschützenbüchse*

#### TECHNISCHE DATEN

| | |
|---|---|
| Kaliber: | 5,56 x 45 mm |
| Magazin: | herausnehmbares Magazin |
| Kapazität: | 25 oder 30 Patronen |
| Magazinhalteknopf: | vor dem Abzugsbügel |
| System: | Selbstladewaffe (Rückstoßlader) |
| Verschlussbedienung: | Spanngriff |
| Feuerarten: | halbautomatisch, 3-Schuss-Feuerstöße und vollautomatisch |
| Verriegelung: | HK-Rollenverschluss |
| Gesamtlänge: | 92 cm |

*Heckler & Koch HK 33E-Scharfschützenversion*

Lauflänge: 41 cm, ohne Mündungsfeuerdämpfer
Gesamtgewicht: 4,6 kg
Visierung: Dioptervisier, verstellbar; spezielle Zielfernrohr-Montage; Zielfernrohr, 4 x 24
Sicherung: beidseitiger, kombinierter Sicherungs- und Feuerwahlhebel über dem Abzugsbügel
Schaft: fester Kunststoffschaft in unterschiedlichen Farben

**BESONDERHEITEN**

Mattschwarze oder unterschiedliche Camouflage-farbene Oberflächen; die Waffe verfügt über ein verstellbares Klappzweibein.

## *Heckler & Koch HK 53A3*

**TECHNISCHE DATEN**

Kaliber: 5,56 x 45 mm
Magazin: herausnehmbares Magazin
Kapazität: 25 oder 30 Patronen
Magazinhalteknopf: vor dem Abzugsbügel
System: Selbstladewaffe (Rückstoßlader)

*Heckler & Koch HK 53A3*

Verschlussbedienung: Spanngriff
Feuerarten: halbautomatisch, 3-Schuss-Feuerstöße und vollautomatisch
Verriegelung: HK-Rollenverschluss
Gesamtlänge: 76 cm mit ausgefahrenem Teleskop-Schaft (56,4 cm eingefahren)
Lauflänge: 21 cm
Gesamtgewicht: 3,7 kg
Visierung: Dioptervisier, verstellbar; spez. Zielfernrohr-Montage
Sicherung: beidseitiger, kombinierter Sicherungs- und Feuerwahlhebel über dem Abzugsbügel
Schaft: Teleskop-Stahlschaft mit Kunststoffschaftkappe

**BESONDERHEITEN**

Mattschwarze Oberfläche; spezieller Mündungsfeuerdämpfer; Kombination aus Selbstladekarabiner und Maschinenpistole; als Modell HK53A2 mit festem Kunststoffschaft erhältlich.

## *Heckler & Koch HK G3A3*

**TECHNISCHE DATEN**

Kaliber: .308 Win. (7,62 x 51 mm NATO)
Magazin: herausnehmbares Magazin
Kapazität: 5 oder 20 Patronen
Magazinhalteknopf: vor dem Abzugsbügel
System: Selbstladewaffe (Rückstoßlader)
Verschlussbedienung: Spanngriff
Feuerarten: halb- oder vollautomatisch
Verriegelung: HK-Rollenverschluss
Gesamtlänge: 102,5 cm
Lauflänge: 45 cm
Gesamtgewicht: 4,4 kg
Visierung: Dioptervisier, verstellbar; spez. Zielfernrohrmontage
Sicherung: kombinierter Sicherungs- und Feuerwahlhebel links am Gehäuse, zusätzliche Anzeige rechts
Schaft: fest, grüner Hinter- und Vorderschaft aus Kunststoff

**BESONDERHEITEN**

Mattschwarze Oberfläche; spezieller Mündungsfeuerdämpfer mit Abschussvorrichtung für Gewehrgra-

*Heckler & Koch HK G3A3*

naten. Das G3, jahrzehntelang das Gewehr der deutschen Bundeswehr, war die erste HK-Waffe mit einem Rollenverschluss. Das HK 91 ist die rein halbautomatische Version davon, ebenfalls im Kaliber .308 Win.; diese Waffe im Kaliber .223 Rem. wird wiederum als Modell HK 93 bezeichnet.

## *Heckler & Koch HK G3KA4 Karabiner*

**TECHNISCHE DATEN**

| | |
|---|---|
| Kaliber: | .308 Win. (7,62 x 51 mm NATO) |
| Magazin: | herausnehmbares Magazin |
| Kapazität: | 5 oder 20 Patronen |
| Magazinhalteknopf: | vor dem Abzugsbügel |
| System: | Selbstladewaffe (Rückstoßlader) |
| Verschlussbedienung: | Spanngriff |
| Feuerarten: | halb- oder vollautomatisch |
| Verriegelung: | HK-Rollenverschluss |
| Gesamtlänge: | 89,5 cm mit ausgefahrenem Teleskop-Schaft (71,1 cm eingefahren) |
| Lauflänge: | 31,5 cm |
| Gesamtgewicht: | 4,4 kg |
| Visierung: | Dioptervisier, verstellbar; spez. Zielfernrohrmontage |
| Sicherung: | beidseitiger, kombinierter Sicherungs- und Feuerwahlhebel am Gehäuse |
| Schaft: | Teleskop-Stahlschaft mit Kunststoffschaftkappe |

**BESONDERHEITEN**

Mattschwarze Oberfläche; kompakte Karabinerversion des G3; spezieller Mündungsfeuerdämpfer. Die Waffe ist mit einem festen Kunststoffschaft als Modell HK G3KA3 erhältlich.

## *Heckler & Koch HK G11*

**TECHNISCHE DATEN**

| | |
|---|---|
| Kaliber: | 4,7 mm, hülsenlos |
| Magazin: | Magazinbox |
| Kapazität: | 50 Patronen |
| Magazinhalteknopf: | Druckknopf |
| System: | Selbstladewaffe (Gasdrucklader) |
| Verschlussbedienung: | Drehknopf |
| Feuerarten: | halbautomatisch, 3-Schuss-Feuerstöße und vollautomatisch |
| Verriegelung: | 900-Drehzylinderverschluss |
| Gesamtlänge: | 75 cm |
| Lauflänge: | 54 cm |
| Gesamtgewicht: | 3,6 kg |
| Visierung: | Visieroptik, 1 : 1 |
| Sicherung: | beidseitiger, kombinierter Sicherungs- und Feuerwahlhebel über dem Abzugsbügel |
| Schaft: | Schaft, Pistolengriff und Gehäuse aus Kunststoff |

*Heckler & Koch HK G3KA4 Karabiner*

*Heckler & Koch HK G11*

**BESONDERHEITEN**

Mattschwarze Oberfläche; Klappzweibein auf Wunsch. Die Weiterentwicklung des G11 wurde zwar eingestellt, könnte im 21. Jahrhundert durchaus aber wieder aufgenommen werden. Auf der Abbildung ist eines der letzten Versuchsmodelle zu sehen.

## *Heckler & Koch HK G36E Sturmgewehr*

**TECHNISCHE DATEN**

| | |
|---|---|
| Kaliber: | 5,56 x 45 mm |
| Magazin: | herausnehmbares Magazin |
| Kapazität: | 30 Patronen |
| Magazinhalteknopf: | vor dem Abzugsbügel |
| System: | Selbstladewaffe (Gasdrucklader) |

*Heckler & Koch HK G11-2*

*Heckler & Koch HK G36 Sturmgewehr*

| | |
|---|---|
| Verschlussbedienung: | Spanngriff |
| Feuerarten: | halb- und vollautomatisch |
| Verriegelung: | Drehkammerverschluss |
| Gesamtlänge: | 99 cm mit ausgefahrenem Teleskop-Schaft (76 cm eingefahren) |
| Lauflänge: | 48 cm |
| Gesamtgewicht: | 3,3 kg |
| Visierung: | 1,5-faches optisches Visier im Tragegriff; festes Behelfsvisier darüber |
| Sicherung: | beidseitiger, kombinierter Sicherungs- und Feuerwahlhebel über dem Abzugsbügel |
| Schaft: | Teleskop-Leichtmetallschaft mit Gummischaft-kappe |

**BESONDERHEITEN**

Mattschwarze Oberfläche; frei liegender Lauf mit speziellem Mündungsfeuerdämpfer; Kunststoffgehäuse, -pistolengriff und -handschutz; Kunststoffmagazin, zusammenzustecken; spezieller, für Linkshänder auf die gegenüberliegende Seite zu legender Spanngriff; auf dem Tragegriff können diverse Visierhilfen angebracht werden (Ziellampe, Restlichtaufhellungs- oder Laservisier).

## Heckler & Koch HK G36E Karabiner

**TECHNISCHE DATEN**

| | |
|---|---|
| Kaliber: | 5,56 x 45 mm |
| Magazin: | herausnehmbares Magazin |
| Kapazität: | 30 Patronen |
| Magazinhalteknopf: | vor dem Abzugsbügel |
| System: | Selbstladewaffe (Gasdrucklader) |
| Verschlussbedienung: | Spanngriff |
| Feuerarten: | halb- und vollautomatisch |
| Verriegelung: | Drehkammerverschluss |
| Gesamtlänge: | 86 cm mit ausgefahrenem Teleskop-Schaft (61,5 cm eingefahren) |
| Lauflänge: | 32 cm |
| Gesamtgewicht: | 3 kg |

*Heckler & Koch HK G36E Karabiner*

| | |
|---|---|
| Visierung: | 1,5-faches optisches Visier im Tragegriff; festes Behelfsvisier darüber |
| Sicherung: | beidseitiger, kombinierter Sicherungs- und Feuerwahlhebel über dem Abzugsbügel |
| Schaft: | Teleskop-Leichtmetallschaft mit Gummischaft-kappe |

**BESONDERHEITEN**

Mattschwarze Oberfläche; frei liegender Lauf mit speziellem Mündungsfeuerdämpfer; Kunststoffgehäuse, -pistolengriff und -handschutz; Kunststoffmagazin, zusammenzustecken; spezieller, für Linkshänder auf die gegenüberliegende Seite zu legender Spanngriff; auf dem Tragegriff können diverse Visierhilfen angebracht werden (Ziellampe, Restlichtaufhellungs- oder Laservisier).

## Heckler & Koch HK G36E LSW (Light Support Weapon)

**TECHNISCHE DATEN**

| | |
|---|---|
| Kaliber: | 5,56 x 45 mm |
| Magazin: | Stangen- oder Doppeltrommelmagazin |
| Kapazität: | 30 oder 100 Patronen |
| Magazinhalteknopf: | vor dem Abzugsbügel |

*Heckler & Koch HK G36E LSW (Light Support Weapon)*

| | |
|---|---|
| System: | Selbstladewaffe (Gasdrucklader) |
| Verschlussbedienung: | Spanngriff |
| Feuerarten: | halb- und vollautomatisch |
| Verriegelung: | Drehkammerverschluss |
| Gesamtlänge: | 99 cm mit ausgefahrenem Teleskop-Schaft (76 cm eingefahren) |
| Lauflänge: | 48 cm |
| Gesamtgewicht: | 3,5 kg |
| Visierung: | 1,5-faches optisches Visier im Tragegriff; festes Behelfsvisier darüber |
| Sicherung: | beidseitiger, kombinierter Sicherungs- und Feuerwahlhebel über dem Abzugsbügel |
| Schaft: | Teleskop-Leichtmetallschaft mit Gummischaftkappe |

**BESONDERHEITEN**

Mattschwarze Oberfläche; Klappzweibein; frei liegender Lauf mit speziellem Mündungsfeuerdämpfer; Kunststoffgehäuse, -pistolengriff und -handschutz; Kunststoffmagazin, zusammenzustecken; spezieller, für Linkshänder auf die gegenüberliegende Seite zu legender Spanngriff; auf dem Tragegriff können diverse Visierhilfen angebracht werden (Ziellampe, Restlichtaufhellungs- oder Laservisier).

## *Heckler & Koch HK MP5-A2/A4*

**TECHNISCHE DATEN**

| | |
|---|---|
| Kaliber: | MP5-A2/A4: 9 mm Para; MP5-40/A2: .40 S&W |
| Magazin: | herausnehmbares Magazin |
| Kapazität: | 15 oder 30 Patronen |
| Magazinhalteknopf: | vor dem Abzugsbügel |
| System: | Selbstladewaffe (Rückstoßlader) |
| Verschlussbedienung: | Spanngriff |
| Feuerarten: | MP5-A2: halb- und vollautomatisch; MP5-A4: halbautomatisch, 3-Schuss-Feuerstöße und vollautomatisch |
| Verriegelung: | HK-Rollenverschluss |
| Gesamtlänge: | 68 cm |
| Lauflänge: | 22,5 cm |

*Heckler & Koch MP5-A2/A4*

*Heckler & Koch MP5-A3/A5*

| | |
|---|---|
| Gesamtgewicht: | 2,7 kg |
| Visierung: | Trommeldioptervisier, verstellbar |
| Sicherung: | MP5-A2: kombinierter Sicherungs- und Feuerwahlhebel links über dem Abzugsbügel; MP5-A4: beidseitiger, kombinierter Sicherungs- und Feuerwahlhebel über dem Abzugsbügel |
| Schaft: | fester Kunststoffschaft |

**BESONDERHEITEN**

Mattschwarze Oberfläche; spezielle Polizeiversion rein halbautomatisch; Abbildung der MP5-A4.

## *Heckler & Koch HK MP5-A3/A5*

**TECHNISCHE DATEN**

| | |
|---|---|
| Kaliber: | MP5-A3/A5: 9 mm Para; MP5-10/A3: 10 mm Auto |
| Magazin: | herausnehmbares Magazin |
| Kapazität: | 15 oder 30 Patronen |
| Magazinhalteknopf: | vor dem Abzugsbügel |
| System: | Selbstladewaffe (Rückstoßlader) |
| Verschlussbedienung: | Spanngriff |
| Feuerarten: | MP5-A3: halb- u. vollautomatisch; MP5-A5: halbautomatisch, 3-Schuss-Feuerstöße u. vollautomatisch |
| Verriegelung: | HK-Rollenverschluss |
| Gesamtlänge: | 68 cm mit ausgefahrenem Teleskop-Schaft (49 cm eingefahren) |
| Lauflänge: | 22,5 cm |
| Gesamtgewicht: | 2,7 kg |
| Visierung: | Trommeldioptervisier, verstellbar |
| Sicherung: | MP5-A3: kombinierter Sicherungs- und Feuerwahlhebel links über dem Abzugsbügel; MP5-A5: beidseitiger, kombinierter Sicherungs- und Feuerwahlhebel über dem Abzugsbügel |
| Schaft: | Teleskop-Stahlschaft mit Kunststoffschaftkappe |

**BESONDERHEITEN**

Mattschwarze Oberfläche; Abbildung der MP5-A5.

*Heckler & Koch MP5-K/KA4*

*Heckler & Koch MP5-K/KA4 im Koffer*

## *Heckler & Koch HK MP5-K/KA4*

**TECHNISCHE DATEN**

| | |
|---|---|
| Kaliber: | 9 mm Para |
| Magazin: | herausnehmbares Magazin |
| Kapazität: | 15 oder 30 Patronen |
| Magazinhalteknopf: | vor dem Abzugsbügel |
| System: | Selbstladewaffe (Rückstoßlader) |
| Verschlussbedienung: | Spanngriff |
| Feuerarten: | MP5-K: halb- u. vollautomatisch; MP5-KA4: halbautomatisch, 3-Schuss-Feuerstöße u. vollautomatisch |
| Verriegelung: | HK-Rollenverschluss |
| Gesamtlänge: | 32,5 cm |
| Lauflänge: | 11,5 cm |
| Gesamtgewicht: | 2 kg |
| Visierung: | Trommeldioptervisier, verstellbar |
| Sicherung: | MP5-K: kombinierter Sicherungs- u. Feuerwahlhebel links über dem Abzugsbügel; MP5-KA4: beidseitiger, kombinierter Sicherungs- u. Feuerwahlhebel über dem Abzugsbügel |
| Schaft: | ohne; Kunststoffpistolengriff und -vorderschaft |

**BESONDERHEITEN**

Mattschwarze Oberfläche; auf der Abbildung ist die MP5-KA4 zu sehen; die zweite Abbildung zeigt die Waffe in einem speziellen, besonders für Personenschützer bestimmten Tragekoffer.

## *Heckler & Koch HK MP5-KA1/KA5*

**TECHNISCHE DATEN**

| | |
|---|---|
| Kaliber: | 9 mm Para |
| Magazin: | herausnehmbares Magazin |
| Kapazität: | 15 oder 30 Patronen |
| Magazinhalteknopf: | vor dem Abzugsbügel |
| System: | Selbstladewaffe (Rückstoßlader) |

*Heckler & Koch MP5-KA1/KA5*

| | |
|---|---|
| Verschlussbedienung: | Spanngriff |
| Feuerarten: | MP5-KA1: halb- u. vollautomatisch; MP5-KA: halbautomatisch, 3-Schuss-Feuerstöße u. vollautomatisch |
| Verriegelung: | HK-Rollenverschluss |
| Gesamtlänge: | 32,5 cm |
| Lauflänge: | 11,5 cm |
| Gesamtgewicht: | 2 kg |
| Visierung: | festes, einfaches Büchsenvisier |
| Sicherung: | MP5-KA1: kombinierter Sicherungs- u. Feuerwahlhebel links über dem Abzugsbügel; MP5-KA5: beidseitiger, kombinierter Sicherungs- u. Feuerwahlhebel über dem Abzugsbügel |
| Schaft: | ohne; Kunststoffpistolengriff und -vorderschaft |

#### BESONDERHEITEN

Mattschwarze Oberfläche; MP5-KA5 abgebildet.

## Heckler & Koch HK MP5K-PDW Navy

#### TECHNISCHE DATEN

| | |
|---|---|
| Kaliber: | 9 mm Para |
| Magazin: | herausnehmbares Magazin |
| Kapazität: | 15 oder 30 Patronen |
| Magazinhalteknopf: | vor dem Abzugsbügel |
| System: | Selbstladewaffe (Rückstoßlader) |

*Heckler & Koch MP5K-PDW Navy*

| | |
|---|---|
| Verschlussbedienung: | Spanngriff |
| Feuerarten: | halb- und vollautomatisch |
| Verriegelung: | HK-Rollenverschluss |
| Gesamtlänge: | 60,5 cm mit ausgeklapptem Teleskop-Schaft (36,8 cm eingeklappt) |
| Lauflänge: | 11,5 cm |
| Gesamtgewicht: | 2,8 kg |
| Visierung: | Trommeldioptervisier, verstellbar |
| Sicherung: | beidseitiger, kombinierter Sicherungs- und Feuerwahlhebel über dem Abzugsbügel |
| Schaft: | Klappschaft aus Stahl, Schaftkappe, Pistolengriff und Vorderschaft aus Kunststoffschaftkappe |

#### BESONDERHEITEN

Mattschwarze Oberfläche; Lauf mit Schalldämpferaufpflanzungsgewinde.

*Heckler & Koch-MP5N Navy*

## Heckler & Koch HK MP5N Navy

#### TECHNISCHE DATEN

| | |
|---|---|
| Kaliber: | 9 mm Para |
| Magazin: | herausnehmbares Magazin |
| Kapazität: | 15 oder 30 Patronen |
| Magazinhalteknopf: | vor dem Abzugsbügel |
| System: | Selbstladewaffe (Rückstoßlader) |
| Verschlussbedienung: | Spanngriff |
| Feuerarten: | halb- und vollautomatisch |
| Verriegelung: | HK-Rollenverschluss |
| Gesamtlänge: | 69,2 cm mit ausgefahrenem Teleskop-Schaft (53,3 cm eingefahren) |
| Lauflänge: | 22,5 cm |
| Gesamtgewicht: | 2,9 kg |
| Visierung: | Trommeldioptervisier, verstellbar; Zieloptikmontage |
| Sicherung: | beidseitiger, kombinierter Sicherungs- und Feuerwahlhebel über dem Abzugsbügel |
| Schaft: | Teleskop-Stahlschaft mit Kunststoffschaftkappe, Pistolengriff |

#### BESONDERHEITEN

Mattschwarze Oberfläche; Lauf mit Schalldämpferaufpflanzungsgewinde.

*Heckler & Koch MP5-SD1/SD4*

## *Heckler & Koch HK MP5-SD1/SD4 (Schalldämpfer)*

**TECHNISCHE DATEN**

| | |
|---|---|
| Kaliber: | 9 mm Para |
| Magazin: | herausnehmbares Magazin |
| Kapazität: | 15 oder 30 Patronen |
| Magazinhalteknopf: | vor dem Abzugsbügel |
| System: | Selbstladewaffe (Rückstoßlader) |
| Verschlussbedienung: | Spanngriff |
| Feuerarten: | MP5-SD1: halb- u. vollautomatisch; MP5-SD4: halbautomatisch, 3-Schuss-Feuerstöße u. vollautomatisch |
| Verriegelung: | HK-Rollenverschluss |
| Gesamtlänge: | 55 cm |
| Lauflänge: | 14,6 cm; reiner Lauf |
| Gesamtgewicht: | 2,9 kg |
| Visierung: | Trommeldioptervisier, verstellbar; Zieloptikmontage |
| Sicherung: | MP5-SD1: kombinierter Sicherungs- u. Feuerwahlhebel links über dem Abzugsbügel; MP5-SD4: beidseitiger, kombinierter Sicherungs- u. Feuerwahlhebel über dem Abzugsbügel |
| Schaft: | ohne; Kunststoffpistolengriff |

**BESONDERHEITEN**

Mattschwarze Oberfläche; MP5-SD4 abgebildet.

## *Heckler & Koch HK MP5-SD2/SD5*

**TECHNISCHE DATEN**

| | |
|---|---|
| Kaliber: | 9 mm Para |
| Magazin: | herausnehmbares Magazin |
| Kapazität: | 15 oder 30 Patronen |
| Magazinhalteknopf: | vor dem Abzugsbügel |
| System: | Selbstladewaffe (Rückstoßlader) |
| Verschlussbedienung: | Spanngriff |
| Feuerarten: | MP5-SD2: halb- u. vollautomatisch; MP5-SD5: halbautomatisch, 3-Schuss-Feuerstöße u. vollautomatisch |
| Verriegelung: | HK-Rollenverschluss |
| Gesamtlänge: | 78 cm |
| Lauflänge: | 14,6 cm; reiner Lauf |
| Gesamtgewicht: | 3,1 kg |
| Visierung: | Trommeldioptervisier, verstellbar; Zieloptikmontage |
| Sicherung: | MP5-SD1: kombinierter Sicherungs- u. Feuerwahlhebel links über dem Abzugsbügel; MP5-SD4: beidseitiger, kombinierter Sicherungs- u. Feuerwahlhebel über dem Abzugsbügel |
| Schaft: | fester Kunststoffschaft |

*Heckler & Koch MP5-SD2/SD5*

**BESONDERHEITEN**

Mattschwarze Oberfläche; MP5-SD5 abgebildet.

## *Heckler & Koch HK MP5-SD3/SD6*

**TECHNISCHE DATEN**

| | |
|---|---|
| Kaliber: | 9 mm Para |
| Magazin: | herausnehmbares Magazin |
| Kapazität: | 15 oder 30 Patronen |
| Magazinhalteknopf: | vor dem Abzugsbügel |
| System: | Selbstladewaffe (Rückstoßlader) |
| Verschlussbedienung: | Spanngriff |
| Feuerarten: | MP5-SD3: halb- u. vollautomatisch; MP5-SD6: halbautomatisch, 3-Schuss-Feuerstöße u. vollautomatisch |
| Verriegelung: | HK-Rollenverschluss |
| Gesamtlänge: | 78 cm mit ausgefahrenem Teleskop-Schaft (61 cm eingefahren) |
| Lauflänge: | 14,6 cm; reiner Lauf |
| Gesamtgewicht: | 3,4 kg |
| Visierung: | Trommeldioptervisier, verstellbar; Zieloptikmontage |
| Sicherung: | MP5-SD3: kombinierter Sicherungs- u. Feuerwahlhebel links über dem Abzugsbügel; MP5-SD6: beidseitiger, kombinierter Sicherungs- u. Feuerwahlhebel über dem Abzugsbügel |

*Heckler & Koch MP5-SD3/SD6*

Heckler & Koch MSG90 Scharfschützenbüchse

| | |
|---|---|
| Schaft: | Teleskop-Stahlschaft mit Kunststoffschaftkappe, Pistolengriff |

**BESONDERHEITEN**

Mattschwarze Oberfläche; MP5-SD6 abgebildet.

## *Heckler & Koch MSG90 Scharfschützenbüchse*

**TECHNISCHE DATEN**

| | |
|---|---|
| Kaliber: | .308 Win. (7,62 x 51 mm NATO) |
| Magazin: | herausnehmbares Magazin |
| Kapazität: | 5 oder 20 Patronen |
| Magazinhalteknopf: | hinter dem Magazinschacht |
| System: | Selbstladewaffe (Rückstoßlader) |
| Verschlussbedienung: | Spanngriff |
| Feuerarten: | halbautomatisch |
| Verriegelung: | HK-Rollenverschluss |
| Gesamtlänge: | 116,1 cm |
| Lauflänge: | 60 cm |
| Gesamtgewicht: | 6,4 kg |
| Visierung: | ohne; spez. PSG1-Hensoldt-Zielfernrohr, 10-fach |
| Sicherung: | Sicherungshebel über dem Abzugsbügel |
| Schaft: | Hinterschaft mit verstellbarer Schaftkappe und Backe sowie Vorderschaft aus Kunststoffschaft; Pistolengriff mit verstellbarer Handballenauflage aus Holz |

*Heckler & Koch MSG90 Scharfschützenbüchse*

**BESONDERHEITEN**

Mattschwarze Oberfläche; spezieller PSG1-Abzug; unter dem Vorderschaft Anschütz-Montageschiene zur Anbringung von Handstopp und Zweibein. Spezielle, einfachere Feldversion des teureren PSG1.

## *Heckler & Koch PSG1*

**TECHNISCHE DATEN**

| | |
|---|---|
| Kaliber: | .308 Win. (7,62 x 51 mm NATO) |
| Magazin: | herausnehmbares Magazin |
| Kapazität: | 5 oder 20 Patronen |
| Magazinhalteknopf: | hinter dem Magazinschacht |
| System: | Selbstladewaffe (Rückstoßlader) |
| Verschlussbedienung: | Spanngriff |
| Feuerarten: | halbautomatisch |
| Verriegelung: | HK-Rollenverschluss |
| Gesamtlänge: | 120,7 cm |
| Lauflänge: | 65 cm |
| Gesamtgewicht: | 8,1 kg |
| Visierung: | ohne; spezielles PSG1-Hensoldt-Zielfernrohr, 6 x 42, mit Entfernungsmesser und beleuchtetem Absehen |
| Sicherung: | Sicherungshebel links am Gehäuse über dem Abzugsbügel, zusätzliche Anzeige rechts |
| Schaft: | Hinterschaft mit verstellbarer Schaftkappe und Backe sowie Vorderschaft aus Kunststoffschaft; Pistolengriff mit verstellbarer Handballenauflage aus Holz |

**BESONDERHEITEN**

Mattschwarze Oberfläche; spezieller PSG1-Abzug; unter dem Vorderschaft Anschütz-Montageschiene zur Anbringung von Handstopp und Zweibein. 3-Schuss-Gruppen auf 100 Yards: 6,35 mm, auf 200 Yards: 28 mm, auf 300 Yards: 50,2 mm.

## *Heckler & Koch HK SL6*

**TECHNISCHE DATEN**

| | |
|---|---|
| Kaliber: | .223 Rem. |

*Heckler & Koch PSG1 Scharfschützenbüchse*

*Heckler & Koch PSG1*

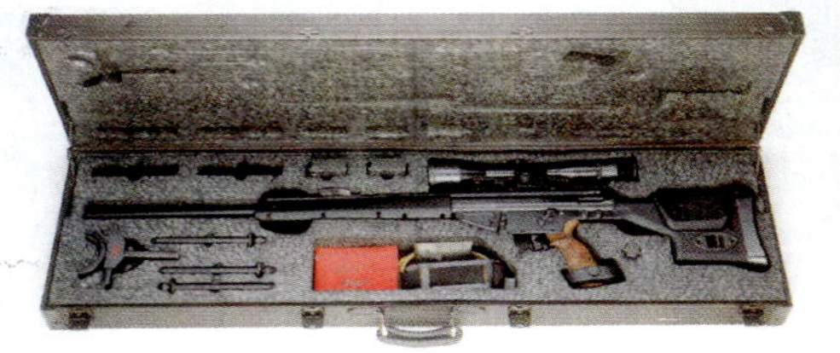

*Heckler & Koch HK SL6*

| | |
|---|---|
| Magazin: | herausnehmbares Magazin |
| Kapazität: | 10 Patronen |
| Magazinhalteknopf: | vor dem Abzugsbügel |
| System: | Selbstladewaffe (Rückstoßlader) |
| Verschlussbedienung: | Spanngriff |
| Feuerarten: | halbautomatisch |
| Verriegelung: | HK-Rollenverschluss |
| Gesamtlänge: | 101,5 cm |
| Lauflänge: | 45 cm |
| Gesamtgewicht: | 3,9 kg |
| Visierung: | Dioptervisier, verstellbar; spez. Zielfernrohrmontage |
| Sicherung: | Sicherungshebel links am Gehäuse über dem Abzugsbügel, zusätzliche Anzeige rechts |
| Schaft: | Holzschaft |

**BESONDERHEITEN**

Mattschwarz brünierte Oberfläche; auf der Abbildung ist oben das HK SL6 und unten das HK SL7 zu sehen.

## *Heckler & Koch HK SL7*

**TECHNISCHE DATEN**

| | |
|---|---|
| Kaliber: | .308 Win. |
| Magazin: | herausnehmbares Magazin |
| Kapazität: | 10 Patronen |
| Magazinhalteknopf: | vor dem Abzugsbügel |
| System: | Selbstladewaffe (Rückstoßlader) |
| Verschlussbedienung: | Spanngriff |
| Feuerarten: | halbautomatisch |

*Heckler & Koch HK SL7*

| | |
|---|---|
| Verriegelung: | HK-Rollenverschluss |
| Gesamtlänge: | 101 cm |
| Lauflänge: | 43 cm |
| Gesamtgewicht: | 3,9 kg |
| Visierung: | Dioptervisier, verstellbar; spez. Zielfernrohrmontage |
| Sicherung: | Sicherungshebel links am Gehäuse über dem Abzugsbügel, zusätzliche Anzeige rechts |
| Schaft: | Holzschaft |

**BESONDERHEITEN**

Mattschwarz brünierte Oberfläche; auf der Abbildung ist oben das HK SL6 und unten das HK SL7 zu sehen.

# Hellenic Arms

*Hellenic Arms-Logo*

HELLENIC ARMS INDUSTRY S.A.

Hellenic Arms Industry S.A. ist ein griechisches Staatsunternehmen, das 1977 gegründet wurde. Die Firma stellt ihre Produkte, diverse Schusswaffen, Munition und militärisches Zubehör, unter anderem direkt in Athen her. Die Produktpalette von Hellenic Arms umfasst zum Beispiel die radarunterstützte Artemis 30 mm-Fliegerabwehrkanone, Treibstoff-

tanks und Raketenabschussgeräte für Kampfjets sowie teilweise Hülsen und komplette Patronen für Kanonen in den Kalibern 30, 81, 90, 105 und 155 mm sowie für die schwere 8 Inch-Howitzer-Kanone. Zudem stellt das Unternehmen Geschosse für die rückstoßlose 106 mm-Panzerabwehrkanone und verschiedene Arten von Treibladungspulver für Militärkanonen her. Ein Tochterunternehmen fertigt militärische Kampfanzüge, schusssichere Westen und Helme.
An Handfeuerwaffen produziert Hellenic Arms unter dem Markennamen Hellenic-EBO in Heckler & Koch-Lizenz verschiedene Sturmgewehre und Maschinenpistolen. Zudem hat die Firma eigenständig ein Scharfschützengewehr entwickelt, das Modell Kefefs.

## *Hellenic G3A3 Assault Rifle*

### TECHNISCHE DATEN

| | |
|---|---|
| Kaliber: | .308 Win. (7,62 x 51 mm NATO) |
| Magazin: | herausnehmbares Magazin |
| Kapazität: | 20 Patronen |
| Magazinhalteknopf: | vor dem Abzugsbügel |
| System: | Selbstladewaffe (Rückstoßlader) |
| Verschlussbedienung: | Spanngriff |
| Feuerarten: | halb- oder vollautomatisch |
| Verriegelung: | Rollenverschluss |
| Gesamtlänge: | G3A3/G3A4: 102,5 cm; G3A4 mit eingeschobenem Schaft: 84 cm |
| Lauflänge: | 45 cm |
| Gesamtgewicht: | 4,4 kg |
| Visierung: | Trommeldioptervisier, verstellbar (100, 200, 300, 400 Meter) |
| Sicherung: | kombinierter Sicherungs- und Feuerwahldrehhebel |
| Schaft: | Schaft, Pistolengriff und Handschutz aus Kunststoff |

### BESONDERHEITEN

Die Waffe gibt es als Modell G3A4 auch mit Teleskop-Schaft. Wahlweise auch mit 4-facher Zieloptik, voreingestellt auf 5 Entfernungen (100 bis 600 Meter).

## *Hellenic HK11A1 LMG*

### TECHNISCHE DATEN

| | |
|---|---|
| Kaliber: | .308 Win. (7,62 x 51 mm NATO) |
| Magazin: | herausnehmbares Magazin |
| Kapazität: | 20 Patronen |
| Magazinhalteknopf: | vor dem Abzugsbügel |
| System: | Selbstladewaffe (Rückstoßlader) |
| Verschlussbedienung: | Spanngriff |
| Feuerarten: | halb- oder vollautomatisch |
| Verriegelung: | Rollenverschluss |

*Hellenic HK11A1 LMG*

| | |
|---|---|
| Gesamtlänge: | 103 cm |
| Lauflänge: | 45 cm |
| Gesamtgewicht: | 7,7 kg |
| Visierung: | Trommeldioptervisier, verstellbar (200–1200 Meter) |
| Sicherung: | kombinierter Sicherungs- und Feuerwahldrehhebel |
| Schaft: | Schaft, Pistolengriff aus Kunststoff, Blechprägehandschutz |

**BESONDERHEITEN**

Klappzweibein; Klapptragegriff; zusätzlicher Wechsellauf.
Wahlweise auch mit 4-facher Zieloptik, voreingestellt auf 5 Entfernungen (100 bis 600 Meter).

## Hellenic KEFEFS-M (Military) Sniper

**TECHNISCHE DATEN**

| | |
|---|---|
| Kaliber: | .308 Win. |
| Magazin: | fest |
| Kapazität: | 5 Patronen |
| Magazinhalteknopf: | entfällt |
| System: | Repetierbüchse |
| Verschlussbedienung: | Kammerstängel |
| Feuerarten: | Einzelfeuer |
| Verriegelung: | 3 Verriegelungswarzen |
| Gesamtlänge: | 120 cm |
| Lauflänge: | 65 cm |
| Gesamtgewicht: | 4,75 kg |
| Visierung: | ohne; Montage und Zielfernrohr nach Wahl |
| Sicherung: | Sicherung rechts hinter dem Kammerstängel |
| Schaft: | Monte Carlo-Schaft aus Nussbaum, mit Camouflage-Überzug |

*Hellenic KEFEFS-M (militärische Scharfschützenbüchse)*

**BESONDERHEITEN**

Verstellbares, einklappbares Zweibein; schwerer Match-Lauf; einstellbares Abzugsgewicht; Gasentlastungsbohrung in der Hülse.

## Hellenic KEFEFS-P (Police) Sniper

**TECHNISCHE DATEN**

| | |
|---|---|
| Kaliber: | .308 Win. |
| Magazin: | fest |
| Kapazität: | 5 Patronen |
| Magazinhalteknopf: | entfällt |
| System: | Repetierbüchse |
| Verschlussbedienung: | Kammerstängel |
| Feuerarten: | Einzelfeuer |
| Verriegelung: | 3 Verriegelungswarzen |
| Gesamtlänge: | 120 cm |
| Lauflänge: | 65 cm |
| Gesamtgewicht: | 5,45 kg |
| Visierung: | ohne; Montage und Zielfernrohr nach Wahl |
| Sicherung: | Sicherung rechts hinter dem Kammerstängel |
| Schaft: | Monte Carlo-Schaft aus Nussbaum |

**BESONDERHEITEN**

Verstellbares, einklappbares Zweibein; schwerer, gefluteter Lauf; einstellbares Abzugsgewicht; Gasentlastungsbohrung in der Hülse.

*Hellenic KEFEFS-P (polizeiliche Scharfschützenbüchse)*

*Hellenic MG3*

*Hellenic MP5*

## *Hellenic MG3*

**TECHNISCHE DATEN**

| | |
|---|---|
| Kaliber: | .308 Win. (7,62 x 51 mm NATO) |
| Magazin: | ohne |
| Kapazität: | Patronengurte |
| Magazinhalteknopf: | entfällt |
| System: | Selbstladewaffe (Rückstoßlader) |
| Verschlussbedienung: | Spanngriff |
| Feuerarten: | vollautomatisch |
| Verriegelung: | Rollenverschluss |
| Gesamtlänge: | 122,5 cm |
| Lauflänge: | 56,5 cm |
| Gesamtgewicht: | 11,5 kg |
| Visierung: | Schiebevisier, verstellbar (200–1200 m) |
| Sicherung: | Druckknopfsicherung am Pistolengriff |
| Schaft: | Schaft und Pistolengriff aus Kunststoffschaft, Blechprägehandschutz |

**BESONDERHEITEN**

Schweres Klappzweibein, Klapptragegriff; zusätzlicher Wechsellauf.
Wahlweise auch mit 4-facher Zieloptik, voreingestellt auf 16 Entfernungen (100 bis 1600 m).

## *Hellenic MP5*

**TECHNISCHE DATEN**

| | |
|---|---|
| Kaliber: | 9 mm Para |
| Magazin: | herausnehmbares Magazin |
| Kapazität: | 30 Patronen |
| Magazinhalteknopf: | vor dem Abzugsbügel |
| System: | Selbstladewaffe (Rückstoßlader) |
| Verschlussbedienung: | Spanngriff |
| Feuerarten: | halb- und vollautomatisch |
| Verriegelung: | HK-Rollenverschluss |
| Gesamtlänge: | 68 cm mit festem Schaft; 66 cm mit ausgefahrenem Teleskop-Schaft (49 cm eingefahren) |
| Lauflänge: | 22,5 cm |
| Gesamtgewicht: | 2,5-2,9 kg |
| Visierung: | Trommeldioptervisier, verstellbar |
| Sicherung: | kombinierter Sicherungs- und Feuerwahlhebel |
| Schaft: | fester Kunststoffschaft oder Teleskop-Stahlschaft mit Kunststoffschaftkappe, Pistolengriff |

**BESONDERHEITEN**

Wahlweise auch mit 4-facher Zieloptik, voreingestellt auf 5 Entfernungen (15, 25, 50, 75 und 100 m).

# Hembrug

1895 führte die holländische Armee die Büchse M95, Kaliber 6,5 x 53 mm R, ein. Dieses Gewehr, hergestellt von der niederländischen Firma Hembrug, basiert auf dem Mannlicher-Repetierer. Die Waffe hatte ein festes 5-Schuss-Magazin, das von oben mit einem Ladestreifen geladen wurde. Insgesamt wurden sieben verschiedene Gewehr- und Karabinermodelle, abgeleitet aus dem M95, produziert. Das Modell 1917 war schließlich das M95, modifiziert auf das Kaliber 7,92 mm Mauser. Damals hatte die niederländische Armee große Mengen dieser Munition für sein Schwarzlose-Maschinengewehr in den Arsenalen. Um diese Munition „aufbrauchen“ zu können, wurden zunächst nur einige der M95-Büchsen abgeändert. Auf den entsprechenden Abbildungen sind unterschiedliche M95-Varianten zu sehen, unter anderem das so genannte KNIL-Modell (KNIL = Koninklijk Nederlands-Indisch Leger, die königlich-niederländische Indien-Armee, die im

*Hembrug Model M1895 Rifle*

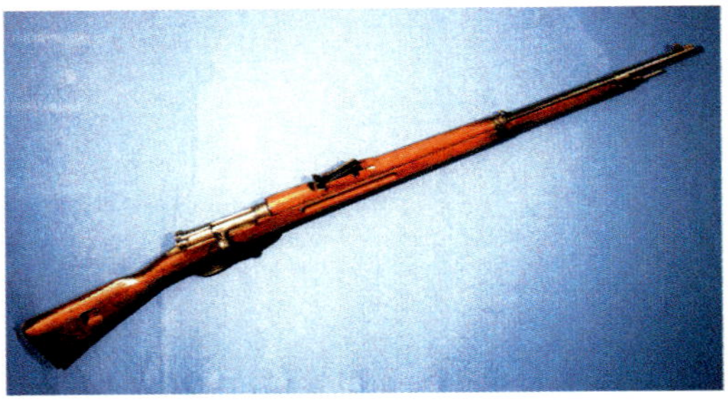

früheren holländischen Indien stationiert war, der heutigen Republik Indonesien). Diese Waffe verfügt auf der rechten Seite des Patronenlagers über eine Gasdruckentlastungsbohrung. Nach der Unabhängigkeit modifizierte Indonesien große Mengen seiner KNIL-Karabiner zum Kaliber .303 British.

## *Hembrug Model M1895 Rifle*

**TECHNISCHE DATEN**

| | |
|---|---|
| Kaliber: | 6,5 x 53 R |
| Magazin: | fest |
| Kapazität: | Ladestreifen mit 5 Patronen |
| Magazinhalteknopf: | entfällt |
| System: | Repetierbüchse |
| Verschlussbedienung: | Kammerstängel |
| Feuerarten: | Einzelfeuer |
| Verriegelung: | Verriegelungswarzen |
| Gesamtlänge: | 129,5 cm |
| Lauflänge: | 79 cm |
| Gesamtgewicht: | 4,4 kg |
| Visierung: | Schiebevisier |
| Sicherung: | Flügelsicherung hinten am Verschlusszylinder |
| Schaft: | Holzschaft |

**BESONDERHEITEN**

Basiert auf der Steyr-Mannlicher-Büchse.

## *Hembrug Model M1914 Carbine*

**TECHNISCHE DATEN**

| | |
|---|---|
| Kaliber: | 6,5 x 53 R |
| Magazin: | fest |
| Kapazität: | Ladestreifen mit 5 Patronen |
| Magazinhalteknopf: | entfällt |
| System: | Repetierbüchse |
| Verschlussbedienung: | Kammerstängel |
| Feuerarten: | Einzelfeuer |
| Verriegelung: | Verriegelungswarzen |
| Gesamtlänge: | 95 cm |
| Lauflänge: | 44,5 cm |
| Gesamtgewicht: | 3,4 kg |
| Visierung: | Schiebevisier |
| Sicherung: | Flügelsicherung hinten am Verschlusszylinder |
| Schaft: | Holzschaft |

**BESONDERHEITEN**

Ehemaliger Karabiner der holländischen Polizei. Das Schiebevisier wurde modifiziert.

*Hembrug Model M1914-Carbine*

*Hembrug Model M1917 Rifle*

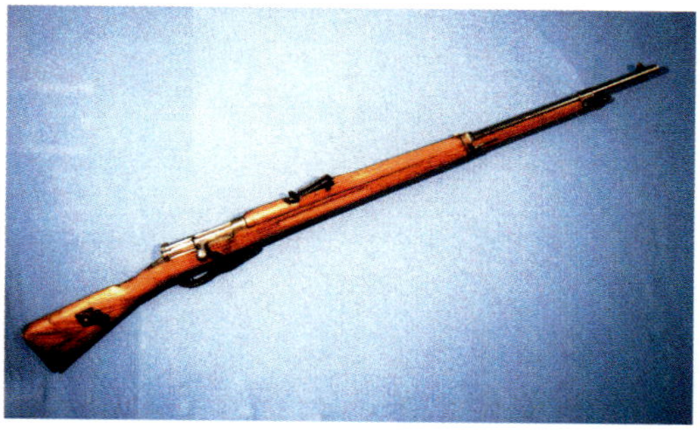

## *Hembrug Model M1917 Rifle*

**TECHNISCHE DATEN**

| | |
|---|---|
| Kaliber: | 7,92 mm Mauser (8 x 57 mm) |
| Magazin: | fest |
| Kapazität: | 5 Patronen |
| Magazinhalteknopf: | entfällt |
| System: | Repetierbüchse |
| Verschlussbedienung: | Kammerstängel |
| Feuerarten: | Einzelfeuer |
| Verriegelung: | Verriegelungswarzen |
| Gesamtlänge: | 129,5 cm |
| Lauflänge: | 79 cm |
| Gesamtgewicht: | 4,4 kg |
| Visierung: | Schiebevisier |
| Sicherung: | Flügelsicherung hinten am Verschlusszylinder |
| Schaft: | Holzschaft |

**BESONDERHEITEN**

Basiert auf der Steyr-Mannlicher-Büchse, zur Aufnahme des deutschen Kaliber 7,92 mm Mauser konzipiert.

## *Hembrug Model M1919 KNIL Carbine*

**TECHNISCHE DATEN**

| | |
|---|---|
| Kaliber: | 6,5 x 53 R |
| Magazin: | fest |
| Kapazität: | Ladestreifen mit 5 Patronen |
| Magazinhalteknopf: | entfällt |
| System: | Repetierbüchse |
| Verschlussbedienung: | Kammerstängel |
| Feuerarten: | Einzelfeuer |
| Verriegelung: | Verriegelungswarzen |
| Gesamtlänge: | 95 cm |
| Lauflänge: | 44,5 cm |
| Gesamtgewicht: | 3,4 kg |
| Visierung: | Schiebevisier |
| Sicherung: | Flügelsicherung hinten am Verschlusszylinder |
| Schaft: | Holzschaft |

*Hembrug Model M1919 KNIL Carbine*

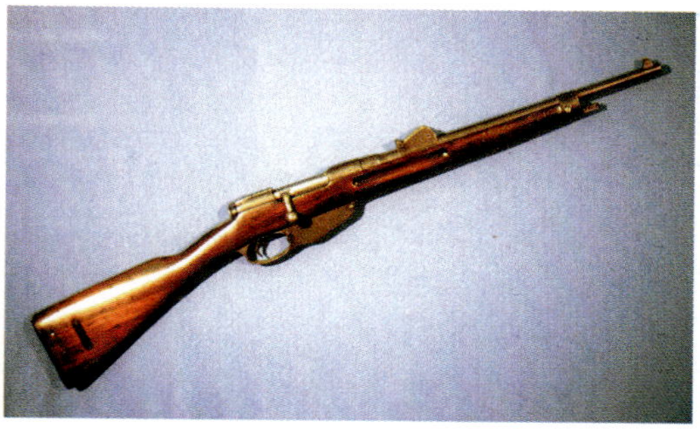

**BESONDERHEITEN**

Ehemaliger Karabiner der holländisch-indischen Armee. Kammerstängel gebogen; Gasentlastungsbohrung rechts in der Verschlusshülse; große Riemenbügelbefestigung links am Vorderschaft.

## *Hembrug Model M1939 Carbine*

**TECHNISCHE DATEN**

| | |
|---|---|
| Kaliber: | 6,5 x 53 R |
| Magazin: | fest |
| Kapazität: | Ladestreifen mit 5 Patronen |
| Magazinhalteknopf: | entfällt |
| System: | Repetierbüchse |
| Verschlussbedienung: | Kammerstängel |
| Feuerarten: | Einzelfeuer |
| Verriegelung: | Verriegelungswarzen |
| Gesamtlänge: | 95 cm |
| Lauflänge: | 44,5 cm |
| Gesamtgewicht: | 3,4 kg |
| Visierung: | Schiebevisier |
| Sicherung: | Flügelsicherung hinten am Verschlusszylinder |
| Schaft: | Holzschaft |

*Hembrug Model M1939 Carbine*

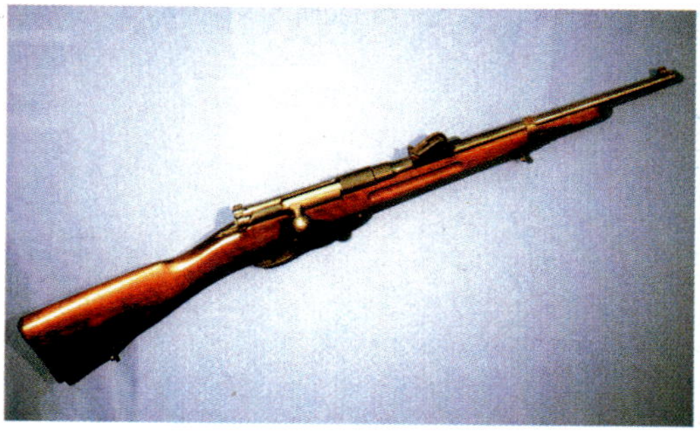

**BESONDERHEITEN**

Ehemaliger Karabiner aus der Zeit des Kriegseintritts Hollands. Wegen der Bedrohung durch die Deutschen stellte man in den Niederlanden damals große Mengen dieser Waffe für die holländischen Truppen her.

## Hesse Arms

Die Firma Hesse Arms aus Inver Grove Heights im US-Bundesstaat Maine, begann damit, Teile für Militärwaffen herzustellen. Dann produzierte das rela-

*Hesse Arms-Logo*

tiv junge Unternehmen diverse Waffen auf der Basis des M16/AR-15-Systems und das des FN-FAL für den US-Zivilmarkt.

Inzwischen macht Hesse Arms auch durch seine Internet-Seite, www.HesseArms.com, auf sich aufmerksam. Besonders zu erwähnen sind die unterschiedlichen Hesse-Varianten des FN-FAL, die unter anderem das Modell Tactical Sniper, das Modell FALO mit einem besonders schweren Lauf, das Modell FAL Congo Rifle und das Modell Short Congo Rifle mit seinem nur 41 cm langen, schweren Lauf beinhalten. Spezielle Polizei- und Militärversionen dieser zivilen, nur halbautomatischen Waffen bietet Hesse auch vollautomatisch und mit Klappschäften an.

An Waffenzubehör bietet Hesse Arms für seine FAL- und FALO-Modelle unter anderem das bekannte Zweibein an, aber auch verschiedene Mündungsfeuerdämpfer, ein 20-Schuss-Magazin, und die Original-FAL-Optikmontage. Diese Teile sind besonders für Systemsammler sehr interessant. Ein weiteres erfolgreiches Hesse-Produkt ist die Omega Match Sniper-Büchse, die auf der Flat Top-Version des AR-15 basiert und mit Zielfernrohr und Harris-Zweibein ausgeliefert wird.

Hesse Arms handelt zwar auch mit militärischen Originalteilen von Fremdfirmen, stellt aber auf der

*Hesse FAL-H Congo Rifle*

Basis von fremden Originalen auf modernen CNC-Maschinen selbst Waffenteile her. Alle Hesse-Waffen entsprechen den strengen militärischen Richtlinien.

### *Hesse FAL-H Congo Rifle*

**TECHNISCHE DATEN**

| | |
|---|---|
| Kaliber: | .308 Win. |
| Magazin: | herausnehmbares Magazin |
| Kapazität: | 20 Patronen |
| Magazinhalteknopf: | hinter dem Magazinschacht |
| System: | Selbstladewaffe (Gasdrucklader) |
| Verschlussbedienung: | Spanngriff |
| Feuerarten: | halbautomatisch |
| Verriegelung: | Vertikalblockverschluss |
| Gesamtlänge: | 105 cm |
| Lauflänge: | 40,6 cm |
| Gesamtgewicht: | 4,0 kg |
| Visierung: | Klappdioptervisier, verstellbar (150 und 200 m) |
| Sicherung: | kombinierter Sicherungs- und Feuerwahlhebel |
| Schaft: | fester Kunststoffschaft, Metallhandschutz |

**BESONDERHEITEN**

Mit oder ohne Klapptragegriff; Klappzweibein auf Wunsch.

### *Hesse FAL-H Standard Rifle*

**TECHNISCHE DATEN**

| | |
|---|---|
| Kaliber: | .308 Win. |
| Magazin: | herausnehmbares Magazin |
| Kapazität: | 20 Patronen |
| Magazinhalteknopf: | hinter dem Magazinschacht |
| System: | Selbstladewaffe (Gasdrucklader) |
| Verschlussbedienung: | Spanngriff |
| Feuerarten: | halbautomatisch |
| Verriegelung: | Vertikalblockverschluss |
| Gesamtlänge: | 115 cm |
| Lauflänge: | 53,3 cm |
| Gesamtgewicht: | 4,3 kg |
| Visierung: | Klappdioptervisier, verstellbar (150 und 200 m) |

*Hesse FAL-H Standard Rifle*

| | |
|---|---|
| Sicherung: | kombinierter Sicherungs- u. Feuerwahlhebel |
| Schaft: | fester Kunststoffschaft, Metallhandschutz |

**BESONDERHEITEN**

Mit oder ohne Klapptragegriff; Klappzweibein auf Wunsch.

## *Hesse FALO-H Congo Carbine*

**TECHNISCHE DATEN**

| | |
|---|---|
| Kaliber: | .308 Win. |
| Magazin: | herausnehmbares Magazin |
| Kapazität: | 20 Patronen |
| Magazinhalteknopf: | hinter dem Magazinschacht |
| System: | Selbstladewaffe (Gasdrucklader) |
| Verschlussbedienung: | Spanngriff |
| Feuerarten: | halbautomatisch |
| Verriegelung: | Vertikalblockverschluss |
| Gesamtlänge: | 105 cm |
| Lauflänge: | 40,6 cm |
| Gesamtgewicht: | 4,2 kg |
| Visierung: | Klappdioptervisier, verstellbar (150 und 200 m) |
| Sicherung: | kombinierter Sicherungs- u. Feuerwahlhebel |
| Schaft: | fester Kunststoffschaft, spezieller Handschutz |

*Hesse FAL-H Congo Carbine*

**BESONDERHEITEN**

Schwerer Lauf; mit oder ohne Klapptragegriff. Verkürzte Version, basierend auf dem israelischen FALO-Modell.

## *Hesse FALO-H Heavy Barrel Rifle*

**TECHNISCHE DATEN**

| | |
|---|---|
| Kaliber: | .308 Win. |
| Magazin: | herausnehmbares Magazin |
| Kapazität: | 20 Patronen |
| Magazinhalteknopf: | hinter dem Magazinschacht |
| System: | Selbstladewaffe (Gasdrucklader) |
| Verschlussbedienung: | Spanngriff |
| Feuerarten: | halbautomatisch |
| Verriegelung: | Vertikalblockverschluss |
| Gesamtlänge: | 115 cm |
| Lauflänge: | 53,3 cm |

*Hesse FALO-H Heavy Barrel Rifle*

| | |
|---|---|
| Gesamtgewicht: | 6,3 kg |
| Visierung: | Klappdioptervisier, verstellbar (150 und 200 m) |
| Sicherung: | kombinierter Sicherungs- und Feuerwahlhebel |
| Schaft: | fester Kunststoffschaft, spezieller Handschutz |

**BESONDERHEITEN**

Schwerer Lauf; mit oder ohne Klapptragegriff. Verkürzte Version, basierend auf dem israelischen FALO-Modell in der Version als leichtes MG.

## *Hesse FALO-H Tactical Sniper Rifle*

**TECHNISCHE DATEN**

| | |
|---|---|
| Kaliber: | .308 Win. |
| Magazin: | herausnehmbares Magazin |
| Kapazität: | 20 Patronen |
| Magazinhalteknopf: | hinter dem Magazinschacht |
| System: | Selbstladewaffe (Gasdrucklader) |
| Verschlussbedienung: | Spanngriff |
| Feuerarten: | halbautomatisch |
| Verriegelung: | Vertikalblockverschluss |
| Gesamtlänge: | 115 cm |
| Lauflänge: | 53,3 cm |
| Gesamtgewicht: | 6,3 kg |
| Visierung: | Klappdioptervisier, verstellbar (150 und 200 m); spezielle Zielfernrohrmontageschiene |
| Sicherung: | kombinierter Sicherungs- und Feuerwahlhebel |
| Schaft: | fester Kunststoffschaft, leichter, freiliegender Handschutz |

**BESONDERHEITEN**

Schwerer Lauf mit speziellem Mündungsfeuerdämpfer; mit oder ohne Klapptragegriff; Klappzweibein.

## *Hesse HAR-15A2 Bull Gun*

**TECHNISCHE DATEN**

| | |
|---|---|
| Kaliber: | .223 Rem., 7,62 x 39 mm, 6 mm x .223, 6 mm PPC, .300 Fireball oder .50 AE (Action Express) |
| Magazin: | herausnehmbares Magazin |
| Kapazität: | 5, 10, 20, 30, oder 40 Patronen |
| Magazinhalteknopf: | links neben dem Magazinschacht |
| System: | Selbstladewaffe (Gasdrucklader) |
| Verschlussbedienung: | Spanngriff |
| Feuerarten: | halbautomatisch |
| Verriegelung: | Drehkammerverschluss mit 7 Verriegelungswarzen |
| Gesamtlänge: | 101,6 cm |
| Lauflänge: | 50,8 cm |

*Hesse FALO-H Tactical Sniper Rifle*

*Hesse HAR-15A2 Carbine*

*Hesse HAR-15A2 Bull Gun*

| | |
|---|---|
| Gesamtgewicht: | 3,6 kg |
| Visierung: | Tragegriff mit verstellbarem Visier im M16-Stil |
| Sicherung: | Drehhebelsicherung links am Systemkasten |
| Schaft: | Schaft und Pistolengriff aus Kunststoff |

**BESONDERHEITEN**

Kunststoffhandschutz; mattschwarze Oberfläche; schwerer Stainless-Stahl-Lauf.

## *Hesse HAR-15A2 Carbine*

**TECHNISCHE DATEN**

| | |
|---|---|
| Kaliber: | .223 Rem., 7,62 x 39 mm, 6 mm x .223, 6 mm PPC, .300 Fireball oder .50 AE (Action Express) |
| Magazin: | herausnehmbares Magazin |
| Kapazität: | 5, 10, 20, 30 oder 40 Patronen |
| Magazinhalteknopf: | links neben dem Magazinschacht |
| System: | Selbstladewaffe (Gasdrucklader) |
| Verschlussbedienung: | Spanngriff |
| Feuerarten: | halbautomatisch |
| Verriegelung: | Drehkammerverschluss mit 7 Verriegelungswarzen |
| Gesamtlänge: | 88,9 cm |
| Lauflänge: | 40,6 cm |
| Gesamtgewicht: | 3,0 kg |
| Visierung: | Tragegriff mit verstellbarem Visier im M16-Stil |
| Sicherung: | Drehhebelsicherung links am Systemkasten |
| Schaft: | fester Leichmetallschaft, abgeleitet vom modifizierbaren Schaft, oder Leichtmetall-Teleskopschaft |

**BESONDERHEITEN**

Kunststoffhandschutz; mattschwarze Oberfläche.

## *Hesse HAR-15A2 Dispatcher*

**TECHNISCHE DATEN**

| | |
|---|---|
| Kaliber: | .223 Rem., 7,62 x 39 mm, 6 mm x .223, 6 mm PPC, .300 Fireball oder .50 AE (Action Express) |
| Magazin: | herausnehmbares Magazin |
| Kapazität: | 5, 10, 20, 30 oder 40 Patronen |
| Magazinhalteknopf: | links neben dem Magazinschacht |
| System: | Selbstladewaffe (Gasdrucklader) |

*Hesse HAR-15A2 Dispatcher*

| | |
|---|---|
| Verschlussbedienung: | Spanngriff |
| Feuerarten: | halbautomatisch |
| Verriegelung: | Drehkammerverschluss mit 7 Verriegelungswarzen |
| Gesamtlänge: | 88,9 cm |
| Lauflänge: | 40,6 cm |
| Gesamtgewicht: | 3,0 kg |
| Visierung: | Tragegriff mit verstellbarem Visier im M16-Stil |
| Sicherung: | Drehhebelsicherung links am Systemkasten |
| Schaft: | Schaft und Pistolengriff aus Kunststoff |

**BESONDERHEITEN**

Kunststoffhandschutz; mattschwarze Oberfläche.

## *Hesse HAR-15A2 Omega Match Sniper Rifle*

**TECHNISCHE DATEN**

| | |
|---|---|
| Kaliber: | .223 Rem., 7,62 x 39 mm, 6 mm x .223, 6 mm PPC, .300 Fireball oder .50 AE (Action Express) |
| Magazin: | herausnehmbares Magazin |
| Kapazität: | 5, 10, 20, 30 oder 40 Patronen |
| Magazinhalteknopf: | links neben dem Magazinschacht |
| System: | Selbstladewaffe (Gasdrucklader) |
| Verschlussbedienung: | Spanngriff |
| Feuerarten: | halbautomatisch |
| Verriegelung: | Drehkammerverschluss mit 7 Verriegelungswarzen |
| Gesamtlänge: | 101,6 cm |
| Lauflänge: | 50,8 cm |
| Gesamtgewicht: | 3,6 kg |
| Visierung: | ohne; flache Optikmontageschiene |
| Sicherung: | Drehhebelsicherung links am Systemkasten |
| Schaft: | Schaft und Pistolengriff aus Kunststoff |

*Hesse HAR-15A2 National Match Rifle*

*Hesse HAR-15A2 Omega Match Sniper Rifle*

**BESONDERHEITEN**

Frei liegender Leichtmetallhandschutz; mattschwarze Oberfläche; schwerer Stainless-Stahl-Lauf; verstellbarer Abzug.

## *Hesse HAR-15A2 National Match Rifle*

**TECHNISCHE DATEN**

| | |
|---|---|
| Kaliber: | .223 Rem., 7,62 x 39 mm, 6 mm x .223, 6 mm PPC, .300 Fireball oder .50 AE (Action Express) |
| Magazin: | herausnehmbares Magazin |
| Kapazität: | 5, 10, 20, 30 oder 40 Patronen |
| Magazinhalteknopf: | links neben dem Magazinschacht |
| System: | Selbstladewaffe (Gasdrucklader) |
| Verschlussbedienung: | Spanngriff |
| Feuerarten: | halbautomatisch |
| Verriegelung: | Drehkammerverschluss mit 7 Verriegelungswarzen |
| Gesamtlänge: | 101,6 cm |
| Lauflänge: | 50,8 cm |
| Gesamtgewicht: | 3,6 kg |
| Visierung: | Tragegriff mit verstellbarem Visier im M16-Stil |
| Sicherung: | Drehhebelsicherung links am Systemkasten |
| Schaft: | Schaft und Pistolengriff aus Kunststoff |

**BESONDERHEITEN**

Frei liegender Kunststoffhandschutz; mattschwarze Oberfläche; schwerer Stainless-Stahl-Match-Lauf mit Mündungsfeuerdämpfer. Spezielle Match-Version mit minimalen Toleranzen.

## *Hesse HAR-15A2 Standard Rifle*

**TECHNISCHE DATEN**

| | |
|---|---|
| Kaliber: | .223 Rem., 7,62 x 39 mm, 6 mm x .223, 6 mm PPC, .300 Fireball oder .50 AE (Action Express) |
| Magazin: | herausnehmbares Magazin |
| Kapazität: | 5, 10, 20, 30 oder 40 Patronen |
| Magazinhalteknopf: | links neben dem Magazinschacht |
| System: | Selbstladewaffe (Gasdrucklader) |
| Verschlussbedienung: | Spanngriff |
| Feuerarten: | halbautomatisch |
| Verriegelung: | Drehkammerverschluss mit 7 Verriegelungswarzen |
| Gesamtlänge: | 101,6 cm |
| Lauflänge: | 50,8 cm |
| Gesamtgewicht: | 3,6 kg |
| Visierung: | Tragegriff mit verstellbarem Visier im M16-Stil |
| Sicherung: | Drehhebelsicherung links am Systemkasten |
| Schaft: | Schaft und Pistolengriff aus Kunststoff |

**BESONDERHEITEN**

Kunststoffhandschutz; mattschwarze Oberfläche; schwerer Match-Lauf mit Mündungsfeuerdämpfer.

*Maschinengewehr*

*Maschinenpistole*

# Ii - Jj

## I.M.I. (Israel Military Industries)

*Erkundungsfahrzeug*

Der unabhängige Staat Israel wurde am 14. Mai 1948 ausgerufen. Dies führte unmittelbar zu den ersten kriegerischen Auseinandersetzungen mit den arabischen Nachbarn. Die junge, isolierte Nation hatte von Anfang an mit großen politischen und wirtschaftlichen Problemen zu kämpfen. Da kaum Devisen ins Land kamen, war man voll auf seine eigene Industrie und seine eigenen Produkte angewiesen. Man erkannte schnell, dass die israelischen Truppen zu wenige moderne Waffen hatten.
1949 konstruierte daher der berühmte israelische Armee-Colonel Uziel Gal seine UZI-Maschinenpistole, die ab 1951 in großen Stückzahlen vom israelischen Militär eingeführt wurde. Die legendäre UZI war dermaßen einfach und zuverlässig, dass sie einen wahren Siegeszug durch die Welt antrat und nach und nach von vielen anderen Armeen in den Dienst gestellt wurde. Unter anderem wurde die UZI auch von FN in Belgien gebaut. Schließlich wurde die UZI auch die offizielle MP der NATO. Nach dem israelisch-arabischen Krieg von 1967 beschloss man in Israel nach dem Muster des legendären, russischen AK-47, womit die meisten arabischen Truppen bewaffnet waren, ein eigenes leichtes militärisches Sturmgewehr zu entwickeln. Aus praktischen Erwägungen heraus entschied man sich dafür, das Gasdruckrepetiersystem des AK-47 mit dem NATO-Gewehrkaliber .223 Remington zu kombinieren. Der Konstrukteur dieser Waffe war der damals erst 44-jährige Israel Galil. Um möglichst schnell möglichst viele Waffen zur Verfügung zu haben, importierte man zunächst aus Finnland eine große Anzahl von Teilen des finnischen Valmet 62-Sturmgewehres und baute diese dann in Israel unter Zuhilfenahme eigener Teile zum Galil-Militärselbstlader zusammen. Inzwischen ist die Nachfrage des Auslands nach Galil-Sturmgewehren so groß, dass die israelische Armee selbst fast ausschließlich mit Colt M16-Waffen ausgerüstet ist und ein Großteil der Galil-Gewehre zur Devisenbeschaffung exportiert wird. Die Firma I.M.I. ist auch wegen seiner unter den Namen Uzi und Samson vermarkteten Munition bekannt.

*I.M.I.-Logo*

I.M.I

ISRAEL MILITARY INDUSTRIES LTD (I.M.I)

FORMERLY TAAS

Weapons Group

### *I.M.I. Galil AR*

**TECHNISCHE DATEN**

| | |
|---|---|
| Kaliber: | .223 Rem. oder .308 Win. |
| Magazin: | herausnehmbar |
| Kapazität: | .223: 35 oder 50 Patronen; .308: 25 Patronen |
| Magazinhalteknopf: | hinter dem Magazinschacht |
| System: | Selbstladewaffe (Gasdrucklader) |
| Verschlussbedienung: | Klappspanngriff |

*I.M.I. Galil AR*

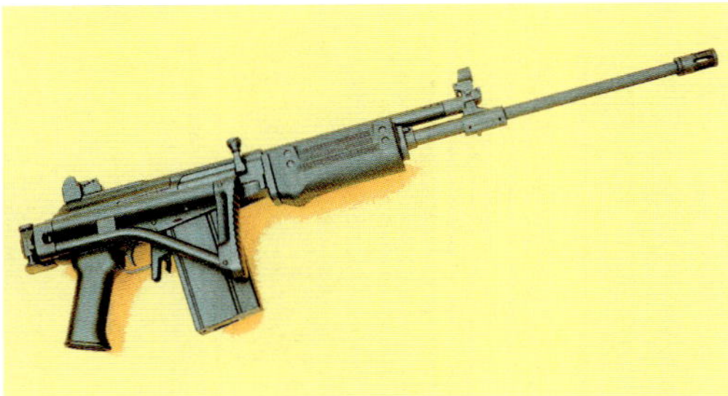

| | |
|---|---|
| Feuerarten: | halb- und vollautomatisch |
| Verriegelung: | Rotationskammerverschluss |
| Gesamtlänge: | 98 cm mit ausgeklapptem Schaft (.223; .308: 105 cm); 74 cm mit eingeklapptem Schaft (.223; .308: 81 cm) |
| Lauflänge: | .223: 46 cm; .308: 50,8 cm |
| Gesamtgewicht: | 4 kg |
| Visierung: | Klappdioptervisier (300/500 m) |
| Sicherung: | Sicherungs- und Feuerwahlhebel rechts am Systemkasten |
| Schaft: | Klapp-Stahlskelettschaft mit schwarzem Kunststoffpistolengriff und Handschutz |

### BESONDERHEITEN

Mattschwarze Oberfläche; in Kal. .308 mit geradem, in Kal. .223 mit gebogenem Magazin.
Die Abbildung auf S. 191 zeigt ein militärisches Fahrzeug mit dem Negev LMG (oben) und dem Galil AR (unten).

## *I.M.I. Galil ARM*

### TECHNISCHE DATEN

| | |
|---|---|
| Kaliber: | .223 Rem. oder .308 Win. |
| Magazin: | herausnehmbar |
| Kapazität: | .223: 35 oder 50 Patronen; .308: 25 Patronen |
| Magazinhalteknopf: | hinter dem Magazinschacht |
| System: | Selbstladewaffe (Gasdrucklader) |
| Verschlussbedienung: | Klappspanngriff |
| Feuerarten: | halb- und vollautomatisch |
| Verriegelung: | Rotationskammerverschluss |
| Gesamtlänge: | 98 cm mit ausgeklapptem Schaft (.223; .308: 105 cm); 74 cm mit eingeklapptem Schaft (.223; .308: 81 cm) |
| Lauflänge: | .223: 46 cm; .308: 50,8 cm |
| Gesamtgewicht: | .223: 4,4 kg; .308: 4,5 kg |
| Visierung: | Klappdioptervisier (300/500 m) |
| Sicherung: | Sicherungs- und Feuerwahlhebel rechts am Systemkasten |
| Schaft: | Klapp-Stahlskelettschaft mit schwarzem Kunststoffpistolengriff und Handschutz |

*I.M.I. Galil ARM*

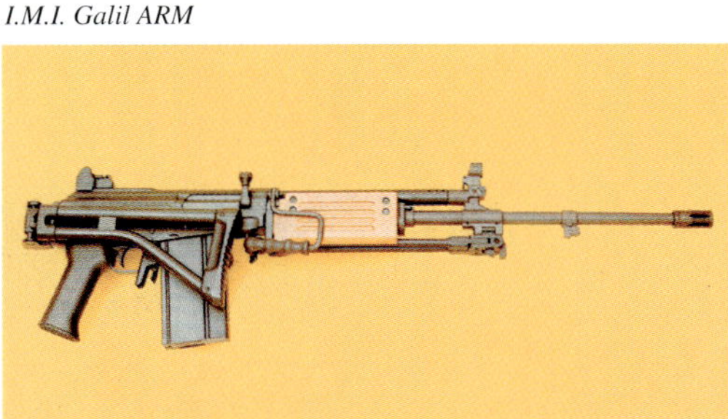

### BESONDERHEITEN

Mattschwarze Oberfläche; FN-FAL-ähnlicher Tragegriff; Klappzweibein; in Kal. .308 mit geradem, in Kal. .223 mit gebogenem Magazin.

## *I.M.I. Galil SAR*

### TECHNISCHE DATEN

| | |
|---|---|
| Kaliber: | .223 Rem. oder .308 Win. |
| Magazin: | herausnehmbar |
| Kapazität: | .223: 35 oder 50 Patronen; .308: 25 Patronen |
| Magazinhalteknopf: | hinter dem Magazinschacht |
| System: | Selbstladewaffe (Gasdrucklader) |
| Verschlussbedienung: | Klappspanngriff |
| Feuerarten: | halb- und vollautomatisch |
| Verriegelung: | Rotationskammerverschluss |
| Gesamtlänge: | 84 cm mit ausgeklapptem Schaft (.223; .308: 91,5 cm); 61 cm mit eingeklapptem Schaft (.223; .308: 67,5 cm) |
| Lauflänge: | .223: 33,2 cm; .308: 40 cm |
| Gesamtgewicht: | .223: 3,75 kg; .308: 3,85 kg |
| Visierung: | Klappdioptervisier (300/500 m) |
| Sicherung: | Sicherungs- und Feuerwahlhebel rechts am Systemkasten |
| Schaft: | Klapp-Stahlskelettschaft mit schwarzem Kunststoffpistolengriff und Handschutz |

*I.M.I. Galil SAR*

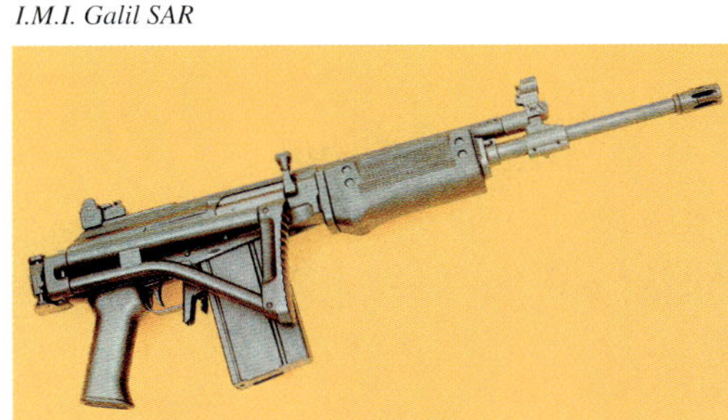

*I.M.I. Galil SASR (Semi Automatic Sniper Rifle)*

**BESONDERHEITEN**

Mattschwarze Oberfläche; in Kal. .308 mit geradem, in Kal. .223 mit gebogenem Magazin.

## *I.M.I. Galil SASR (Semi Automatic Sniper Rifle)*

**TECHNISCHE DATEN**

| | |
|---|---|
| Kaliber: | .308 Win. |
| Magazin: | herausnehmbar |
| Kapazität: | 25 Patronen |
| Magazinhalteknopf: | hinter dem Magazinschacht |
| System: | Selbstladewaffe (Gasdrucklader) |
| Verschlussbedienung: | Klappspanngriff |
| Feuerarten: | halbautomatisch |
| Verriegelung: | Rotationskammerverschluss |
| Gesamtlänge: | 111,2 cm mit ausgeklapptem Schaft; 84,5 cm mit eingeklapptem Schaft |
| Lauflänge: | 50,8 cm |
| Gesamtgewicht: | 6,4 kg |
| Visierung: | Klappdioptervisier (300/500 m); Optikmontage; Nimrod-Zielfernrohr |
| Sicherung: | Beidseitiger Sicherungshebel am Systemkasten |
| Schaft: | Klapp-Holzschaft mit verstellbarer Backe und Schaftkappe; Kunststoffpistolengriff |

*I.M.I. Galil SASR (halbautomatische Scharfschützenbüüchse)*

**BESONDERHEITEN**

Vorderschaft aus Holz; Klappzweibein; vergrößerter Mündungsfeuerdämpfer/Rückschlagminderer.

## *I.M.I. Negev LMG*

**TECHNISCHE DATEN**

| | |
|---|---|
| Kaliber: | .223 Rem. |
| Magazin: | Trommelmagazin oder Patronengurte |
| Kapazität: | Trommel: 200 Patronen |
| Magazinhalteknopf: | hinter dem Magazinschacht |
| System: | Selbstladewaffe (Gasdrucklader) |
| Verschlussbedienung: | Klappspanngriff |
| Feuerarten: | halb- u. vollautomatisch |
| Verriegelung: | Rotationskammerverschluss |
| Gesamtlänge: | 102 cm mit ausgeklapptem Schaft; 78 cm mit eingeklapptem Schaft |
| Lauflänge: | 46 cm |
| Gesamtgewicht: | 7,3 kg |
| Visierung: | Klappdioptervisier (bis 1000 m) |
| Sicherung: | Sicherungs- und Feuerwahlhebel rechts am Systemkasten |
| Schaft: | Klapp-Stahlskelettschaft mit schwarzem Kunststoff-pistolengriff und Handschutz |

**BESONDERHEITEN**

Vorderschaft aus Holz; Klappzweibein; Kunststoff-tragegriff; speziell auf Fahrzeuge und Lafetten montierbar. Die Waffe auf der Abbildung ist mit einem Laserzielgerät unter dem Lauf ausgestattet.

## *I.M.I. Negev LMG Short*

**TECHNISCHE DATEN**

| | |
|---|---|
| Kaliber: | .223 Rem. |
| Magazin: | Galil-Magazin oder Trommelmagazin |

*I.M.I. Negev LMG*

*I.M.I. Negev LMG Short*

| | |
|---|---|
| Kapazität: | 35 oder 50 Patronen; Trommel: 200 Patronen |
| Magazinhalteknopf: | hinter dem Magazinschacht |
| System: | Selbstladewaffe (Gasdrucklader) |
| Verschlussbedienung: | Klappspanngriff |
| Feuerarten: | halb- und vollautomatisch |
| Verriegelung: | Rotationskammerverschluss |
| Gesamtlänge: | 89 cm mit ausgeklapptem Schaft; 65 cm mit eingeklapptem Schaft |
| Lauflänge: | 33 cm |
| Gesamtgewicht: | 7,0 kg |
| Visierung: | Klappdioptervisier (bis 1000 m) |
| Sicherung: | Sicherungs- und Feuerwahlhebel rechts am Systemkasten |
| Schaft: | Klapp-Stahlskelettschaft mit schwarzem Kunststoffpistolengriff und Handschutz |

**BESONDERHEITEN**

Mattschwarze Oberfläche; Klappzweibein; Kunststofftragegriff; kurzes Fallschirmjägermodell.

## *I.M.I. Uzi*

**TECHNISCHE DATEN**

| | |
|---|---|
| Kaliber: | 9 mm Para, Wechselsysteme für die Kaliber .45 ACP und .41 AE |
| Magazin: | herausnehmbares Magazin |
| Kapazität: | 20, 25 oder 32 Patronen |
| Magazinhalteknopf: | unten am Pistolengriff |

*I.M.I. Uzi*

| | |
|---|---|
| System: | Selbstladewaffe (Rückstoßlader) |
| Verschlussbedienung: | Spanngriff |
| Feuerarten: | halb- und vollautomatisch |
| Verriegelung: | reiner Masseverschluss |
| Gesamtlänge: | 65 cm mit ausgeklapptem Schaft; 47 cm mit eingeklapptem Schaft |
| Lauflänge: | 26 cm |
| Gesamtgewicht: | 3,5 kg |
| Visierung: | Klappdioptervisier, höhenverstellbar; Korn, seitenverstellbar |
| Sicherung: | Griffstücksicherung, kombinierter Sicherungs- und Feuerwahlschieber |
| Schaft: | Klapp-Stahlskelettschaft mit schwarzem Kunststoffpistolengriff und Handschutz |

**BESONDERHEITEN**

Mattschwarze Oberfläche.

## *I.M.I. Uzi Carbine*

**TECHNISCHE DATEN**

| | |
|---|---|
| Kaliber: | 9 mm Para oder .45 ACP |
| Magazin: | herausnehmbares Magazin |
| Kapazität: | 9 mm: 25 Patronen; .45: 16 Patronen |
| Magazinhalteknopf: | unten am Pistolengriff |
| System: | Selbstladewaffe (Rückstoßlader) |
| Verschlussbedienung: | Spanngriff |
| Feuerarten: | halb- und vollautomatisch |
| Verriegelung: | reiner Masseverschluss |
| Gesamtlänge: | 80 cm mit ausgeklapptem Schaft (9 mm; .45: 65 cm); 61 cm mit eingeklapptem Schaft (9 mm; .45: 47 cm) |
| Lauflänge: | 41 cm |
| Gesamtgewicht: | 3,8 kg (9 mm; .45: 3,5 kg) |
| Visierung: | Klappdioptervisier, höhenverstellbar (100 und 200 m); Korn, seitenverstellbar |
| Sicherung: | Griffstücksicherung, kombinierter Sicherungs- und Feuerwahlschieber |
| Schaft: | Klapp-Stahlskelettschaft mit schwarzem Kunststoffpistolengriff und Handschutz |

*I.M.I. Uzi Carbine*

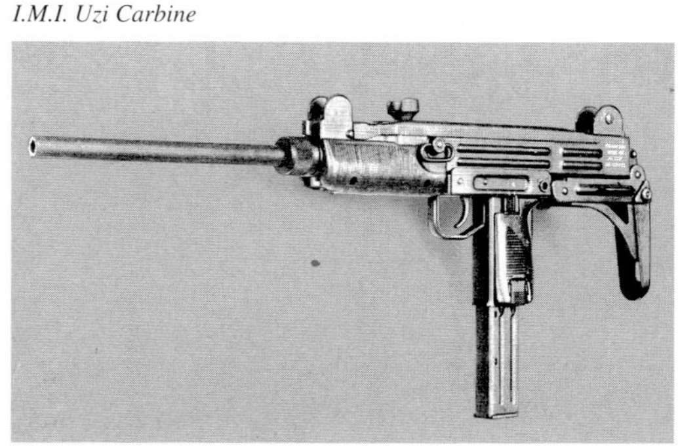

*I.M.I. Uzi Micro*

*I.M.I. Uzi Mini*

**BESONDERHEITEN**

Mattschwarze Oberfläche; speziell für die Polizei entwickelte Karabinerversion.

## *I.M.I. Uzi Micro*

**TECHNISCHE DATEN**

| | |
|---|---|
| Kaliber: | 9 mm Para |
| Magazin: | herausnehmbares Magazin |
| Kapazität: | 20 oder 25 Patronen |
| Magazinhalteknopf: | unten am Pistolengriff |
| System: | Selbstladewaffe (Rückstoßlader) |
| Verschlussbedienung: | Spanngriff |
| Feuerarten: | halb- und vollautomatisch |
| Verriegelung: | reiner Masseverschluss |
| Gesamtlänge: | 48,6 cm mit ausgeklapptem Schaft; 28,2 cm mit eingeklapptem Schaft |
| Lauflänge: | 13,4 cm |
| Gesamtgewicht: | 2 kg |
| Visierung: | Klappdioptervisier, höhenverstellbar; Korn, seitenverstellbar |
| Sicherung: | Griffstücksicherung, kombinierter Sicherungs- und Feuerwahlschieber |
| Schaft: | Klapp-Stahlskelettschaft mit schwarzem Kunststoffpistolengriff und Handschutz |

**BESONDERHEITEN**

Mattschwarze Oberfläche. Die Waffe verfügt über Kompensatorbohrungen an der Laufmündung, um das Hochwandern der Laufes bei Dauerfeuer zu mildern.

## *I.M.I. Uzi Mini*

**TECHNISCHE DATEN**

| | |
|---|---|
| Kaliber: | 9 mm Para |
| Magazin: | herausnehmbares Magazin |
| Kapazität: | 20 oder 25 Patronen |
| Magazinhalteknopf: | unten am Pistolengriff |
| System: | Selbstladewaffe (Rückstoßlader) |
| Verschlussbedienung: | Spanngriff |
| Feuerarten: | halb- und vollautomatisch |
| Verriegelung: | reiner Masseverschluss |
| Gesamtlänge: | 60 cm mit ausgeklapptem Schaft; 36 cm mit eingeklapptem Schaft |
| Lauflänge: | 19,7 cm |
| Gesamtgewicht: | 2,65 kg |
| Visierung: | Klappdioptervisier, höhenverstellbar; Korn, seitenverstellbar |
| Sicherung: | Griffstücksicherung, kombinierter Sicherungs- und Feuerwahlschieber |
| Schaft: | Klapp-Stahlskelettschaft mit schwarzem Kunststoffpistolengriff und Handschutz |

**BESONDERHEITEN**

Mattschwarze Oberfläche. Die Waffe verfügt über Kompensatorbohrungen an der Laufmündung um das Hochwandern der Laufes bei Dauerfeuer zu mildern. Die abgebildete Version ist mit Schalldämpfer und Zieloptik ausgestattet.

*I.M.I. Uzi Mini*

*I.M.I. Uzi Pistol*

## *I.M.I. Uzi Pistol*

**TECHNISCHE DATEN**

| | |
|---|---|
| Kaliber: | 9 mm Para |
| Magazin: | herausnehmbares Magazin |
| Kapazität: | 20 oder 25 Patronen |
| Magazinhalteknopf: | unten am Pistolengriff |
| System: | Selbstladewaffe (Rückstoßlader) |
| Verschlussbedienung: | Spanngriff |
| Feuerarten: | halbautomatisch |
| Verriegelung: | reiner Masseverschluss |
| Gesamtlänge: | 24 cm |
| Lauflänge: | 11,5 cm |
| Gesamtgewicht: | 1,7 kg |
| Visierung: | Klappdioptervisier, höhenverstellbar; Korn, seitenverstellbar |
| Sicherung: | Griffstücksicherung, kombinierter Sicherungs- und Feuerwahlschieber |
| Schaft: | Klapp-Stahlskelettschaft mit schwarzem Kunststoffpistolengriff und Handschutz |

**BESONDERHEITEN**

Mattschwarze Oberfläche.

# Imperator

Die Großhandelsfirma WISCHO Jagd- und Sportwaffen GmbH aus Erlangen, unter anderem Importeur von Smith & Wesson-Waffen, vertreibt die verschiedensten europäischen und deutschen Schusswaffen. Zusätzlich zu den regulären Modellen der Zulieferfirmen bietet WISCHO, teilweise unter eigenem Markennamen, exklusiv für die Firma hergestellte abgeänderte Versionen verschiedener Langwaffen an, etwa die Imperator-Flinten. Diese werden vornehmlich von Fabarm in Italien hergestellt.

*Imperator-Logo*

## *Imperator Modell SDASS Magnum*

**TECHNISCHE DATEN**

| | |
|---|---|
| Kaliber: | 12/76 |
| Magazin: | Röhrenmagazin |
| Kapazität: | 8 Patronen |
| Magazinhalteknopf: | entfällt |
| System: | Repetierflinte |
| Verschlussbedienung: | Vorderschaft |
| Feuerarten: | Einzelfeuer |
| Verriegelung: | Rotationskammerverschluss |
| Gesamtlänge: | 105 cm |
| Lauflänge: | 50 cm |
| Gesamtgewicht: | 2,9 kg |
| Visierung: | Flintenkorn |
| Sicherung: | Druckknopfsicherung hinten am Abzugsbügel |
| Schaft: | Hartholz, mit Pistolengriff |

**BESONDERHEITEN**

Mattschwarzer Oberflächenüberzug.

*Imperator Modell SDASS Magnum*

*Imperator Modell SDASS Police Combat-Special*

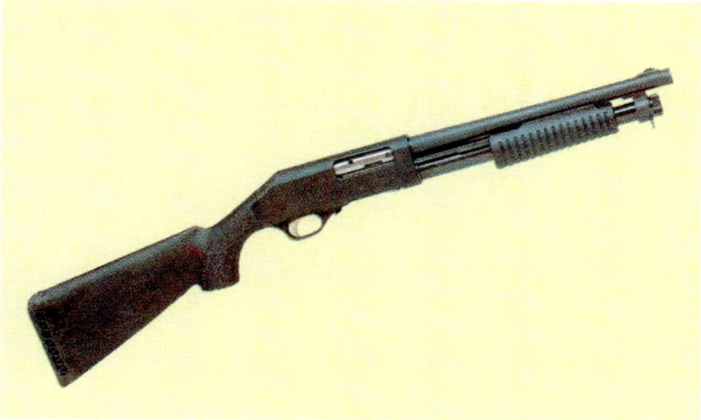

## *Imperator Modell SDASS Police Combat-Special*

**TECHNISCHE DATEN**

| | |
|---|---|
| Kaliber: | 12/76 |
| Magazin: | Röhrenmagazin |
| Kapazität: | 6 Patronen |
| Magazinhalteknopf: | entfällt |
| System: | Repetierflinte |
| Verschlussbedienung: | Vorderschaft |
| Feuerarten: | Einzelfeuer |
| Verriegelung: | Rotationskammerverschluss |
| Gesamtlänge: | 90,8 cm |
| Lauflänge: | 36 cm |
| Gesamtgewicht: | 2,7 kg |
| Visierung: | Flintenkorn |
| Sicherung: | Druckknopfsicherung hinten am Abzugsbügel |
| Schaft: | Kunststoff, mit Pistolengriff |

**BESONDERHEITEN**

Mattschwarzer Oberflächenüberzug.

## *Imperator Modell SDASS Police Magnum*

**TECHNISCHE DATEN**

| | |
|---|---|
| Kaliber: | 12/76 |
| Magazin: | Röhrenmagazin |
| Kapazität: | 8 Patronen |
| Magazinhalteknopf: | entfällt |
| System: | Repetierflinte |
| Verschlussbedienung: | Vorderschaft |
| Feuerarten: | Einzelfeuer |
| Verriegelung: | Rotationskammerverschluss |
| Gesamtlänge: | 105 cm |
| Lauflänge: | 50 cm |
| Gesamtgewicht: | 3,1 kg |
| Visierung: | ventilierte Laufschiene, Flintenkorn |
| Sicherung: | Druckknopfsicherung hinten am Abzugsbügel |
| Schaft: | Hartholz, mit Pistolengriff |

**BESONDERHEITEN**

Mattschwarzer Oberflächenüberzug.

*Imperator Modell SDASS Police Magnum*

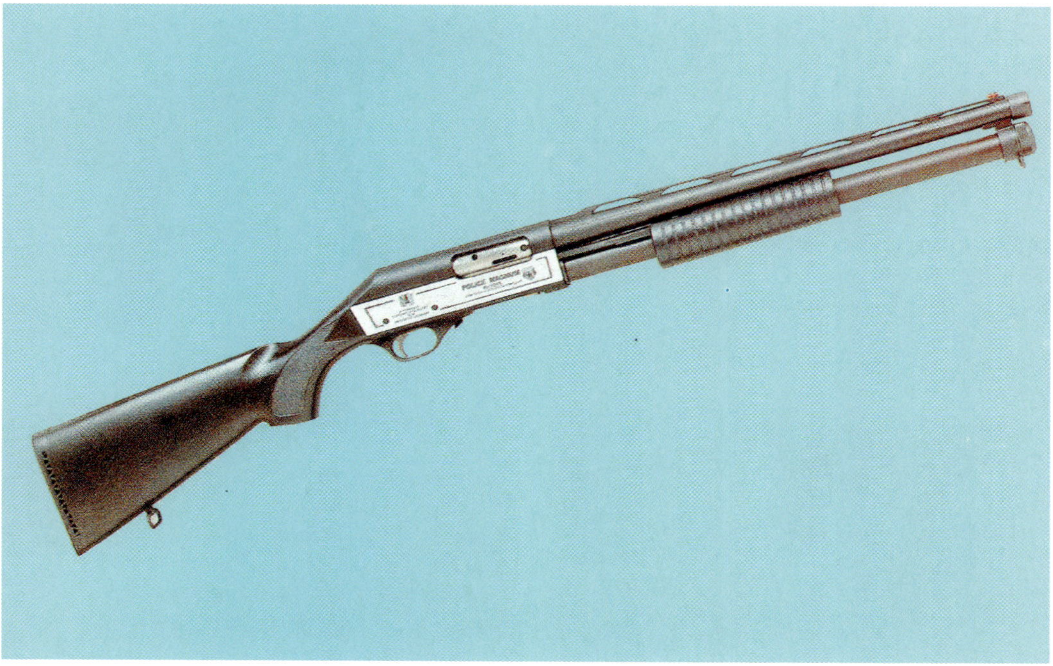

# ITM Tool And Die

*ITM Tool And Die-Logo*

PRODUCTION DESIGN & DEVELOPMENT PROTOTYPES
BUILD- DIES, FIXTURES, JIGS, TOOLING
GENERAL MACHINING AND PRECISION STAMPINGS

**ITM Tool And Die**
**5416 Detroit Avenue**
**Cleveland, ohio 44102**

JOHN MIHAITA
Owner

Phone (216) 631-3572
Fax (216) 631-1220

Die amerikanische ITM Tool And Die Company hat ihren Sitz in Cleveland, Ohio. Die Firma hat sich auf die Entwicklung von Prototypen für die Waffenindustrie spezialisiert. Zudem fertigt das Unternehmen Wiederladekomponenten für die unterschiedlichsten Patronen sowie Industriewerkzeuge und Geräte zur Werkzeugherstellung.
ITM ist derzeit in die Entwicklung von verschiedenen militärischen Maschinenpistolen mit eingebunden. Einige dieser Prototypen weisen ein zweifaches Patronenzuführungssystem und sogar eine Doppellaufkonstruktion auf. Der Auftrag für Entwicklungen militärischer Prototypen wird in den USA nur speziellen Herstellerfirmen übertragen. Die Firma ITM musste sich diesbezüglich in unterschiedlichen Testverfahren der U.S. Army bewähren. Die Waffen sind, wenn sie serienreif sind, dann auch nur für den Gebrauch bei militärischen und polizeilichen Einheiten vorgesehen.

## *ITM Model 1 Dual-Barrel (Prototyp)*

**TECHNISCHE DATEN**

| | |
|---|---|
| Kaliber: | 9 mm Para |
| Magazin: | 2 herausnehmbare Magazine |
| Kapazität: | nach Wahl |
| Magazinhalteknopf: | hinter dem Magazinschacht |
| System: | Selbstladewaffe (Rückstoßlader) |
| Verschlussbedienung: | 2 Spanngriffe |
| Feuerarten: | halb- und vollautomatisch |
| Verriegelung: | reiner Masseverschluss |
| Gesamtlänge: | 76,2 cm mit ausgeklapptem Schaft; 48,3 cm mit eingeklapptem Schaft |
| Lauflänge: | 25,4 cm (oberer Lauf); 15,2 cm (unterer Lauf) |
| Gesamtgewicht: | 2,9 kg |
| Visierung: | verstellbares Büchsenvisier, Ringkorn mit selbstleuchtenden Einlagen; spezielle Optikmontage |
| Sicherung: | Sicherungshebel vorne im Abzugsbügel; automatische Zündstiftsicherung |
| Schaft: | Stahlskelettschaft |

*ITM Model 1 Dual-Barrel (Prototyp)*

**BESONDERHEITEN**

Doppelläufige Maschinenpistole; kombinierter Feuer- und Laufwahlhebel (oberer/unterer Lauf/beide Läufe gleichzeitig). Spezieller Mündungsfeuer- und Rückstoßdämpfer; separater Spanngriff für jedes Laufsystem; oberer, langer Lauf auf Präzision ausgelegt; aufschießender Verschluss. Entwicklung für spezielle Eingreiftruppen. Theoretische Feuerkadenz: 800 Schuss pro Minute.

*ITM Model 1 Dual-Barrel (Prototyp)*

## *ITM Model 2 Dual-Barrel (Prototyp)*

**TECHNISCHE DATEN**

| | |
|---|---|
| Kaliber: | 9 mm Para |
| Magazin: | 2 herausnehmbare Magazine |
| Kapazität: | nach Wahl |
| Magazinhalteknopf: | hinter dem Magazinschacht |
| System: | Selbstladewaffe (Rückstoßlader) |
| Verschlussbedienung: | 2 Spanngriffe |

*ITM Model 2 Dual-Barrel (Prototyp)*

| | |
|---|---|
| Feuerarten: | halb- und vollautomatisch |
| Verriegelung: | reiner Masseverschluss |
| Gesamtlänge: | 76,2 cm mit ausgeklapptem Schaft; 48,3 cm mit eingeklapptem Schaft |
| Lauflänge: | 32,4 cm (oberer Lauf); 14,6 cm (unterer Lauf) |
| Gesamtgewicht: | 2,9 kg |
| Visierung: | verstellbares Büchsenvisier, Ringkorn mit selbstleuchtenden Einlagen; spezielle Optikmontage |
| Sicherung: | Sicherungshebel vorne im Abzugsbügel; automatische Zündstiftsicherung |
| Schaft: | Stahlskelettschaft |

### BESONDERHEITEN

Doppelläufige Maschinenpistole; beide Läufe mit Gewinden zum Aufschrauben von Schall- und Mündungsfeuerdämpfern; kombinierter Feuer- und Laufwahlhebel (oberer/unterer Lauf/beide Läufe gleichzeitig). Spezieller Mündungsfeuer- und Rückstoßdämpfer; separater Spanngriff für jedes Laufsystem; oberer, langer Lauf auf Präzision ausgelegt; aufschießender Verschluss. Entwicklung für spezielle Eingreiftruppen. Theoretische Feuerkadenz: 800 Schuss pro Minute.

*ITM Model 2 Dual-Barrel (Prototyp)*

*ITM Model 3 Dual-Barrel (Prototyp)*

## *ITM Model 3 Dual-Barrel (Prototyp)*

### TECHNISCHE DATEN

| | |
|---|---|
| Kaliber: | .308 Win. und 9 mm Para |
| Magazin: | herausnehmbares Stangenmagazin für 9 mm, Trommelmagazin für .308 |
| Kapazität: | nach Wahl |
| Magazinhalteknopf: | hinter dem Magazinschacht |
| System: | Selbstladewaffe (oberes System: Gasdrucklader; unteres: Rückstoßlader) |
| Verschlussbedienung: | 2 Spanngriffe |
| Feuerarten: | halb- und vollautomatisch |
| Verriegelung: | reiner Masseverschluss |
| Gesamtlänge: | 91,4 cm mit ausgeklapptem Schaft; 68,6 cm mit eingeklapptem Schaft |
| Lauflänge: | 40,6 cm (oberer Lauf, .308); 20,3 cm (unterer Lauf, 9 mm) |
| Gesamtgewicht: | 4,4 kg |
| Visierung: | verstellbares Büchsenvisier, Ringkorn mit selbstleuchtenden Einlagen; spezielle Optikmontage |
| Sicherung: | Sicherungshebel vorne im Abzugsbügel; automatische Zündstiftsicherung |
| Schaft: | Stahlskelettschaft |

### BESONDERHEITEN

Doppelläufige Maschinenpistole mit 2 unterschiedlichen Kalibern; spezielle Mündungsfeuer- u. Rückstoßdämpfer an beiden Läufen; separater Spanngriff für jedes Laufsystem; kombinierter Feuer- und Laufwahlhebel (oberer/unterer Lauf/beide Läufe gleichzeitig); oberer, langer Lauf auf Präzision ausgelegt; aufschießender Verschluss. Entwicklung für spezielle Eingreiftruppen. Theoretische Feuerkadenz: 800 Schuss pro Minute.

*ITM Model 4 Dual-Barrel (Prototyp)*

## *ITM Model 4 Dual-Barrel (Prototyp)*

**TECHNISCHE DATEN**

| | |
|---|---|
| Kaliber: | 9 mm Para |
| Magazin: | 2 herausnehmbare Magazine |
| Kapazität: | nach Wahl |
| Magazinhalteknopf: | hinter dem Magazinschacht |
| System: | Selbstladewaffe (Rückstoßlader) |
| Verschlussbedienung: | 2 Spanngriffe |
| Feuerarten: | halb- und vollautomatisch |
| Verriegelung: | reiner Masseverschluss |
| Gesamtlänge: | 78,1 cm mit ausgeklapptem Schaft; 55,9 cm mit eingeklapptem Schaft |
| Lauflänge: | 31,1 cm (oberer Lauf); 15,9 cm (unterer Lauf) |
| Gesamtgewicht: | 3,6 kg |
| Visierung: | verstellbares Büchsenvisier, Ringkorn mit selbstleuchtenden Einlagen; spezielle Optikmontage |
| Sicherung: | kombinierter Sicherungs-, Feuer- und Laufwahlhebel (oberer/unterer Lauf/beide Läufe gleichzeitig) |
| Schaft: | Stahlskelettschaft |

**BESONDERHEITEN**

Doppelläufige Maschinenpistole; spezielle Mündungsfeuer- u. Rückstoßdämpfer an beiden Läufen; separater Spanngriff für jedes Laufsystem; oberer, langer Lauf auf Präzision ausgelegt; aufschießender Verschluss. Entwicklung für spezielle Eingreiftruppen. Theoretische Feuerkadenz: 800 Schuss pro Minute.

## *ITM Model 5 (Prototyp)*

**TECHNISCHE DATEN**

| | |
|---|---|
| Kaliber: | .308 Win. |
| Magazin: | herausnehmbares Stangen- oder Trommelmagazin |
| Kapazität: | 14 oder 30 Patronen; Trommel: 125 Patronen |
| Magazinhalteknopf: | rechts, über dem Magazinschacht |

*ITM Model 5 (Prototyp)*

*ITM Model 5 (Prototyp)*

| | |
|---|---|
| System: | Selbstladewaffe (Gasdrucklader) |
| Verschlussbedienung: | Spanngriff |
| Feuerarten: | halb- und vollautomatisch |
| Verriegelung: | Rotationskammerverschluss |
| Gesamtlänge: | 71,8 cm mit ausgeklapptem Schaft; 43,2 cm mit eingeklapptem Schaft |
| Lauflänge: | 22,9 cm |
| Gesamtgewicht: | 2,4 kg |
| Visierung: | verstellbares Büchsenvisier, Ringkorn mit selbstleuchtenden Einlagen; spezielle Optikmontage |
| Sicherung: | kombinierter Sicherungs- und Feuerwahlhebel |
| Schaft: | Stahlskelettschaft |

### BESONDERHEITEN

Großkalibrige Maschinenpistole; spezielle Mündungsfeuer- und Rückstoßdämpfer; aufschießender Verschluss. Theoretische Feuerkadenz: 600 Schuss pro Minute.

## ITM Model 6 (Prototyp)

### TECHNISCHE DATEN

| | |
|---|---|
| Kaliber: | 9 mm Para |
| Magazin: | herausnehmbares Magazin |
| Kapazität: | nach Wahl |
| Magazinhalteknopf: | rechts, über dem Magazinschacht |
| System: | Selbstladewaffe (Rückstoßlader) |
| Verschlussbedienung: | Spanngriff |
| Feuerarten: | halb- und vollautomatisch |
| Verriegelung: | reiner Masseverschluss |
| Gesamtlänge: | 60 cm mit ausgeklapptem Schaft; 38,1 cm mit eingeklapptem Schaft |
| Lauflänge: | 16,5 cm |
| Gesamtgewicht: | 2,3 kg |
| Visierung: | verstellbares Büchsenvisier, Ringkorn mit selbstleuchtenden Einlagen; spezielle Optikmontage |
| Sicherung: | kombinierter Sicherungs- und Feuerwahlhebel |
| Schaft: | Stahlskelettschaft |

*ITM Model 6 (Prototyp)*

### BESONDERHEITEN

Lauf mit Gewinde zum Aufschrauben von speziellem Mündungsfeuer- und Rückstoßdämpfer; aufschießender Verschluss. Theoretische Feuerkadenz: 600 Schuss pro Minute.

*ITM Model 6 (Prototyp)*

# Johnson

Die halbautomatische Johnson-Büchse wurde von Melvin Johnson entwickelt, der Offizier in der U.S. Marine Corps-Reserve war. Zwischen 1937 und 1939 wurden von den Firmen Marlin und Taft-Pierce Armament verschiedene Prototypen des Johnson-Selbstladers gefertigt. 1938 und 1939 wurden diese in Fort Benning getestet. Gleichzeitig testete man dort auch den M1 Garand-Selbstlader, für dessen Einführung sich die U.S. Army noch mehr interessiert hatte. Das Johnson-Gewehr wurde tatsächlich nicht als die neue amerikanische Standardbewaffnung ausgewählt. Melvin Johnson beschloss, seine Waffen in einem eigenen Unternehmen, der Johnson Automatics Manufacturing Company in Cranston, Rhode Island, für den Zivilmarkt zu fertigen. Da die Produktion des vorgezogenen Garand M1 1941 noch nicht ins Laufen gekommen war, konnte Johnson dann schließlich doch noch einige Tausend seiner Gewehre an die amerikanischen Streitkräfte verkaufen. Diese Waffen wurden unter dem Namen M1941 beim U.S. Marine Corps eingeführt und von dessen O.S.S.-Einheiten geführt. Auf Vermittlung der US-Regierung kam es Ende 1940 zu einem Vertrag zwischen Johnson und der holländischen Regierung, die damals im Londoner Exil residierte.
Johnsons M1941 sollte als Standardwaffe bei der königlich-niederländischen Indien-Armee eingeführt werden. Als die heutige Indonesische Republik 1942 von den Japanern besetzt wurde, musste Johnson die Lieferung seiner Gewehre einstellen. Das M1941 war für die Verwendung der Patrone .30-06 Springfield eingerichtet, dennoch wurden einige hundert dieser Waffen aber auch im Kaliber 7 x 57 mm Mauser hergestellt und so an Chile verkauft.

*Johnson M1941*

*Detailansicht*

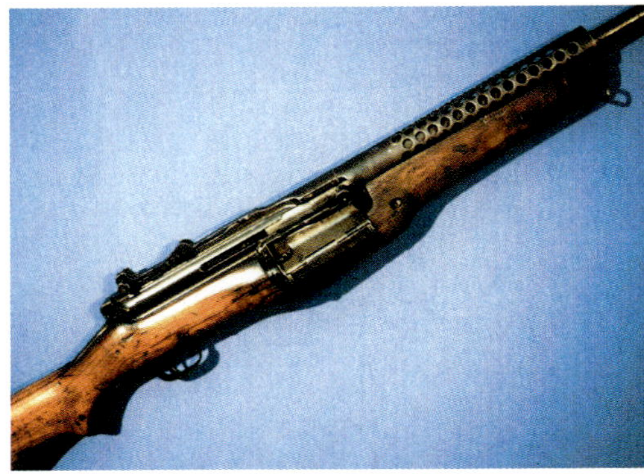

Die U.S. Marines verwendeten das Gewehr bis nach 1945; die Waffe versah klaglos ihren Dienst bei sämtlichen Marines-Einsätze im Fernen Osten und in Europa. Das System des M1941 ist für Militärbüchsen unüblich, denn nach der Abgabe des Schusses treibt der Rückstoß der Waffe deren Lauf zurück und entriegelt dadurch den Verschluss. Das Gewehr ist deshalb nicht wie bei militärischen Handfeuerwaffen üblich ein Gasdrucklader. Auch fällt das feste, inwendige Trommelmagazin des Johnson M1941 auf; es gab allerdings auch einige Varianten mit herausnehmbaren Stangenmagazinen. Insgesamt wurden vom M1941 schätzungsweise etwa 70000 Stück produziert.

## *Johnson M1941*

**TECHNISCHE DATEN**

| | |
|---|---|
| Kaliber: | .30-06 |
| Magazin: | fest |
| Kapazität: | 10 Patronen |
| Magazinhalteknopf: | entfällt |
| System: | Selbstladewaffe (Rückstoßlader) |
| Verschlussbedienung: | Spanngriff |
| Feuerarten: | halbautomatisch |
| Verriegelung: | Rotationskammerverschluss mit 8 Verriegelungswarzen |
| Gesamtlänge: | 115,6 cm |
| Lauflänge: | 55,8 cm |
| Gesamtgewicht: | 4,3 kg |
| Visierung: | Dioptervisier |
| Sicherung: | Sicherung vorne im Abzugsbügel |
| Schaft: | Schaft aus Holz, Handschutz aus Blechprägeteil |

**BESONDERHEITEN**

Das Trommelmagazin kann mit 5-Schuss-Clips geladen werden. Die Produktion dieser Waffe wurde 1945 eingestellt.

# K k

## KBI

Die Firma KBI aus Harrisburg im US-Staat Pennsylvania, hat den nordamerikanischen Generalvertrieb für Armscor-Waffen sowie für in Ungarn von Feg hergestellte halbautomatische AK-47-Selbstladebüchsen. KBI importiert auch das russische Dragunov-Scharfschützengewehr. Die Dragunov-Büchse wird in den USA mit einer Vielzahl von Zubehör ausgeliefert, etwa dem PSO-4x-Zielfernrohr, einem Zielfernrohrfutteral, vier Magazinen, einer Patronentasche, einem Reinigungsset und einem zugehörigen Original-Bajonett. Die Waffe wird in Russland offiziell als Snayperskaya Vintovka Dragunova (SVD) bezeichnet, sie wurde von Jewgeni Fjodorowits Dragunov entwickelt und 1963 in der Sowjet-Armee eingeführt. Kurz danach wurde das Dragunov-Scharfschützengewehr auch in den anderen Warschauer Pakt-Staaten eingeführt und ersetzte damit das alte Mosin-Nagant M1891/30 aus den Zeiten des Zweiten Weltkrieges. Das System des Dragunov ist vom AK-47 Kalashnikov abgeleitet. Zwar ist das Dragunov zur Verwendung mit einem Zielfernrohr konzipiert, ist aber auch noch mit einem normalen Schiebevisier ausgestattet. Inzwischen wird die Waffe auch in China hergestellt und unter dem Namen NDM-86 von der chinesischen Firma Norinco in alle Welt exportiert. Zudem bauen einige weitere ehemalige Ostblockländer die Waffe in Lizenz.

*KBI-Logo*

*KBI/Armscor Special Purpose Model M-30 DG*

Die Combat-Flinten der auf den Philippinen beheimateten Firma Armscor sind wegen ihrer Qualität und ihres günstigen Preises bekannt. Das Modell M30 SAS basiert auf der Regiment's Riot Gun, die vom legendären britischen Special Air Service SAS eingesetzt wird. Armscor stellt zudem Colt M16- und AK-47-Nachbauten im Kaliber .22 l.r. her.

### *KBI/Armscor Special Purpose Model M-30 DG*

**TECHNISCHE DATEN**

| | |
|---|---|
| Kaliber: | 12/76 |
| Magazin: | Röhrenmagazin |
| Kapazität: | 7 Patronen |
| Magazinhalteknopf: | entfällt |
| System: | Repetierflinte |
| Verschlussbedienung: | Vorderschaft |
| Feuerarten: | Einzelfeuer |
| Verriegelung: | Verriegelungswarzen |
| Gesamtlänge: | 99,7 cm |
| Lauflänge: | 50,8 cm (Zylinderchoke) |
| Gesamtgewicht: | 3,4 kg |
| Visierung: | verstellbares Büchsenvisier |
| Sicherung: | Druckknopfsicherung vorne am Abzugsbügel |
| Schaft: | Hartholz |

**BESONDERHEITEN**

Brünierter Systemkasten, Röhrenmagazin und Lauf brüniert; verstellbares Büchsenvisier, speziell zum präzisen Verschießen von Flintenlaufgeschossen.

### *KBI/Armscor Riot Gun Model M-30 R6*

**TECHNISCHE DATEN**

| | |
|---|---|
| Kaliber: | 12/76 |
| Magazin: | Röhrenmagazin |

*KBI/Armscor Riot Gun Model M-30 R6*

| | |
|---|---|
| Kapazität: | 5 Patronen |
| Magazinhalteknopf: | entfällt |
| System: | Repetierflinte |
| Verschlussbedienung: | Vorderschaft |
| Feuerarten: | Einzelfeuer |
| Verriegelung: | Verriegelungswarzen |
| Gesamtlänge: | 95,9 cm |
| Lauflänge: | 47 cm (Zylinderchoke) |
| Gesamtgewicht: | 3,2 kg |
| Visierung: | Flintenkorn |
| Sicherung: | Druckknopfsicherung vorne am Abzugsbügel |
| Schaft: | Hartholz |

**BESONDERHEITEN**

Brünierter Systemkasten, Röhrenmagazin und Lauf brüniert. Auf der Abbildung ist oben das Modell M-30 R8 und unten das Modell M-30 R6 zu sehen.

## *KBI/Armscor Riot Gun Model M-30 R8*

**TECHNISCHE DATEN**

| | |
|---|---|
| Kaliber: | 12/76 |
| Magazin: | Röhrenmagazin |
| Kapazität: | 7 Patronen |
| Magazinhalteknopf: | entfällt |
| System: | Repetierflinte |
| Verschlussbedienung: | Vorderschaft |
| Feuerarten: | Einzelfeuer |
| Verriegelung: | Verriegelungswarzen |
| Gesamtlänge: | 99,7 cm |
| Lauflänge: | 50,8 cm (Zylinderchoke) |
| Gesamtgewicht: | 3,3 kg |
| Visierung: | Flintenkorn |
| Sicherung: | Druckknopfsicherung vorne am Abzugsbügel |
| Schaft: | Hartholz |

*KBI/Armscor Riot Gun Model M-30 R8*

**BESONDERHEITEN**

Brünierter Systemkasten, Röhrenmagazin und Lauf brüniert.

## *KBI/Armscor Special Purpose Model M-30 SAS*

**TECHNISCHE DATEN**

| | |
|---|---|
| Kaliber: | 12/76 |
| Magazin: | Röhrenmagazin |
| Kapazität: | 7 Patronen + 4 weitere im Schnellllademagazin im Schaft |
| Magazinhalteknopf: | entfällt |
| System: | Repetierflinte |
| Verschlussbedienung: | Vorderschaft |
| Feuerarten: | Einzelfeuer |
| Verriegelung: | Verriegelungswarzen |
| Gesamtlänge: | 99,7 cm |
| Lauflänge: | 50,8 cm (Zylinderchoke) |
| Gesamtgewicht: | 3,4 kg |
| Visierung: | Flintenkorn |
| Sicherung: | Druckknopfsicherung vorne am Abzugsbügel |
| Schaft: | Hartholz |

**BESONDERHEITEN**

Mattschwarz parkerisiert; spezielles Schnelllade-Röhrenmagazin für 4 zusätzliche Patronen im Hinterschaft. Die Waffe basiert auf der britischen SAS Riot Gun.

*KBI/Armscor Special Purpose Model M-30 SAS*

*KBI/Tula Dragunov Model SVD*

## *KBI/Tula Dragunov Model SVD*

**TECHNISCHE DATEN**

| | |
|---|---|
| Kaliber: | 7,62 x 54R |
| Magazin: | herausnehmbares Magazin |
| Kapazität: | 10 Patronen |
| Magazinhalteknopf: | hinter dem Magazinschacht |
| System: | Selbstladewaffe (Gasdrucklader) |
| Verschlussbedienung: | Spanngriff |
| Feuerarten: | halbautomatisch (Einzelfeuer) |
| Verriegelung: | Drehkammerverschluss |
| Gesamtlänge: | 122,6 cm |
| Lauflänge: | 68,6 cm |
| Gesamtgewicht: | 3,5 kg |
| Visierung: | verstellbares Schiebevisier; spezielles Zielfernrohr (PSO) mit beleuchtetem Absehen und Infrarot-Detektor |
| Sicherung: | auf der rechten Seite des Systemkastens |
| Schaft: | Schichtholz-Skelettschaft mit Pistolengriff |

**BESONDERHEITEN**

Mattschwarze Obefläche; abnehmbare Schaftbacke.

# Kel-Tec

1995 brachte die amerikanische Firma Kel-Tec CNC Industries Inc. aus Cocoa in Florida mit ihrer P-11 eine Double Action Only-Pistole im Kaliber 9 mm Para auf den Markt. Bei der Waffe handelt es sich um die bisher kleinste und leichteste Selbstladepistole im Kaliber 9 mm Para. Sie wiegt lediglich 400 Gramm und hat ein Gesamtlänge von nur 140 mm. Das computerunterstützt entstandene Design der Waffe ist ganz auf unauffälliges, verdecktes Tragen durch polizeiliche und auch militärische Kriminalbeamte ausgerichtet. Wenige Jahre später entwickelte Kel-Tec eine weitere, besonders kompakte Waffen, den „Klapp-Karabiner“ Sub-9, Kaliber 9 mm Para (Luger). Auch bei dieser Schulterwaffe ist lediglich Lauf, Schlitten, Schlagbolzen und Auszieher aus Stahl und 7075-T6-Flugzeugalumium. Wie in der P-11 kann man auch im Kel-Tec-Karabiner die großen 9 mm Para-S&W-Dienstpistolenmagazine verwenden. Das Dioptervisier des Karabiners ist zwar nicht verstellbar, dafür kann aber das Korn der Waffe verstellt werden.

*Kel-Tec-Logo*

## *Kel-Tec Sub-9 Carbine*

**TECHNISCHE DATEN**

| | |
|---|---|
| Kaliber: | 9 mm Para |
| Magazin: | herausnehmbar |
| Kapazität: | 10 oder 33 Patronen |
| Magazinhalteknopf: | beidseitig, hinter dem Abzugsbügel |
| System: | Selbstladewaffe (Rückstoßlader) |

*Kel-Tec Sub-9 Carbine*

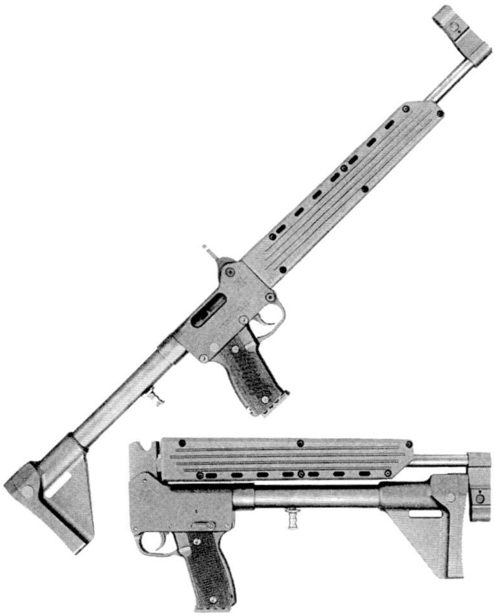

| | |
|---|---|
| Verschlussbedienung: | Spanngriff, beiseitig |
| Feuerarten: | halbautomatisch |
| Verriegelung: | reiner Masseverschluss |
| Gesamtlänge: | 76,2 cm |
| Lauflänge: | 40,9 cm |
| Gesamtgewicht: | 2,1 kg |
| Visierung: | Klappdioptervisier, Ringkorn, verstellbar |
| Sicherung: | Sicherungshebel links am Systemkasten, blockiert Abzug, Abzugsstange und Schlaghahn |
| Schaft: | Stahl-Klappskelettschaft, Handgriff und Vorderschaft aus Kunststoff |

**BESONDERHEITEN**

In der Waffe sind fast alle Smith & Wesson-Pistolenmagazine verwendbar. Mit eingeklapptem Schaft hat die Waffe eine Gesamtlänge von lediglich 40,4 cm.

# Keppeler

Die Firma Keppeler & Fritz wurde von Dieter Keppeler gegründet und hat ihren Sitz in Fichtenberg, in Bayern.

Der Deutsche Keppeler ist als einer der wenigen echten, deutschen „Custom"-Büchsenmacher Europas zu bezeichnen. Die Firma Keppeler entwickelte

*Keppeler-Logo*

zwei spezielle Gewehrkompensatorsysteme, die den Waffenrückstoß erheblich mindern. Keppeler-Waffen haben den Ruf, hochpräzise zu sein. Treffergruppen mit Fabrikmunition (.338 Lapua Mag.) von drei Schuss auf 300 Meter mit einem Durchmesser von lediglich 70 Millimeter sind für Keppeler-Büchsen keine Besonderheit. 1995 entwickelte Keppeler eine spezielle Scharfschützenbüchse mit einem so genanntem Bullpup-Schaft. Eine der Besonderheiten dieser Repetierbüchse ist deshalb, dass ihr System, und damit auch ihr Magazin, im Hinterschaft untergebracht ist, was die Waffe besonders kurz und führig macht.

## *Keppeler KS III Bullpup Scharfschützenbüchse*

**TECHNISCHE DATEN**

| | |
|---|---|
| Kaliber: | .308 Win., .300 Win.Mag., .338 Lapua Mag. |
| Magazin: | fest |
| Kapazität: | 3 oder 5 Patronen |
| Magazinhalteknopf: | entfällt |
| System: | Repetierbüchse |
| Verschlussbedienung: | Kammerstängel |
| Feuerarten: | Einzelfeuer |
| Verriegelung: | 7 Verriegelungswarzen |
| Gesamtlänge: | 110 cm |
| Lauflänge: | 65 cm, inkl. Mündungsfeuerdämpfer |
| Gesamtgewicht: | 5 kg, ohne Zielfernrohr |
| Visierung: | ohne; vorbereitet für Zielfernrohrmontage |
| Sicherung: | Sicherung rechts am Gehäuse hinter dem Pistolengriff; Fallsicherung |
| Schaft: | spezieller Skelettschaft |

*Keppeler KS III Bullpup Scharfschützenbüchse*

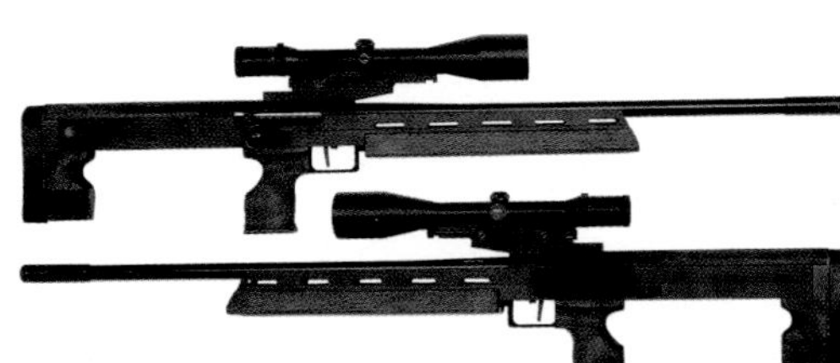

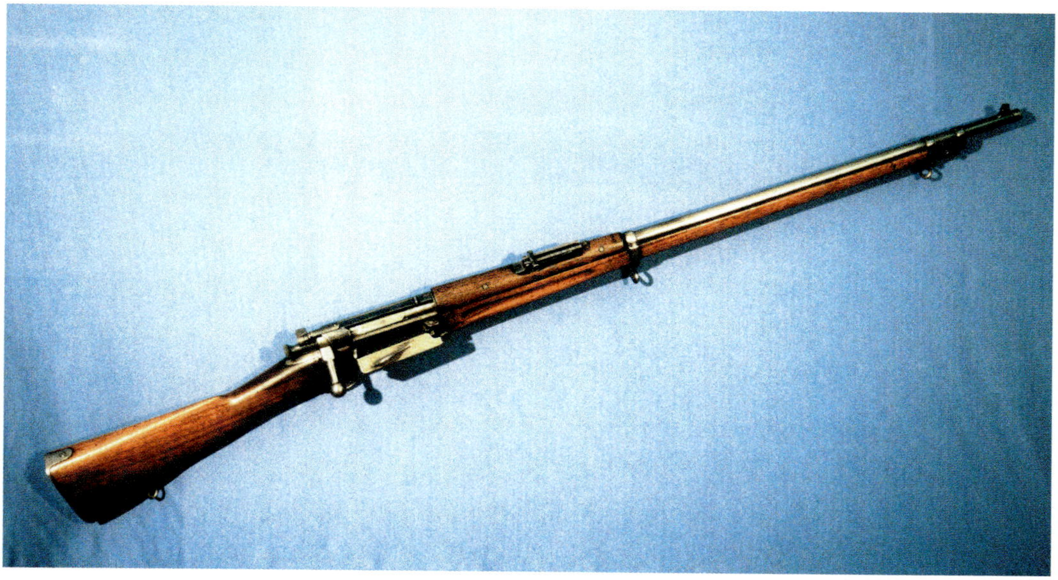

**BESONDERHEITEN**

Matt brüniert; an der Unterseite des Vorderschaftes kann ein Zweibein montiert werden.

# Krag-Jorgensen

Die Krag-Jorgensen-Büchse wurde um 1885 von Ole Krag und Erik Jorgensen entwickelt. Krag war Hauptmann der norwegischen Armee und Jorgensen Waffeningenieur beim Staats-Waffenarsenal von Norwegen.

1889 wurde die Waffe im Kaliber 8 x 58 mm R bei der dänischen Armee eingeführt. Die Vereinigten Staaten kauften das Gewehr 1892 mit einer leicht abgeänderten Ladeöffnung auf der rechten Waffenseite. Die Öffnung beim ersten Modell hatte dafür gesorgt, dass die Patronenhülsen zu senkrecht ausgeworfen wurde. Die US-Version und später auch die Modelle, die an die norwegische Armee geliefert wurden, hatten eine Ladeöffnung, bei der die Hülse mehr waagerecht ausgeworfen und deshalb durch das Auswerfen und Anecken an der Öffnung weniger beschädigt wurden. Mit der neuen Version war auch sichergestellt, dass die Öffnung nach dem Laden der Patrone auch bereits wieder komplett geschlossen war. Die US-Version, die das Kaliber .30-40R hatte, wurde zwischen 1894 und 1897 in den USA von Springfield Armory in Springfield, Massachusetts, in Lizenz gebaut. Bei der auf dem Foto abgebildeten Krag-Jorgensen-Büchse handelt es sich um das norwegische Armeemodell, Kaliber 6,5 x 55 mm. Die Waffe wurde in dieser Art als Standardversion in großen Stückzahlen gefertigt, es gab aber auch verschiedene Karabinervarianten und zwei Scharfschützenbüchsen davon.

## *Krag-Jorgensen M1889/1894*

**TECHNISCHE DATEN**

| | |
|---|---|
| Kaliber: | 6,5 x 55 mm |
| Magazin: | fest |
| Kapazität: | 5 Patronen |
| Magazinhalteknopf: | entfällt |
| System: | Repetierbüchse |
| Verschlussbedienung: | Kammerstängel |
| Feuerarten: | Einzelfeuer |
| Verriegelung: | einzelne Verriegelungswarze vorn am Verschlusszylinder |
| Gesamtlänge: | 127 cm |
| Lauflänge: | 76 cm |
| Gesamtgewicht: | 4,1 kg |
| Visierung: | Schiebevisier |
| Sicherung: | Flügelsicherung hinten am Verschlusszylinder |
| Schaft: | Schaft und Vorderschaft aus Holz |

**BESONDERHEITEN**

Die Waffe basiert auf dem M1889 Krag-Jorgensen-Gewehr. Für Dänemark im Kaliber 8 x 58R und in den USA von Springfield im Kaliber .30-40R gefertigt.

*Krico Model 600-Sniper*

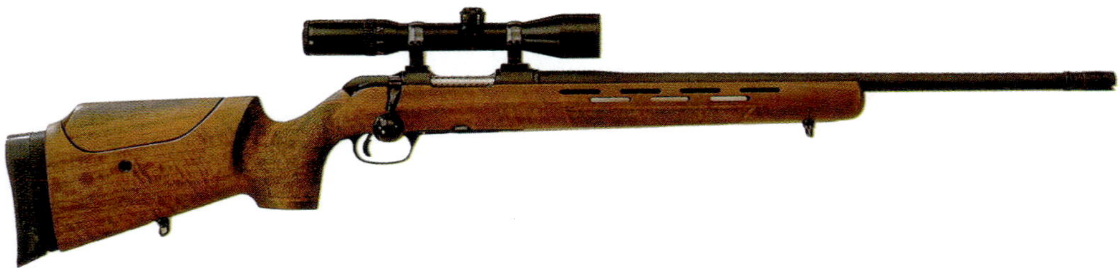

# Krico

Krico ist der Markenname der deutschen Firma A. Kriegeskorte GmbH. Die Firma hat ihren Sitz in Fürth-Stadeln bei Nürnberg. Das Unternehmen hat eine lange Geschichte, die bis ins Jahr 1878 zurückreicht, als Robert Kriegeskorte in Esslingen am Zollberg die Firma Junghans & Kriegeskorte gründete. Anfänglich handelte die Firma mit Schießpulver, Dynamit, Munition und Schusswaffen. 1918 übernahm der Sohn des Firmengründers, Max Kriegeskorte, die Firma. Nach dem Ende des Ersten Weltkrieges war die Produktion sowie der Handel mit Waffen stark eingeschränkt; Kriegeskorte produzierte daher in den Jahren 1918 bis 1928 vornehmlich Fahrradrahmen. Und auch nach dem Zweiten Weltkrieg hatte die Firma wieder mit dem Problem zu kämpfen, dass nun die Alliierten den Waffenhandel und den Bau von Waffen untersagten; nun stellte sich die Firma auf die Produktion von Haushaltsartikeln um. Allerdings bekam die Firma Kriegeskorte bereits 1950 auch wieder die Genehmigung, Luftdruckgewehre herzustellen. Ein Jahr später durfte das Unternehmen dann auch schon wieder Kleinkaliberbüchsen bauen. Nach 1954 begann man mit der Produktion von Jagdwaffen, zunächst mit dem so genannten System 400 in den Kalibern .22 Hornet und .222 Remington. 1963 folgten die Systeme Krico 600 und 700 für schwerere Kaliber.

*Krico-Logo*

## *Krico Model 600-Sniper*

### TECHNISCHE DATEN

| | |
|---|---|
| Kaliber: | .222 Rem., .223 Rem., .22-250 Rem., .243 Win., .308 Win. |
| Magazin: | herausnehmbar |
| Kapazität: | 3, 4 oder 5 Patronen |
| Magazinhalteknopf: | rechts mittig neben dem Magazinschacht |
| System: | Repetierbüchse |
| Verschlussbedienung: | Kammerstängel |
| Feuerarten: | Einzelfeuer |
| Verriegelung: | 2 Verriegelungswarzen |
| Gesamtlänge: | 116 cm |
| Lauflänge: | 60 cm |
| Gesamtgewicht: | 5 kg, inkl. Zielfernrohr |
| Visierung: | spez. Schmidt + Bender-Scharfschützenzielfernrohr, 1,5–6 x 42 oder 2,5–10 x 56 oder 3–12 x 56 |
| Sicherung: | Sicherung rechts an der Verschlusshülse |
| Schaft: | Nussbaum, spezieller Scharfschützenschaft mit verstellbarer Backe |

### BESONDERHEITEN

Lauf und Verschlusshülse mattschwarz und sandgestrahlt; verschiedene Abzugssysteme zur Wahl: Matchabzug (500–800 g), Flintenabzug (1000 g), Stecherabzug (150–200 g); Lauf mit Mündungsfeuerdämpfer.

# LAR

Das amerikanische Unternehmen L.A.R. Manufacturing Inc. aus West Jordan im Staat Utah wurde 1968 gegründet und lieferte zunächst lediglich Teile für andere Waffenherstellungsfirmen. Unter anderem baute L.A.R. Teile und Optikmontagen für verschiedene Arten von Maschinengewehren der US-Streitkräfte und die Griffstücke für das militärische M16-Sturmgewehr. Die Firma ist vornehmlich durch seine „Grizzly" Magnum-Pistolen in den Kalibern .44 Mag., .45 Win. Mag. und .50 Mag. (Action Express) bekannt.
Wegen der immer größer werdenden Nachfrage nach schweren, weit reichenden Match- und Scharfschützenbüchsen im Riesenkaliber .50 BMG (Browning Machine Gun), beschloss L.A.R. schließlich, mit einer solchen Waffe, dem Modell Big Bore Competitor, auf den Markt zu kommen. Nach solch extrem großkalibrigen Präzisionsbüchsen hatte zunächst eine Nachfrage beim US-Militär bestanden: speziell auch zur Benutzung im Golfkrieg hatte man Scharfschützenwaffen benötigt, die bis zu 3000 Yards (über 2500 Meter) zielgenau und wirkungsvoll waren. Erst dann kamen die entsprechenden Waffen auch in die zivile Verwendung; in Nord- und Südamerika sind „Long Range"-Wettkämpfe mit Waffen im Kaliber .50 jetzt längst keine Besonderheit mehr.

*LAR-Logo*

*LAR Grizzly .50 Big Bor Competitor Rifle*

## *LAR Grizzly .50 Big Bore Competitor Rifle*

**TECHNISCHE DATEN**

| | |
|---|---|
| Kaliber: | .50 BMG |
| Magazin: | ohne |
| Kapazität: | entfällt |
| Magazinhalteknopf: | entfällt |
| System: | einschüssige Repetierbüchse |
| Verschlussbedienung: | Kammerstängel |
| Feuerarten: | Einzelfeuer |
| Verriegelung: | 2 schwere Verriegelungswarzen |
| Gesamtlänge: | 115,6 cm, inkl. Mündungsfeuerdämpfer |
| Lauflänge: | 91,4 cm |
| Gesamtgewicht: | 13,8 kg |
| Visierung: | ohne; Zielfernrohrmontage |
| Sicherung: | beidseitige Sicherung am Pistolengriff |
| Schaft: | Stahl mit Gummischaftkappe |

**BESONDERHEITEN**

Mattschwarz phosphatiert; Zweibein; effektive Reichweite von bis zu 3000 Metern. Das hohe Gewicht der Waffe und die Rückstoßbremse reduzieren den schweren Rückschlag.

# Lee-Enfield

Die Bezeichnung Enfield rührt vom staatlichen britischen Waffenarsenal in Enfield Lock in der Nähe des Flusses Lea her. Das staatliche Arsenal wurde bereits 1804 gegründet, um dort Brown Bess-Steinschloss-Musketen für die britische Infanterie zu produzieren. Die Teile für diese Waffen wurden in den Städten Birmingham und London vornehmlich in Heimarbeit vorgefertigt. 1840 wurde George Lovell zum Regierungsinspektor für Handfeuerwaffen des Enfield-Arsenals ernannt. Er reorganisierte das Arsenal zu einem großen Waffenherstellungsunternehmen. 1852 entschied die britische Regierung, die bis dahin im Dienst befindlichen diversen Steinschloss- und Perkussionsgewehre durch eine neue, modernere Waffe zu ersetzen.

Man forderte mehrere Firmen auf, Prototypen für ein neues Hinterladermilitärgewehr zu liefern. Nach einem intensiven Testverfahren wurde eine neue Militärbüchse ausgewählt, die militärisch als „Rifle Musket Pattern 1853“ bezeichnet wurde. Die Herstellung der Waffe sollte das Enfield-Arsenal übernehmen. Wegen ihrer drei Züge und Felder im Lauf wurde das Gewehr dann schnell auch als Enfield „3-groove“ bekannt. Die britische Armee hatte allerdings bereits seit einigen Jahren eigentlich eine echte Repetierbüchse haben wollen. Deshalb wurde 1867 beschlossen, die existierenden Pattern 1853-Büchsen in Repetierbüchsen umzubauen. Man stattete den einschüssigen Hinterlader mit einem klappbaren Kammerverschluss aus, der auf dem U.S. Snider-System basierte. Die umgebaute Waffe nannte man Enfield Snider. 1869 entschied dann eine spezielle Kommission des englischen Kriegsministeriums, ein komplett anderes Armeegewehr einzuführen, die Martini-Henry-Büchse. Diese Waffe wies einen sich vertikal hin und her bewegenden Verschlussblock auf, den der Schweizer Konstrukteur Friedrich von Martini, entwickelt hatte. Der Lauf dieser Waffe stammte von dem englischen Büchsenmacher Alexander Henry aus Edinburgh. Das Martini-Henry-Gewehr wurde 1871 bei der britischen Armee und Marine in den Dienst gestellt. Ab 1888 bauten die Enfield-Werke dann ihr eigenes Repetiergewehr, welches mit einem neuartigen Lee-Magazin ausgestattet war. Diese Waffe wurde ab 1889 unter der Bezeichnung „Magazine Rifle Mark 1“ an die britischen Truppen ausgegeben. Eine Änderung des Laufes des Gewehres führte zwei Jahre später dazu, dass der Name der Waffe in Lee-Metford geändert wurde. Als man das Zug- und Feldprofil des Gewehres 1895 änderte, erhielt es schließlich erst die bekannte Bezeichnung „Lee-Enfield“.

Aufgrund der Erfahrungen, die man dann mit der Waffe während des Burenkrieges gesammelt hatte, wurde das Gewehr erneut massiv geändert. Die bis 1902 modifizierte neue Version erhielt den Namen „Short Magazine Lee-Enfield“ oder kurz SMLE; diese Variante ist heute einfach unter der Bezeichnung No. 1 Rifle bekannt. 1907 führte die britische Armee dann bereits wieder eine neue Version des SMLE vor ein, die auf der No. 1 Rifle basierte, aber nun die Bezeichnung Lee-Enfield Mark III hatte. Die Mark III-Büchse war schwerer als die No. 1 und hatte einen Magazinlösehebel, mittels dessen die Magazinzuführung blockiert werden konnte, sodass das Gewehr auch als einschüssige, jeweils neu von Hand zu ladende Waffe benutzt werden konnte. 1910 entwickelte Enfield ein neues Armeegewehr; dafür wollte man das neue, noch völlig ungetestete Kaliber .276 verwenden. Nach den üblichen Tests sollte die Waffe 1914 in Produktion gehen, aber der Ausbruch des Ersten Weltkrieges verhinderte dies. Das neu konstruierte Gewehr wurde für Großbritannien in den USA gefertigt, hatte aber das altbewährte und vertraute Kaliber .303 British. Die in den USA gebaute Waffe wurde als Pattern 1914 Enfield Rifle bekannt, manchmal auch als No. 3 oder P14.

Damals produzierte man in den Enfield-Werken immer noch das alte SMLE. In der Periode zwischen 1914 und 1918 baute man für den Kriegseinsatz mehr als zwei Millionen SMLE-Büchsen. Die Waffe, Kaliber .303 British, wurde für die englischen Streitkräfte auch von den Firmen Winchester, Remington und Eddystone in den USA gebaut. Die US-Version, die das Kaliber .30-06 hatte, wurde unter der Bezeichnung US M1917 oder kurz P17 an die amerikanischen Truppen ausgegeben. Nach dem Krieg entwickelte Enfield zwei weitere neue Varianten des SMLE, die Modelle Mark V und Mark VI, diese wurden aber nie in größeren Stückzahlen hergestellt. 1926 wurde der Name No. 1 Mark III Rifle offiziell in Rifle No. 1, Mark III, abgeändert. Auch erhielt der Typ No. 1, Mark VI, die Bezeichnung No. 4, Mark I. Diese Waffe wurde zudem dahingehend geändert, dass es keine Magazinzuführungsblockierung mehr gab.

Als der Zweite Weltkrieg ausbrach, stellte man ein neues Gewehr, die No. 4 Rifle, in den Dienst. Diese Büchse wurde nicht von Enfield hergestellt, sondern von verschiedenen anderen britischen Waffenherstellerfirmen, etwa von BSA in Birmingham, Fazackerley in Lancashire und Maltby in Yorkshire. Der Grund dafür war, dass Enfield mit dem Bau der Bren-Maschinengewehre, der Sten-Maschinenpistolen und der .38er Enfield-Revolver voll ausgelastet war. Die Allierten entschieden sich dafür, die Enfield No. 4 Rifle in den Vereinigten Staaten von den Firmen Savage Arms und in Kanada in Long Branch produzieren zu lassen. Aus herstellungstechnischen Gründen unterscheiden sich die dort gebauten Waffen etwas von der britischen Version, daher nannte man die amerikanischen Gewehre auch No. 4 Rifle, Mark I*. 1942 wurde die erste Enfield-Scharfschützenbüchse vorgestellt. Sie erhielt den Namen No. 4 Rifle Mark I (T), wobei T für Telescopic steht. Die Waffe verfügte über ein spezielles, ursprünglich für das Bren-Maschinengewehr entwickeltes 3-faches, Zielfernrohr. Das Zielfernrohr hatte die militärische Bezeichnung No. 32, Mark 1, von der Version No. 32, Mark 2 1943 gefolgt, und dann 1944 von der Version No. 32, Mark 3, die eine einfachere Verstellung und ein weiteres Gesichtsfeld bot.

*Lee-Enfield No. 1, Mark I (SMLE)*

1943 wurde als No. 5, Mark I, eine zusätzliche, verkürzte Variante der Büchse Lee-Enfield, No. 4, Mark I, in den Dienst gestellt, die als „Jungle Carbine" bekannt wurde. Dieses kurze Gewehr wurde fast ausschließlich von BSA und Fazackerley gebaut. 1970 wurde das letzte, auf dem Lee-Enfield-Konzept basierende Scharfschützengewehr hergestellt. Dabei handelt es sich um das Modell L42 A1 im Kaliber 7,62 x 51 mm NATO. Die Waffe wurde vornehmlich von der britischen SAS-Truppe in Nordirland und 1982 während des Falkland-Krieges verwendet.

## *Lee-Enfield No. 1, Mark I (SMLE)*

**TECHNISCHE DATEN**

| | |
|---|---|
| Kaliber: | .303 Brit. |
| Magazin: | herausnehmbar |
| Kapazität: | 10 Patronen |
| Magazinhalteknopf: | vor dem Magazinschacht |
| System: | Repetierbüchse |
| Verschlussbedienung: | Kammerstängel |
| Feuerarten: | Einzelfeuer |
| Verriegelung: | Verriegelungswarzen hinten am Verschlusszylinder |
| Gesamtlänge: | 113 cm |
| Lauflänge: | 64 cm |
| Gesamtgewicht: | 3,7 kg |
| Visierung: | Schiebevisier |
| Sicherung: | Flügelsicherung hinten am Verschlusszylinder |
| Schaft: | durchgehender Holzschaft |

**BESONDERHEITEN**

Spezieller Magazinknopf zur Blockierung der Magazinzuführung, um auch manuell einzeln laden zu können.

*Lee-Enfield No. 1, Mark III (SMLE)*

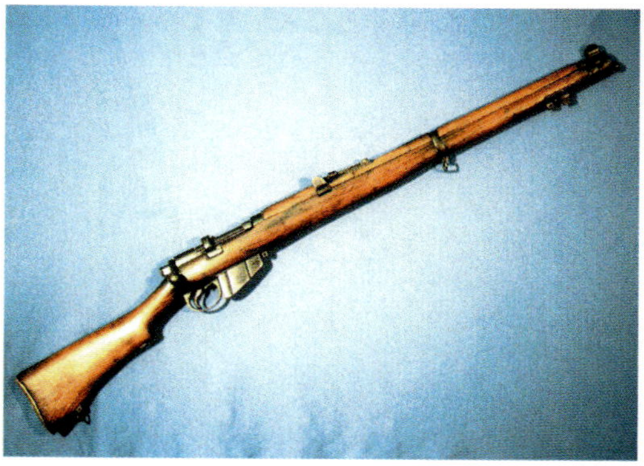

## *Lee-Enfield No. 1, Mark III (SMLE)*

**TECHNISCHE DATEN**

| | |
|---|---|
| Kaliber: | .303 Brit. |
| Magazin: | herausnehmbar |
| Kapazität: | 10 Patronen |
| Magazinhalteknopf: | vor dem Magazinschacht |
| System: | Repetierbüchse |
| Verschlussbedienung: | Kammerstängel |
| Feuerarten: | Einzelfeuer |
| Verriegelung: | Verriegelungswarzen hinten am Verschlusszylinder |
| Gesamtlänge: | 113 cm |
| Lauflänge: | 64 cm |
| Gesamtgewicht: | 3,9 kg |
| Visierung: | Schiebevisier |
| Sicherung: | Flügelsicherung hinten am Verschlusszylinder |
| Schaft: | durchgehender Holzschaft |

**BESONDERHEITEN**

Spezieller Magazinknopf zur Blockierung der Magazinzuführung, um auch manuell einzeln laden zu können. Bei dieser Waffe können seitlich am Bereich der Verschlusshülse Magazinclips angebracht werden.

## *Lee-Enfield No. 4, Mark I (SMLE)*

**TECHNISCHE DATEN**

| | |
|---|---|
| Kaliber: | .303 Brit. |
| Magazin: | herausnehmbar |
| Kapazität: | 10 Patronen |
| Magazinhalteknopf: | vor dem Magazinschacht |
| System: | Repetierbüchse |
| Verschlussbedienung: | Kammerstängel |
| Feuerarten: | Einzelfeuer |
| Verriegelung: | Verriegelungswarzen hinten am Verschlusszylinder |

*Lee-Enfield No. 4, Mark I (SMLE)*

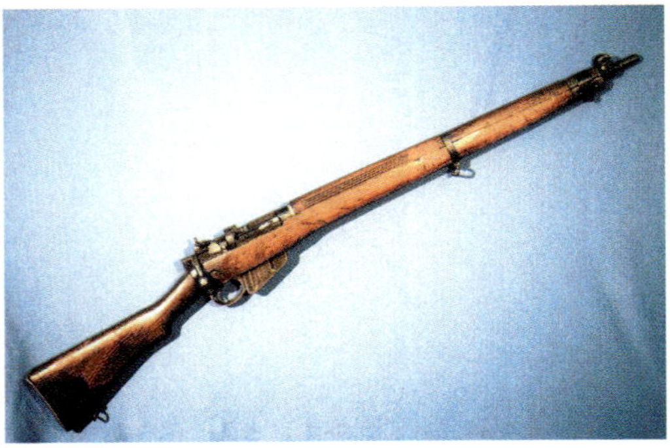

| | |
|---|---|
| Gesamtlänge: | 113 cm |
| Lauflänge: | 64 cm |
| Gesamtgewicht: | 4 kg |
| Visierung: | Klappdioptervisier |
| Sicherung: | Flügelsicherung hinten am Verschlusszylinder |
| Schaft: | durchgehender Holzschaft |

**BESONDERHEITEN**

Bei dieser Waffe können seitlich am Bereich der Verschlusshülse Magazinclips angebracht werden; Bayonettaufpflanzung am Lauf.

## *Lee-Enfield Pattern 14 Rifle P14*

**TECHNISCHE DATEN**

| | |
|---|---|
| Kaliber: | .303 Brit. |
| Magazin: | fest |
| Kapazität: | 5 Patronen |
| Magazinhalteknopf: | entfällt |
| System: | Repetierbüchse |
| Verschlussbedienung: | Kammerstängel |
| Feuerarten: | Einzelfeuer |
| Verriegelung: | Verriegelungswarzen hinten am Verschlusszylinder |
| Gesamtlänge: | 117,5 cm |
| Lauflänge: | 66 cm |
| Gesamtgewicht: | 4,4 kg |
| Visierung: | Klappdioptervisier |
| Sicherung: | Flügelsicherung hinten am Verschlusszylinder |
| Schaft: | durchgehender Holzschaft |

*Lee-Enfield Pattern 14 Rifle P14*

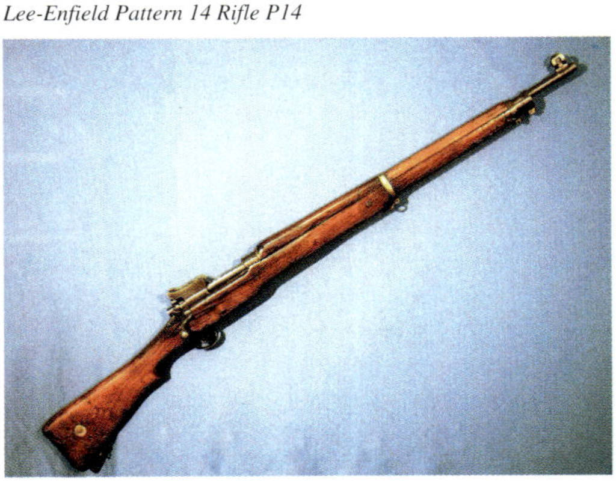

**BESONDERHEITEN**

Während des Ersten Weltkrieges in den Vereinigten Staaten hergestellt. Die US-Version ist das US M1917 (P17) im Kaliber .30-06.

## *Lee-Enfield No. 5 Mark 1 Jungle Carbine*

**TECHNISCHE DATEN**

| | |
|---|---|
| Kaliber: | .303 Brit. |
| Magazin: | herausnehmbar |
| Kapazität: | 10 Patronen |
| Magazinhalteknopf: | vor dem Magazinschacht |
| System: | Repetierbüchse |
| Verschlussbedienung: | Kammerstängel |
| Feuerarten: | Einzelfeuer |
| Verriegelung: | Verriegelungswarzen hinten am Verschlusszylinder |
| Gesamtlänge: | 100,3 cm |
| Lauflänge: | 47,5 cm |
| Gesamtgewicht: | 3,2 kg |
| Visierung: | Klappdioptervisier |
| Sicherung: | Flügelsicherung hinten am Verschlusszylinder |
| Schaft: | durchgehender Holzschaft |

**BESONDERHEITEN**

Karabinerversion des Gewehres No. 4 Mark I.

*Lee-Enfield No. 5, Mark Jungle Carbine*

*Lee-Enfield Brengun Light Machine Gun Mark 2*

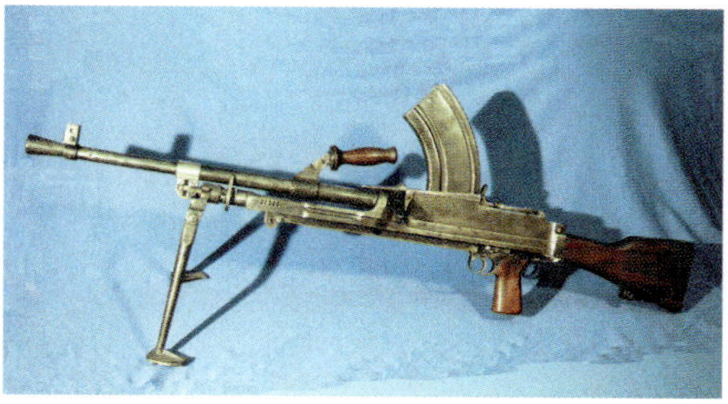

## *Lee-Enfield Brengun Light Machine Gun Mark 2*

**TECHNISCHE DATEN**

| | |
|---|---|
| Kaliber: | .303 Brit. |
| Magazin: | herausnehmbar |
| Kapazität: | 30 Patronen (Stangenmagazin) oder 100 Patronen (Trommelmagazin) |
| Magazinhalteknopf: | vor dem Magazinschacht |
| System: | Selbstladewaffe (Gasdrucklader) |
| Verschlussbedienung: | Spanngriff |
| Feuerarten: | halb- und vollautomatisch |
| Verriegelung: | Vertikalblockverschluss |
| Gesamtlänge: | 115,8 cm |
| Lauflänge: | 63,5 cm |
| Gesamtgewicht: | 8,8 kg |
| Visierung: | Schiebevisier |
| Sicherung: | Schiebesicherung auf der linken Seite, gleichzeitig Feuerwahlhebel |
| Schaft: | Holzschaft |

**BESONDERHEITEN**

In England und Kanada produziert. Gasdruckeinstellung unter dem Gaszylinder mit vier Voreinstellungen. Die Waffe verfügt über einen Tragegriff, der auch für das schnelle Laufwechseln verwendet wird.

## *Lee-Enfield Stengun Mark II*

**TECHNISCHE DATEN**

| | |
|---|---|
| Kaliber: | 9 mm Para |
| Magazin: | herausnehmbar |
| Kapazität: | 32 Patronen |
| Magazinhalteknopf: | Druckknopf seitlich am Magazingehäuse |
| System: | Selbstladewaffe (Rückstoßlader) |
| Verschlussbedienung: | Spanngriff |
| Feuerarten: | halb- und vollautomatisch |
| Verriegelung: | reiner Masseverschluss |
| Gesamtlänge: | 76,2 cm |
| Lauflänge: | 19,7 cm |
| Gesamtgewicht: | 3 kg |

*Lee-Enfield Stengun Mark II*

| | |
|---|---|
| Visierung: | einfaches, festes Büchsenvisier |
| Sicherung: | Spanngriff kann in Aussparung des Gehäuses arretiert werden |
| Schaft: | abnehmbarer Stahl-Skelettschaft |

**BESONDERHEITEN**

Entwickelt von R.V. Shepperd und H.J. Turpin. Die Anfangsbuchstaben von deren Nachnamen S und T wurden mit dem ersten Teil der Bezeichnung Enfield kombiniert, so entstand „Sten“. Die Waffe wurde von BSA, Royal Ordnance und in Kanada hergestellt.

## *Lee-Enfield Stengun Mark V*

**TECHNISCHE DATEN**

| | |
|---|---|
| Kaliber: | 9 mm Para |
| Magazin: | herausnehmbar |
| Kapazität: | 32 Patronen |
| Magazinhalteknopf: | Druckknopf seitlich am Magazingehäuse |
| System: | Selbstladewaffe (Rückstoßlader) |
| Verschlussbedienung: | Spanngriff |
| Feuerarten: | halb- und vollautomatisch |
| Verriegelung: | reiner Masseverschluss |
| Gesamtlänge: | 76,2 cm |
| Lauflänge: | 19,8 cm |
| Gesamtgewicht: | 3,9 kg |
| Visierung: | einfaches, festes Büchsenvisier |
| Sicherung: | Spanngriff kann in Aussparung des Gehäuses arretiert werden |
| Schaft: | Holzschaft, zwei Pistolengriffe |

*Lee-Enfield Stengun Mark V*

*Lee-Enfield L42 A1 Sniper Rifle*

**BESONDERHEITEN**

Das Modell Mark V wurde 1944 entwickelt und blieb bis 1953 bei den Engländern im Dienst.

## *Lee-Enfield L42 A1 Sniper Rifle*

**TECHNISCHE DATEN**

| | |
|---|---|
| Kaliber: | 7,62 x 51 mm (.308 Win.) |
| Magazin: | herausnehmbar |
| Kapazität: | 10 Patronen |
| Magazinhalteknopf: | vor dem Magazinschacht |
| System: | Repetierbüchse |
| Verschlussbedienung: | Kammerstängel |
| Feuerarten: | Einzelfeuer |
| Verriegelung: | Verriegelungswarzen hinten am Verschlusszylinder |
| Gesamtlänge: | 118 cm |
| Lauflänge: | 69,8 cm |
| Gesamtgewicht: | 5,7 kg |
| Visierung: | Zielfernrohr |
| Sicherung: | Flügelsicherung hinten am Verschlusszylinder |
| Schaft: | Holzschaft mit Schaftbacke |

**BESONDERHEITEN**

Militärische Scharfschützenbüchse, basierend auf dem Modell No. 4 Mark I; wurde erst 1970 in England in den Dienst gestellt.

# Ljungmann

Das schwedische Gewehr Ljungmann AG42 wurde 1941 von Erik Eklund entwickelt, der dabei das Ljungmann-Gasdrucksystem verwendete. Der abgeleitete Gasdruck wirkt dabei nicht auf einen Gaskolben oder eine Kolbenstange, sondern direkt auf das Verschlussstück, um den Nachladevorgang zu bewerkstelligen. Damals war dieses System völlig neu. Später wurde es auch für den französischen Militärselbstlader Mas 1949, und abgeleitet für das AR-10 und Stoners AR-15/M16-Sturmgewehre verwendet.

*Ljungmann AG42B*

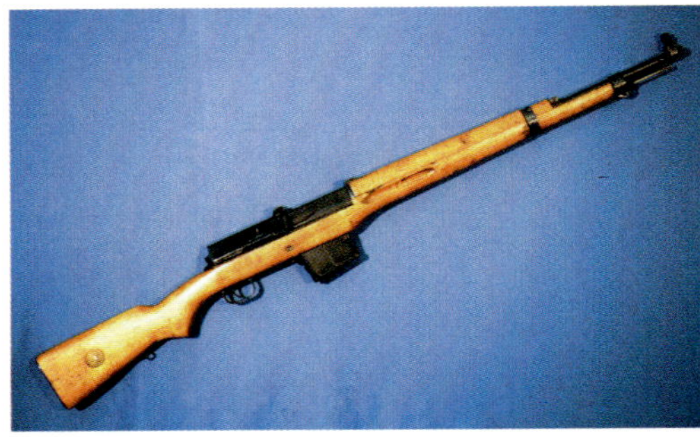

Ein Prototyp des Ljungmann AG42 wurde bereits 1942 der schwedischen Armee vorgestellt. In der Praxis erwies sich das Gewehr als sehr staub- und schmutzanfällig, deshalb wurde eine veränderte Variante, das Modell AG42B, entwickelt und schließlich erst 1953 bei den schwedischen Streitkräften eingeführt. Die Veränderungen beinhalteten unter anderem einen Gaszylinder aus rostträgem Stainless-Stahl und ein modifiziertes Abzugssystem. Die Waffe wurde auch für kurze Zeit in Dänemark von Madsen hergestellt, da die dänische Armee aber kein Interesse daran zeigte, wurde die Produktion dort wieder eingestellt. Ein abgewandeltes Modell des Gewehres wurde in Ägypten unter der Bezeichnung Hakim hergestellt, es hatte das Kaliber 8 x 57 mm Mauser.

## *Ljungmann Model AG42B*

**TECHNISCHE DATEN**

| | |
|---|---|
| Kaliber: | 6,5 x 55 mm |
| Magazin: | herausnehmbar |
| Kapazität: | 10 Patronen |
| Magazinhalteknopf: | hinter dem Magazinschacht |
| System: | Selbstladewaffe (Gasdrucklader) |
| Verschlussbedienung: | Spanngriff |
| Feuerarten: | halb- und vollautomatisch |
| Verriegelung: | Drehkammerverschluss |
| Gesamtlänge: | 121,5 cm |
| Lauflänge: | 62,3 cm |
| Gesamtgewicht: | 4,7 kg |
| Visierung: | Schiebevisier |
| Sicherung: | Flügelsicherung hinten am Verschlussgehäuse |
| Schaft: | Holzschaft |

**BESONDERHEITEN**

Außerordentliches Design für seine Zeit. Spezieller Mündungsfeuerdämpfer. Weist zur Gewährleistung eines besseren Patronenauswurfs rechts beim Auswurffenster einen Gummipuffer auf.

M m

wicklung der Produkte des Unternehmens. Man verfügt über diverse Schießbahnen mit bis zu 400 Meter Länge, auf denen die Patronen und Waffen auf Herz und Nieren getestet werden. Die CBC-Munition und die MagTech-Waffen werden aus Brasilien zu 80 Prozent in die verschiedensten Länder der Welt exportiert.

# MagTech

MagTech ist der Produktname des brasilianischen Waffen- und Munitionsfabrikationsunternehmens Companhia Brasileira de Cartouchos (CBC), die ihren Sitz in Sao Paulo hat. Die Firma stellt vor allem Vorderschaftrepetierflinten und Kleinkalibergewehre her. Die Firma wurde 1926 von der aus Italien stammenden Familie Matarazzo gegründet und produzierte damals vornehmlich Schrotpatronen für den brasilianischen Binnenmarkt.
Bereits nach einigen wenigen Jahren hatte sich CBC zu einem immens großen Unternehmen entwickelt, das Munition in die diversesten Länder exportierte. In der Periode zwischen 1936 und 1979 befand sich CBC dann in den Händen der amerikanischen Remington Arms Company und der englischen Firma ICI (Imperial Chemical Industries). 1979 übernahm die Firma die Arbi- und Impel-Gruppe, ein zusammengeschlosser brasilianischer Großkonzern, der sich unter anderem auch auf dem Gebiet der Stahl- und der Tourismusindustrie engagiert. Der Unternehmensname wurde dabei in Companhia Brasileira de Cartouchos (CBC) geändert. Die Tochterfirma S.A. Marvin aus Nova Iguacu bei Rio de Janeiro produziert die Messingpatronenhülsen für CBC. 1991 und 1992 wurde CBC komplett neuorganisiert. Unter Leitung des berühmten deutschen Munitionsexperten Charles von Helle und mit der Unterstützung von verschiedenen deutschen Laborunternehmen wurde die CBC-Munitionsproduktion grundlegend modernisiert und automatisiert. CBC/MagTech legt großen Wert auf eine intensive Weiterent-

*MagTech-Logo*

## *MagTech MT 586.2P*

**TECHNISCHE DATEN**

| | |
|---|---|
| Kaliber: | 12/76 |
| Magazin: | Röhrenmagazin |
| Kapazität: | 8 Patronen |
| Magazinhalteknopf: | entfällt |
| System: | Repetierflinte |
| Verschlussbedienung: | Vorderschaft |
| Feuerarten: | Einzelfeuer |
| Verriegelung: | Vertikalblockverschluss |
| Gesamtlänge: | 99,7 cm |
| Lauflänge: | 48,3 cm |
| Gesamtgewicht: | 3,3 kg |
| Visierung: | Flintenkorn |
| Sicherung: | Druckknopfsicherung hinten am Abzugsbügel |
| Schaft: | brasilianisches Hartholz, mit Pistolengriff |

**BESONDERHEITEN**

Lauf aus Chrom-Molybdän-Stahl, brüniert. Auf der Abbildung ist oben das Modell 586.2P und unten das Modell 586.2PG zu sehen.

## *MagTech MT 586.2PG*

**TECHNISCHE DATEN**

| | |
|---|---|
| Kaliber: | 12/76 |
| Magazin: | Röhrenmagazin |
| Kapazität: | 8 Patronen |
| Magazinhalteknopf: | entfällt |
| System: | Repetierflinte |
| Verschlussbedienung: | Vorderschaft |

*MagTech MT 586.2P*

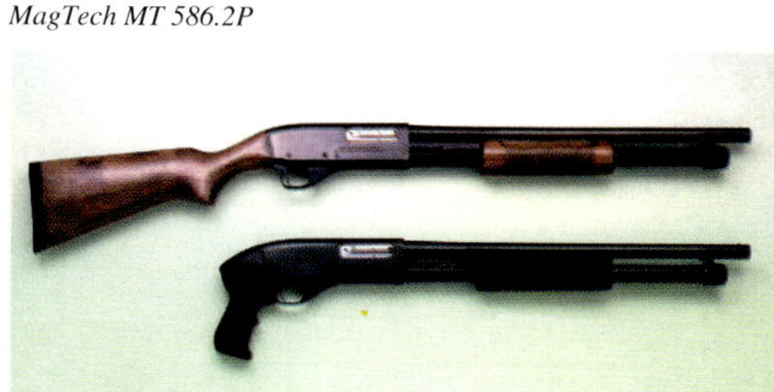

*MagTech MT 586.2PG*

| | |
|---|---|
| Feuerarten: | Einzelfeuer |
| Verriegelung: | Vertikalblockverschluss |
| Gesamtlänge: | 74,3 cm |
| Lauflänge: | 48,3 cm |
| Gesamtgewicht: | 3,0 kg |
| Visierung: | Flintenkorn |
| Sicherung: | Druckknopfsicherung hinten am Abzugsbügel |
| Schaft: | nur mit Pistolengriff, Kunststoff |

**BESONDERHEITEN**

Lauf aus Chrom-Molybdän-Stahl, brüniert. Auf der Abbildung ist oben das Modell 586.2P und unten das Modell 586.2PG zu sehen.

# MAS/FAMAS

Der Großteil der französischen Waffen- und Rüstungsherstellung ist örtlich in drei Industrieregionen konzentriert, die den Waffenproduktionsunternehmen auch ihre Namen geben. In alphabetischer Reihenfolge handelt es sich dabei um die Unternehmen

- MAB Manufacture d'Armes de Bayonne,
- MAC Manufacture d'Armes de Chatellerault und
- MAS Manufacture d'Armes de Saint Étienne.

Von diesen drei ist MAS das bekannteste, da in Saint Étienne die meisten unterschiedlichen Waffen hergestellt werden.

Das Repetiergewehr MAS M1936 hat ein modifiziertes Mauser-Magazin. Interessant an der Waffe ist, dass sich die Verriegelungswarzen des Verschlusszylinders an dessen Hinterseite befinden. Auch hat das Gewehr keine Sicherung. Das MAS M1936/51 ist eine Waffe mit einer speziellen Abschussvorrichtung für Gewehrgranaten. Neben einem Klappvisier für den Granatenabschuss verfügt diese Büchse diesbezüglich auch über eine besondere Einstellschraube an der Abschussvorrichtung, die es ermöglicht, unterschiedliche Granaten abzufeuern.

Das MAS M1949 ist eine halbautomatische Waffe, die gasdruckunterstützt repetiert. Der Gasdruck wirkt dabei nicht auf einen Kolben oder eine Kolbenstange, sondern direkt auf den Verschlussblock. Die derzeitige Standardwaffe der französischen Armee, das FAMAS-Sturmgewehr, wurde in den 70er Jahren des 20. Jahrhunderts als Nachfolgemodell des MAS 1949 entwickelt. Das FAMAS wurde nach dem so genannten Bullpup-Design konstruiert. Für den Nachlademechanismus verwendete man das rückstoßverzögerte Kiraly-System. Dabei wird der von der abgeschossenen Patrone produzierte Rückstoß zunächst von Verriegelungshebel abgefangen, der mit dem Systemkasten verbunden ist. Erst wenn der Hebel komplett zurückgedrückt ist, kann sich der Verschluss öffnen und zum Nachladen bewegen. Der Mündungsfeuerdämpfer ist zur Aufnahme einer Gewehrgranatenabschussvorrichtung geeignet. Der Spitzname des FAMAS, bei dem es sich praktisch um die Kombination eines Sturmgewehres mit einem kurzen Karabiner handelt, ist „le clarion“ (die Trompete). Die meisten der alten französischen Armeegewehre aus der Zeit vor dem Zweiten Weltkrieg hatten das Kaliber 8 mm Lebel. Nach dem Krieg baute man die Waffen, um darin Patronen des früheren französischen Standardkalibers 7,5 x 54 mm verschießen zu können. Das FAMAS hat das NATO-Standardkaliber 5,56 x 45 mm (.223 Remington).

*MAS/Chatellerault Model 1924 M29*

## *MAS/Chatellerault Model 1924 M29*

**TECHNISCHE DATEN**

| | |
|---|---|
| Kaliber: | 7,5 x 54 mm |
| Magazin: | herausnehmbar |
| Kapazität: | 25 Patronen |
| Magazinhalteknopf: | hinter dem Magazinschacht, oben auf dem Systemkasten |
| System: | Selbstladewaffe (Gasdrucklader) |
| Verschlussbedienung: | Spanngriff |
| Feuerarten: | halb- und vollautomatisch |
| Verriegelung: | Vertikalblockverschluss |
| Gesamtlänge: | 108,2 cm |
| Lauflänge: | 50 cm |
| Gesamtgewicht: | 11,1 kg |
| Visierung: | Schiebevisier |
| Sicherung: | Drehhebel am Abzugsbügel über den Abzügen |
| Schaft: | Holzschaft |

**BESONDERHEITEN**

Klappzweibein; Abzugssystem mit zwei Abzügen: der vordere für halbautomatisches und der hintere für vollautomatisches Feuer. Die Waffe schaut optisch aus wie das Browning BAR (Browning Automatic Rifle).

## *MAS Model 1936*

**TECHNISCHE DATEN**

| | |
|---|---|
| Kaliber: | 7,5 x 54 mm M29 |
| Magazin: | fest |
| Kapazität: | 5 Patronen |
| Magazinhalteknopf: | entfällt |
| System: | Repetierbüchse |
| Verschlussbedienung: | Kammerstängel |
| Feuerarten: | Einzelfeuer |
| Verriegelung: | Verriegelungswarzen |
| Gesamtlänge: | 102 cm |
| Lauflänge: | 57 cm |
| Gesamtgewicht: | 3,8 kg |

*MAS Model 1936*

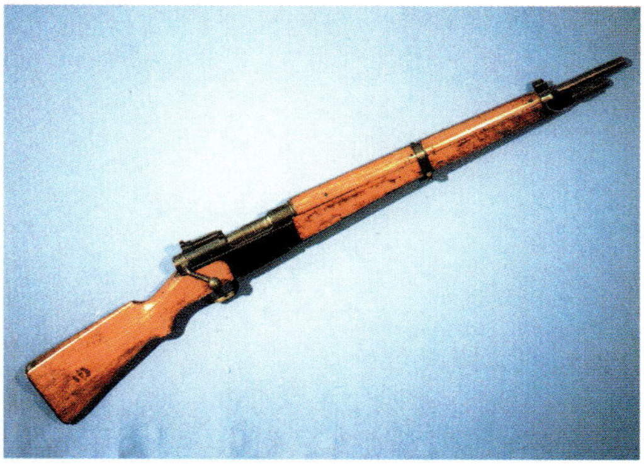

| | |
|---|---|
| Visierung: | Schiebevisier |
| Sicherung: | ohne |
| Schaft: | Holzschaft |

**BESONDERHEITEN**

Französisches Militärgewehr, das zwischen 1936 und den 50er Jahren bei den französischen Truppen eingeführt war.

## *MAS Model 1936/51*

**TECHNISCHE DATEN**

| | |
|---|---|
| Kaliber: | 7,5 x 54 mm M29 |
| Magazin: | fest |
| Kapazität: | 5 Patronen |
| Magazinhalteknopf: | entfällt |
| System: | Repetierbüchse |
| Verschlussbedienung: | Kammerstängel |
| Feuerarten: | Einzelfeuer |
| Verriegelung: | Verriegelungswarzen |
| Gesamtlänge: | 102 cm |
| Lauflänge: | 57 cm |
| Gesamtgewicht: | 3,8 kg |

*MAS Model 1936/51*

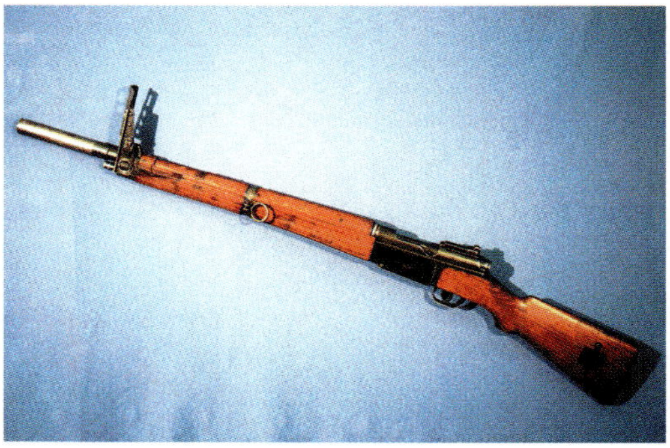

*Detailansicht des MAS 1936/51*

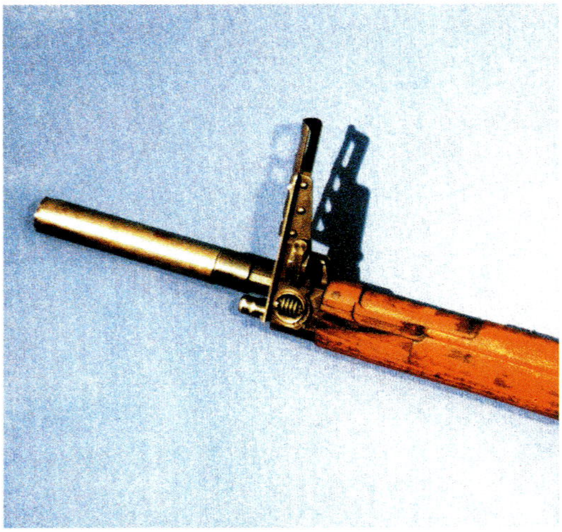

| | |
|---|---|
| Visierung: | Schiebevisier |
| Sicherung: | ohne |
| Schaft: | Holzschaft |

**BESONDERHEITEN**

Nachfolgewaffen des französischen M1936; mit Gewehrgranaten-Abschussvorrichtung und spezieller Klappvisierung zum Gewehrgranatenabschuss.

*MAS Modell 1938*

## *MAS Model 1938*

**TECHNISCHE DATEN**

| | |
|---|---|
| Kaliber: | 7,65 mm lang |
| Magazin: | herausnehmbar |
| Kapazität: | 32 Patronen |
| Magazinhalteknopf: | Druckknopf links am Magazinschacht |
| System: | Selbstladewaffe (Rückstoßlader) |
| Verschlussbedienung: | Spanngriff rechts am Verschlussgehäuse |
| Feuerarten: | vollautomatisch |
| Verriegelung: | reiner Masseverschluss |
| Gesamtlänge: | 63 cm |
| Lauflänge: | 22,4 cm |
| Gesamtgewicht: | 2,9 kg |
| Visierung: | Klappvisier |
| Sicherung: | Abzugsbügel nach vorne wegklappbar |
| Schaft: | Holzschaft, der die Rückholfeder beinhaltet |

**BESONDERHEITEN**

Äußerst einfache Konstruktion, inbesondere vom Verschlussmechanismus her.
Großer Ring links am Verschlussgehäuse dient auch zur Anbringung einer Riemenbügelbefestigung.

## *MAS Model 1949*

**TECHNISCHE DATEN**

| | |
|---|---|
| Kaliber: | 7,5 x 54 mm M29 |
| Magazin: | herausnehmbar |
| Kapazität: | 10 Patronen |
| Magazinhalteknopf: | rechts am Magazinschacht |
| System: | Selbstladewaffe (Gasdrucklader) |
| Verschlussbedienung: | Spanngriff |
| Feuerarten: | halbautomatisch |
| Verriegelung: | Vertikalblockverschluss |
| Gesamtlänge: | 101 cm |
| Lauflänge: | 52,1 cm |
| Gesamtgewicht: | 3,9 kg |
| Visierung: | Schiebevisier |

*MAS Model 1949*

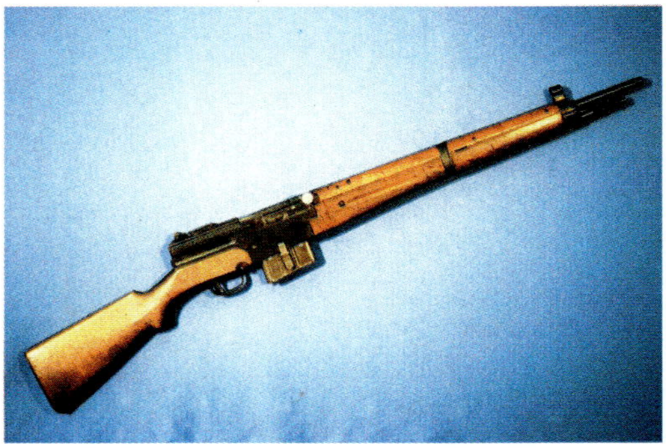

| | |
|---|---|
| Sicherung: | Druckknopfsicherung vorne am Abzugsbügel |
| Schaft: | Hinter- und Vorderschaft sowie Handschutz aus Holz |

**BESONDERHEITEN**

Gasdruck wirkt direkt auf den Verschlussblock. Einige Modelle weisen auf der rechten Seite des Laufes einen Ring zur Anbringung eines Riemenbügels auf; auf dem Spanngriff der Waffe befindet sich ein Kunststoffüberzug.

## *FAMAS*

**TECHNISCHE DATEN**

| | |
|---|---|
| Kaliber: | 5,56 x 45 mm NATO (.223 Rem.) |
| Magazin: | herausnehmbar |
| Kapazität: | 25 Patronen |
| Magazinhalteknopf: | vor dem Magazinschacht |
| System: | Selbstladewaffe (Gasdrucklader) |
| Verschlussbedienung: | Spanngriff |
| Feuerarten: | halbautomatisch, 3-Schuss-Feuerstöße und vollautomatisch |
| Verriegelung: | Kiraly-Verschluss-System |
| Gesamtlänge: | 75,7 cm |
| Lauflänge: | 48,8 cm |

*FAMAS*

*FAMAS*

| | |
|---|---|
| Gesamtgewicht: | 3,6 kg |
| Visierung: | verstellbares Dioptervisier im Tragegriff |
| Sicherung: | vorne im Abzugsbügel |
| Schaft: | Kunststoffschaft im Bullpup-Stil |

**BESONDERHEITEN**

Leicht für den Gebrauch durch Linkshänder umbaubar. Das Modell FAMAS F1 weist um den vorderen Teil des Laufes einen Gewehrgranaten-Aufpflanzungsring sowie ein Klappzweibein auf. Das auf der Abbildung darunter zu sehende Modell G1 ist die kürzere Karabinerversion mit vergrößertem Abzugsbügel.

# Mauser

Der Gründer der berühmten Mauser-Waffenfabrik Peter Paul Mauser wurde 1838 in Oberndorf am Neckar in Württemberg geboren. Sein Vater, Franz Andreas Mauser, war als Büchsenmachermeister im Oberndorfer staatlichen Waffenarsenal tätig gewesen. Seine erste waffentechnische Erfindung war eine Hinterladerkanone, für die die Armee damals allerdings kein Interesse zeigte.

1865 entwickelte Mauser sein erstes Repetiergewehr. Das Schloss dieser Büchse hatte einen federgelagerten Schlagbolzen, der während des Abziehvorganges ausschließlich kurz zur Schussabgabe aus dem Verschlussstück herausstand. Dies stellte im Vergleich zu anderen damaligen Konstruktionen, bei denen der Schlagbolzen konstant herausstand und bei denen deshalb beim Repetieren zum Nachladen stets die Gefahr einer ungewollten Zündung der zuzuführenden Patrone bestand, einen großen Vorteil dar. Aufgrund seines Prototyps erhielt Peter Paul Mauser von den Behörden einen Kredit zur Beschaffung von Maschinen und Material zur Serienfertigung seiner Konstruktionen. Dies war die Geburtsstunde der berühmten Mauser-Werke. Für den

*Mauser-Logo*

kaufmännischen Bereich seiner Firma stellte Peter Paul seinen Bruder Wilhelm Mauser ein. Die Gebrüder Mauser hatten zunächst mit dem Problem zu kämpfen, dass zunächst weder im eigenen Land noch in den umliegenden Staaten ein Bedarf für ein neues Militärgewehr bestand. 1866 kamen die Mausers mit einem Repräsentanten der amerikanischen Remington Arms Company, mit Samuel Norris, in Kontakt, der großes Interesse an der neuen Mauser-Gewehrkonstruktion zeigte. Man vereinbarte, die Mauser-Büchsen komplett in der belgischen Waffenfabrik in Liège und in den USA zu fertigen. So entstand das Mauser-Norris-Gewehr, das 1867 vorgestellt wurde. Norris hoffte, die Waffe dem französischen Militär verkaufen zu können, das sich von seiner bis dato verwendeten Chassepot-Büchse trennen wollte. Die Franzosen entschieden sich dann aber schließlich dafür, eine Waffe aus nationaler Fertigung einzuführen, was dazu führte, dass die Leitung der Firma Remington nicht mehr bereit war, das Projekt zu unterstützen. Nachträglich bedauerte Remington seine Entscheidung allerdings, denn 1871 wurde das Mauser-Norris-Gewehr doch noch militärisch eingeführt: die preußische Armee begann es unter der Bezeichnung M71 auszugeben. Die Waffe hatte das Kaliber 11 mm, der konkrete Name ihrer Schwarzpulverpatrone war 11,15 x 60 R. Durch den Kauf des Oberndorfer staatlichen Waffenarsenals 1873 erhielt die Firma Mauser & Co. eine umfangreiche waffentechnische Produktionsanlage. Das Mauser-Militärgewehr wurde dann auch in Lizenz in Erfurt, Spandau, Amberg und Danzig sowie zudem bei Steyr in Österreich gefertigt. Nachdem Wilhelm Mauser 1886 gestorben war, wurde das Unternehmen in die Waffenfabrik Mauser AG umgewandelt. Im selben Jahr kam eine Weiterentwicklung des Gewehres M71 mit einem Röhrenmagazin für acht Patronen heraus, das Modell 1871/84. 1887 folgte diesem Modell das Gewehr M87 im Kaliber 9,5 mm für die türkische Armee.

Weil die Deutschen das Modell 71 mit seinem Röhrenmagazin nicht akzeptiert hatten, baute Mauser ab 1888 für die deutsche Armee das Gewehr 88, das legendäre „Kommissgewehr" im Kaliber 7,92 mm. 1889 beschloss die belgische Armee ebenfalls die Mauser-Waffe einzuführen, diese wurde im Kaliber 7,65 Mauser bei FN in Belgien in Lizenz hergestellt. Und auch das spanische Militär führte die Mauser-Waffe ein, allerdings im Kaliber 7 mm (7 x 57). Mauser-Gewehre gehörten in der damaligen Zeit zu den überragendsten Waffen. Das amerikanische Militär wollte daher unbedingt eine Mauser-ähnliche Büchse, dies hatte dann die Einführung des Springfield M 1903 zur Folge. Die Springfield-Waffe war dem Mauser-Design so ähnlich, dass die US-Regierung wegen Bruchs der Patentrechte 200 000 Dollar an Mauser zahlen musste. 1898 beschloss die deutsche Armee, die von der Firma Mauser entwickelte neue Büchse, Modell 1898, im Kaliber 7,92 Mauser (8 x 57) offiziell als Gewehr 98 einzuführen. Kürzere Versionen von dieser Waffe wurden 1904 als Karabiner 98a, nach dem Ersten Weltkrieg als Karabiner 98b und ab 1935 als Karabiner 98k ausgegeben.

Alles in allem wurden mehr als 200 verschiedene militärische Varianten des ursprünglichen Mauser Modells 98 gebaut, ganz abgesehen von den diversen jagdlichen und sportlichen Nachfolgemodellen, die es – allein von Mauser – in den Kalibern .22 l.r. bis 9,3 mm gab und gibt. Die Vielzahl existierender Mauser-Waffen macht es unmöglich, nachfolgend genauer darauf einzugehen. Sehr gute englischsprachige Fachbücher zum Thema Mauser sind etwa „Mauser Military Rifles of the World" von R.W.D. Ball, „Sniper Variations of the German K98K Rifle" von R.D. Law sowie „Mauser Carbine 98K" von R.D. Law.

Paul Mauser verstarb 1914 und die Firmenbezeichnung wurde 1922 in Mauser-Werke AG geändert. Nach dem Zweiten Weltkrieg und nach der Aufhebung des Waffenproduktionsverbots durch die Alliierten fing das Unternehmen unter dem Namen Mauser-Werke Oberndorf Waffensysteme GmbH neu an.

## *Mauser Kommissgewehr 1888*

**TECHNISCHE DATEN**

| | |
|---|---|
| Kaliber: | 8 x 57 I |
| Magazin: | fest |
| Kapazität: | 5 Patronen (Mannlicher-Ladestreifen) |
| Magazinhalteknopf: | entfällt |
| System: | Repetierbüchse |
| Verschlussbedienung: | Kammerstängel |
| Feuerarten: | Einzelfeuer |
| Verriegelung: | 2 Verriegelungswarzen |
| Gesamtlänge: | 124 cm |
| Lauflänge: | 74 cm |
| Gesamtgewicht: | 3,9 kg |
| Visierung: | Schiebevisier |
| Sicherung: | manuelle Flügelsicherung hinten am System |
| Schaft: | Holzschaft, Nussbaum |

*Mauser Kommissgewehr 1888*

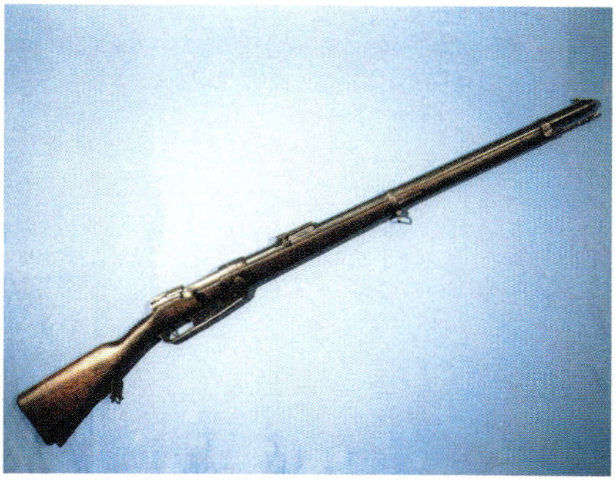

**BESONDERHEITEN**

Lauf und Verschlusshülse brüniert. Ohne hölzernen Handschutz, statt dessen metallenes Schutzrohr über dem Lauf, das vom Verschluss bis zur Mündung reicht.

## *Mauser Gewehr 98*

**TECHNISCHE DATEN**

| | |
|---|---|
| Kaliber: | 8 x 57 IS |
| Magazin: | fest |
| Kapazität: | 5 Patronen |
| Magazinhalteknopf: | entfällt |
| System: | Repetierbüchse |
| Verschlussbedienung: | Kammerstängel |
| Feuerarten: | Einzelfeuer |
| Verriegelung: | 2 Verriegelungswarzen |
| Gesamtlänge: | 125 cm |
| Lauflänge: | 74 cm |
| Gesamtgewicht: | 4,1 kg |
| Visierung: | Schiebevisier (400 bis 2000 m) |
| Sicherung: | manuelle Flügelsicherung hinten am System |
| Schaft: | Holzschaft, Nussbaum |

**BESONDERHEITEN**

Lauf und Verschlusshülse brüniert. Auf dem Foto ist ein spezielles, limitiertes Modell abgebildet, das

*Mauser Gewehr 98*

*Mauser K98*

zum 100-jährigen Bestehen des Mauser 98-Repetiersystems herauskam; von dieser Waffe wurden insgesamt genau 1998 Stück gefertigt.

## *Mauser K98*

**TECHNISCHE DATEN**

| | |
|---|---|
| Kaliber: | 8 x 57 IS |
| Magazin: | fest |
| Kapazität: | 5 Patronen |
| Magazinhalteknopf: | entfällt |
| System: | Repetierbüchse |
| Verschlussbedienung: | Kammerstängel |
| Feuerarten: | Einzelfeuer |
| Verriegelung: | 2 Verriegelungswarzen |
| Gesamtlänge: | 112 cm |
| Lauflänge: | 61 cm |
| Gesamtgewicht: | 3,8 kg |
| Visierung: | Schiebevisier (400 bis 2000 m) |
| Sicherung: | manuelle Flügelsicherung hinten am System |
| Schaft: | Holzschaft, Nussbaum |

**BESONDERHEITEN**

Lauf und Verschlusshülse brüniert. Auf dem Foto ist ein Teil eines Mauser K98-Demonstrations-Schnittmodells zu sehen.

*Mauser K98 (Demonstrations-Schnittmodell)*

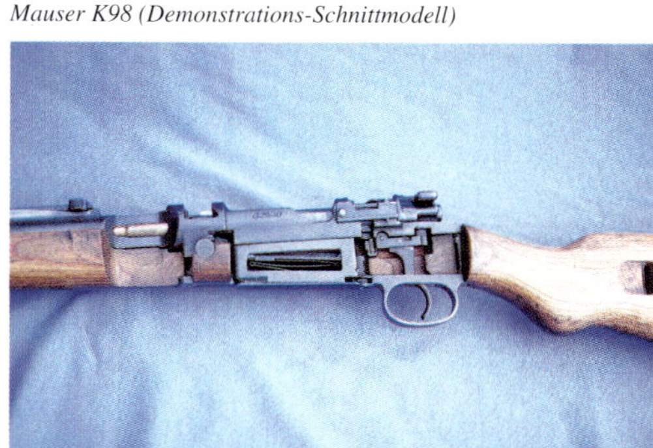

*Mauser 86SR Scharfschützenbüchse*

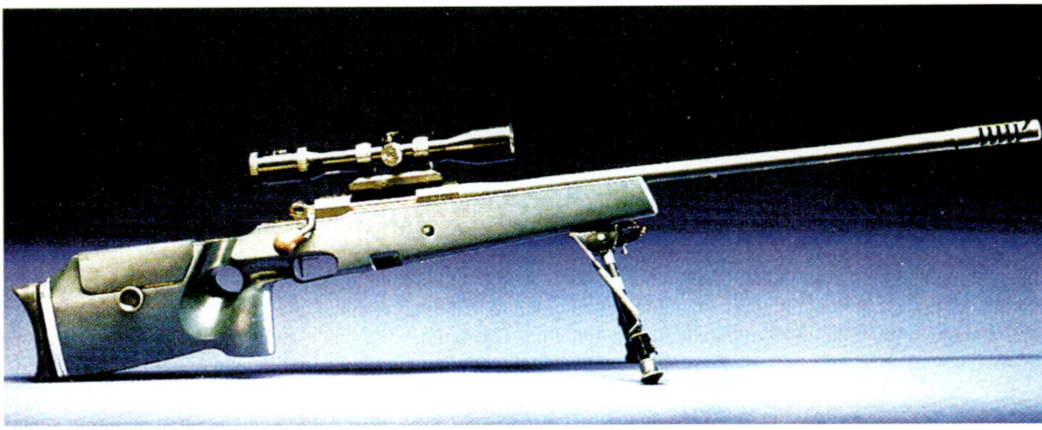

## *Mauser 86SR Scharfschützenbüchse*

**TECHNISCHE DATEN**

| | |
|---|---|
| Kaliber: | .308 Win. |
| Magazin: | herausnehmbar |
| Kapazität: | 9 Patronen |
| Magazinhalteknopf: | rechts neben dem Magazinschacht |
| System: | Repetierbüchse |
| Verschlussbedienung: | Kammerstängel |
| Feuerarten: | Einzelfeuer |
| Verriegelung: | 2 Verriegelungswarzen |
| Gesamtlänge: | 127 cm |
| Lauflänge: | 75 cm |
| Gesamtgewicht: | 6,2 kg |
| Visierung: | ohne; spezielle Zielfernrohrmontage |
| Sicherung: | manuelle Flügelsicherung hinten am System |
| Schaft: | mattschwarzer Schichtholzschaft mit Daumenloch und Pistolengriff, verstellbare Backe u. Schaftkappe |

**BESONDERHEITEN**

Montageschiene für Zweibein unter dem Vorderschaft.

## *Mauser SR 93 Scharfschützenbüchse*

**TECHNISCHE DATEN**

| | |
|---|---|
| Kaliber: | .300 Win. Mag |
| Magazin: | fest |
| Kapazität: | 5 Patronen |
| Magazinhalteknopf: | entfällt |
| System: | Repetierbüchse |
| Verschlussbedienung: | Kammerstängel; kann für Linkshänder auf die rechte Seite verlegt werden |
| Feuerarten: | Einzelfeuer |
| Verriegelung: | 2 Verriegelungswarzen |
| Gesamtlänge: | 123 cm |
| Lauflänge: | 60 cm, inkl. Mündungsbremse |
| Gesamtgewicht: | 6,3 kg |
| Visierung: | ohne; spezielle Zielfernrohrmontage |
| Sicherung: | beidseitige Sicherung über dem Abzug |
| Schaft: | spez. Skelettschaft aus Magnesium u. Aluminium, mit Daumenloch u. Pistolengriff, verstellbare Backe u. Schaftkappe |

*Mauser SR93 Scharfschützenbüchse*

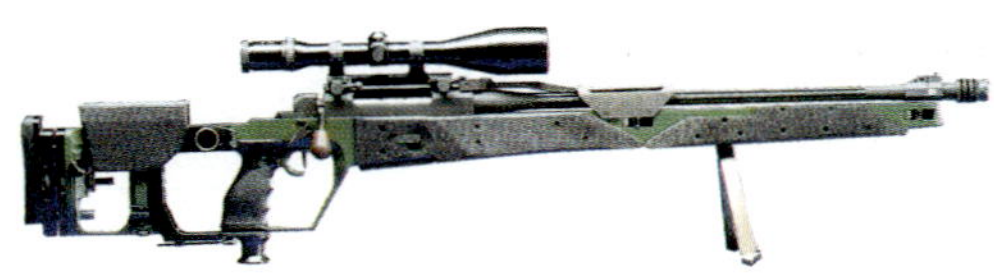

**BESONDERHEITEN**

Integriertes Zweibein. Für Entfernungen bis 800 m.

## *Mauser SR 94 Professional*

**TECHNISCHE DATEN**

| | |
|---|---|
| Kaliber: | .308 Win. oder .300 Win. Mag. |
| Magazin: | fest |
| Kapazität: | 5 oder 3 Patronen (.300) |

*Mauser SR94 Professional*

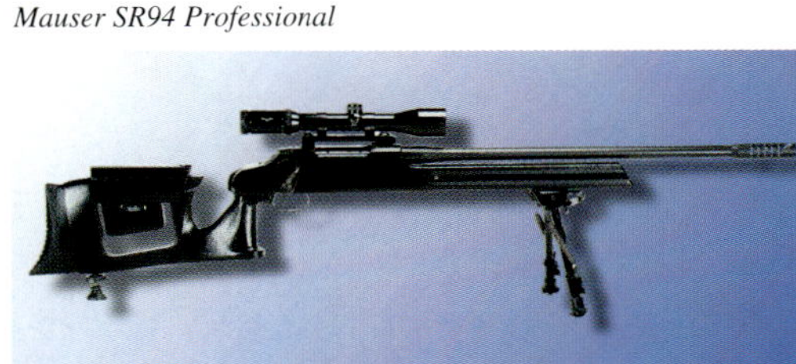

Magazinhalteknopf: entfällt
System: Repetierbüchse
Verschlussbedienung: Kammerstängel
Feuerarten: Einzelfeuer
Verriegelung: 6 Verriegelungswarzen
Gesamtlänge: 115,8 oder 120,8 cm; inkl. Mündungsbremse
Lauflänge: 68 oder 73 cm; inkl. Mündungsbremse
Gesamtgewicht: 4,5 kg; ohne Zielfernrohr
Visierung: ohne; spezielle Zielfernrohrmontage
Sicherung: Sicherung links hinter dem Kammerstängel
Schaft: Schichtholzschaft mit Montageschiene für Zweibein oder Handauflage unter dem Vorderschaft, verstellbare Backe und Schaftkappe

#### BESONDERHEITEN

Lauf und Verschlusshülse mattschwarz.

## Mauser SR 94 Scharfschützenbüchse

#### TECHNISCHE DATEN

Kaliber: .308 Win.
Magazin: fest
Kapazität: 4 Patronen
Magazinhalteknopf: entfällt
System: Repetierbüchse
Verschlussbedienung: Kammerstängel
Feuerarten: Einzelfeuer
Verriegelung: 6 Verriegelungswarzen
Gesamtlänge: 115 cm
Lauflänge: 60 cm
Gesamtgewicht: 4,5 kg
Visierung: ohne; spezielle Zielfernrohrmontage
Sicherung: Sicherung links hinter dem Kammerstängel
Schaft: Kunststoffschaft mit Montageschiene für Zweibein oder Handauflage unter dem Vorderschaft

#### BESONDERHEITEN

Lauf und Verschlusshülse mattschwarz.

## Mauser 96 Varmint

#### TECHNISCHE DATEN

Kaliber: .308 Win. oder .300 Win. Mag. (und .243 Win.)

*Mauser SR94 Scharfschützenbüchse*

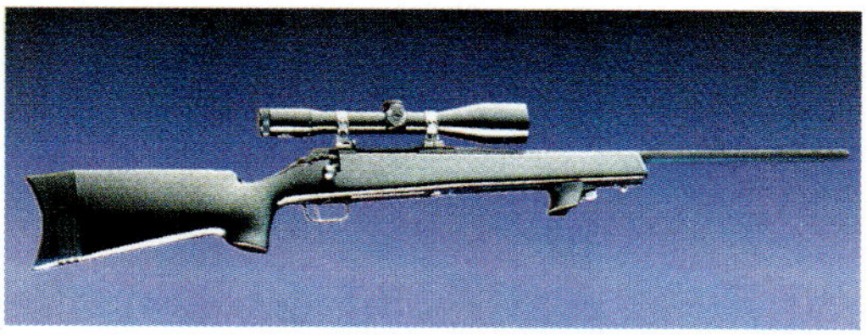

*Mauser 96 Varmint*

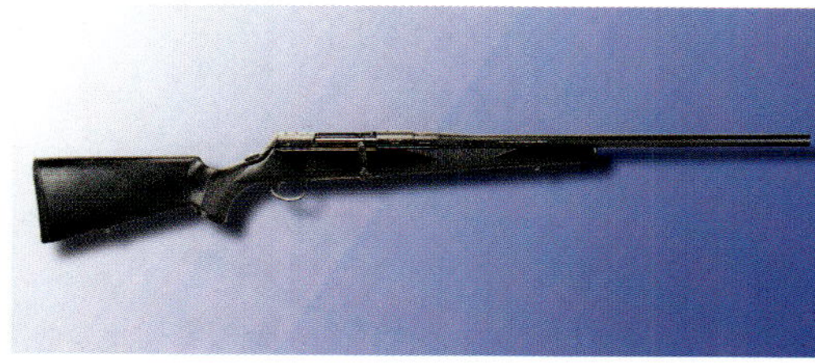

Magazin: herausnehmbar
Kapazität: .308: 5 oder 3 Patronen; .300: 4 oder 2 Patronen
Magazinhalteknopf: links unten, in der Nähe des Magazinschachtes
System: Repetierbüchse
Verschlussbedienung: Kammerstängel
Feuerarten: Einzelfeuer
Verriegelung: 16 Verriegelungswarzen
Gesamtlänge: 115 cm
Lauflänge: 65 cm
Gesamtgewicht: 3,4 kg; ohne Zielfernrohr
Visierung: ohne; spezielle Zielfernrohrmontage
Sicherung: Schiebesicherung am Kolbenhals
Schaft: schwarzer Kunststoffschaft

#### BESONDERHEITEN

Lauf und Verschlusshülse mattschwarz. Geradezugrepetiersystem mit Drehverriegelungskopf im Verschlusszylinder. Die Waffe wird auch als polizeiliche Präzisionsschützenbüchse verwendet.

## Mauser SR 96

#### TECHNISCHE DATEN

Kaliber: .308 Win. oder .300 Win. Mag.
Magazin: herausnehmbar
Kapazität: .308: 5 oder 3 Patronen; .300: 4 oder 2 Patronen
Magazinhalteknopf: links unten, in der Nähe des Magazinschachtes
System: Repetierbüchse
Verschlussbedienung: Kammerstängel
Feuerarten: Einzelfeuer
Verriegelung: 16 Verriegelungswarzen
Gesamtlänge: 113 oder 118 cm
Lauflänge: 60 oder 65 cm
Gesamtgewicht: 3,8 kg; ohne Zielfernrohr

*Mauser SR96*

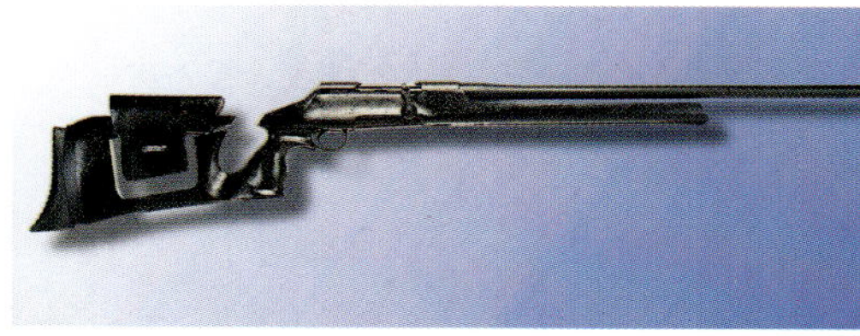

*Mauser Modell 97*

| | |
|---|---|
| Visierung: | ohne; spezielle Zielfernrohrmontage |
| Sicherung: | Schiebesicherung am Kolbenhals |
| Schaft: | Schichtholzschaft mit Schiene für Zweibein oder Handauflage unter dem Vorderschaft, verstellbare Backe und Schaftkappe |

**BESONDERHEITEN**

Lauf und Verschlusshülse mattschwarz. Geradezugrepetiersystem mit Drehverriegelungskopf im Verschlusszylinder.

## *Mauser Modell 97*

**TECHNISCHE DATEN**

| | |
|---|---|
| Kaliber: | .308 Win. oder .300 Win. Mag. (und verschiedene andere Kaliber) |
| Magazin: | herausnehmbar |
| Kapazität: | 4 Patronen |
| Magazinhalteknopf: | links unten, in der Nähe des Magazinschachtes |
| System: | Repetierbüchse |
| Verschlussbedienung: | Kammerstängel |
| Feuerarten: | Einzelfeuer |
| Verriegelung: | 16 Verriegelungswarzen |
| Gesamtlänge: | 112 cm |
| Lauflänge: | 61 cm |
| Gesamtgewicht: | 3,3 kg; ohne Zielfernrohr |
| Visierung: | Büchsenvisier; spezielle Zielfernrohrmontage |
| Sicherung: | Schiebesicherung am Kolbenhals |
| Schaft: | Nussbaumschaft |

**BESONDERHEITEN**

Lauf und Verschlusshülse mattschwarz. Geradezugrepetiersystem mit Drehverriegelungskopf im Verschlusszylinder. Die Waffe wird auch als polizeiliche Präzisionsschützenbüchse verwendet. Der Sicherungsschieber dient gleichzeitig als Spannschieber. Die Abbildung zeigt u.a. eine Waffe mit einer abnehmbaren Mauser-Zielfernrohrmontage.

## *Mauser SR 97 Scharfschützenbüchse*

**TECHNISCHE DATEN**

| | |
|---|---|
| Kaliber: | .300 Win. Mag. |
| Magazin: | fest |
| Kapazität: | 5 Patronen |
| Magazinhalteknopf: | entfällt |
| System: | Repetierbüchse |
| Verschlussbedienung: | Kammerstängel; kann für Linkshänder auf die rechte Seite verlegt werden |
| Feuerarten: | Einzelfeuer |
| Verriegelung: | 2 Verriegelungswarzen |
| Gesamtlänge: | 123 cm |
| Lauflänge: | 66 cm; inkl. Mündungsfeuerdämpfer |
| Gesamtgewicht: | 7,2 kg |
| Visierung: | ohne; spezielle Zielfernrohrmontage |
| Sicherung: | beidseitige Sicherung über dem Abzug |
| Schaft: | spezieller Skelettschaft aus Magnesium u. Aluminium |

**BESONDERHEITEN**

Zweibein; verstellbare Backe und Schaftkappe. Speziell für Entfernungen über 800 m.

*Mauser SR97 Scharfschützenbüchse*

# Mitchell Arms Inc.

*Mitchell Arms-Logo*

Die US-amerikanische Firma Mitchell Arms wurde erst 1984 von John Mitchell gegründet, einem früherem Manager der Firma High Standard, die Anfang 1984 Konkurs angemeldet hatte.
Mitchell Arms ist im kalifornischen Santa Ana beheimatet. Zunächst baute Mitchell Arms nur Selbstladegewehre im Kaliber .22 l.r., die bekannten militärischen Sturmgewehren, wie dem Colt M16, der klassischen Kalashnikov AK 47 oder dem französischen MAS nachempfunden waren. Dann begann man, in den Kalibern .45 LC und auch .44 Magnum Nachbauten des Colt Single Action Army-Revolver zu fertigen und Replikas bekannter amerikanischer Vorderladerrevolver der Firmen Colt und Remington zu vertreiben, die man aus Italien von der bekannten Firma Uberti einführte.
Neben diversen Pistolen produziert Mitchel Arms heute auch verschiedene kurze, halbautomatische Karabiner, die teilweise Maschinenpistolen nachempfunden sind. Diese Gewehre wurden vorher als die Modelle AT-22 und AT-9 von der US-Firma Feather gebaut. Seit 1994 stellt Mitchell Arms auch verschiedene Flinten her, insbesondere solche, die für den Einsatz bei Polizei und Militär bestimmt sind.

## *Mitchell Guardian Angel LW-9 Lightweight Rifle*

**TECHNISCHE DATEN**

| | |
|---|---|
| Kaliber: | 9 mm Para |
| Magazin: | herausnehmbares Magazin |
| Kapazität: | 25 Patronen |
| Magazinhalteknopf: | vor dem Magazinschacht |
| System: | Selbstladewaffe (Rückstoßlader) |
| Verschlussbedienung: | Spanngriff |
| Feuerarten: | halbautomatisch |
| Verriegelung: | reiner Masseverschluss |
| Gesamtlänge: | 88,6 cm, mit ausgezogenem Schaft |
| Lauflänge: | 43,2 cm |
| Gesamtgewicht: | 2,3 kg |
| Visierung: | militärisches Dioptervisier, ringförmiger Kornschutz |
| Sicherung: | Sicherung vor dem Abzugsbügel |
| Schaft: | Teleskoprohr, oder fester, schwarzer Kunststoff |

**BESONDERHEITEN**

Mattschwarze Schutzoberfläche.

## *Mitchell High Standard Model 9108*

**TECHNISCHE DATEN**

| | |
|---|---|
| Kaliber: | 12/76 |
| Magazin: | Röhrenmagazin |
| Kapazität: | 7 Patronen |
| Magazinhalteknopf: | entfällt |
| System: | Repetierflinte |
| Verschlussbedienung: | Vorderschaft |
| Feuerarten: | Einzelfeuer |

*Mitchell Guardian Angel LW-9 Lightweight Rifle*

*Mitchell High Standard Model 9108*

| | |
|---|---|
| Verriegelung: | Vertikalblockverschluss |
| Gesamtlänge: | 110 cm |
| Lauflänge: | 61 cm |
| Gesamtgewicht: | 3,4 kg |
| Visierung: | Flintenkorn |
| Sicherung: | Druckknopfsicherung hinten am Abzugsbügel |
| Schaft: | Hartholz, mit Pistolengriff |

**BESONDERHEITEN**

Stahlsystemkasten; der Hinterschaft ist auch mit einem Zusatzmagazinsystem für 2 x 2 zusätzliche Patronen erhältlich.

# Mosin-Nagant

Sergei Ivanovich Mosin war ein russischer Artillerieoffizier, der als Waffeningenieur im kaiserlichen Waffenarsenal von Tula arbeitete. Um 1885 nahm er an den Entwicklungsarbeiten für ein neues Militärgewehr für die zaristische Armee teil. Diese hatte bis dahin das Heckler-Berdan-Gewehr verwendet, jedoch im Bewusstsein, dass dessen Technik hoffnungslos veraltet war. Die ersten Testversuche für eine neue Waffe fanden irgendwann um 1890 statt. Neben der einschüssigen Büchse, die Mosin eingereicht hatte, nahm auch ein Gewehr der belgischen Waffenhersteller Emil und Leon Nagant an dem gewinnträchtigten Auswahlverfahren teil. Schließlich kam man zu einem Kompromiss: man entschied sich für ein Mosin-Gewehr mit einem fünfschüssigen Nagant-Magazinsystem. Die Waffe, die ab 1891 an die russischen Truppe ausgegeben wurde, trug aber zunächst nicht den Namen ihrer Designer, ihre offizielle Bezeichnung lautete damals „Trehlinejnaja Vintovka Obrasca 1891 Goda". Diese Bezeichnung war unter anderem auch abgeleitet vom neuen Kaliber des Gewehres, dem späteren Kaliber 7,62 x 54R. Der Name Mosin-Nagant kam jedenfalls erst viel später auf.

Dass er dann in der Literatur auch oft als „Moisin-Nagant" zu lesen war, machte die Verwirrung umso größer. Zuerst war die russische Industrie nicht in der Lage, das neue Gewehr in den notwendigen größeren Stückzahlen herzustellen; deshalb wurden 500 000 Waffen von dem französischen Waffenherstellungsunternehmen Manufacture d'Armes de Chatellerault (MAC) produziert. Die russischen Unternehmen selbst kamen erst 1893 richtig in die Gänge, bauten dann aber 1,4 Millionen Mosin-Nagant-Büchsen innerhalb von drei Jahren. Etwa um 1900 war dann die gesamte riesige russische Armee mit den Waffen ausgerüstet. Man konnte sie dann bereits im Krieg gegen Japan im großen Stil testen. 1914, zu Beginn des Ersten Weltkrieges, lieferte Russland 120 000 Mosin-Nagants, nun M1891 genannt, an Serbien. 1930 wurde die Waffe einem Facelifting unterzogen. Dabei wurde zunächst der Verschlusszylinder für eine einfachere Herstellung modifiziert. Zudem erhielt das Gewehr ein neues Schiebevisier und der Kornbereich erhielt Kornschutzbacken. Die neue Variante erhielt die Bezeichnung M1891/30 oder M1891/1930. Sie wurde auch in einigen wenigen Karabinerausführungen gebaut, die kürzere Läufe mit einer Länge von ungefähr 50 cm hatten.
1944 erschien eine Karabinerversion, das Modell 1944, die auf einem älteren Modell basierte. Dieser Karabiner hat ein langes, dünnes Klappbayonett. Nach dem Zweiten Weltkrieg wurden die Repetiergewehre und -karabiner auch in Russland nach und nach von Selbstladewaffen, wie etwa der von Tokarev oder dem SKS Simonov ersetzt – und diese dann wieder vom legendären AK-47 Kalashnikov.

## *Mosin-Nagant M1891*

**TECHNISCHE DATEN**

| | |
|---|---|
| Kaliber: | 7,62 x 54R |

*Mosin-Nagant M1891*

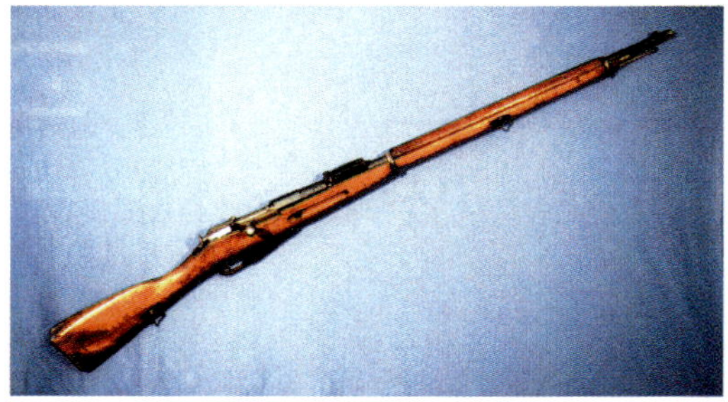

| | |
|---|---|
| Magazin: | fest |
| Kapazität: | 5 Patronen (Mannlicher-Ladestreifen) |
| Magazinhalteknopf: | entfällt |
| System: | Repetierbüchse |
| Verschlussbedienung: | Kammerstängel |
| Feuerarten: | Einzelfeuer |
| Verriegelung: | Verriegelungswarzen |
| Gesamtlänge: | 130,3 cm |
| Lauflänge: | 80,2 cm |
| Gesamtgewicht: | 4,4 kg |
| Visierung: | einfaches Schiebevisier |
| Sicherung: | Schlagbolzenspannknopf kann durch Herausziehen und Vierteldrehung arretiert werden |
| Schaft: | Holzschaft |

### BESONDERHEITEN

Während des Repetierens wird die Magazinzuführung von einem speziellen Hebel blockiert. Dieser sorgt dann dafür, dass nur die oberste Patrone geladen und die anderen im Magazin zurückgehalten werden. So kratzt die Unterseite des Verschlusszylinders auch nicht an der obersten Patrone im Magazin.

Unter dem Lauf der Waffe ist ein Putzstock angebracht.

## *Mosin-Nagant M1891/30*

### TECHNISCHE DATEN

| | |
|---|---|
| Kaliber: | 7,62 x 54R |

*Mosin-Nagant M1891/30*

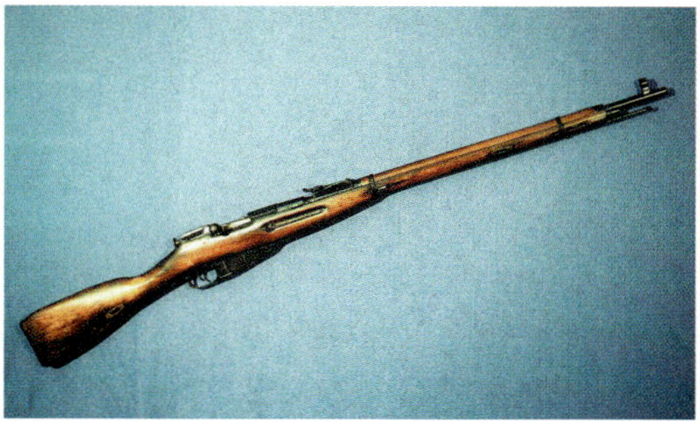

| | |
|---|---|
| Magazin: | fest |
| Kapazität: | 5 Patronen (Mannlicher-Ladestreifen) |
| Magazinhalteknopf: | entfällt |
| System: | Repetierbüchse |
| Verschlussbedienung: | Kammerstängel |
| Feuerarten: | Einzelfeuer |
| Verriegelung: | Verriegelungswarzen |
| Gesamtlänge: | 123 cm |
| Lauflänge: | 73 cm |
| Gesamtgewicht: | 4 kg |
| Visierung: | Schiebevisier, ringförmiger Kornschutz |
| Sicherung: | Schlagbolzenspannknopf kann durch Herausziehen und Vierteldrehung arretiert werden |
| Schaft: | Holzschaft |

### BESONDERHEITEN

Während des Repetierens wird die Magazinzuführung von einem speziellen Hebel blockiert. Die-

*Mosin-Nagant M1944*

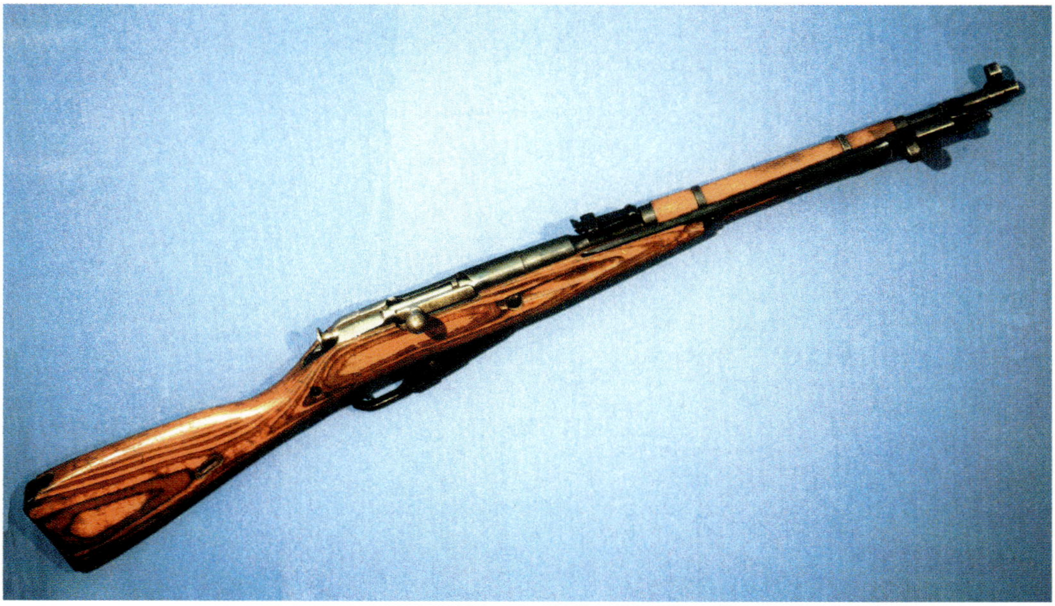

ser sorgt dann dafür, dass nur die oberste Patrone geladen und die anderen im Magazin zurückgehalten werden. So kratzt die Unterseite des Verschlusszylinders auch nicht an der obersten Patrone im Magazin. Unter dem Lauf der Waffe ist ein Putzstock angebracht.

## *Mosin-Nagant M1944*

**TECHNISCHE DATEN**

| | |
|---|---|
| Kaliber: | 7,62 x 54R |
| Magazin: | fest |
| Kapazität: | 5 Patronen (Mannlicher-Ladestreifen) |
| Magazinhalteknopf: | entfällt |
| System: | Repetierbüchse |
| Verschlussbedienung: | Kammerstängel |
| Feuerarten: | Einzelfeuer |
| Verriegelung: | Verriegelungswarzen |
| Gesamtlänge: | 102 cm, inkl. Klappbayonett |
| Lauflänge: | 51,8 cm |
| Gesamtgewicht: | 3,9 kg |
| Visierung: | Schiebevisier, ringförmiger Kornschutz |
| Sicherung: | Schlagbolzenspannknopf kann durch Herausziehen und Vierteldrehung arretiert werden |
| Schaft: | Holzschaft |

**BESONDERHEITEN**

Klappbayonett, Aufpflanzung hinter der Visiermontage.

*Mosin-Nagant M1944*

# Mossberg

Die US-Firma Mossberg mit Sitz in North Haven, Connecticut, feierte 1997 ihr 75-jähriges Bestehen. Im Laufe dieser Jahre kam Mossberg immer wieder mit vielen technischen Innovationen auf den Markt, die dann teilweise auch von Mitbewerbern übernommen wurden.

Die Produktpalette an verschiedenen Flinten der Firma ist äußerst vielschichtig und deckt diverse Einsatzgebiete ab. Neben diversen jagdlichen Flinten stellt Mossberg auch Riot Guns, also kurze polizeiliche und militärische Pumpflinten her, die unter anderem auch von der US Army verwendet werden. Nur die Mossberg-Waffen haben die strengen Army-Auswahltests bestanden.

*Mossberg-Logo*

Die verschiedenen speziellen Flinten zur polizeilichen Verwendung können teilweise mit einem speziellen so genannten Speedlock-Schaft ausgestattet werden, der in einer Magazinröhre Ersatzpatronen aufnehmen kann. Zudem können Ersatzpatronen in einer speziellen Halterung auch seitlich am Schaft mitgeführt werden.

1966 übernahm Mossberg die Advanced Ordnance Corporation, die Zulieferteile für das Militär, aber auch für die Kraftfahrzeug- und Luftfahrtindustrie produziert. Seit 1966 arbeitet Mossberg auch eng mit dem israelischen staatlichen Waffenherstellungskonzern Israel Military Industries (IMI) zusammen. Von den beiden Unternehmen wurden in den USA zusammen die Firma „UZI America" gegründet; diese neue US-Firma vermarktet in Amerika die israelischen UZI-, Galil- und Jericho-Produkte (Deasert Eagle). Seit auch in den USA die Waffengesetze verschärft wurden, werden die automatischen UZI- und Galil-Waffen auch dort nur mehr an Behörden verkauft.

## *Mossberg 500 Home Security*

**TECHNISCHE DATEN**

| | |
|---|---|
| Kaliber: | 12/76 |
| Magazin: | Röhrenmagazin |
| Kapazität: | 8 Patronen |
| Magazinhalteknopf: | entfällt |
| System: | Repetierflinte |
| Verschlussbedienung: | Vorderschaft |
| Feuerarten: | Einzelfeuer |

*Mossberg 500 Home Security*

| | |
|---|---|
| Verriegelung: | Vertikalblockverschluss |
| Gesamtlänge: | 118 cm |
| Lauflänge: | 53 cm |
| Gesamtgewicht: | 3,2 kg |
| Visierung: | Flintenkorn |
| Sicherung: | Schiebesicherung hinten oben auf dem Systemkasten |
| Schaft: | mattschwarzer Kunststoffschaft |

**BESONDERHEITEN**

Systemkasten und Lauf mattschwarz.

## *Mossberg 500 Mariner*

**TECHNISCHE DATEN**

| | |
|---|---|
| Kaliber: | 12/76 |
| Magazin: | Röhrenmagazin |
| Kapazität: | 6 Patronen |
| Magazinhalteknopf: | entfällt |
| System: | Repetierflinte |
| Verschlussbedienung: | Vorderschaft |
| Feuerarten: | Einzelfeuer |
| Verriegelung: | Vertikalblockverschluss |
| Gesamtlänge: | 112 cm |
| Lauflänge: | 47 cm |
| Gesamtgewicht: | 3,2 kg |
| Visierung: | Flintenkorn oder verstellbares „Ghost Ring"-Visier |
| Sicherung: | Schiebesicherung hinten oben a. d. Systemkasten |
| Schaft: | schwarzer Kunststoffschaft |

*Mossberg 500 Mariner*

**BESONDERHEITEN**

Matt vernickelt.

## *Mossberg 500 Persuader*

**TECHNISCHE DATEN**

| | |
|---|---|
| Kaliber: | 12/76 |
| Magazin: | Röhrenmagazin |
| Kapazität: | 6 Patronen |
| Magazinhalteknopf: | entfällt |
| System: | Repetierflinte |
| Verschlussbedienung: | Vorderschaft |
| Feuerarten: | Einzelfeuer |
| Verriegelung: | Vertikalblockverschluss |
| Gesamtlänge: | 112 cm |
| Lauflänge: | 47 cm |

*Mossberg 500 Persuader*

Mossberg 500 Viking

| | |
|---|---|
| Gesamtgewicht: | 3,2 kg |
| Visierung: | verstellbares „Ghost Ring“-Visier |
| Sicherung: | Schiebesicherung hinten oben auf dem Systemkasten |
| Schaft: | mattschwarzer Kunststoffschaft |

**BESONDERHEITEN**

Systemkasten und Lauf mattschwarz.

## *Mossberg 500 USA Mil-Spec*

**TECHNISCHE DATEN**

| | |
|---|---|
| Kaliber: | 12/76 |
| Magazin: | Röhrenmagazin |
| Kapazität: | 6 Patronen |
| Magazinhalteknopf: | entfällt |
| System: | Repetierflinte |
| Verschlussbedienung: | Vorderschaft |
| Feuerarten: | Einzelfeuer |
| Verriegelung: | Vertikalblockverschluss |
| Gesamtlänge: | 107 cm |
| Lauflänge: | 451 cm |
| Gesamtgewicht: | 3,3 kg |
| Visierung: | Flintenkorn |
| Sicherung: | Schiebesicherung hinten oben a. d. Systemkasten |
| Schaft: | mattgrüner Kunststoffschaft |

Mossberg 500 USA Mil-Spec

**BESONDERHEITEN**

Mit Riembügeln ausgestattet.

## *Mossberg 500 Viking*

**TECHNISCHE DATEN**

| | |
|---|---|
| Kaliber: | 12/76 |
| Magazin: | Röhrenmagazin |
| Kapazität: | 5 Patronen |
| Magazinhalteknopf: | entfällt |
| System: | Repetierflinte |
| Verschlussbedienung: | Vorderschaft |
| Feuerarten: | Einzelfeuer |
| Verriegelung: | Vertikalblockverschluss |
| Gesamtlänge: | 112 cm |
| Lauflänge: | 61 cm |
| Gesamtgewicht: | 3,2 kg |
| Visierung: | 1,5–4,5-faches optisches Visier von Tasco |
| Sicherung: | Schiebesicherung hinten oben a. d. Systemkasten |
| Schaft: | mattgrüner Kunststoffschaft |

**BESONDERHEITEN**

Systemkasten und Lauf mattschwarz; spezieller Slug-Lauf mit Zügen und Feldern; wird in Kunststoffkoffer ausgeliefert.

## *Mossberg 590 Mariner*

**TECHNISCHE DATEN**

| | |
|---|---|
| Kaliber: | 12/76 |
| Magazin: | Röhrenmagazin |
| Kapazität: | 9 Patronen |
| Magazinhalteknopf: | entfällt |
| System: | Repetierflinte |
| Verschlussbedienung: | Vorderschaft |
| Feuerarten: | Einzelfeuer |

*Mossberg 590 Mariner*

| | |
|---|---|
| Verriegelung: | Vertikalblockverschluss |
| Gesamtlänge: | 112 cm |
| Lauflänge: | 51 cm |
| Gesamtgewicht: | 3,2 kg |
| Visierung: | Flintenkorn oder verstellbares „Ghost Ring"-Visier |
| Sicherung: | Schiebesicherung hinten oben a. d. Systemkasten |
| Schaft: | mattschwarzer Kunststoffschaft |

**BESONDERHEITEN**

Systemkasten, Lauf und Röhrenmagazin matt vernickelt.

## *Mossberg 590 Persuader*

**TECHNISCHE DATEN**

| | |
|---|---|
| Kaliber: | 12/76 |
| Magazin: | Röhrenmagazin |
| Kapazität: | 9 Patronen |
| Magazinhalteknopf: | entfällt |
| System: | Repetierflinte |
| Verschlussbedienung: | Vorderschaft |
| Feuerarten: | Einzelfeuer |
| Verriegelung: | Vertikalblockverschluss |
| Gesamtlänge: | 114 cm |
| Lauflänge: | 47 cm |
| Gesamtgewicht: | 3,3 kg |
| Visierung: | verstellbares „Ghost Ring"-Visier |
| Sicherung: | Schiebesicherung hinten oben a. d. Systemkasten |
| Schaft: | mattschwarzer Kunststoffschaft |

**BESONDERHEITEN**

Systemkasten, Lauf und Röhrenmagazin mattschwarz. Die Waffe verfügt ober ein Schnellllademagazin auf beiden Seiten des Schaftes mit zwei zusätzlichen Patronen pro Seite.

*Mossberg 590 Persuader*

*Mossberg 9200 Persuader*

*Mossberg 695 Slug Gun*

## *Mossberg 695 Slug Gun*

**TECHNISCHE DATEN**

| | |
|---|---|
| Kaliber: | 12/76 |
| Magazin: | herausnehmbar |
| Kapazität: | 2 oder mehr Patronen |
| Magazinhalteknopf: | vor dem Magazinschacht |
| System: | Repetierflinte |
| Verschlussbedienung: | Kammerstängel |
| Feuerarten: | Einzelfeuer |
| Verriegelung: | Verriegelungswarzen |
| Gesamtlänge: | 108 cm |
| Lauflänge: | 56 cm, Lauf mit Zügen und Feldern sowie Kompensatorbohrungen |
| Gesamtgewicht: | 3,3 kg |
| Visierung: | Büchsenvisier, Weaver-Zieloptik beigegeben |
| Sicherung: | Dreh-Sicherungsring hinten am Verschlusszylinder |
| Schaft: | mattschwarzer Kunststoffschaft, mit Pistolengriff |

**BESONDERHEITEN**

Speziell zum Verschießen von Flintenlaufgeschossen auf weite Entfernungen entwickelt; wird in Kunststoffkoffer ausgeliefert.

## *Mossberg 9200 Persuader*

**TECHNISCHE DATEN**

| | |
|---|---|
| Kaliber: | 12/76 |
| Magazin: | Röhrenmagazin |
| Kapazität: | 5 Patronen |
| Magazinhalteknopf: | entfällt |
| System: | Selbstladeflinte (Gasdrucklader) |
| Verschlussbedienung: | Spanngriff |
| Feuerarten: | Einzelfeuer |
| Verriegelung: | Vertikalblockverschluss |
| Gesamtlänge: | 112 cm |
| Lauflänge: | 47 cm |
| Gesamtgewicht: | 3,2 kg |
| Visierung: | Flintenkorn |
| Sicherung: | Schiebesicherung hinten oben auf dem Systemkasten |
| Schaft: | mattschwarzer Kunststoffschaft |

**BESONDERHEITEN**

Systemkasten brüniert, Lauf mattschwarz.

# P p

## PGM

*PGM-Logo*

Das französische Unternehmen PGM spezialisiert sich auf die Herstellung besonders zuverlässiger, genau schießender Scharfschützenbüchsen. Man baut die Waffen in den Kalibern .308 Win. und .50 BMG (Browning Machine Gun). Da PMG-Büchsen als die allerbeste militärische Wahl angesehen werden, liefert PGM nicht nur an die französische Armee und Marine, sondern auch an Spezialeinheiten diverser anderer Länder.
Derzeit testet die französische Polizei das PMG-Modell „Ultimate Ratio Intervention“. Bei allen Gewehren im Kaliber .308 Win. (762 x 51 mm) kann der Lauf durch einem Lauf mit integriertem Schallabsorber ersetzt werden, ohne dass durch die Umbauarbeiten die Präzision der Waffe nachlässt oder sie neu eingeschossen werden müsste. Auch sämtliche weiteren Teile dieser Gewehre sind individuell durch andere ersetzbar.

### *PGM Ultimate Ratio Commando I*

**TECHNISCHE DATEN**

| | |
|---|---|
| Kaliber: | 7,62 x 51 mm (.308 Win.), oder nach Wahl |
| Magazin: | herausnehmbar |
| Kapazität: | 5 Patronen |
| Magazinhalteknopf: | unter dem Abzugsbügel |
| System: | Repetierbüchse |
| Verschlussbedienung: | Kammerstängel |
| Feuerarten: | Einzelfeuer |
| Verriegelung: | 3 Verrieg.-warzen, mit Gasentlastungsbohrungen |
| Gesamtlänge: | 103 cm |
| Lauflänge: | 47 oder 55 cm |
| Gesamtgewicht: | 5,5 kg |

*PGM Ultimate Ratio Commando I*

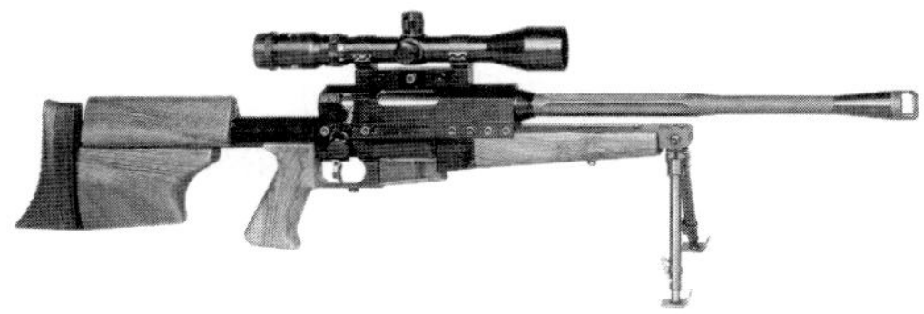

| | |
|---|---|
| Visierung: | ohne; diverse Optikmontagemöglichkeiten (Universal-, Weaver- oder Stanag-) |
| Sicherung: | manuelle Sicherung auf der linken Seite |
| Schaft: | Skelettschaft, Backe und Schaftkappe verstellbar |

**BESONDERHEITEN**

Verschlusshülse aus speziellem Flugzeug-Aluminium; verstellbares, einklappbares Zweibein; spezielles Match-Abzugssystem; Metallteile mattschwarz.

### *PGM Ultimate Ratio Commando II*

**TECHNISCHE DATEN**

| | |
|---|---|
| Kaliber: | 7,62 x 51 mm (.308 Win.), oder nach Wahl |
| Magazin: | herausnehmbar |
| Kapazität: | 5 Patronen |
| Magazinhalteknopf: | unter dem Abzugsbügel |
| System: | Repetierbüchse |
| Verschlussbedienung: | Kammerstängel |
| Feuerarten: | Einzelfeuer |
| Verriegelung: | 3 Verriegelungswarzen, mit Gasentlastungsbohrungen |
| Gesamtlänge: | 102 cm; mit eingeklapptem Schaft: 74 cm |
| Lauflänge: | 47 cm (inkl. Mündungsbremse), mit Kühlrippen |
| Gesamtgewicht: | 5,5 kg |

*PGM Ultimate Ratio Commando II*

*PGM Ultimate Ratio Hecate II*

| | |
|---|---|
| Visierung: | ohne; diverse Optikmontagemöglichkeiten (Universal-, Weaver- oder Stanag-) |
| Sicherung: | manuelle Sicherung auf der linken Seite |
| Schaft: | Skelettschaft, Backe und Schaftkappe verstellbar |

**BESONDERHEITEN**

Verschlusshülse aus speziellem Flugzeug-Aluminium; verstellbares, einklappbares Zweibein; spezielles Match-Abzugssystem; Metallteile mattschwarz.

## *PGM Ultimate Ratio Hecate II*

**TECHNISCHE DATEN**

| | |
|---|---|
| Kaliber: | .50 BMG |
| Magazin: | herausnehmbar |
| Kapazität: | 7 Patronen |
| Magazinhalteknopf: | hinter dem Magazingehäuse |
| System: | Repetierbüchse |
| Verschlussbedienung: | Kammerstängel |
| Feuerarten: | Einzelfeuer |
| Verriegelung: | 3 Verriegelungswarzen, mit Gasentlastungsbohrungen |
| Gesamtlänge: | 138 cm; mit eingeklapptem Schaft: 114 cm |
| Lauflänge: | 70 cm (inkl. Mündungsbremse und Rückstoßdämpfer) |
| Gesamtgewicht: | 13,5 kg |
| Visierung: | ohne; diverse Optikmontagemöglichkeiten (Universal-, Weaver- oder Stanag-) |
| Sicherung: | manuelle Sicherung auf der rechten Seite |
| Schaft: | abnehmbarer Skelettschaft, Backe und Schaftkappe verstellbar |

**BESONDERHEITEN**

Stahl-Verschlusszylinder, Verschlusshülse aus speziellem Flugzeug-Aluminium; verstellbares, einklappbares Zweibein; Klapptragegriff; spezielles Match-Abzugssystem; Metallteile mattschwarz. Die Waffe hat eine treffsichere Reichweite von 1500 Metern.

*PGM Ultimate Ratio Intervention*

## *PGM Ultimate Ratio Intervention*

**TECHNISCHE DATEN**

| | |
|---|---|
| Kaliber: | 7,62 x 51 mm (.308 Win.), oder nach Wahl |
| Magazin: | herausnehmbar |
| Kapazität: | 5 Patronen |
| Magazinhalteknopf: | unter dem Abzugsbügel |
| System: | Repetierbüchse |
| Verschlussbedienung: | Kammerstängel |
| Feuerarten: | Einzelfeuer |
| Verriegelung: | 3 Verriegelungswarzen, mit Gasentlastungsbohrungen |
| Gesamtlänge: | 103 cm |
| Lauflänge: | 47 oder 60 cm (inkl. Mündungsbremse) |
| Gesamtgewicht: | 5,5 kg |
| Visierung: | ohne; diverse Optikmontagemöglichkeiten (Universal-, Weaver- oder Stanag-) |
| Sicherung: | manuelle Sicherung auf der linken Seite |
| Schaft: | Skelettschaft, Backe und Schaftkappe verstellbar |

**BESONDERHEITEN**

Verschlusshülse aus speziellem Flugzeug-Aluminium; Lauf ohne Präzisionsverlust durch Schalldämpferlauf austauschbar; verstellbares, einklappbares Zweibein; spezielles Match-Abzugssystem; Metallteile mattschwarz.

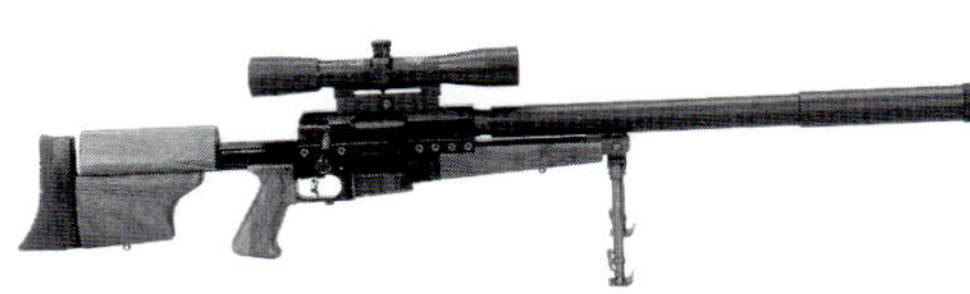

*PGM Suppressor*

# R r

## Remington

Die heutige Remington Arms Company wurde bereits 1816 von Eliphalet Remington I und II, Vater und Sohn, unter dem Namen E. Remington & Sohn in dem Ort Ilion im Staat New York gegründet. 1844 traten Neffe Philo Remington und anschließend auch Samuel und Eliphalet III, die Söhne des Firmengründers, in das Unternehmen ein und der Firmenname wurde geändert in E. Remington & Söhne. 1888 übernahm die Firma Hartley & Graham das Unternehmen und der Name wurde geändert in Remington Arms Company. 1902 erfolgte die Fusion mit dem Munitionsherstellungsunternehmen Union Cartridge Company. Der aktuelle Sitz des Unternehmens ist Bridgeport, Connecticut, und die Firma gehört dem Du Pont-Konzern an.
In den Anfangsjahren war Remington vornehmlich wegen seines Vorderladerrevolvers Army 1863 bekannt. 1863 brachte die Firma eine Hinterladerbüchse mit einem Rolling Block-Verschluss auf den Markt. Diese Waffe basierte auf einem Patent, das 1863 Leonard Geiger und Joseph Rider angemeldet hatten. Die amerikanische Regierung orderte die Lieferung von 14 999 Remington Rolling Block-Karabinern im Kalibern .56-50 Randzünder, gefolgt von einem Auftrag über 5000 Stück, Kaliber .46 Randzünder. Unter anderem wurde diese Waffe auch an Schweden verkauft.
Da Remington vornehmlich große Regierungsaufträge für das Staatsarsenal Springfield Armory produzierte, war die Firma auf dem US-Zivilmarkt weniger erfolgreich. Da das Unternehmen bis dahin fast nur Zulieferteile für andere Hersteller von zivilen Waffen gebaut hatte, konzentrierte man sich dann auch mehr auf den Privatmarkt. Während des Ersten Weltkrieges ließ die US-Regierung bei Remington das Militärgewehr Enfield Modell 1917 bauen.
Im Zweiten Weltkrieg produzierte Remington in großen Mengen Colt 1911-A1-Pistolen für die amerikanischen Streitkräfte. Bis 1966, als die Remington 700-Repetierbüchse nach umfangreichen Tests als neues Scharfschützengewehr M40 bei den Marines eingeführt wurde, stellte die Firma dann keine vom Militär verwendeten Waffen mehr her. Der Erfolg des Modells 700 beim US-Militär führte dazu, dass die Waffe dann auch von vielen anderen militärischen und polizeilichen Spezialeinheiten als Scharfschützenbüchse angeschafft wurde. Der Repetierer 700 ist heute noch das Remington-Produkt schlechthin und es gibt inzwischen diverse Variationen davon, allein 29 im Jahr 1995, reichend von Kaliber .17 Rem. im Modell Seven Lightweight bis .458 Win.Mag. im Modell 700 Safari. Das System des Modells 700, Verschluss und Verschlusshülse, wird von unzähligen Costum-Büchsenmachern auf der ganzen Welt als Basis für ihre speziellen Waffenkreationen verwendet. Selbst zum Bau superschwerer Büchsen im Kaliber .500 A-Square werden Remington 700-Verschlusssysteme verwendet; das spricht zweifelsohne für die Qualität des Systems.
Seit der Einführung des Remington-Repetierers Modell 700 verfügen alle Waffen über ein verstellbares Williams-Visier. Die meisten der hier gezeigten Abbildungen von Remington-Waffen wurden freundlicherweise von der Remington Arms Company zur Verfügung gestellt.

*Remington-Logo*

Remington®

### *Remington 11-87 Police*

**TECHNISCHE DATEN**

| | |
|---|---|
| Kaliber: | 12/76 |
| Magazin: | Röhrenmagazin |
| Kapazität: | 7 Patronen |
| Magazinhalteknopf: | entfällt |
| System: | Selbstladeflinte (Gasdrucklader) |
| Verschlussbedienung: | Spanngriff |
| Feuerarten: | halbautomatisch |
| Verriegelung: | Vertikalblockverschluss |
| Gesamtlänge: | 98,5 cm |
| Lauflänge: | 45,7 cm |
| Gesamtgewicht: | 3,5 kg |
| Visierung: | Ghost-Ring-Visier |
| Sicherung: | Druckknopfsicherung hinten am Abzugsbügel |
| Schaft: | Kunststoff, mattschwarz |

Remington 11-87 Police

**BESONDERHEITEN**

Systemkasten und Lauf mattschwarz phosphatiert.

## *Remington 11-87 SP Magnum*

**TECHNISCHE DATEN**

| | |
|---|---|
| Kaliber: | 12/76 |
| Magazin: | Röhrenmagazin |
| Kapazität: | 7 Patronen |
| Magazinhalteknopf: | entfällt |
| System: | Selbstladeflinte (Gasdrucklader) |
| Verschlussbedienung: | Spanngriff |
| Feuerarten: | halbautomatisch |
| Verriegelung: | Vertikalblockverschluss |
| Gesamtlänge: | 104 cm |
| Lauflänge: | 53,3 cm |
| Gesamtgewicht: | 3,6 kg |
| Visierung: | verstellbares Büchsenvisier und Optikmontage |
| Sicherung: | Druckknopfsicherung hinten am Abzugsbügel |
| Schaft: | Nussbaumholz |

**BESONDERHEITEN**

Systemkasten und Lauf mattschwarz brüniert. Mit Adapterchoke zum Verschießen von Flintenlaufgeschossen.

Remington 11-87 SP Magnum

Remington 11-87 SPS

## *Remington 11-87 SPS*

**TECHNISCHE DATEN**

| | |
|---|---|
| Kaliber: | 12/76 |
| Magazin: | Röhrenmagazin |
| Kapazität: | 7 Patronen |
| Magazinhalteknopf: | entfällt |
| System: | Selbstladeflinte (Gasdrucklader) |
| Verschlussbedienung: | Spanngriff |
| Feuerarten: | halbautomatisch |
| Verriegelung: | Vertikalblockverschluss |
| Gesamtlänge: | 104 cm |
| Lauflänge: | 53,3 cm |
| Gesamtgewicht: | 3,6 kg |
| Visierung: | verstellbares Büchsenvisier und Optikmontage |
| Sicherung: | Druckknopfsicherung hinten am Abzugsbügel |
| Schaft: | Kunststoff, mattschwarz |

**BESONDERHEITEN**

Systemkasten und Lauf mattschwarz phosphatiert. Lauf mit Zügen und Feldern zum Verschießen von Flintenlaufgeschossen.

## *Remington 40-XB KS*

**TECHNISCHE DATEN**

| | |
|---|---|
| Kaliber: | .223 Rem. oder .308 Win. |
| Magazin: | fest oder herausnehmbar |
| Kapazität: | .223: 5 Patronen; .308: 4 Patronen |

Remington 40-XB KS

| | |
|---|---|
| Magazinhalteknopf: | rechts unten neben dem Magazinschacht |
| System: | Repetierbüchse |
| Verschlussbedienung: | Kammerstängel |
| Feuerarten: | Einzelfeuer |
| Verriegelung: | 2 Verriegelungswarzen |
| Gesamtlänge: | 118 cm |
| Lauflänge: | 69,2 cm |
| Gesamtgewicht: | 4,6 kg |
| Visierung: | ohne; vorbereitet für Optikmontage |
| Sicherung: | manuelle Sicherung rechts hinter dem Kammerstängel |
| Schaft: | Kevlar-Kunststoffschaft |

### BESONDERHEITEN

Stainless-Stahl; frei liegender Lauf.

## *Remington 700 Police*

### TECHNISCHE DATEN

| | |
|---|---|
| Kaliber: | .223 Rem. oder .308 Win. |
| Magazin: | fest oder herausnehmbar |
| Kapazität: | .223: 5 Patronen; .308: 4 Patronen |
| Magazinhalteknopf: | rechts unten neben dem Magazinschacht |
| System: | Repetierbüchse |
| Verschlussbedienung: | Kammerstängel |
| Feuerarten: | Einzelfeuer |
| Verriegelung: | 2 Verriegelungswarzen |
| Gesamtlänge: | 115 cm |
| Lauflänge: | 66 cm |
| Gesamtgewicht: | 4,1 kg |
| Visierung: | ohne; vorbereitet für Optikmontage |
| Sicherung: | manuelle Sicherung rechts hinter dem Kammerstängel |
| Schaft: | Kevlar-Kunststoffschaft |

### BESONDERHEITEN

Mattschwarz; frei liegender Lauf. Diese Scharfschützenbüchse gibt es auch in einer kurzen Version mit 50,8 cm langem Lauf, allerdings nur im Kaliber .308 Win.

*Remington 700 Police*

*Remington 700 Sendero*

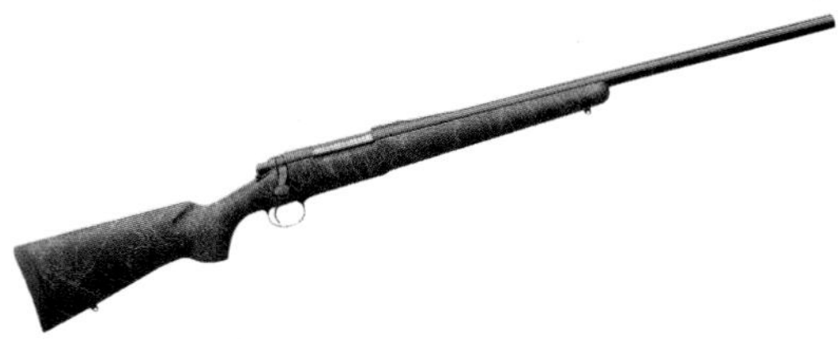

## *Remington 700 Sendero*

### TECHNISCHE DATEN

| | |
|---|---|
| Kaliber: | 7 mm Rem. Mag. oder .300 Win. Mag. |
| Magazin: | fest |
| Kapazität: | 3 Patronen |
| Magazinhalteknopf: | entfällt |
| System: | Repetierbüchse |
| Verschlussbedienung: | Kammerstängel |
| Feuerarten: | Einzelfeuer |
| Verriegelung: | 2 Verriegelungswarzen |
| Gesamtlänge: | 118 cm |
| Lauflänge: | 66 cm |
| Gesamtgewicht: | 4,1 kg |
| Visierung: | ohne; vorbereitet für Optikmontage |
| Sicherung: | manuelle Sicherung rechts hinter dem Kammerstängel |
| Schaft: | Kevlar-Kunststoffschaft |

### BESONDERHEITEN

Mattschwarz; schwerer, frei liegender Lauf.

## *Remington 700 TWS-DM Police*

### TECHNISCHE DATEN

| | |
|---|---|
| Kaliber: | .308 Win. oder .300 Win. Mag. |
| Magazin: | herausnehmbar |
| Kapazität: | 4 Patronen |
| Magazinhalteknopf: | rechts unten neben dem Magazinschacht |
| System: | Repetierbüchse |
| Verschlussbedienung: | Kammerstängel |

*Remington 700 TWS-DM Police*

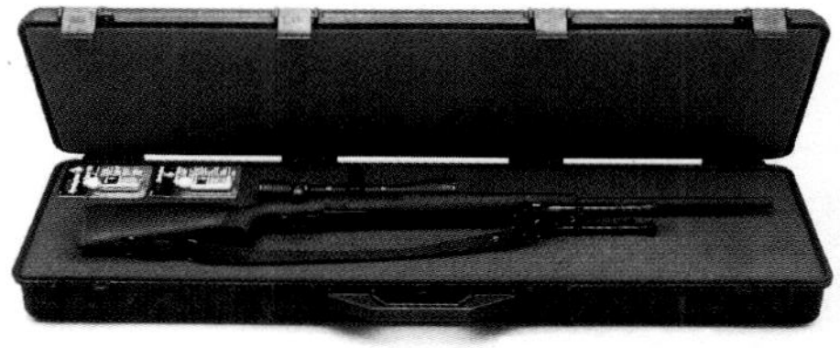

| | |
|---|---|
| Feuerarten: | Einzelfeuer |
| Verriegelung: | 2 Verriegelungswarzen |
| Gesamtlänge: | 112 cm |
| Lauflänge: | 69,2 cm |
| Gesamtgewicht: | 4,8 kg |
| Visierung: | Leupold-Zielfernrohr, Vari-X III, 3,5–10-fach |
| Sicherung: | manuelle Sicherung rechts hinter dem Kammerstängel |
| Schaft: | Kevlar-Kunststoffschaft |

**BESONDERHEITEN**

Mattschwarz; frei liegender Lauf; Harris-Zweibein. TWS-DM steht für „Tactical Weapon System-Detachable Magazine“. Die Waffe ist mit einem Michael Qick-Adjust-Riemenbügel ausgestattet und wird in einem speziellen Gewehrkoffer ausgeliefert.

*Remington 700 VS*

## *Remington 700 VS*

**TECHNISCHE DATEN**

| | |
|---|---|
| Kaliber: | .223 Rem., 243 Win. oder .308 Win. |
| Magazin: | fest |
| Kapazität: | 5 oder 4 Patronen |
| Magazinhalteknopf: | rechts unten neben dem Magazinschacht |
| System: | Repetierbüchse |
| Verschlussbedienung: | Kammerstängel |
| Feuerarten: | Einzelfeuer |
| Verriegelung: | 2 Verriegelungswarzen |
| Gesamtlänge: | 116,2 cm |
| Lauflänge: | 66 cm |
| Gesamtgewicht: | 4,1 kg |
| Visierung: | ohne; vorbereitet für Optikmontage |
| Sicherung: | manuelle Sicherung rechts hinter dem Kammerstängel |
| Schaft: | Kevlar-Kunststoffschaft |

**BESONDERHEITEN**

Mattschwarz; schwerer, frei liegender Lauf.

*Remington Seven Custom KS*

## *Remington Seven Custom KS*

**TECHNISCHE DATEN**

| | |
|---|---|
| Kaliber: | .223 Rem. oder .308 Win. |
| Magazin: | fest |
| Kapazität: | 5 oder 4 Patronen |
| Magazinhalteknopf: | rechts unten neben dem Magazinschacht |
| System: | Repetierbüchse |
| Verschlussbedienung: | Kammerstängel |
| Feuerarten: | Einzelfeuer |
| Verriegelung: | 2 Verriegelungswarzen |
| Gesamtlänge: | 99,7 cm |
| Lauflänge: | 50,8 cm |
| Gesamtgewicht: | 2,8 kg |
| Visierung: | mit oder ohne Büchsenvisier; vorbereitet für Optikmontage |
| Sicherung: | manuelle Sicherung rechts hinter dem Kammerstängel |
| Schaft: | Kevlar-Kunststoffschaft |

**BESONDERHEITEN**

Stainless-Stahl; schwerer, frei liegender Lauf. In Verbindung mit einem Laser-Zielgerät wird die Büchse in den USA häufig als polizeiliche SWAT-Waffe eingesetzt.

## *Remington 870 Express Super Magnum*

**TECHNISCHE DATEN**

| | |
|---|---|
| Kaliber: | 12/76 |

*Remington 870 Express Super Magnum*

*Remington 870 Marine Magnum*

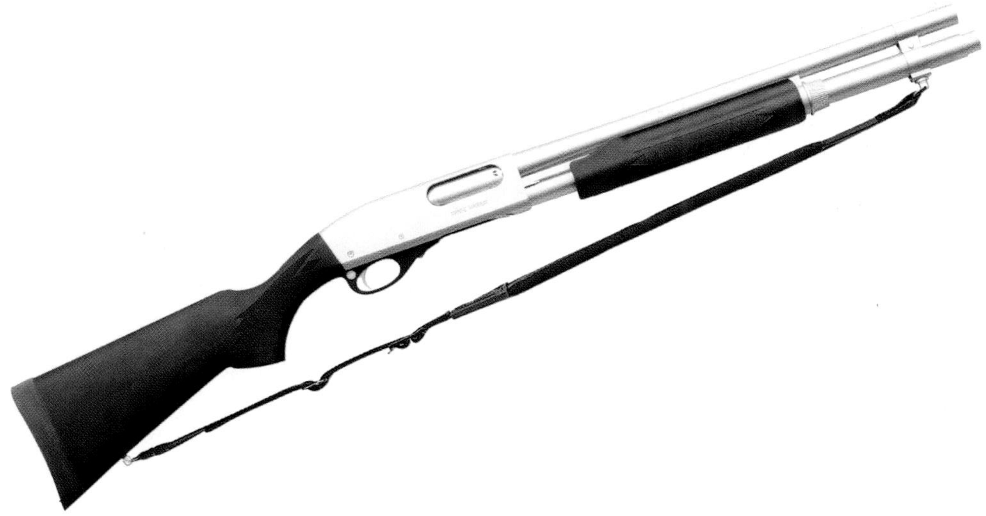

| | |
|---|---|
| Magazin: | Röhrenmagazin |
| Kapazität: | 5 Patronen |
| Magazinhalteknopf: | entfällt |
| System: | Repetierflinte |
| Verschlussbedienung: | Vorderschaft |
| Feuerarten: | Einzelfeuer |
| Verriegelung: | Vertikalblockverschluss |
| Gesamtlänge: | 102,9 cm |
| Lauflänge: | 50,8 cm |
| Gesamtgewicht: | 3,6 kg |
| Visierung: | verstellbares Büchsenvisier und Optikmontageschiene |
| Sicherung: | Druckknopfsicherung hinten am Abzugsbügel |
| Schaft: | Nussbaumholz |

**BESONDERHEITEN**

Systemkasten und Lauf mattschwarz phosphatiert. Zylinderlauf zum Verschießen von Posten und Flintenlaufgeschossen.

## *Remington 870 HD Home Defense*

**TECHNISCHE DATEN**

| | |
|---|---|
| Kaliber: | 12/76 |
| Magazin: | Röhrenmagazin |
| Kapazität: | 5 Patronen |
| Magazinhalteknopf: | entfällt |
| System: | Repetierflinte |
| Verschlussbedienung: | Vorderschaft |
| Feuerarten: | Einzelfeuer |
| Verriegelung: | Vertikalblockverschluss |
| Gesamtlänge: | 98,5 cm |
| Lauflänge: | 45,7 cm |
| Gesamtgewicht: | 3,4 kg |
| Visierung: | Flintenkorn |
| Sicherung: | Druckknopfsicherung hinten am Abzugsbügel |
| Schaft: | Kunststoff, mattschwarz |

**BESONDERHEITEN**

Systemkasten und Lauf mattschwarz phosphatiert.

## *Remington 870 Marine Magnum*

**TECHNISCHE DATEN**

| | |
|---|---|
| Kaliber: | 12/76 |
| Magazin: | Röhrenmagazin |
| Kapazität: | 7 Patronen |
| Magazinhalteknopf: | entfällt |
| System: | Repetierflinte |
| Verschlussbedienung: | Vorderschaft |
| Feuerarten: | Einzelfeuer |
| Verriegelung: | Vertikalblockverschluss |

*Remington 870 HD Home Defense*

| | |
|---|---|
| Gesamtlänge: | 98,5 cm |
| Lauflänge: | 45,7 cm |
| Gesamtgewicht: | 3,4 kg |
| Visierung: | Flintenkorn |
| Sicherung: | Druckknopfsicherung hinten am Abzugsbügel |
| Schaft: | Kunststoff, mattschwarz |

**BESONDERHEITEN**

Systemkasten, Lauf und Röhrenmagazin vernickelt.

## *Remington 870 Police*

**TECHNISCHE DATEN**

| | |
|---|---|
| Kaliber: | 12/76 |
| Magazin: | Röhrenmagazin |
| Kapazität: | 5 Patronen |
| Magazinhalteknopf: | entfällt |
| System: | Repetierflinte |
| Verschlussbedienung: | Vorderschaft |
| Feuerarten: | Einzelfeuer |
| Verriegelung: | Vertikalblockverschluss |
| Gesamtlänge: | 98,5 oder 103,6 cm |
| Lauflänge: | 45,7 oder 50,8 cm |
| Gesamtgewicht: | 3,4 oder 3,5 kg |
| Visierung: | Williams-Büchsenvisier oder nur Flintenkorn |
| Sicherung: | Druckknopfsicherung hinten am Abzugsbügel |
| Schaft: | Hartholz oder Kunststoff, mattschwarz |

**BESONDERHEITEN**

Systemkasten und Lauf mattschwarz phosphatiert.

## *Remington 870 Police Special*

**TECHNISCHE DATEN**

| | |
|---|---|
| Kaliber: | 12/76 |
| Magazin: | Röhrenmagazin |
| Kapazität: | 5 Patronen |
| Magazinhalteknopf: | entfällt |
| System: | Repetierflinte |
| Verschlussbedienung: | Vorderschaft |

*Remington 870 Police*

*Remington 870 Police Special*

| | |
|---|---|
| Feuerarten: | Einzelfeuer |
| Verriegelung: | Vertikalblockverschluss |
| Gesamtlänge: | 98,5 cm |
| Lauflänge: | 45,7 cm |
| Gesamtgewicht: | 3,4 kg |
| Visierung: | Ghost-Ring-Visier |
| Sicherung: | Druckknopfsicherung hinten am Abzugsbügel |
| Schaft: | Kunststoff, mattschwarz |

**BESONDERHEITEN**

Systemkasten und Lauf mattschwarz phosphatiert.

# Robar

*Robar-Logo*

THE ROBAR COMPANIES, INC

Die Firma Robar wurde von Robert A. Barrkman gegründet, einem passionierten amerikanischen Sportschützen und Jäger, und hat ihren Sitz in Phoenix, Arizona. Bei der Firma handelt es sich um einen so genannten Custom Shop: auf der Basis gewünschter Systeme stellt man dort hochpräzise, edle Waffen individuell nach den Kundenwünschen her. Praktisch „von der Stange" fertigt Robar nur einige Präzisionsrepetierer auf der Basis des Remington 700-Modells, allerdings mit exklusiven Stainless-Steel- und speziellen, gefluteten Robar-Matchläufen. An Kunststoffschäften verwendet Robar ausschließlich die hervorragenden McMillan-Fiberglasschäfte. Die Abzüge aller Waffen werden fein überarbeitet. Auf 100 Yards (91,44 m) haben alle Robar-

Robar Elite

Büchsen einen garantierten Drei-Schuss-Streukreis von unter einem $^{1}/_{2}$ Inch (12,7 mm). Viele militärische und polizeiliche Präzisionsschützeneinheiten vertrauen auf Waffen von Robar.
Seit einigen Jahren baut das Unternehmen nun auch weit reichende Scharfschützenbüchsen im Kaliber .50 BMG speziell für den militärischen Gebrauch, die ein Verriegelungs- und Verschlusssystem aufweisen, das direkt im Hause Robar entwickelt worden ist.
Die Firma ist auch sehr für ihre hervorragenden Finisharbeiten bekannt, für hervorragendes Brünieren, Vernickeln und für das Schwärzen von rostträgemblanken Stahl zur Reflexminderung, etwa bei Scharfschützenbüchsen, sowie auch für Parkerisierarbeiten. Beim Parkerisieren, einem chemischen Prozess, werden dünnste Schichten von Mangan oder Zinkphosphat auf die Metalloberfläche aufgebracht, um so einen ausgezeichneten Rostschutz zu erhalten. Seine brünierten Waffen versieht Robar zusätzlich mit einem eigenständig entwickelten „Coating", dem Roguard-Finish. Dabei wird die Waffe in einem chemischen Verfahren noch mit einer dünnen, extrem harten Polymerschicht überzogen.
Ein weiterer, neuer Prozess zur Oberflächenbearbeitung von Stahl ist das Robar-NP3-Verfahren. Dabei werden die Metalloberflächen der Waffe mit einem Überzug versehen, der aus dem Kunststoff Polytetra-Fluorethylen, kombiniert mit Nickel besteht.

## Robar Elite

### TECHNISCHE DATEN

| | |
|---|---|
| Kaliber: | 12/76 |
| Magazin: | Röhrenmagazin |
| Kapazität: | 5 Patronen |
| Magazinhalteknopf: | entfällt |
| System: | Repetierflinte |
| Verschlussbedienung: | Vorderschaft |
| Feuerarten: | Einzelfeuer |
| Verriegelung: | Vertikalblockverschluss |
| Gesamtlänge: | 98,5 cm |
| Lauflänge: | 45,7 cm |
| Gesamtgewicht: | 3,4 oder 3,5 kg |
| Visierung: | Ghost-Ring-Visier |
| Sicherung: | große Druckknopfsicherung hinten am Abzugsbügel |
| Schaft: | Kunststoff, mattschwarz |

### BESONDERHEITEN

Systemkasten und Lauf mit mattschwarzem NP3-Überzug. Spezielles Polizeimodell auf der Basis der Remington-Flinte 870.

## Robar QR2 (Quick Reaction) Scharfschützenbüchse

### TECHNISCHE DATEN

| | |
|---|---|
| Kaliber: | alle Kaliber nach Wahl |
| Magazin: | herausnehmbar |
| Kapazität: | nach Kaliber und Wahl |
| Magazinhalteknopf: | vorne am Abzugsbügel |
| System: | Repetierbüchse |
| Verschlussbedienung: | Kammerstängel |
| Feuerarten: | Einzelfeuer |
| Verriegelung: | 2 Verriegelungswarzen (Remington 700 oder Ruger M77) |
| Gesamtlänge: | 111,8 cm oder nach Wahl |
| Lauflänge: | 61 cm oder nach Wahl |
| Gesamtgewicht: | 3,2–4,1 kg |
| Visierung: | ohne; Montage und Zielfernrohre nach Wahl |
| Sicherung: | Sicherung rechts hinter dem Kammerstängel |
| Schaft: | schwarzer, grauer oder Camouflage-McMillan-Fiberglasschaft mit Pistolengriff |

### BESONDERHEITEN

Mit mattschwarzem NP3-Überzug; frei liegender, gefluteter Benchrest-Lauf; Harris-Zweibein. Garan-

Robar QR2 (Quick Reaction)-Scharfschützenbüchse

*Robar ROBQ2-Klappschaft*

tierte Schusspräzision von nicht mehr als 13 mm bei 3-Schuss-Gruppen auf 91,44 m.

## *Robar RC-50*

**TECHNISCHE DATEN**

| | |
|---|---|
| Kaliber: | .50 BMG |
| Magazin: | herausnehmbar |
| Kapazität: | 5 Patronen |
| Magazinhalteknopf: | vorne am Abzugsbügel |
| System: | Repetierbüchse |
| Verschlussbedienung: | Kammerstängel |
| Feuerarten: | Einzelfeuer |

*Robar RC-50*

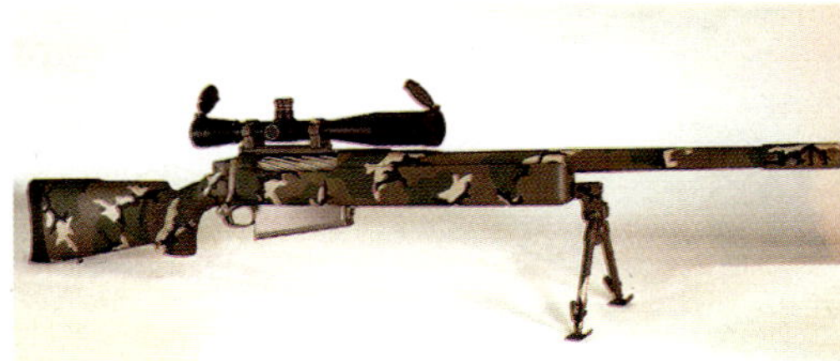

| | |
|---|---|
| Verriegelung: | Verriegelungswarzen |
| Gesamtlänge: | 139,7 cm |
| Lauflänge: | 73,7 cm |
| Gesamtgewicht: | 11,3 kg |
| Visierung: | Weaver-Zielfernrohrmontage |
| Sicherung: | Sicherung rechts hinter dem Kammerstängel |
| Schaft: | McMillan-Fiberglasschaft mit Pistolengriff und Zweibein, oder McMillan-Klappschaft zum leichteren Transport in Flug- und Fahrzeugen |

**BESONDERHEITEN**

Schweres Robar-Zweibein; Chrom-Molybdän-Lauf mit speziellem Mündungsfeuerdämpfer; mattschwarzer NP3-Überzug. Diese Scharfschützenbüchse wurde speziell für Militäreinheiten entwickelt und schießt bis zu 2000 Meter zielgenau.

*Robar ROB50-2*

*Robar SR60 Scharfschützenbüchse*

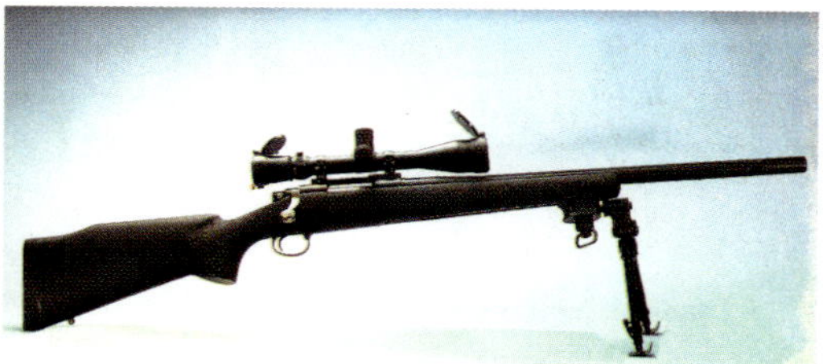

## *Robar SR60 Scharfschützenbüchse*

**TECHNISCHE DATEN**

| | |
|---|---|
| Kaliber: | .308 Win., .300 Win. Mag., oder nach Wahl |
| Magazin: | herausnehmbar |
| Kapazität: | 4 oder 5 Patronen |
| Magazinhalteknopf: | vorne am Abzugsbügel |
| System: | Repetierbüchse |
| Verschlussbedienung: | Kammerstängel |
| Feuerarten: | Einzelfeuer |
| Verriegelung: | 2 Verriegelungswarzen (Remington 700 BDL) |
| Gesamtlänge: | 111,8 cm |
| Lauflänge: | 61 cm |
| Gesamtgewicht: | 4,3 kg |
| Visierung: | ohne; Montage und Zielfernrohre nach Wahl |
| Sicherung: | Sicherung rechts hinter dem Kammerstängel |
| Schaft: | schwarzer, grauer oder Camouflage-McMillan-Fiberglasschaft mit Pistolengriff, im Stil des Gewehres RMC-M40A1 |

**BESONDERHEITEN**

Mit mattschwarzem NP3-Überzug; Stainless-Stahl-Match-Lauf, geflutet; spezielles Zweibein. Diese Scharfschützenbüchse wurde für polizeiliche Spezialeinheiten entwickelt. Die Waffe auf dem Foto ist mit einem Leupold Police-Zielfernrohr, 3,5–10-fach, ausgestattet. Garantierte Schusspräzision von nicht mehr als 13 mm bei 3-Schuss-Gruppen auf 91,44 m.

## *Robar SR90 Scharfschützenbüchse*

**TECHNISCHE DATEN**

| | |
|---|---|
| Kaliber: | .308 Win., .300 Win. Mag., oder nach Wahl |
| Magazin: | herausnehmbar |
| Kapazität: | 4 oder 5 Patronen |
| Magazinhalteknopf: | vorne am Abzugsbügel |
| System: | Repetierbüchse |
| Verschlussbedienung: | Kammerstängel |
| Feuerarten: | Einzelfeuer |
| Verriegelung: | 2 Verriegelungswarzen (Remington 700 BDL) |

*Robar SR90 Scharfschützenbüchse*

| | |
|---|---|
| Gesamtlänge: | 111,8 cm |
| Lauflänge: | 61 cm |
| Gesamtgewicht: | 4,7 kg |
| Visierung: | ohne; Montage und Zielfernrohre nach Wahl |
| Sicherung: | Sicherung rechts hinter dem Kammerstängel |
| Schaft: | schwarzer, grauer oder Camouflage-McMillan-Fiberglasschaft mit Pistolengriff, Backe und Schaftkappe verstellbar |

**BESONDERHEITEN**

Mit mattschwarzem NP3-Überzug; Stainless-Stahl-Match-Lauf, geflutet; spezielles Zweibein. Diese Scharfschützenbüchse wurde von US-Spezialeinheiten im Golfkrieg verwendet.

## *Robar Thunder Ranch Precision Rifle*

**TECHNISCHE DATEN**

| | |
|---|---|
| Kaliber: | alle Kaliber nach Wahl |

*Robar SR90-2*

*Robar Thunder Ranch Precision Rifle*

| | |
|---|---|
| Magazin: | herausnehmbar |
| Kapazität: | nach Kaliber und Wahl |
| Magazinhalteknopf: | vorne am Abzugsbügel |
| System: | Repetierbüchse |
| Verschlussbedienung: | Kammerstängel |
| Feuerarten: | Einzelfeuer |
| Verriegelung: | 2 Verriegelungswarzen (Remington 700 BDL) |
| Gesamtlänge: | 102 oder 112 cm |
| Lauflänge: | 51 oder 61 cm |
| Gesamtgewicht: | 3,9 kg |
| Visierung: | ohne; Montage und Zielfernrohre nach Wahl |
| Sicherung: | Sicherung rechts hinter dem Kammerstängel |
| Schaft: | McMillan-Fiberglasschaft mit Pistolengriff, mattschwarz, grau oder in den Camouflage-Versionen Desert, Urban, Tiger oder Woodland (Abbildung) |

**BESONDERHEITEN**

Mit mattschwarzem NP3-Überzug; frei liegender, gefluteter Match-Lauf; Harris- oder spezielles Robar-Zweibein. Garantierte Schusspräzision von nicht mehr als 13 mm bei 3-Schuss-Gruppen auf 91,44 m.

# Ross

Die kanadische Ross-Büchse wurden 1886 von Sir Charles Ross entwickelt. Es handelte sich dabei um ein Armeegewehr, dessen Verschluss sich waagerecht nach hinten bewegt. Die Drehverriegelung des Verschlusses ist mit einer separaten Verriegelungswarze ausgestattet, die in eine weitere korrespondierende Aussparung im System eingreift. 1902 wurde die Ross-Büchse offiziell bei der Royal Northwest Mounted Police eingeführt. In der Periode zwischen 1900 und 1912 testete die englische Armee die Waffen zu mehreren Gelegenheiten, man befand sie aber für den militärischen Gebrauch als nicht geeignet. Dennoch beschloss die kanadische Armee 1914, die Ross-Büchse in den Dienst zu stellen.

Allerdings gab es darauf bald Beschwerden aus der Truppe über das Gewehr. Die Waffe erwies sich während der Kriegszeiten zwischen 1914 und 1918 als extrem störungsanfällig. Die kanadischen Soldaten zogen den Lee-Enfield-Repetierer vor; auf den flämisch-französischen Schlachtfeldern entledigte man sich der Ross-Gewehre zuhauf. 1917 bestellte zwar dann die US-Regierung noch 20 000 Ross Mark III-Gewehre, diese wurden in den Vereinigten Staaten aber nie militärisch eingeführt.

## *Ross Mark III*

**TECHNISCHE DATEN**

| | |
|---|---|
| Kaliber: | .303 Brit. |
| Magazin: | fest (Ladestreifen) |
| Kapazität: | 5 Patronen im Ladestreifen |
| Magazinhalteknopf: | entfällt |
| System: | Repetierbüchse |
| Verschlussbedienung: | Kammerstängel |
| Feuerarten: | Einzelfeuer |
| Verriegelung: | Drehkammerverschluss |
| Gesamtlänge: | 128,5 cm |
| Lauflänge: | 76,5 cm |
| Gesamtgewicht: | 4,5 kg |
| Visierung: | Dioptervisier |
| Sicherung: | Flügelsicherung beim Verschlusszylinder |
| Schaft: | Nussbaumholz |

**BESONDERHEITEN**

Verschiedene Versionen: Mark I nur mit Ladestreifen, Zuführung im Schacht zum einzelnen Laden arretierbar; Mark II (auch als Modell 1905 bezeichnet) mit verändertem Visier; Mark III (oder Modell 1910) mit Magazin.

# Rottweil/Dynamit Nobel

Der berühmte Chemiker Alfred Nobel gründete 1865 in der Nähe von Hamburg die Firma Alfred Nobel & Co.; zunächst stellte das Unternehmen lediglich Dynamit, das Nobel erfunden hatte, her.

*Ross Mark III*

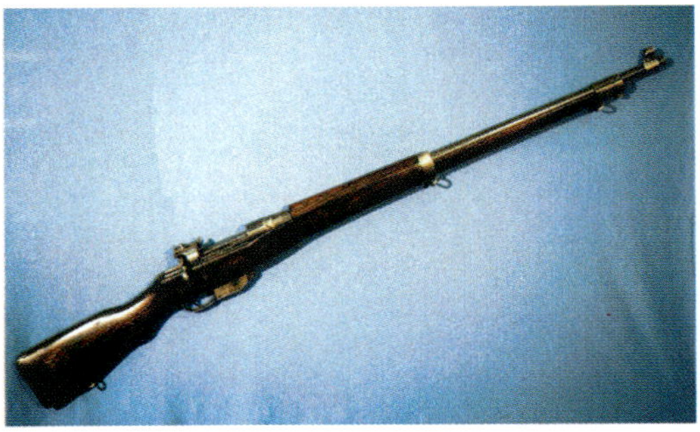

*Rottweil/Dynamit Nobel-Logo*

Nach und nach wurden dann weitere sachbezogene Artikel in die Produktpalette aufgenommen, sowohl Munition als auch Schusswaffen.
1931 ging man mit den Rheinisch-Westfälischen Sprengstofffabriken, RWS, zusammen. Unter dem Namen RWS wurden nun die verschiedensten Büchsen- und Schrotpatronen hergestellt und vertrieben. Der Markenname Rottweil kommt von dem Ort Rottweil im Schwarzwald, wo die Firma später Schrotpatronen produzierte. Ebenfalls zu dieser Gruppe gehört Geco (Genschow & Co.), ein Unternehmen, das unter dem Dynamit Nobel-Firmengefüge Pistolen- und Revolvermunition herstellte.
Dynamit Nobel ist heute ein multinationaler Konzern mit insgesamt etwa 13 000 Mitarbeitern in verschiedenen Ländern sowie einer Vielzahl von zugehörigen Firmen.

### *Rottweil Pump PSG/8*

**TECHNISCHE DATEN**

| | |
|---|---|
| Kaliber: | 12/76 |
| Magazin: | Röhrenmagazin |
| Kapazität: | 7 Patronen |
| Magazinhalteknopf: | entfällt |

*Rottweil Pump PSG/8*

| | |
|---|---|
| System: | Repetierflinte |
| Verschlussbedienung: | Vorderschaft |
| Feuerarten: | Einzelfeuer |
| Verriegelung: | Drehkammerverschluss |
| Gesamtlänge: | 106 cm |
| Lauflänge: | 50 cm |
| Gesamtgewicht: | 3,0 kg |
| Visierung: | Flintenkorn |
| Sicherung: | Druckknopfsicherung vorne am Abzugsbügel |
| Schaft: | Nussbaumholz |

**BESONDERHEITEN**

Mit mattschwarzer Schutzoberfläche; Systemkasten aus Alumiunium, Lauf aus Stahl.

## Ruger

*Ruger-Logo*

Die Firma Sturm, Ruger & Company Inc. wurde 1948 von William Batterman Ruger und Alexander M. Sturm gegründet; zusammen mieteten sie eine kleine Halle in Southport, Connecticut, wo sie eine Büchsenmacherwerkstatt einrichteten. Ruger hatte seine Waffenkenntnisse im staatlichen Arsenal in Springfield sowie bei der Firma Auto Ordnance, dem Unternehmen, das die weltberühmten „Tommy Guns", die Thompson-Maschinenpistolen, produzierte, gesammelt. Das erste Produkt der neuen Firma war eine Kleinkaliberpistole, die 1949 vorgestellt wurde. Nachdem Sturm bei einem Flugzeugabsturz ums Leben gekommen war, führte „Bill" Ruger die Geschäfte allein weiter. Bis 1959 produzierte Ruger dann eine große Anzahl verschiedener Revolvermodelle. 1959 kam sein erstes Gewehr auf den Markt, ein halbautomatischer Karabiner im Kaliber .44 Magnum. Die Fertigungsstätten der Firma reichten sehr bald nicht mehr aus. 1964 baute Ruger daher eine neue, weit größere Fabrik in Newport, New Hampshire. 1967 brachte das Unternehmen die bekannte Ruger No. 1-Bockbüchse auf den Markt.

Bis zur Einführung der legendären No. 1 hatte man auf einschüssige Büchsen recht „herabgeschaut“; es hatte bis dahin fast nur billige einschüssige Kleinkaliber-Kipplaufgewehre gegeben. Bill Ruger aber war selbst ein Liebhaber schwerer, englischer Einzelladerbüchsen, speziell solcher von Alexander Henry. Er war der Meinung, dass solche Waffen auch auf dem nordamerikanischen Markt gefragt sein müssten. Ruger stellte den bekannten Schaftmacher Leonard Brownell ein, damit dieser einen speziellen Schaft für die neue Ruger No. 1-Büchse entwirft; Brownell wurde später auch technischer Betriebsleiter in der Produktionsstätte in Newport. Und die Ruger No. 1 wurde tatsächlich ein großer Erfolg. 1968 stellte die Firma die Ruger-Repetierbüchse Modell 77 vor; auch deren Schaft war ein Entwurf von Leonard Brownell.
Das Modell 77 entwickelte sich ebenfalls schnell zu einem Verkaufsschlager. 1974 brachte die Firma Ruger mit dem Modell Mini-14, Kaliber .223 Rem. einen automatischen Militärkarabiner auf den Markt; im Jahr darauf folgte die halbautomatische Mini-14-Zivilversion. Auf den ersten Blick erscheint die Mini-14-Büchse wie eine Kombination aus dem M1-Garand-Militärgewehr und Winchesters .30 M1-Karabiner. 1992 wurde der M77-Repetierer dann durch die verbesserte Version M77 Mark II ersetzt. Im Vergleich zur Ursprungsversion wurde das Mark II-Modell in diversen Punkten abgeändert, so verfügt es nun über ein zuverlässigeres Patronenausziehersystem und hat ein System (Verschluss und Gehäuse), das grundsätzlich aus rostträgem Stainless-Stahl gefertigt ist.
Vornehmlich für die Verwendung durch polizeiliche und militärische Einheiten hat die Firma Ruger das Modell MP-9, eine Maschinenpistole, und das Modell „Police Carbine“, eine leichte, kurze Selbstladebüchse im Kaliber 9 mm Para oder .40 S&W, sowie als Scharfschützenwaffe, den Repetierer M77 VLE Mark II, eine spezielle Variante des Ruger Mini-14-Karabiners herausgebracht.

## *Ruger AC556 Automatic Carbine*

**TECHNISCHE DATEN**

| | |
|---|---|
| Kaliber: | .223 Rem. |
| Magazin: | herausnehmbar |
| Kapazität: | 20 oder 30 Patronen |
| Magazinhalteknopf: | vor dem Magazinschacht |
| System: | Selbstladewaffe (Gasdrucklader) |
| Verschlussbedienung: | Spanngriff |

*Ruger AC556 Automatic Carbine*

| | |
|---|---|
| Feuerarten: | halbautomatisch, 3-Schuss-Feuerstoß, vollautomatisch |
| Verriegelung: | Rotationskammerverschluss |
| Gesamtlänge: | 98 cm |
| Lauflänge: | 47 cm |
| Gesamtgewicht: | 3,1 kg |
| Visierung: | verstellbares Dioptervisier |
| Sicherung: | manuelle Sicherung vorne im Abzugsbügel |
| Schaft: | fester Schaft und Handschutz aus Hartholz |

**BESONDERHEITEN**

Mattschwarz phosphatiert; Feuerwahlhebel rechts hinten am Systemkasten.

## *Ruger AC556F Automatic Carbine*

**TECHNISCHE DATEN**

| | |
|---|---|
| Kaliber: | .223 Rem. |
| Magazin: | herausnehmbar |
| Kapazität: | 20 oder 30 Patronen |
| Magazinhalteknopf: | vor dem Magazinschacht |
| System: | Selbstladewaffe (Gasdrucklader) |
| Verschlussbedienung: | Spanngriff |
| Feuerarten: | halbautomatisch, 3-Schuss-Feuerstoß, vollautomatisch |
| Verriegelung: | Rotationskammerverschluss |
| Gesamtlänge: | 82 cm, 55 cm mit eingeklapptem Schaft |
| Lauflänge: | 29 cm, inkl. Mündungsfeuerdämpfer |

*Ruger AC556F Automatic Carbine*

| | |
|---|---|
| Gesamtgewicht: | 3,3 kg |
| Visierung: | verstellbares Dioptervisier |
| Sicherung: | manuelle Sicherung vorne im Abzugsbügel |
| Schaft: | fester Schaft aus Hartholz, mit Stahl-Klappschaft, Pistolengriff und Handschutz aus Kunststoff |

**BESONDERHEITEN**

Stainless-Stahl in Mattfinish; Feuerwahlhebel rechts hinten am Systemkasten.

## *Ruger AC556K Automatic Carbine*

**TECHNISCHE DATEN**

| | |
|---|---|
| Kaliber: | .223 Rem. |
| Magazin: | herausnehmbar |
| Kapazität: | 20 oder 30 Patronen |
| Magazinhalteknopf: | vor dem Magazinschacht |
| System: | Selbstladewaffe (Gasdrucklader) |
| Verschlussbedienung: | Spanngriff |
| Feuerarten: | halbautomatisch, 3-Schuss-Feuerstoß, vollautomatisch |
| Verriegelung: | Rotationskammerverschluss |
| Gesamtlänge: | 82 cm, 55 cm mit eingeklapptem Schaft |
| Lauflänge: | 29 cm, inkl. Mündungsfeuerdämpfer |
| Gesamtgewicht: | 3,3 kg |
| Visierung: | verstellbares Dioptervisier |
| Sicherung: | manuelle Sicherung vorne im Abzugsbügel |
| Schaft: | fester Schaft aus Hartholz, mit Stahl-Klappschaft, Pistolengriff und Handschutz aus Kunststoff |

**BESONDERHEITEN**

Stainless-Stahl in Mattfinish; Feuerwahlhebel rechts hinten am Systemkasten.

*Ruger AC556K Automatic Carbine*

*Ruger Mini-14/5R Ranch Rifle*

## *Ruger Mini-14/5R Ranch Rifle*

**TECHNISCHE DATEN**

| | |
|---|---|
| Kaliber: | .223 Rem. |
| Magazin: | herausnehmbar |
| Kapazität: | 5, 20 oder 30 Patronen |
| Magazinhalteknopf: | vor dem Magazinschacht |
| System: | Selbstladewaffe (Gasdrucklader) |
| Verschlussbedienung: | Spanngriff |
| Feuerarten: | halbautomatisch |
| Verriegelung: | Rotationskammerverschluss |
| Gesamtlänge: | 94,3 cm |
| Lauflänge: | 47 cm |
| Gesamtgewicht: | 3,0 kg |
| Visierung: | verstellbares Dioptervisier |
| Sicherung: | manuelle Sicherung vorne im Abzugsbügel |
| Schaft: | Hartholzschaft |

**BESONDERHEITEN**

Stahl brüniert; Handschutz aus Kunststoff.

## *Ruger Mini-14/5R Ranch Rifle Stainless*

**TECHNISCHE DATEN**

| | |
|---|---|
| Kaliber: | .223 Rem. |
| Magazin: | herausnehmbar |
| Kapazität: | 5, 20 oder 30 Patronen |
| Magazinhalteknopf: | vor dem Magazinschacht |
| System: | Selbstladewaffe (Gasdrucklader) |
| Verschlussbedienung: | Spanngriff |
| Feuerarten: | halbautomatisch |
| Verriegelung: | Rotationskammerverschluss |
| Gesamtlänge: | 94,3 cm |
| Lauflänge: | 47 cm |
| Gesamtgewicht: | 3,0 kg |
| Visierung: | verstellbares Dioptervisier |
| Sicherung: | manuelle Sicherung vorne im Abzugsbügel |
| Schaft: | Hartholzschaft |

*Ruger Mini-14/5R Ranch Rifle Stainless*

**BESONDERHEITEN**

Stainless-Stahl in Mattfinish; Handschutz aus Kunststoff.

## *Ruger Mini-14/20GB Government*

**TECHNISCHE DATEN**

| | |
|---|---|
| Kaliber: | .223 Rem. |
| Magazin: | herausnehmbar |
| Kapazität: | 5, 20 oder 30 Patronen |
| Magazinhalteknopf: | vor dem Magazinschacht |
| System: | Selbstladewaffe (Gasdrucklader) |
| Verschlussbedienung: | Spanngriff |
| Feuerarten: | halbautomatisch |
| Verriegelung: | Rotationskammerverschluss |
| Gesamtlänge: | 98 cm |
| Lauflänge: | 47 cm, inkl. Mündungsfeuerdämpfer |
| Gesamtgewicht: | 3,1 kg |
| Visierung: | verstellbares Dioptervisier |
| Sicherung: | manuelle Sicherung vorne im Abzugsbügel |
| Schaft: | Hartholzschaft oder Stahl-Klappschaft |

**BESONDERHEITEN**

Stahl brüniert oder Stainless, matt; Handschutz aus Kunststoff; Bayonettaufpflanzung im Mündungsbereich.

## *Ruger Mini-14/20GB Government Automatic Carbine*

**TECHNISCHE DATEN**

| | |
|---|---|
| Kaliber: | .223 Rem. |
| Magazin: | herausnehmbar |
| Kapazität: | 5, 20 oder 30 Patronen |
| Magazinhalteknopf: | vor dem Magazinschacht |
| System: | Selbstladewaffe (Gasdrucklader) |
| Verschlussbedienung: | Spanngriff |
| Feuerarten: | halbautomatisch, 3-Schuss-Feuerstoß, vollautomatisch |
| Verriegelung: | Rotationskammerverschluss |
| Gesamtlänge: | 98 cm |
| Lauflänge: | 47 cm, inkl. Mündungsfeuerdämpfer |
| Gesamtgewicht: | 3,1 kg |
| Visierung: | verstellbares Dioptervisier |
| Sicherung: | manuelle Sicherung vorne im Abzugsbügel |
| Schaft: | Hartholzschaft oder Stahl-Klappschaft |

*Ruger Mini-14/20GB Government Automatic Carbine*

**BESONDERHEITEN**

Stahl brüniert oder Stainless, matt; Handschutz aus Kunststoff; Bayonettaufpflanzung im Mündungsbereich.

## *Ruger Mini-Thirty*

**TECHNISCHE DATEN**

| | |
|---|---|
| Kaliber: | 7,62 x 39 mm |
| Magazin: | herausnehmbar |
| Kapazität: | 5 Patronen |
| Magazinhalteknopf: | vor dem Magazinschacht |
| System: | Selbstladewaffe (Gasdrucklader) |
| Verschlussbedienung: | Spanngriff |
| Feuerarten: | halbautomatisch |
| Verriegelung: | Rotationskammerverschluss |
| Gesamtlänge: | 94,3 cm |
| Lauflänge: | 47 cm |
| Gesamtgewicht: | 3,0 kg |
| Visierung: | verstellbares Dioptervisier |
| Sicherung: | manuelle Sicherung vorne im Abzugsbügel |
| Schaft: | Hartholzschaft, Handschutz aus schwarzem Kunststoff |

*Ruger Mini-14/20GB Government Automatic Carbine*

*Ruger Mini-Thirty*

**BESONDERHEITEN**

Stahl brüniert.

## *Ruger Mini-Thirty Stainless*

**TECHNISCHE DATEN**

| | |
|---|---|
| Kaliber: | 7,62 x 39 mm |
| Magazin: | herausnehmbar |
| Kapazität: | 5 Patronen |
| Magazinhalteknopf: | vor dem Magazinschacht |
| System: | Selbstladewaffe (Gasdrucklader) |
| Verschlussbedienung: | Spanngriff |
| Feuerarten: | halbautomatisch |
| Verriegelung: | Rotationskammerverschluss |
| Gesamtlänge: | 94,3 cm |
| Lauflänge: | 47 cm |
| Gesamtgewicht: | 3,0 kg |
| Visierung: | verstellbares Dioptervisier |
| Sicherung: | manuelle Sicherung vorne im Abzugsbügel |
| Schaft: | Hartholzschaft, Handschutz aus schwarzem Kunststoff |

*Ruger Mini-Thirty Stainless*

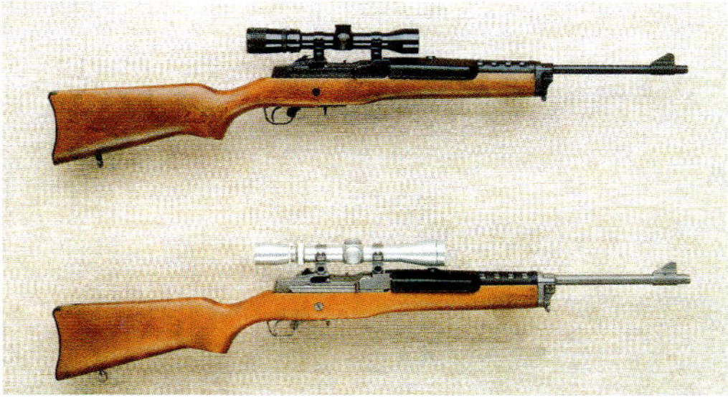

**BESONDERHEITEN**

Stainless-Stahl in Mattfinish. Die Abbildung zeigt oben das Mini-Thirty und unten das Mini-Thirty Stainless.

## *Ruger MP-9*

**TECHNISCHE DATEN**

| | |
|---|---|
| Kaliber: | 9 mm Para |
| Magazin: | herausnehmbar |

*Ruger MP-9*

*Ruger MP-9*

| | |
|---|---|
| Kapazität: | 32 Patronen |
| Magazinhalteknopf: | unten am Pistolengriff |
| System: | Selbstladewaffe |
| Verschlussbedienung: | Spanngriff |
| Feuerarten: | halb- und vollautomatisch |
| Verriegelung: | reiner Masseverschluss |
| Gesamtlänge: | 55,6 cm, 37,6 cm mit eingeklapptem Schaft |
| Lauflänge: | 17,3 cm |
| Gesamtgewicht: | 3 kg |
| Visierung: | verstellbares Dioptervisier, Montage für optische Zielhilfen |
| Sicherung: | Sicherungs- u. Feuerwahlhebel, blockiert Abzug, Unterbrecher und Zündstift |
| Schaft: | Stahl-/Kunststoff-Klappschaft |

**BESONDERHEITEN**

Mattschwarz phosphatiert; Diopterkimme horizontal einstellbar, Korn vertikal einstellbar. Theoretische Feuerkadenz: 550–650 Schuss pro Minute.

## *Ruger M77 Mark II Police Sniper Rifle*

**TECHNISCHE DATEN**

| | |
|---|---|
| Kaliber: | .308 Win., oder nach Wahl |
| Magazin: | fest |
| Kapazität: | 4 Patronen |
| Magazinhalteknopf: | entfällt; Magazinbodenplatte abnehmbar |
| System: | Repetierbüchse |
| Verschlussbedienung: | Kammerstängel |
| Feuerarten: | Einzelfeuer |
| Verriegelung: | 2 Verriegelungswarzen |
| Gesamtlänge: | 118,4 cm |
| Lauflänge: | 66 cm |
| Gesamtgewicht: | 4,4 kg |
| Visierung: | ohne; Optikmontageringe beigegeben |
| Sicherung: | Sicherungsschieber hinter dem Kammerstängel |
| Schaft: | amerikanischer Laminatholzschaft |

**BESONDERHEITEN**

Frei liegender Lauf; verstellbares Abzugsgewicht;

*Ruger M77 Mark II Police Sniper Rifle*

extra Zubehör: Harris-Zweibein, Leupold-Zielfernrohr, 3,5–10 x 42.

## *Ruger Police Carbine*

**TECHNISCHE DATEN**

| | |
|---|---|
| Kaliber: | 9 mm Para oder .40 S&W |
| Magazin: | herausnehmbar |
| Kapazität: | 10 oder 15 Patronen (9 mm); 10 Patronen (.40) |
| Magazinhalteknopf: | vor dem Magazinschacht |
| System: | Selbstladewaffe |
| Verschlussbedienung: | Spanngriff |
| Feuerarten: | halbautomatisch |
| Verriegelung: | reiner Masseverschluss |
| Gesamtlänge: | 88,3 cm |
| Lauflänge: | 41,3 cm |
| Gesamtgewicht: | 2,8 kg |
| Visierung: | verstellbares Büchsenvisier, Montage für optische Zielhilfen |
| Sicherung: | Druckknopfsicherung hinten im Abzugsbügel |
| Schaft: | schwarzer Kunststoffschaft |

**BESONDERHEITEN**

Auf Wunsch Klemme für Ziellampe am Lauf. Die Pistolenmagazine von Ruger können in diesem Karabiner verwendet werden.

*Ruger Police Carbine*

*Steyr SPP-Police Maschinenpistole*

*Steyr AUG*

S s

# Sako

Die finnische Waffenfabrik Sako wurde unmittelbar nach dem Ende des Ersten Weltkrieges gegründet, um dort gebrauchte Militärgewehre zu reparieren und zu modifizieren sowie sie insbesondere zur jagdlichen Verwendung umzubauen. Der Firmensitz von Sako ist Riihimäki in Süd-Finnland. Wie viele andere Unternehmen der Branche hatte auch Sako während der Zeit der großen Depression in den 30er Jahren große Probleme. Im Zweiten Weltkrieg hörte die Firma fast völlig auf zu existieren; 1946 musste sie nahezu komplett neu aufgebaut werden. Auch in dieser Zeit brachte sich das Unternehmen wieder durch den Umbau von Militärkarabinern zu Jagd- und Sportbüchsen nach oben.

Zu Beginn der 50er Jahre entwickelte Sako dann auf der Basis dreier unterschiedlich langer Repetierbüchsensysteme eine eigene Serie von Jagd- und Präzisionsrepetierern. Die Sako-Büchsen mit dem kurzen System S491, dem Standardsystem M591 und dem langen Magnumsystem L691 brachten sofort sehr beachtliche Erfolge.

In den 80er Jahren brachte die Firma ein Scharfschützengewehr heraus, das mit der neuen, atypischen Sako-Systemserie TRG ausgestattet war; kurz darauf kamen auch Jagdrepetierer mit TRG-Systemen heraus.

Da viele Custom-Büchsenmacher gerne die robusten und zuverlässigen Sako-Systeme verwenden, verkauft die Firma ihre Repetierbüchsensysteme auch einzeln. Neben seinen Repetierern hat Sako auch militärische Selbstlader im Programm, etwa das Sako RK-95 in den Kalibern .223 Rem. und 7,62 x 39 mm. Das Unternehmen produziert inzwischen auch Munition, sämtliche gängigen Kaliber von .22 Hornet bis .375 H&H Magnum. Die Sako-Geschosse, benannt unter anderem als „Hammerhead", „Powerhead" oder „Speedhead", haben einen hervorragenden Ruf bei Jägern. Die spezielle Polizeimunition von Sako, wie etwa die 9 mm Para KPO, ist führend in Skandinavien.

*Sako-Logo*

*Sako-RK-95*

## *Sako RK-95*

**TECHNISCHE DATEN**

| | |
|---|---|
| Kaliber: | .223 Rem., 308 Win. oder 7,62 x 39 mm |
| Magazin: | herausnehmbares Magazin |
| Kapazität: | 30 Patronen |
| Magazinhalteknopf: | vor dem Abzugsbügel |
| System: | Selbstladewaffe (Gasdrucklader) |
| Verschlussbedienung: | Spanngriff |
| Feuerarten: | halb- und vollautomatisch |
| Verriegelung: | Drehkammerverschluss |
| Gesamtlänge: | 99,8 cm |
| Lauflänge: | 45 cm |
| Gesamtgewicht: | 4 kg |
| Visierung: | Klappdioptervisier 150/300 m; spezielle Zielfernrohr- und Nachtzielgerätmontage |
| Sicherung: | kombinierter Sicherungs- und Feuerwahlhebel rechts am Systemkasten |
| Schaft: | anklappbarer Stahl-Skelettschaft |

**BESONDERHEITEN**

Mattschwarze Oberfläche; Aufpflanzung für Gewehrgranaten und Bayonett nach den NATO-Spezifikationen; unter dem Vorderschaft kann ein spezieller M203-Granatwerfer montiert werden.

*Sako TRG-21/TRG-41 Sniper Rifle*

## *Sako TRG-21/TRG-41 Sniper Rifle*

**TECHNISCHE DATEN**

| | |
|---|---|
| Kaliber: | .308 Win. (TRG-21) oder .338 Lapua Mag. (TRG-41) |
| Magazin: | herausnehmbar |
| Kapazität: | TRG-21: 10 Patronen; TRG-41: 5 Patronen |
| Magazinhalteknopf: | vor dem Magazinschacht |
| System: | Repetierbüchse |
| Verschlussbedienung: | Kammerstängel |
| Feuerarten: | Einzelfeuer |
| Verriegelung: | dreieckiger Verriegelungskopf |
| Gesamtlänge: | 115 oder 120 cm |
| Lauflänge: | 66 oder 69 cm |
| Gesamtgewicht: | 4,7 oder 5,1 kg; ohne Zielfernrohr |
| Visierung: | ohne; spezielle Zielfernrohr und Nachtsichtgerätmontage |
| Sicherung: | Sicherung im Abzugsbügel; Ladezustandsanzeige hinten am Verschlusszylinder |
| Schaft: | Kunststoffhinterschaft mit verstellbarer Backe und Schaftkappe, Aluminiumvorderschaft |

**BESONDERHEITEN**

Einklappbares Zweibein; von 1 bis 2,5 kg verstellbarer Match-Abzug; spezielle Mündungsfeuerdämpfer und Schalldämpfer.

*Sako TRG-21/TRG-41 Sniper Rifle*

# Savage

*Savage-Logo*

1998 feierte das US-Unternehmen Savage Arms Inc. aus Westfield, Massachusetts, ihr 135-jähriges Firmenjubiläum; es wurde 1863 von Arthur Wilhelm Savage gegründet.

Bis 1960 war das Unternehmen vornehmlich für seine Unterhebelrepetierbüchsen bekannt; inzwischen wurde auch eine erfolgreiche Serie von Kammerstängelrepetierern eingeführt. Das Firmenlogo mit dem Indianerkopf wurde in den 20er Jahren dieses Jahrhunderts eingeführt. 1901 hatte Arthur Savage entschieden, Cheyenne-Indianern Gewehre zu liefern, die sie bestellt hatten, um damit in ihrem Reservat in Wyoming zu jagen. Die Indianer wollten sich dafür mit den Savage-Waffen auf Indianer-Shows zeigen, die damals sehr populär waren.

Im Jahr 1920 stellte Savage das Modell 1920 Hi-Power vor. Die Waffe hatte die Kaliber .250-3000 oder .300 Savage; die Patrone .300 Savage wurde von Charles Newton eigens für Savage entwickelt. Etwa 1930 trat Nick Brewer, ein junger Waffenkonstrukteur, in die Dienste eines Tochterunternehmens von Savage, der Firma Stevens Arms & Tool Company. Brewer entwarf diverse Waffenmodelle, unter anderem das sehr erfolgreiche Savage-Modell 110, das 1958 vorgestellt wurde. Während des Zweiten Weltkrieges wurde fast die ganze Fertigungskapazität von Savage zur Herstellung von Browning-Maschinengewehren verwendet.

Nach dem Zweiten Weltkrieg baute man dann bei Savage eine große Zahl deutscher Mauser-Repetierer zu Jagd- und Sportbüchsen um; dies hatte zur Folge, dass auch in den USA die Nachfrage nach Kammerstängelrepetierern erheblich zunahm. Im Laufe der Jahre wurde Nick Brewers erfolgreiches Modell 110 in verschiedenen Punkten geändert, in der Periode nach 1966 insbesondere durch den Waffeningenieur Bob Greenleaf. Im Endeffekt entstand auf der Basis des alten M 110 eine komplett neue Reihe von Savage-Büchsen. Speziell für Armee- und Polizeieinheiten fertigt die Firma Savage zwei Arten von Präzisionsschützenbüchsen für den Einsatz bei mittleren Entfernungen, die Modelle 110FP Tactical und 111FXP, die es beide mit festem oder herausnehmbarem Magazin gibt.

*Savage Model 110FP Tactical Sniper Rifle*

## *Savage Model 110FP Tactical Sniper Rifle*

**TECHNISCHE DATEN**

| | |
|---|---|
| Kaliber: | .308 Win., .30-06 Springf. oder .300 Win. Mag. |
| Magazin: | fest |
| Kapazität: | 4 Patronen, 3 für .300 Win. Mag. |
| Magazinhalteknopf: | entfällt |
| System: | Repetierbüchse |
| Verschlussbedienung: | Kammerstängel |
| Feuerarten: | Einzelfeuer |
| Verriegelung: | 2 Verriegelungswarzen |
| Gesamtlänge: | 116 cm |
| Lauflänge: | 61 cm |
| Gesamtgewicht: | 3,9 kg |
| Visierung: | ohne |
| Sicherung: | manuelle Sicherung rechts vor dem Kammerstängel |
| Schaft: | schwarzer Kunststoffschaft mit Pistolengriff |

**BESONDERHEITEN**

Mattschwarze Oberfläche; Zylinderverschluss mit Titan überzogen; frei liegender Lauf; System gebettet; Verschlusshülse mit Zielfernrohrmontagebohrungen. Die Waffe ist auch in einer speziellen Linksversion erhältlich.

## *Savage Model 111 FXP3/FCXP3 Sniper Rifle*

**TECHNISCHE DATEN**

| | |
|---|---|
| Kaliber: | .308 Win., .30-06 Springf., .300 Win. Mag. oder .338 Win. Mag. |
| Magazin: | fest (FXP3) oder herausnehmbar (FCXP3) |
| Kapazität: | 4 Patronen, 3 für Magnumkaliber |
| Magazinhalteknopf: | FXP3: entfällt; FCXP3: links mittig unter dem Kammerstängel |
| System: | Repetierbüchse |
| Verschlussbedienung: | Kammerstängel |
| Feuerarten: | Einzelfeuer |
| Verriegelung: | 2 Verriegelungswarzen |
| Gesamtlänge: | 111 cm |
| Lauflänge: | 56 cm |
| Gesamtgewicht: | 3,3 kg |
| Visierung: | ohne |
| Sicherung: | manuelle Sicherung rechts vor dem Kammerstängel |
| Schaft: | schwarzer Kunststoffschaft mit Pistolengriff |

*Savage Model 111 FXP3/FCXP3 Sniper Rifle*

**BESONDERHEITEN**

Mattschwarze Oberfläche; Verschlusshülse mit Zielfernrohrmontagebohrungen. Die Waffe ist auch in einer speziellen Linksversion erhältlich.

# Saxonia

*Saxonia-Logo*

SAXONIA

Die deutsche Waffenherstellungsfirma Saxonia, ursprünglich Wiesaer Gerätefabrik, hat ihren Sitz im sächsischen Schwarzenberg. Vor der Wiedervereinigung Deutschlands stellte man in dem Unternehmen vornehmlich die russischen Sturmgewehre AK-47 und AK-74 in Lizenz her. Nach dem Fall der Mauer wurde die Firma von der Treuhandgesellschaft privatisiert; danach wurde ihr Name in Saxonia Sport- und Jagdwaffen GmbH abgeändert. Die erste Waffe, die das neu gestaltete Unternehmen herstellte, war das so genannte Pöhlberg-Gewehr, das 1993 eingeführt wurde. Ein Jahr später brachte Saxonia die Scharfschützenversion der Pöhlberg-Büchse auf den Markt und 1995 folgte das Scharfschützengewehr SM96.

1997 stellt das rührige Unternehmen ihr Modell .50 BMG Sniper vor, das auch unter dem Namen „Big-Valve" bekannt ist.

Saxonia Hail

## *Saxonia Hail*

**TECHNISCHE DATEN**

| | |
|---|---|
| Kaliber: | 7,62 x 39 mm |
| Magazin: | herausnehmbares Magazin |
| Kapazität: | 5 Patronen (siehe Besonderheiten) |
| Magazinhalteknopf: | vor dem Abzugsbügel |
| System: | Selbstladewaffe (Gasdrucklader) |
| Verschlussbedienung: | Spanngriff |
| Feuerarten: | halbautomatisch |
| Verriegelung: | Drehkammerverschluss mit 2 Verriegelungswarzen |
| Gesamtlänge: | 88 cm |
| Lauflänge: | 41,5 cm |
| Gesamtgewicht: | 3,8 kg |
| Visierung: | Schiebevisier bis 300 m; spezielle Zielfernrohr- und Nachtzielgerätmontage |
| Sicherung: | Schiebesicherung rechts am Systemkasten, wirkt nur auf den Abzug |
| Schaft: | mattschwarzer oder silberner Aluminiumschaft, entweder mit Holzeinlagen oder kompett schwarz |

**BESONDERHEITEN**

Optikmontage und Zielfernrohr auf Wunsch; es können auch AK 47-Magazine verwendet werden.

## *Saxonia Semi-Pump*

**TECHNISCHE DATEN**

| | |
|---|---|
| Kaliber: | 12/76 |
| Magazin: | Röhrenmagazin |
| Kapazität: | 15 Patronen |
| Magazinhalteknopf: | entfällt; Ladeöffnung unten im Systemkasten |
| System: | Repetierflinte/Selbstladeflinte (Gasdrucklader) |
| Verschlussbedienung: | Vorderschaft/Spannhebel |
| Feuerarten: | manuell oder halbautomatisch, Einzelfeuer |
| Verriegelung: | Verriegelungswarzen |
| Gesamtlänge: | 107, 117 oder 127 cm |
| Lauflänge: | 51, 61 oder 71 cm |
| Gesamtgewicht: | 3,5–3,7 kg |
| Visierung: | Büchsenvisierung |
| Sicherung: | Druckknopfsicherung hinten am Abzugsbügel |

Saxonia Semi-Pump

| | |
|---|---|
| Schaft: | Hinter- und Vorderschaft sowie Handschutz aus Kunststoff |

**BESONDERHEITEN**

Systemkasten und Lauf mattschwarz; Lauf mit Mündungsfeuerdämpfer; großer Spann- und Arretierhebel links am Systemkasten. Die Waffe ist gleichzeitig Selbstlade- und Pump Action-Flinte.

## *Saxonia Semi-Pump Nickel*

**TECHNISCHE DATEN**

| | |
|---|---|
| Kaliber: | 12/76 |
| Magazin: | Röhrenmagazin |
| Kapazität: | 15 Patronen |
| Magazinhalteknopf: | entfällt; Ladeöffnung unten im Systemkasten |
| System: | Repetierflinte/Selbstladeflinte (Gasdrucklader) |
| Verschlussbedienung: | Vorderschaft/Spannhebel |
| Feuerarten: | manuell oder halbautomatisch, Einzelfeuer |
| Verriegelung: | Verriegelungswarzen |
| Gesamtlänge: | 107, 117 oder 127 cm |
| Lauflänge: | 51, 61 oder 71 cm |
| Gesamtgewicht: | 3,1–3,5 kg |
| Visierung: | Büchsenvisierung |
| Sicherung: | Druckknopfsicherung hinten am Abzugsbügel |
| Schaft: | Hinter- und Vorderschaft sowie Handschutz aus Kunststoff |

**BESONDERHEITEN**

Systemkasten und Lauf matt vernickelt; Lauf mit Mündungsfeuerdämpfer; großer Spann- und Arretierhebel links am Systemkasten. Die Waffe ist gleichzeitig Selbstlade- und Pump Action-Flinte.

Saxonia Semi-Pump Nickel

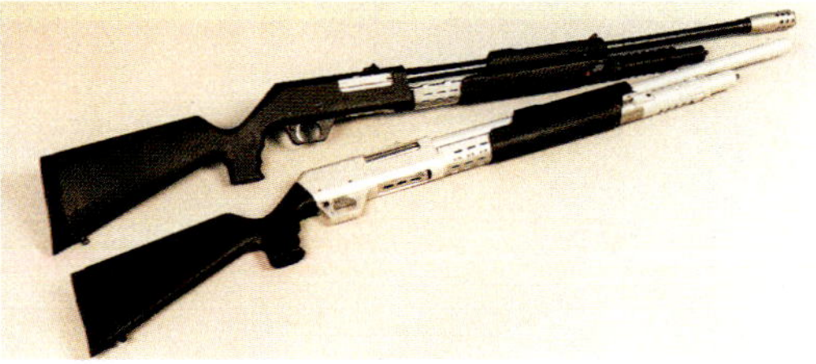

# Scattergun Technologies

*Scattergun Technologies-Logo*

Das amerikanische Unternehmen Scattergun Technologies Inc. aus Nashville, Tennessee, stellt seit mehr als 10 Jahren auf der Basis verschiedener Remington-Flinten spezialisierte, modifizierte „Combat-Flinten" her.

Die speziellen Scattergun-Flinten sind echte Riot Guns, die ausschließlich für den Einsatz bei polizeilichen und militärischen Spezialeinheiten bestimmt sind. Die meisten Scattergun-Modelle weisen ein Track-Lock-Visier auf, ein spezielles Combat-Visier mit Tritium-Leuchteinlagen für schlechte Lichtverhältnisse; nur das Modell Rebuild hat kein Track-Lock-Visier. Scattergun bietet an, alle eingesandten Remington 870-Flinten komplett zu renovieren und alle abgenutzten Teile gegen neue auszutauschen; falls gewünscht, wird zudem das eventuell kürzere Patronenlager zur Aufnahme von 3"-Magnum-Schrotpatronen verlängert. Um einen zuverlässigen Nachladevorgang zu sichern, baut Scattergun eine sog. Flexitab-Zufuhrrampe ein. Das Flintenvisier wird durch ein Combat-Visier ersetzt, die Waffe erhält neue Federn und eventuell wird auch ein Schaft und Vorderschaft aus Kunststoff montiert. Zudem kann eine andere Sicherung eingebaut werden und die Metallteile der Flinte können mit einer speziellen mattschwarzen Kunststoff-Oberfläche versehen werden. Letztlich wird wohl auch noch der Abzug überarbeitet werden. Die Firma Scattergun bietet ihre verschiedenen Änderungsteile aber auch separt zum Selbsteinbau an, unter anderem etwa Magazinverlängerungen, Kunststoffvorderschäfte mit integrierten Ziellampen, Riemenbügel und Trageriemen sowie spezielle Waffentragetaschen.

## *Scattergun Border Patrol Model*

**TECHNISCHE DATEN**

| | |
|---|---|
| Kaliber: | 12/76 |
| Magazin: | Röhrenmagazin |
| Kapazität: | 7 Patronen |
| Magazinhalteknopf: | entfällt |
| System: | Repetierflinte |
| Verschlussbedienung: | Vorderschaft |
| Feuerarten: | Einzelfeuer |
| Verriegelung: | Vertikalblockverschluss |

*Scattergun Border Patrol Model*

*Scattergun Border Patrol Short Model*

| | |
|---|---|
| Gesamtlänge: | 97 cm |
| Lauflänge: | 45,7 cm; Zylinderchoke-Lauf |
| Gesamtgewicht: | 3,6 kg |
| Visierung: | verstellbares Track-Lock-Ringvisier |
| Sicherung: | spezielle vergrößerte Jumbo-Druckknopfsicherung hinten am Abzugsbügel |
| Schaft: | mattschwarzer Kunststoffhinter- und Vorderschaft; spezielle rückstoßdämpfende Schaftkappe |

#### BESONDERHEITEN

Systemkasten, Röhrenmagazin und Lauf mit mattschwarzer Oberfläche.
Die Waffe basiert auf der Flinte Remington Modell 870 Magnum; sie ist mit einem speziellen taktischen Trageriemen ausgestattet.

## *Scattergun Border Patrol Short Model*

#### TECHNISCHE DATEN

| | |
|---|---|
| Kaliber: | 12/76 |
| Magazin: | Röhrenmagazin |
| Kapazität: | 6 Patronen |
| Magazinhalteknopf: | entfällt |
| System: | Repetierflinte |
| Verschlussbedienung: | Vorderschaft |
| Feuerarten: | Einzelfeuer |
| Verriegelung: | Vertikalblockverschluss |
| Gesamtlänge: | 87 cm |
| Lauflänge: | 36,5 cm; Zylinderchoke-Lauf |
| Gesamtgewicht: | 3,5 kg |
| Visierung: | verstellbares Track-Lock-Ringvisier |
| Sicherung: | spezielle vergrößerte Jumbo-Druckknopfsicherung hinten am Abzugsbügel |
| Schaft: | mattschwarzer Kunststoffhinter- und Vorderschaft; spezielle rückstoßdämpfende Schaftkappe |

#### BESONDERHEITEN

Systemkasten, Röhrenmagazin und Lauf mit mattschwarzer Oberfläche. Die Waffe basiert auf der Flinte Remington Modell 870 Magnum; sie ist mit einem speziellen taktischen Trageriemen ausgestattet.

*Scattergun Compact Model*

## *Scattergun Compact Model*

#### TECHNISCHE DATEN

| | |
|---|---|
| Kaliber: | 12/76 |
| Magazin: | Röhrenmagazin |
| Kapazität: | 5 Patronen |
| Magazinhalteknopf: | entfällt |
| System: | Repetierflinte |
| Verschlussbedienung: | Vorderschaft |
| Feuerarten: | Einzelfeuer |
| Verriegelung: | Vertikalblockverschluss |
| Gesamtlänge: | 83 cm |
| Lauflänge: | 31,8 cm; $^1/_2$-Choke-Lauf |
| Gesamtgewicht: | 3,3 kg |
| Visierung: | verstellbares Track-Lock-Ringvisier |
| Sicherung: | spezielle vergrößerte Jumbo-Druckknopfsicherung hinten am Abzugsbügel |
| Schaft: | mattschwarzer Kunststoffhinter- und Vorderschaft; spezielle rückstoßdämpfende Schaftkappe |

#### BESONDERHEITEN

Systemkasten, Röhrenmagazin und Lauf mit mattschwarzer Oberfläche. Die Waffe basiert auf der Flinte Remington Modell 870 Magnum; sie ist mit einem speziellen taktischen Trageriemen ausgestattet.

## *Scattergun Entry Model*

#### TECHNISCHE DATEN

| | |
|---|---|
| Kaliber: | 12/76 |
| Magazin: | Röhrenmagazin |
| Kapazität: | 5 Patronen |
| Magazinhalteknopf: | entfällt |
| System: | Repetierflinte |
| Verschlussbedienung: | Vorderschaft |
| Feuerarten: | Einzelfeuer |
| Verriegelung: | Vertikalblockverschluss |
| Gesamtlänge: | 83 cm |
| Lauflänge: | 31,8 cm; $^1/_2$-Choke-Lauf |
| Gesamtgewicht: | 3,7 kg |

*Scattergun Entry Model*

| | |
|---|---|
| Visierung: | verstellbares Track-Lock-Ringvisier |
| Sicherung: | spezielle vergrößerte Jumbo-Druckknopfsicherung hinten am Abzugsbügel |
| Schaft: | mattschwarzer Kunststoffhinter- und Vorderschaft; spezielle rückstoßdämpfende Schaftkappe |

**BESONDERHEITEN**

Systemkasten, Röhrenmagazin und Lauf mit mattschwarzer Oberfläche; Vorderschaft mit integriertem Halter für Ziellampe; rechts am Gehäuse ist eine Halterung für 6 zusätzliche Patronen angebracht. Die Waffe basiert auf der Flinte Remington Modell 870 Magnum; sie ist mit einem speziellen taktischen Trageriemen ausgestattet.

## *Scattergun Expert Model*

**TECHNISCHE DATEN**

| | |
|---|---|
| Kaliber: | 12/76 |
| Magazin: | Röhrenmagazin |
| Kapazität: | 7 Patronen |
| Magazinhalteknopf: | entfällt |
| System: | Repetierflinte |
| Verschlussbedienung: | Vorderschaft |
| Feuerarten: | Einzelfeuer |
| Verriegelung: | Vertikalblockverschluss |
| Gesamtlänge: | 95 cm |
| Lauflänge: | 45,7 cm; ½-Choke-Lauf |
| Gesamtgewicht: | 3,9 kg |
| Visierung: | verstellbares Track-Lock-Ringvisier |
| Sicherung: | spezielle vergrößerte Jumbo-Druckknopfsicherung hinten am Abzugsbügel |
| Schaft: | mattschwarzer Kunststoffhinter- und Vorderschaft; spezielle rückstoßdämpfende Schaftkappe |

*Scattergun Expert Model*

**BESONDERHEITEN**

Spezielle NP3-Nickel-Teflon-Beschichtung auf Systemkasten, Röhrenmagazin und Lauf; Vorderschaft mit integriertem Halter für Ziellampe; rechts am Gehäuse ist eine Halterung für 6 zusätzliche Patronen angebracht. Die Waffe basiert auf der Flinte Remington Modell 870 Magnum; sie ist mit einem speziellen taktischen Trageriemen ausgestattet.

## *Scattergun F.B.I. Model*

**TECHNISCHE DATEN**

| | |
|---|---|
| Kaliber: | 12/76 |
| Magazin: | Röhrenmagazin |
| Kapazität: | 5 Patronen |
| Magazinhalteknopf: | entfällt |
| System: | Repetierflinte |
| Verschlussbedienung: | Vorderschaft |
| Feuerarten: | Einzelfeuer |
| Verriegelung: | Vertikalblockverschluss |
| Gesamtlänge: | 97 cm |
| Lauflänge: | 45,7 cm; Zylinderchoke-Lauf |
| Gesamtgewicht: | 3,9 kg |
| Visierung: | verstellbares Track-Lock-Ringvisier |
| Sicherung: | spezielle vergrößerte Jumbo-Druckknopfsicherung hinten am Abzugsbügel |
| Schaft: | mattschwarzer Kunststoffhinter- und Vorderschaft; spezielle rückstoßdämpfende Schaftkappe |

**BESONDERHEITEN**

Systemkasten, Röhrenmagazin und Lauf mit mattschwarzer Oberfläche; Vorderschaft mit integriertem Halter für Ziellampe; rechts am Gehäuse ist eine Halterung für 6 zusätzliche Patronen angebracht.

*Scattergun F.B.I. Model*

*Scattergun K-9 Model*

Die Waffe basiert auf der Flinte Remington Modell 870 Magnum; sie ist mit einem speziellen taktischen Trageriemen ausgestattet.

## *Scattergun K-9 Model*

### TECHNISCHE DATEN

| | |
|---|---|
| Kaliber: | 12/76 |
| Magazin: | Röhrenmagazin |
| Kapazität: | 7 Patronen |
| Magazinhalteknopf: | entfällt |
| System: | Selbstladeflinte (Gasdrucklader) |
| Verschlussbedienung: | Spanngriff |
| Feuerarten: | halbautomatisch |
| Verriegelung: | Vertikalblockverschluss |
| Gesamtlänge: | 98 cm |
| Lauflänge: | 45,7 cm; Zylinderchoke-Lauf |
| Gesamtgewicht: | 3,9 kg |
| Visierung: | verstellbares Track-Lock-Ringvisier |
| Sicherung: | spezielle vergrößerte Jumbo-Druckknopfsicherung hinten am Abzugsbügel |
| Schaft: | mattschwarzer Kunststoffhinter- und Vorderschaft; spezielle rückstoßdämpfende Schaftkappe |

### BESONDERHEITEN

Systemkasten, Röhrenmagazin und Lauf mit mattschwarzer Oberfläche; rechts am Gehäuse ist eine Halterung für 6 zusätzliche Patronen angebracht. Die Waffe basiert auf der Selbstladeflinte Remington Modell 11-87 Magnum; sie ist mit einem speziellen taktischen Trageriemen ausgestattet.

## *Scattergun Louis Awerbuck Signature Model*

### TECHNISCHE DATEN

| | |
|---|---|
| Kaliber: | 12/76 |
| Magazin: | Röhrenmagazin |
| Kapazität: | 5 Patronen |
| Magazinhalteknopf: | entfällt |
| System: | Repetierflinte |
| Verschlussbedienung: | Vorderschaft |
| Feuerarten: | Einzelfeuer |
| Verriegelung: | Vertikalblockverschluss |
| Gesamtlänge: | 97 cm |
| Lauflänge: | 45,7 cm; $^1/_2$-Choke-Lauf |
| Gesamtgewicht: | 3,7 kg |
| Visierung: | verstellbares Track-Lock-Ringvisier |
| Sicherung: | spezielle vergrößerte Jumbo-Druckknopfsicherung hinten am Abzugsbügel |
| Schaft: | Hinter- und Vorderschaft aus US-Hartholz; spezielle rückstoßdämpfende Schaftkappe, Schockabsorber im Schaft |

### BESONDERHEITEN

Systemkasten, Röhrenmagazin und Lauf mit mattschwarzer Oberfläche; rechts am Gehäuse ist eine Halterung für 6 zusätzliche Patronen angebracht. Die Waffe basiert auf der Flinte Remington Modell 870 Magnum; sie ist mit einem speziellen taktischen Trageriemen ausgestattet.

## *Scattergun Patrol Model*

### TECHNISCHE DATEN

| | |
|---|---|
| Kaliber: | 12/76 |
| Magazin: | Röhrenmagazin |
| Kapazität: | 5 Patronen |
| Magazinhalteknopf: | entfällt |
| System: | Repetierflinte |
| Verschlussbedienung: | Vorderschaft |
| Feuerarten: | Einzelfeuer |
| Verriegelung: | Vertikalblockverschluss |
| Gesamtlänge: | 97 cm |
| Lauflänge: | 45,7 cm; Zylinderchoke-Lauf |
| Gesamtgewicht: | 3,4 kg |
| Visierung: | verstellbares Track-Lock-Ringvisier |
| Sicherung: | spezielle vergrößerte Jumbo-Druckknopfsicherung hinten am Abzugsbügel |

*Scattergun Louis Awerbuck Signature Model*

*Scattergun Patrol Model*

| | |
|---|---|
| Schaft: | mattschwarzer Kunststoffhinter- und Vorderschaft; spezielle rückstoßdämpfende Schaftkappe |

**BESONDERHEITEN**

Systemkasten, Röhrenmagazin und Lauf mit mattschwarzer Oberfläche.
Die Waffe basiert auf der Flinte Remington Modell 870 Magnum; sie ist mit einem speziellen taktischen Trageriemen ausgestattet.

## *Scattergun Professional Model*

**TECHNISCHE DATEN**

| | |
|---|---|
| Kaliber: | 12/76 |
| Magazin: | Röhrenmagazin |
| Kapazität: | 6 Patronen |
| Magazinhalteknopf: | entfällt |
| System: | Repetierflinte |
| Verschlussbedienung: | Vorderschaft |
| Feuerarten: | Einzelfeuer |
| Verriegelung: | Vertikalblockverschluss |
| Gesamtlänge: | 87 cm |
| Lauflänge: | 36,5 cm; Zylinderchoke-Lauf |
| Gesamtgewicht: | 3,7 kg |
| Visierung: | verstellbares Track-Lock-Ringvisier |
| Sicherung: | spezielle vergrößerte Jumbo-Druckknopfsicherung hinten am Abzugsbügel |
| Schaft: | mattschwarzer Kunststoffhinter- und Vorderschaft; spezielle rückstoßdämpfende Schaftkappe |

*Scattergun Professional Model*

**BESONDERHEITEN**

Systemkasten, Röhrenmagazin und Lauf mit mattschwarzer Oberfläche.
Die Waffe basiert auf der Flinte Remington Modell

*Scattergun Rebuild Remington 870 Model*

870 Magnum; sie ist mit einem speziellen taktischen Trageriemen ausgestattet.

## *Scattergun Rebuild Remington 870 Model*

**TECHNISCHE DATEN**

| | |
|---|---|
| Kaliber: | 12/76 |
| Magazin: | Röhrenmagazin |
| Kapazität: | 2–7 Patronen |
| Magazinhalteknopf: | entfällt |
| System: | Repetierflinte |
| Verschlussbedienung: | Vorderschaft |
| Feuerarten: | Einzelfeuer |
| Verriegelung: | Vertikalblockverschluss |
| Gesamtlänge: | ab 97 cm |
| Lauflänge: | 31,8–45,7 cm |
| Gesamtgewicht: | 3,3–4,1 kg |
| Visierung: | verstellbares Track-Lock-Ringvisier |
| Sicherung: | spezielle vergrößerte Jumbo-Druckknopfsicherung hinten am Abzugsbügel |
| Schaft: | mattschwarzer Kunststoffhinter- und Vorderschaft; spezielle rückstoßdämpfende Schaftkappe |

**BESONDERHEITEN**

Systemkasten, Röhrenmagazin und Lauf mit mattschwarzer Oberfläche. Custom-Waffen nach Kundenwünschen auf der Basis Remington-Pump-Flinten; Zubehör nach Wahl.

## *Scattergun Standard Model*

**TECHNISCHE DATEN**

| | |
|---|---|
| Kaliber: | 12/76 |
| Magazin: | Röhrenmagazin |
| Kapazität: | 7 Patronen |
| Magazinhalteknopf: | entfällt |
| System: | Repetierflinte |
| Verschlussbedienung: | Vorderschaft |
| Feuerarten: | Einzelfeuer |
| Verriegelung: | Vertikalblockverschluss |
| Gesamtlänge: | 97 cm |
| Lauflänge: | 45,7 cm; Zylinderchoke-Lauf |
| Gesamtgewicht: | 4,1 kg |
| Visierung: | verstellbares Track-Lock-Ringvisier |
| Sicherung: | spezielle vergrößerte Jumbo-Druckknopfsicherung hinten am Abzugsbügel |
| Schaft: | mattschwarzer Kunststoffhinter- und Vorderschaft; spezielle rückstoßdämpfende Schaftkappe |

*Scattergun Standard Model*

**BESONDERHEITEN**

Systemkasten, Röhrenmagazin und Lauf mit mattschwarzer Oberfläche; Vorderschaft mit integriertem Halter für Ziellampe; rechts am Gehäuse ist eine Halterung für 6 zusätzliche Patronen angebracht. Die Waffe basiert auf der Flinte Remington Modell 870 Magnum; sie ist mit einem speziellen taktischen Trageriemen ausgestattet.

## *Scattergun SWAT Model*

**TECHNISCHE DATEN**

| | |
|---|---|
| Kaliber: | 12/76 |
| Magazin: | Röhrenmagazin |
| Kapazität: | 6 Patronen |
| Magazinhalteknopf: | entfällt |
| System: | Selbstladeflinte (Gasdrucklader) |
| Verschlussbedienung: | Spanngriff |
| Feuerarten: | halbautomatisch |
| Verriegelung: | Vertikalblockverschluss |
| Gesamtlänge: | 88 cm |
| Lauflänge: | 35,6 cm; Zylinderchoke-Lauf |
| Gesamtgewicht: | 3,97 kg |
| Visierung: | verstellbares Track-Lock-Ringvisier |
| Sicherung: | spezielle vergrößerte Jumbo-Druckknopfsicherung hinten am Abzugsbügel |
| Schaft: | mattschwarzer Kunststoffhinter- und Vorderschaft; spezielle rückstoßdämpfende Schaftkappe |

*Scattergun SWAT Model*

**BESONDERHEITEN**

Systemkasten, Röhrenmagazin und Lauf mit mattschwarzer Oberfläche; rechts am Gehäuse ist eine Halterung für 6 zusätzliche Patronen angebracht.
Die Waffe basiert auf der Selbstladeflinte Remington Modell 11-87 Magnum; sie ist mit einem speziellen taktischen Trageriemen ausgestattet.

## *Scattergun Urban Sniper Model*

**TECHNISCHE DATEN**

| | |
|---|---|
| Kaliber: | 12/76 |
| Magazin: | Röhrenmagazin |
| Kapazität: | 7 Patronen |
| Magazinhalteknopf: | entfällt |
| System: | Selbstladeflinte (Gasdrucklader) |
| Verschlussbedienung: | Spanngriff |
| Feuerarten: | halbautomatisch |
| Verriegelung: | Vertikalblockverschluss |
| Gesamtlänge: | 98 cm |
| Lauflänge: | 45,7 cm; Lauf mit Zügen und Feldern |
| Gesamtgewicht: | 4,3 kg |
| Visierung: | verstellbares Track-Lock-Ringvisier |
| Sicherung: | spezielle vergrößerte Jumbo-Druckknopfsicherung hinten am Abzugsbügel |
| Schaft: | mattschwarzer Monte Carlo Kunststoffschaft; spezielle rückstoßdämpfende Schaftkappe |

**BESONDERHEITEN**

Systemkasten, Röhrenmagazin und Lauf mit mattschwarzer Oberfläche; spezieller Slug-Lauf mit Zügen und Feldern; mit 2,75-fachem Zielfernrohr und verstellbarem Zweibein ausgestattet; rechts am Gehäuse ist eine Halterung für 6 zusätzliche Patronen angebracht.
Die Waffe basiert auf der Selbstladeflinte Remington Modell 11-87 Magnum; sie ist mit einem speziellen taktischen Trageriemen ausgestattet.

*Scattergun Urban Sniper Model*

# Schmidt-Rubin

Das erste Schmidt-Rubin-Gewehr wurde 1889 an die Schweizer Armee ausgegeben. Die Waffe war vom dem Schweizer Militärexperten Colonel Rudolf Schmidt entwickelt worden, der Chef der Schweizer nationalen Waffenfabrik in Bern war. Die zugehörige Patrone, Kaliber 7,5 x 55 mm, hatte Colonel-Major Eduard Rubin entwickelt, der damals in der Munitionsfabrik in Thun in der Schweiz arbeitete. Das Schmidt-Rubin-Gewehr, Modell 1889, hatte einen bis dahin völlig neuartigen Verschluss. Statt eines regulären Drehkammerschlusses mit vorne in der Hülse verriegelnden Warzen, bewegt sich der Verschlusszylinder der Schmidt-Rubin-Waffe nur hin und her. Allein das Vor- und Zurückschieben des festen, nicht vertikal beweglichen Kammerstängels sorgt dabei dafür, dass sich auf dem Verschlusszylinder befindliche Verriegelungswarzen drehend in korrespondierende Aussparungen in der Verschlusshülse einfügen, wenn die Waffe geschlossen wird. Durch seine neue Technik wollte Rudolf Schmidt zunächst nur Diskrepanzen mit bestehenden Patentrechten umgehen. Das Modell von 1889 hatte die Verschlusswarzen noch hinten am Verschlusszylinder, die nachfolgenden Modell 1911 und 1931 hatten sie vorne; letzteres Modell wies zwei Warzen auf, rechts und links des Verschlusszylinders je eine.
Alle Schmidt-Rubin-Büchsen weisen hinten am Verschlusszylinder den waffentypischen Fingerring auf. Er dient sowohl als Sicherung als auch als Möglichkeit, das Schloss nötigenfalls (erneut) zu spannen, falls der Schuss nicht gebrochen ist oder die Waffe mit einer Patrone im Patronenlager entspannt geführt wurde.
Schmidt-Rubin-Gewehre wurden in den Werken der Schweizerischen Industrie-Gesellschaft (SIG) und der Eidgenossischen Waffenfabrik, Bern, gebaut. Die Schmidt-Rubin-Gewehre wurden in der Schweiz erst 1957 durch das halbautomatische SIG-Militärgewehr Modell 57 ersetzt. Auch diese Waffe hatte noch den Schmidt-Rubin-typischen Kammerstängel und ein ähnliches Verschlusssystem.
Die meisten Schmidt-Rubin-Gewehre haben auf der Hülsenbrücke das große Schweizer Kreuz auf einem Schild eingraviert. Aufgrund ihrer hervorragenden Verarbeitung und Schusspräzision sind die Schmidt-Rubin-Waffen, besonders das G11 (Gewehr 1911) und der K31 (Karabiner 1931), heute gesuchte Gewehre für die Disziplinen des sportlichen Militärgewehrschießens.

*Schmidt-Rubin Gewehr 1911*

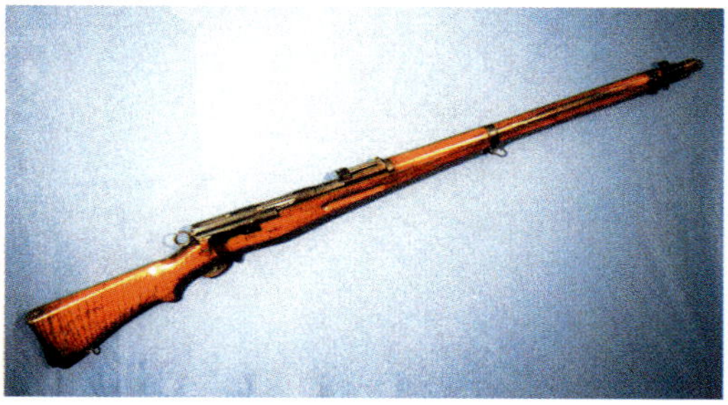

## *Schmidt-Rubin Gewehr 1911*

**TECHNISCHE DATEN**

| | |
|---|---|
| Kaliber: | 7,5 x 55 mm |
| Magazin: | herausnehmbar |
| Kapazität: | 6 Patronen |
| Magazinhalteknopf: | rechts neben dem Magazinschacht |
| System: | Repetierbüchse |
| Verschlussbedienung: | Kammerstängel (Geradezug) |
| Feuerarten: | Einzelfeuer |
| Verriegelung: | Verriegelungswarzen |
| Gesamtlänge: | 131 cm |
| Lauflänge: | 78 cm |
| Gesamtgewicht: | 4,6 kg |
| Visierung: | Schiebevisier |
| Sicherung: | Drehring hinten am Verschlusszylinder |
| Schaft: | Nussbaumschaftholz |

**BESONDERHEITEN**

Der Sicherungsdrehring dient gleichzeitig zum manuellen Spannen. Verriegungswarzen vorne am Verschlusszylinder. Kammerstängelknopf aus braunem Bakelit.

## *Schmidt-Rubin M31 (K31) Karabiner*

**TECHNISCHE DATEN**

| | |
|---|---|
| Kaliber: | 7,5 x 55 mm |
| Magazin: | herausnehmbar |
| Kapazität: | 6 Patronen |
| Magazinhalteknopf: | rechts neben dem Magazinschacht |
| System: | Repetierbüchse |
| Verschlussbedienung: | Kammerstängel (Geradezug) |
| Feuerarten: | Einzelfeuer |
| Verriegelung: | Verriegelungswarzen |
| Gesamtlänge: | 110,5 cm |
| Lauflänge: | 65,5 cm |
| Gesamtgewicht: | 4,0 kg |
| Visierung: | Schiebevisier |
| Sicherung: | Drehring hinten am Verschlusszylinder |
| Schaft: | Nussbaumschaftholz |

*Schmidt-Rubin M31 (K31) Karabiner*

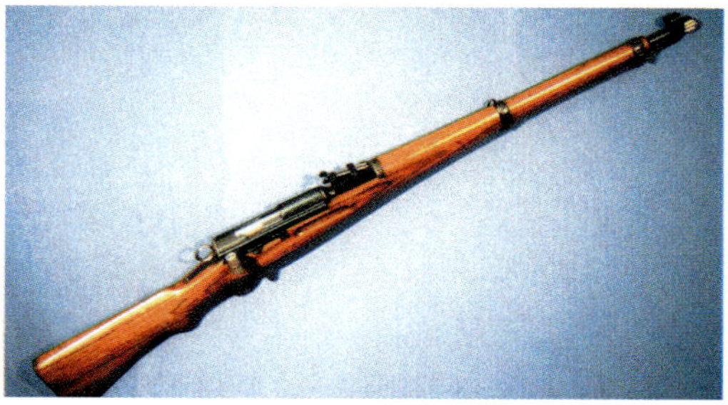

**BESONDERHEITEN**

Der Sicherungsdrehring dient gleichzeitig auch zum manuellen Spannen. Verriegungswarzen vorne am Verschlusszylinder. Kammerstängelknopf aus Aluminium.

## *Schmidt-Rubin K31/42 Scharfschützenkarabiner*

**TECHNISCHE DATEN**

| | |
|---|---|
| Kaliber: | 7,5 x 55 mm |
| Magazin: | herausnehmbar |
| Kapazität: | 6 Patronen |
| Magazinhalteknopf: | rechts neben dem Magazinschacht |
| System: | Repetierbüchse |
| Verschlussbedienung: | Kammerstängel (Geradezug) |
| Feuerarten: | Einzelfeuer |
| Verriegelung: | Verriegelungswarzen |
| Gesamtlänge: | 110,5 cm |
| Lauflänge: | 65,5 cm |
| Gesamtgewicht: | 4,2 kg |
| Visierung: | Schiebevisier; 1,8-faches Zielfernrohr |
| Sicherung: | Drehring hinten am Verschlusszylinder |
| Schaft: | Nussbaumschaftholz |

*Schmidt-Rubin K31/42 Scharfschützenkarabiner*

*Detailansicht eines Schmidt-Rubin K31/42*

**BESONDERHEITEN**

Der Sicherungsdrehring dient gleichzeitig auch zum manuellen Spannen. Verriegungswarzen vorne am Verschlusszylinder. Kammerstängelknopf aus Aluminium. Kleines Zielfernrohr, links an der Verschlusshülse angebracht. Die K31/43-Scharfschützenbüchse besitzt ein ähnliches Zielfernrohr, allerdings mit 2,8-facher Vergrößerung.

## SIG

*SIG-Logo*

Die Vorgängerfirma der Schweizerischen Industrie-Gesellschaft SIG war die Schweizerische Wagon-Fabrik, die 1853 von Heinrich Moser, einem Uhrmacher, Friedrich Peyer im Hof, einem Lokalpolitiker, und Conrad Neher-Stokar, einem Offizier der schweizerischen Armee, gegründet wurde.

Zunächst baute das Unternehmen Eisenbahnwagen. 1860 fing man auf Wunsch der Schweizer Armee aber auch an, Waffen zu produzieren. Ab 1865 wurde die Waffenproduktion unter der Leitung von Friedrich Vetterli, der auch der Vater des berühmten Vetterli Modell 1869-Armeegewehres war, ein eigenständiges Unternehmen. Kurz darauf wurde der Name der Firma in Schweizerische Industrie-Gesellschaft, Neuhausen am Rheinfall, kurz SIG, abgeändert.

Seit dieser Zeit wurden bei SIG die verschiedensten, zumeist sehr erfolgreichen Kurz- und Langwaffen entwickelt. Zwischen 1908 und 1911 produzierte SIG nach den Entwürfen des mexikanischen Generals Manuel Mondragon den ersten halbautomatischen Gasdrucklader, den so genannten Mondragon-Karabiner. Ab 1920 baute die Firma große Mengen der Bergmann-Maschinenpistole, um sie unter anderem nach Japan, Finnland und China zu exportieren. 1927 wurde unter dem Namen KE-7 das erste SIG-Maschinengewehr vorgestellt; man lieferte es an die Armeen von Chile, China, Kolumbien, Finnland und Peru. 1938 wurde die Firma mit einem Exportverbot belegt. Die Firma durfte ihre Produkte jetzt nur noch mit einer konkreten Einzelgenehmigung der Schweizer Regierung exportieren; dieses Verbot gilt für Europa heute noch. Im Zweiten Weltkrieg, in dem die Schweiz neutral blieb, baute SIG große Mengen an Waffen für die schweizerische Armee, unter anderem die Maschinenpistole MP41, gefolgt von den Modellen 44, 45, 46 und 48.

1947 führte die schweizerische Armee unter der Bezeichnung SP-47/8 eine neue Ordonnanzpistole ein, die man bei SIG vollkommen neu konstruiert hatte. Diese Waffe wurde unter ihrer späteren zivilen Bezeichnung SIG P210 weltberühmt.

Mitte der 50er Jahre bekam die Firma den Auftrag, für die Armee ein neues automatisches Gewehr zu entwickeln und zu fertigen. Dies führte zur Vorstellung des „Sturmgewehres 57", von dem allein an die Armee der Schweiz 700 000 Stück geliefert wurden. 1971 übernahm SIG die schweizerische Waffenfirma Hämmerli und 1974 begann die Kooperation mit der deutschen Firma Sauer & Sohn aus Eckernförde. Aus der Zusammenarbeit zwischen SIG und Sauer entstand eine der inzwischen wohl erfolgreichsten Selbstladepistolenfamilien, die SIG-Sauer-Pistolen. 1984 entwickelte SIG ein neues Sturmgewehr, das ebenfalls bald eine kompette „Waffenfamilie" bilden sollte, das SG 550/551.

### *SIG MP44*

**TECHNISCHE DATEN**

| | |
|---|---|
| Kaliber: | 9 mm Para |
| Magazin: | herausnehmbar |
| Kapazität: | 40 Patronen |
| Magazinhalteknopf: | links am Systemkasten |
| System: | Selbstladewaffe (Rückstoßlader) |
| Verschlussbedienung: | Spanngriff |
| Feuerarten: | halb- und vollautomatisch |
| Verriegelung: | reiner Masseverschluss |
| Gesamtlänge: | 83 cm |
| Lauflänge: | 30 cm |
| Gesamtgewicht: | 3,95 kg |

*SIG P44*

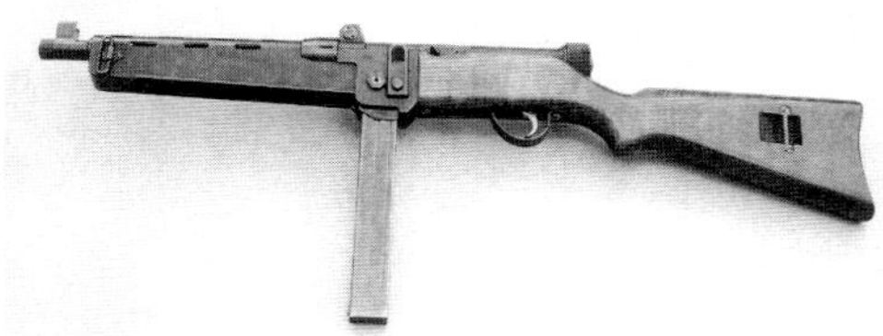

| | |
|---|---|
| Visierung: | verstellbares Dioptervisier |
| Sicherung: | Sicherungshebel links am Systemkasten |
| Schaft: | Hinterschaft aus Hartholz, Vorderschaft aus Stahl |

**BESONDERHEITEN**

Mattschwarz brüniert.

## *SIG SG 540*

**TECHNISCHE DATEN**

| | |
|---|---|
| Kaliber: | .223 Rem. |
| Magazin: | herausnehmbar |
| Kapazität: | 20 oder 30 Patronen |
| Magazinhalteknopf: | vor dem Abzugsbügel |
| System: | Selbstladewaffe (Gasdrucklader, einstellbar) |
| Verschlussbedienung: | Spanngriff |
| Feuerarten: | halbautomatisch, 3-Schuss-Feuerstöße oder vollautomatisch |
| Verriegelung: | Rotationskammerverschluss mit 7 Verriegelungswarzen |
| Gesamtlänge: | 95 cm |
| Lauflänge: | 46 cm; ohne Mündungsfeuerdämpfer |
| Gesamtgewicht: | 3,5 kg |
| Visierung: | verstellbares Dioptervisier; spezielle SIG-Optikmontage |
| Sicherung: | kombinierter Sicherungs- und Feuerwahlhebel |
| Schaft: | Schaft, Pistolengriff und Handschutz aus Kunststoff |

**BESONDERHEITEN**

Mattschwarz phosphatiert; Verschlussfanghebel links über dem klappbaren Abzugsbügel; Druckpunktabzug zum präzisen Einzelfeuer; Putzzeug im Pistolengriff; einstellbares Gasdrucksystem zum normalen Gebrauch und zum Gewehrgranatenabschuss; Klappzweibein.

*SIG SG 540*

## *SIG SG 540 Short*

**TECHNISCHE DATEN**

| | |
|---|---|
| Kaliber: | .223 Rem. |
| Magazin: | herausnehmbar |
| Kapazität: | 20 oder 30 Patronen |
| Magazinhalteknopf: | vor dem Abzugsbügel |
| System: | Selbstladewaffe (Gasdrucklader, einstellbar) |
| Verschlussbedienung: | Spanngriff |
| Feuerarten: | halbautomatisch, 3-Schuss-Feuerstöße oder vollautomatisch |
| Verriegelung: | Rotationskammerverschluss mit 7 Verriegelungswarzen |
| Gesamtlänge: | 95 cm; 72 cm mit eingeklapptem Schaft |
| Lauflänge: | 46 cm; ohne Mündungsfeuerdämpfer |
| Gesamtgewicht: | 3,6 kg |
| Visierung: | verstellbares Dioptervisier; spezielle SIG-Optikmontage |
| Sicherung: | kombinierter Sicherungs- und Feuerwahlhebel |
| Schaft: | Stahl-Skelettklappschaft, Pistolengriff und Handschutz aus Kunststoff |

**BESONDERHEITEN**

Mattschwarz phosphatiert; Verschlussfanghebel links über dem klappbaren Abzugsbügel; Druckpunktabzug zum präzisen Einzelfeuer; Putzzeug im Pistolengriff; einstellbares Gasdrucksystem zum normalen Gebrauch und zum Gewehrgranatenabschuss; Klappzweibein.

## *SIG SG 541*

**TECHNISCHE DATEN**

| | |
|---|---|
| Kaliber: | .223 Rem. oder .308 Win. |
| Magazin: | herausnehmbar |
| Kapazität: | 20 oder 30 Patronen |

*SIG SG 540 Short*

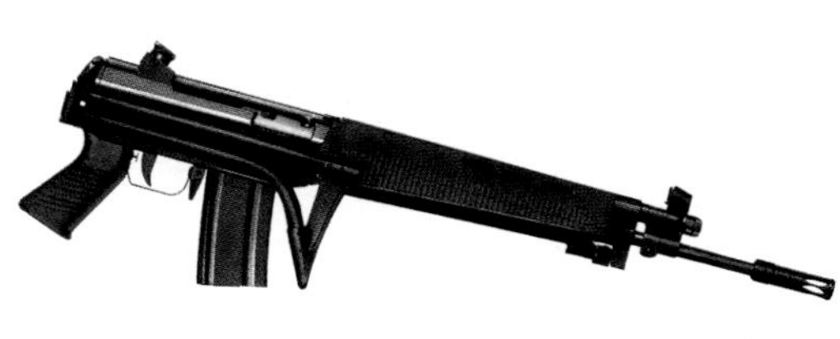

*SIG SG 541*

| | |
|---|---|
| Magazinhalteknopf: | vor dem Abzugsbügel |
| System: | Selbstladewaffe (Gasdrucklader, einstellbar) |
| Verschlussbedienung: | Spanngriff |
| Feuerarten: | halbautomatisch, 3-Schuss-Feuerstöße oder vollautomatisch |
| Verriegelung: | Rotationskammerverschluss mit 7 Verriegelungswarzen |
| Gesamtlänge: | 100 cm |
| Lauflänge: | 46,5 cm |
| Gesamtgewicht: | 4,0 kg |
| Visierung: | verstellbares Dioptervisier; spezielle Optikmontage |
| Sicherung: | kombinierter Sicherungs- und Feuerwahlhebel |
| Schaft: | Schaft, Pistolengriff und Handschutz aus Kunststoff |

**BESONDERHEITEN**

Mattschwarz phosphatiert; Klappzweibein; kombinierte Mündungsfeuerdämpfer- und Gewehrgranatenabschussvorrichtung; einstellbares Gasdrucksystem zum normalen Gebrauch und zum Gewehrgranatenabschuss. Die Abbildung zeigt unten das SG 542-Sturmgewehr und oben dessen verkürzte Version.

## *SIG SG 542*

**TECHNISCHE DATEN**

| | |
|---|---|
| Kaliber: | .308 Win. |
| Magazin: | herausnehmbar |
| Kapazität: | 20 oder 30 Patronen |
| Magazinhalteknopf: | vor dem Abzugsbügel |
| System: | Selbstladewaffe (Gasdrucklader, einstellbar) |
| Verschlussbedienung: | Spanngriff |
| Feuerarten: | halbautomatisch, 3-Schuss-Feuerstöße oder vollautomatisch |
| Verriegelung: | Rotationskammerverschluss mit 7 Verriegelungswarzen |

*SIG SG 542*

| | |
|---|---|
| Gesamtlänge: | 100,2 cm |
| Lauflänge: | 46,5 cm; ohne Mündungsfeuerdämpfer |
| Gesamtgewicht: | 3,8 kg |
| Visierung: | verstellbares Dioptervisier; spezielle SIG-Optikmontage |
| Sicherung: | kombinierter Sicherungs- und Feuerwahlhebel |
| Schaft: | Schaft, Pistolengriff und Handschutz aus Kunststoff |

**BESONDERHEITEN**

Mattschwarz phosphatiert; Verschlussfanghebel links über dem klappbaren Abzugsbügel; Druckpunktabzug zum präzisen Einzelfeuer; Putzzeug im Pistolengriff; einstellbares Gasdrucksystem zum normalen Gebrauch und zum Gewehrgranatenabschuss; Klappzweibein.

## *SIG SG 543*

**TECHNISCHE DATEN**

| | |
|---|---|
| Kaliber: | .223 Rem. |
| Magazin: | herausnehmbar |
| Kapazität: | 20 oder 30 Patronen |
| Magazinhalteknopf: | vor dem Abzugsbügel |
| System: | Selbstladewaffe (Gasdrucklader, einstellbar) |
| Verschlussbedienung: | Spanngriff |
| Feuerarten: | halbautomatisch, 3-Schuss-Feuerstöße oder vollautomatisch |
| Verriegelung: | Rotationskammerverschluss mit 7 Verriegelungswarzen |
| Gesamtlänge: | 80,5 cm; 57 cm mit eingeklapptem Schaft |

*SIG SG 543*

| | |
|---|---|
| Lauflänge: | 30 cm; ohne Mündungsfeuerdämpfer |
| Gesamtgewicht: | 2,95 kg |
| Visierung: | verstellbares Dioptervisier |
| Sicherung: | kombinierter Sicherungs- und Feuerwahlhebel |
| Schaft: | Stahl-Skelettklappschaft, Pistolengriff und Handschutz aus Kunststoff |

**BESONDERHEITEN**

Mattschwarz phosphatiert; Verschlussfanghebel links über dem klappbaren Abzugsbügel; Druckpunktabzug zum präzisen Einzelfeuer; Putzzeug im Pistolengriff; einstellbares Gasdrucksystem zum normalen Gebrauch und zum Gewehrgranatenabschuss; Klappzweibein.

## *SIG SG 550 Sniper Rifle*

**TECHNISCHE DATEN**

| | |
|---|---|
| Kaliber: | .223 Rem. |
| Magazin: | herausnehmbar |
| Kapazität: | 20 oder 30 Patronen |
| Magazinhalteknopf: | vor dem Abzugsbügel |
| System: | Selbstladewaffe (Gasdrucklader) |
| Verschlussbedienung: | Spanngriff |
| Feuerarten: | halbautomatisch |
| Verriegelung: | Rotationskammerverschluss mit 7 Verriegelungswarzen |
| Gesamtlänge: | 108 cm |
| Lauflänge: | 61 cm |
| Gesamtgewicht: | 7 kg |
| Visierung: | Zielfernrohr |
| Sicherung: | beidseitiger Sicherungshebel über dem Pistolengriff |
| Schaft: | Kunststoff-Klappschaft, Backe und Schaftkappe verstellbar, Pistolengriff mit Handballenauflage, Handschutz aus Kunststoff |

**BESONDERHEITEN**

Mattschwarz phosphatiert; Magazine miteinander zu verbinden.

## *SIG SG 550 SP*

**TECHNISCHE DATEN**

| | |
|---|---|
| Kaliber: | .223 Rem. |
| Magazin: | herausnehmbar |
| Kapazität: | 20 oder 30 Patronen |
| Magazinhalteknopf: | vor dem Abzugsbügel |
| System: | Selbstladewaffe (Gasdrucklader, einstellbar) |
| Verschlussbedienung: | Spanngriff |
| Feuerarten: | halbautomatisch, 3-Schuss-Feuerstöße oder vollautomatisch |
| Verriegelung: | Rotationskammerverschluss mit 7 Verriegelungswarzen |
| Gesamtlänge: | 99,8 cm; 77,2 cm mit eingeklapptem Schaft |
| Lauflänge: | 52,8 cm |

*SIG SG 550 SP*

| | |
|---|---|
| Gesamtgewicht: | 4,1 kg |
| Visierung: | verstellbares Dioptervisier; Optikmontage |
| Sicherung: | kombinierter Sicherungs- und Feuerwahlhebel über dem Pistolengriff |
| Schaft: | Klappschaft und Handschutz aus Kunststoff |

**BESONDERHEITEN**

Mattschwarz phosphatiert; Klappzweibein; Magazine miteinander zu verbinden; Bayonettaufpflanzung; einstellbares Gasdrucksystem zum normalen Gebrauch und zum Gewehrgranatenabschuss.

## *SIG SG 550-Stg P90*

**TECHNISCHE DATEN**

| | |
|---|---|
| Kaliber: | .223 Rem. |
| Magazin: | herausnehmbar |
| Kapazität: | 20 oder 30 Patronen |
| Magazinhalteknopf: | vor dem Abzugsbügel |
| System: | Selbstladewaffe (Gasdrucklader, einstellbar) |
| Verschlussbedienung: | Spanngriff |
| Feuerarten: | halbautomatisch |
| Verriegelung: | Rotationskammerverschluss mit 7 Verriegelungswarzen |
| Gesamtlänge: | 99,8 cm; 77,2 cm mit eingeklapptem Schaft |
| Lauflänge: | 45 cm |
| Gesamtgewicht: | 4,1 kg |
| Visierung: | verstellbares Dioptervisier; Optikmontage |
| Sicherung: | beidseitiger Sicherungshebel über dem Pistolengriff |
| Schaft: | Klappschaft und Handschutz aus Kunststoff |

**BESONDERHEITEN**

Mattschwarz phosphatiert; Klappzweibein; Magazine miteinander zu verbinden; Bayonettaufpflanzung; einstellbares Gasdrucksystem zum normalen Gebrauch und zum Gewehrgranatenabschuss.

## *SIG SG 551-LB (Long Barrel)*

**TECHNISCHE DATEN**

| | |
|---|---|
| Kaliber: | .223 Rem. |
| Magazin: | herausnehmbar |
| Kapazität: | 20 oder 30 Patronen |
| Magazinhalteknopf: | vor dem Abzugsbügel |
| System: | Selbstladewaffe (Gasdrucklader, einstellbar) |
| Verschlussbedienung: | Spanngriff |
| Feuerarten: | halbautomatisch, 3-Schuss-Feuerstöße oder vollautomatisch |
| Verriegelung: | Rotationskammerverschluss mit 7 Verriegelungswarzen |
| Gesamtlänge: | 100 cm |
| Lauflänge: | 53 cm |
| Gesamtgewicht: | 4 kg |
| Visierung: | verstellbares Dioptervisier; Optikmontage |
| Sicherung: | kombinierter Sicherungs- und Feuerwahlhebel über dem Pistolengriff |
| Schaft: | Klappschaft und Handschutz aus Kunststoff |

**BESONDERHEITEN**

Mattschwarz phosphatiert; Klappzweibein; Magazine miteinander zu verbinden; einstellbares Gasdrucksystem zum normalen Gebrauch und zum Gewehrgranatenabschuss.

*SIG SG 550-Stg P90*

*SIG SG 551-LB (Long Barrel)*

*SIG SG 551/552-SP Commando*

## *SIG SG 551/552-SP Commando*

**TECHNISCHE DATEN**

| | |
|---|---|
| Kaliber: | .223 Rem. |
| Magazin: | herausnehmbar |
| Kapazität: | 20 oder 30 Patronen |
| Magazinhalteknopf: | vor dem Abzugsbügel |
| System: | Selbstladewaffe (Gasdrucklader, einstellbar) |
| Verschlussbedienung: | Spanngriff |
| Feuerarten: | halbautomatisch, 3-Schuss-Feuerstöße oder vollautomatisch |
| Verriegelung: | Rotationskammerverschluss mit 7 Verriegelungswarzen |
| Gesamtlänge: | 82,6 cm; 60 cm mit eingeklapptem Schaft |
| Lauflänge: | 40,6 cm |
| Gesamtgewicht: | 3,5 kg |
| Visierung: | verstellbares Diopterrvisier; Optikmontage |
| Sicherung: | beidseitiger, kombinierter Sicherungs- und Feuerwahlhebel über dem Pistolengriff |
| Schaft: | Klappschaft und Handschutz aus Kunststoff, mit großer Backe aus Gummi |

**BESONDERHEITEN**

Maschinenpistole im Kaliber .223 Rem.; Magazine miteinander zu verbinden; spezieller Mündungsfeuerdämpfer, zur Aufnahme einer Ziellampe vorbereitet; einstellbares Gasdrucksystem zum normalen Gebrauch und zum Gewehrgranatenabschuss.

## *SIG SG 551-1P*

**TECHNISCHE DATEN**

| | |
|---|---|
| Kaliber: | .223 Rem. |
| Magazin: | herausnehmbar |
| Kapazität: | 20 oder 30 Patronen |
| Magazinhalteknopf: | vor dem Abzugsbügel |
| System: | Selbstladewaffe (Gasdrucklader, einstellbar) |
| Verschlussbedienung: | Spanngriff |
| Feuerarten: | halbautomatisch, 3-Schuss-Feuerstöße oder vollautomatisch |
| Verriegelung: | Rotationskammerverschluss mit 7 Verriegelungswarzen |
| Gesamtlänge: | 82,8 cm |
| Lauflänge: | 35 cm |
| Gesamtgewicht: | 3,4 kg |

*SIG SG 551-1P*

Visierung: verstellbares Dioptervisier; Optikmontage
Sicherung: beidseitiger, kombinierter Sicherungs- und Feuerwahlhebel über dem Pistolengriff
Schaft: Klappschaft und Handschutz aus Kunststoff, mit großer Backe aus Gummi

#### BESONDERHEITEN

Mattschwarz phosphatiert; Magazine miteinander zu verbinden; Bayonettaufpflanzung; einstellbares Gasdrucksystem zum normalen Gebrauch und zum Gewehrgranatenabschuss.

## *SIG SG 551-SWAT (Special Weapons And Tactics) Carbine*

#### TECHNISCHE DATEN

Kaliber: .223 Rem.
Magazin: herausnehmbar
Kapazität: 20 oder 30 Patronen
Magazinhalteknopf: vor dem Abzugsbügel
System: Selbstladewaffe (Gasdrucklader, einstellbar)
Verschlussbedienung: Spanngriff
Feuerarten: halbautomatisch, 3-Schuss-Feuerstöße oder vollautomatisch
Verriegelung: Rotationskammerverschluss mit 7 Verriegelungswarzen
Gesamtlänge: 100 cm
Lauflänge: 53 cm
Gesamtgewicht: 4 kg
Visierung: verstellbares Dioptervisier; Optikmontage, speziell für Hensoldt 6 x 42 BL-ZF, Trijicon ACOG-Combat-Visier oder Nachtzielgerät
Sicherung: beidseitiger, kombinierter Sicherungs- und Feuerwahlhebel über dem Pistolengriff
Schaft: Klappschaft und Handschutz aus Kunststoff

#### BESONDERHEITEN

Mattschwarz phosphatiert; Klappschaft mit Gummi-Backe; Gasblock mit Bayonettaufpflanzung; spezielle Ziellampen- und Ziellasermontage unter dem Handschutz; Magazine miteinander zu verbinden;

*SIG SG 551-SWAT (Special Weapons and Tactics)*

*SIG SG 551-SWAT (Special Weapons and Tactics)*

einstellbares Gasdrucksystem zum normalen Gebrauch und zum Gewehrgranatenabschuss.

## *SIG SSG 2000 Sniper Rifle*

#### TECHNISCHE DATEN

Kaliber: .308 Win. oder 7,5 x 55 mm (Swiss)
Magazin: herausnehmbar
Kapazität: 5 Patronen
Magazinhalteknopf: vor dem Abzugsbügel
System: Repetierbüchse
Verschlussbedienung: Kammerstängel (Geradezug)
Feuerarten: Einzelfeuer
Verriegelung: 6 Verriegelungswarzen
Gesamtlänge: 121 cm
Lauflänge: 61 cm
Gesamtgewicht: 6,6 kg
Visierung: Zeiss-Diatal ZA 8 x 56 oder S&B 1,5–6 x 42 Zielfernrohr
Sicherung: rechts hinten neben dem Verschlusszylinder, Ladezustandsanzeige hinten mittig
Schaft: Nussbaumschaft mit Daumenloch, verstellbare Backe und Schaftkappe

*SIG SSG 2000 Sniper Rifle*

*SIG SSG 3000 Sniper Rifle*

**BESONDERHEITEN**

Mattschwarz phosphatiert; spezieller Mündungsfeuerdämpfer; speziell einstellbares Zweibein.

## *SIG SSG 3000 Sniper Rifle*

**TECHNISCHE DATEN**

| | |
|---|---|
| Kaliber: | .308 Win. |
| Magazin: | herausnehmbar |
| Kapazität: | 5 Patronen |
| Magazinhalteknopf: | vor dem Abzugsbügel |
| System: | Repetierbüchse |
| Verschlussbedienung: | Kammerstängel (Geradezug) |
| Feuerarten: | Einzelfeuer |
| Verriegelung: | 6 Verriegelungswarzen |
| Gesamtlänge: | 118 cm |
| Lauflänge: | 61 cm; ohne Mündungsfeuerdämpfer |
| Gesamtgewicht: | 6,2 kg |
| Visierung: | Montageschiene, Hensoldt 1,5–6 x 42 BL Zielfernrohr |
| Sicherung: | rechts hinten neben dem Verschlusszylinder, Ladezustandsanzeige hinten mittig |
| Schaft: | schwarzer Schichtholzschaft mit verstellbarer Backe und Schaftkappe, Pistolengriff |

**BESONDERHEITEN**

Mattschwarz phosphatiert; speziell einstellbares Zweibein.

# Sommer + Ockenfuss

Das kurze, im Bullpup-Schaftsystem gefertigte Scharfschützengewehr der Firma Sommer + Ockenfuss wird von dem deutschen Waffenhersteller Keppeler & Fritz gefertigt. Das Repetiersystem ist eine Art Vorderschaftrepetiersystem, bei dem der Pistolengriff der Waffe hin und her bewegt werden muss.

*Sommer + Ockenfuss-Logo*

Der Verschluss der Waffe ist extrem kurz; er hat eine Länge von nur 4,5 cm. Das System funktioniert fast wie ein vertikaler Blockverschluss, es arbeitet mit drei hintereinanderliegenden, großen Verschlusswarzen. Der Lauf der Waffe ist ein spezieller Lothar-Walther-Lauf, der einen kombinierten Mündungsfeuer- und Rückstoßdämpfer aufweist. Auf der Unterseite des Vorderschaftes befindet sich eine Spezialschiene, an der diverse Zubehörteile, etwa ein Klappzweibein, angebracht werden können. Der Pistolengriff ist mit einer Griffsicherung ausgestattet, die direkt auf den Schlagbolzen wirkt. Wenn repetiert wird, ohne den Pistolengriff fest genug in die Hand zu nehmen, kippt der Schlagbolzen 1 cm bevor das System komplett geschlossen ist ab und kann somit das Zündhütchen nicht mehr erreichen.

## *Sommer + Ockenfuss Shorty*

**TECHNISCHE DATEN**

| | |
|---|---|
| Kaliber: | 6 mm BR, .308 Win., .300 Win. Mag., oder nach Wahl |
| Magazin: | herausnehmbar, hinten im Schaft |
| Kapazität: | 5 oder 10 Patronen |
| Magazinhalteknopf: | rechts unten, neben dem Magazinschacht |
| System: | spezielle Pistolengriff-Pump-Repetierbüchse |
| Verschlussbedienung: | Kammerstängel (Geradezug) |
| Feuerarten: | Einzelfeuer |
| Verriegelung: | 3 Verriegelungswarzen |
| Gesamtlänge: | 85 cm |
| Lauflänge: | 65 cm |
| Gesamtgewicht: | 4,1 kg |

*Repetiervorgang*

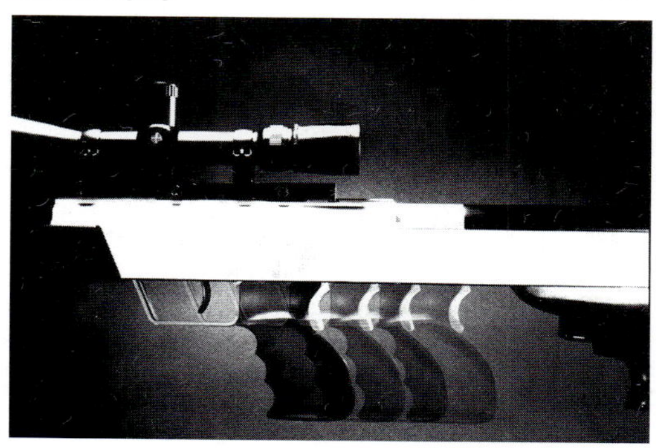

*Sommer + Ockenfuss Shorty*

| | |
|---|---|
| Visierung: | Montageschiene mit Optikmontageringen |
| Sicherung: | Griffstücksicherung, blockiert Abzug und Verschluss |
| Schaft: | Kunststoff-Bullpup-Schaft |

**BESONDERHEITEN**

Mattschwarzer, sandgestrahlter frei liegender Lauf; Mündungsfeuer- und Rückstoßdämpfer; verstellbarer Matchabzug.

## Springfield Armory

*Springfield Armory-Logo*

SPRINGFIELD ARMORY®

Der Name der heutigen Firma Springfield Armory ist verbunden mit dem staatlichen Waffenarsenal der US-Regierung Springfield Armory, das 1777 gegründet wurde und sich in Springfield, Massachusetts, befand.

Bekannte Springfield-Gewehre waren etwa das Modell 1873 „Trapdoor" oder das Modell Springfield M1903. 1968 löste der damalige US-Verteidigungsminister Robert S. MacNamarra die regierungseigene Springfield Armory auf. Drei Jahre später kaufte ein texanischer Geschäftsmann den Firmennamen und die Patentrechte. Die neue Firma Springfield widerstand dem Konkurrenzdruck jedoch nicht und verschwand bereits 1974 wieder. Wieder einige Jahre später kaufte Robert Reese, der in der Waffenbranche bereits als Großhändler einige Erfahrung gesammelt hatte, den Namen und die Rechte von Springfield Armory und zog mit der Firma nach Geneso, Illinois. Dort begann er zusammen mit seinen drei Söhnen den M1A-Karabiner, die Zivilversion des amerikanischen M14-Armeeselbstladegewehres in Großserie zu bauen. Inzwischen gehören zur Produktpalette der Firma verschiedene Pistolenmodelle, alle basierend auf dem Colt 1911-A1-Konzept. An Langwaffen bietet die Firma die M1A National Match-Selbstladebüchse im Kaliber .308 Win., das M6 „Überlebens"-Gewehr, eine Bockbüchsflinte in den Kalibern .22 l.r. und .410 Schrot, die bekannte M1 Garand-Selbstladebüchse in den Kalibern .30-06, .308 Win. und .270 Win. an. Zur Produktpalette gehören weiterhin in Beretta-Linzenz gefertigte BM-59-Armeebüchsen und das .308 Win.-Modell SAR-48, ein Nachbau des berühmten belgischen FN-FAL-Selbstladers. Inzwischen baut Springfield verschiedene seiner Waffen gar nicht mehr selbst, sondern lässt beispielsweise in Brasilien unter anderem seine Pistole M1911-A1 und auch das Gewehr SAR-48 von der dort in Itajuba ansässigen Firma Imbel produzieren.

Im November 1992 musste Springfield Armory seine Geschäfte aufgrund massiver finanzieller Schwierigkeiten einschränken. Das Unternehmen meldete jedoch keinen Konkurs an, sondern startete unter dem Namen Springfield Inc. neu. Interessanterweise war es gerade der große Erfolg der Firma, der zu den Problemen geführt hatte. Man kam mit der Produktion vor allem der Custom-Pistolen nicht mehr nach, für die weltweit eine immense Nachfrage aufgekommen war. Zudem waren einige Springfield-Projekte von sehr schlechtem Erfolg gekrönt. So wurde eine neue 10 mm-Pistole ohne Kettenglied nicht angenommen. Auch die deutsche „Omega"-Pistolenserie von Peters Stahl, die Springfield in den USA vertreiben wollte, kam dort nicht an. Zudem hatte Springfield gleichzeitig auch mit seinem SASS-Wechselsystem Schiffbruch erlitten; auch dieser Satz, mit dem Colt 1911-Pistolen zu einschüssigen Waffen zum Verschießen von Gewehrpatronen umgebaut werden können, wurde von den US-Kunden nicht gekauft. Und die Firma war auch in finanzielle Schwierigkeiten geraten, weil sie aufgrund eines Vetrages mit der israelischen Firma I.M.I. deren UZI-Maschinenpistolen und halbauto-

*Springfield Krag-Jorgensen Model 1896*

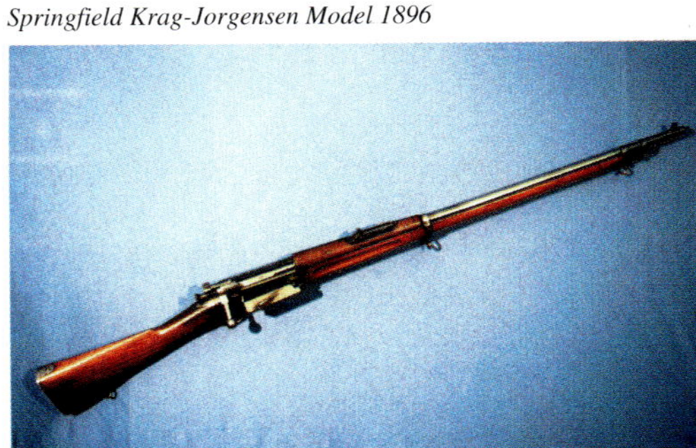

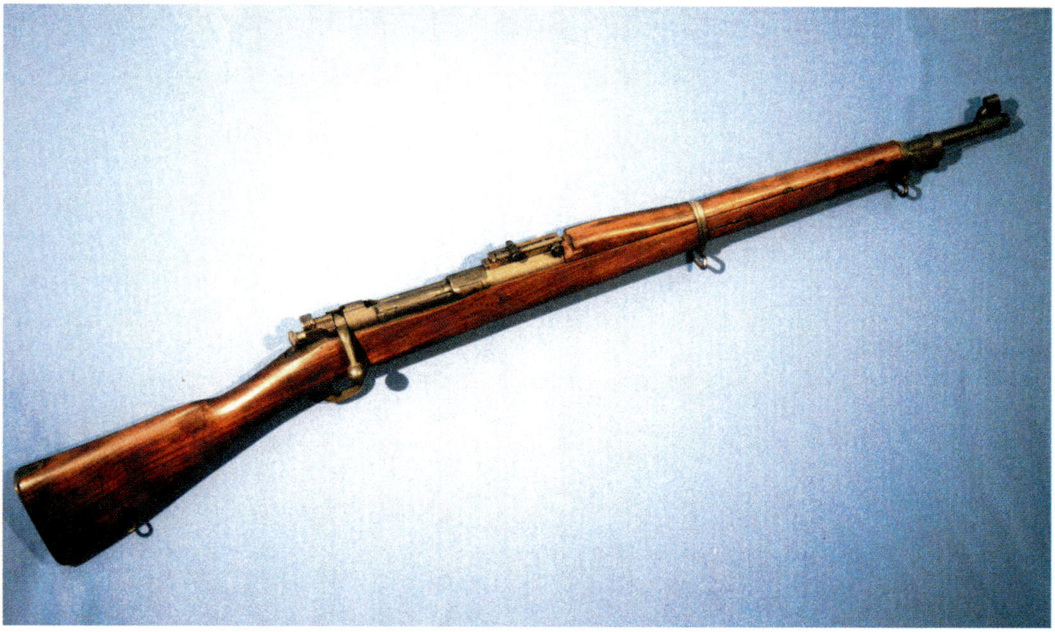

matische Karabiner in die USA einführen wollte und plötzlich durch das in Amerika eingeführte Verbot von Selbstladesturmgewehren an der Vermarktung der UZI-Waffen gehindert wurden. Inzwischen hat sich die Firma aber wieder erholt und vor allem das Geschäft mit den Springfield-Pistolen floriert ungemein.

## *Springfield Krag-Jorgensen Model 1896*

**TECHNISCHE DATEN**

| | |
|---|---|
| Kaliber: | .30-40 Krag |
| Magazin: | fest |
| Kapazität: | 5 Patronen |
| Magazinhalteknopf: | entfällt, Daumen-Ladeaussparung rechts an der Verschlusshülse |
| System: | Repetierbüchse |
| Verschlussbedienung: | Kammerstängel |
| Feuerarten: | Einzelfeuer |
| Verriegelung: | Verriegelungswarzen |
| Gesamtlänge: | 124,7 cm |
| Lauflänge: | 76,2 cm |
| Gesamtgewicht: | 4,1 kg |
| Visierung: | Schiebevisier |
| Sicherung: | Sicherung oben am Verschlusszylinder |
| Schaft: | Holzschaft |

**BESONDERHEITEN**

1896 von den amerikanischen Streitkräften eingeführt. Springfield baute etwa 623 000 dieser Gewehre. Varianten der Waffe sind die Modelle M1896 Rifle und M1896 Carbine. 1898 wurde es vom Modell M1898 abgelöst, das im Vergleich zum M1896 allerdings nur wenige Änderungen aufwies.

## *Springfield Model 1903*

**TECHNISCHE DATEN**

| | |
|---|---|
| Kaliber: | .30-06 Springf. |
| Magazin: | fest |
| Kapazität: | 5 Patronen |
| Magazinhalteknopf: | entfällt |
| System: | Repetierbüchse |
| Verschlussbedienung: | Kammerstängel |
| Feuerarten: | Einzelfeuer |
| Verriegelung: | Verriegelungswarzen |
| Gesamtlänge: | 109,7 cm |
| Lauflänge: | 61 cm |
| Gesamtgewicht: | 3,9 kg |
| Visierung: | Schiebevisier |
| Sicherung: | Flügelsicherung hinten am Verschlusszylinder |
| Schaft: | Holzschaft |

**BESONDERHEITEN**

Zwischen 1903 und 1943 von Springfield, Rock Island Arsenal, Remington und Smith-Corona hergestellt. Die unterschiedlichen Modellvarianten davon sind: M1903A1, mit Halbpistolengriff, M1903A2, als Gewehr ohne Schaft als Artillerie-Trainingswaffe, M1903A3, bei dem die Schiebevisierung durch ein Dioptervisier ersetzt war, M1903A4, als Scharfschützenversion mit Stahlzielfernrohr, und M1903 Mark I, das mit Hilfe des Pedersen-Systems auch halbautomatisch funktionierte.

## *Springfield Model M1917 (P17) Enfield*

**TECHNISCHE DATEN**

| | |
|---|---|
| Kaliber: | .30-06 Springf. |
| Magazin: | fest |
| Kapazität: | 5 Patronen |
| Magazinhalteknopf: | entfällt |
| System: | Repetierbüchse |
| Verschlussbedienung: | Kammerstängel |
| Feuerarten: | Einzelfeuer |
| Verriegelung: | Verriegelungswarzen |
| Gesamtlänge: | 117,5 cm |
| Lauflänge: | 66 cm |
| Gesamtgewicht: | 4,4 kg |
| Visierung: | verstellbares Dioptervisier |
| Sicherung: | Flügelsicherung hinten am Verschlusszylinder |
| Schaft: | Holzschaft |

**BESONDERHEITEN**

US-Version des Militärgewehres Enfield Pattern 1914 oder P14, allerdings im Kaliber .30-06. Während des Zweiten Weltkrieges wurden große Stückzahlen dieser Waffe auf das Kaliber 8 x 57 mm Mauser abgeändert und bei der Nationalen Volksarmee in China ausgegeben.

*Springfield Model M1917 (P17) Enfield*

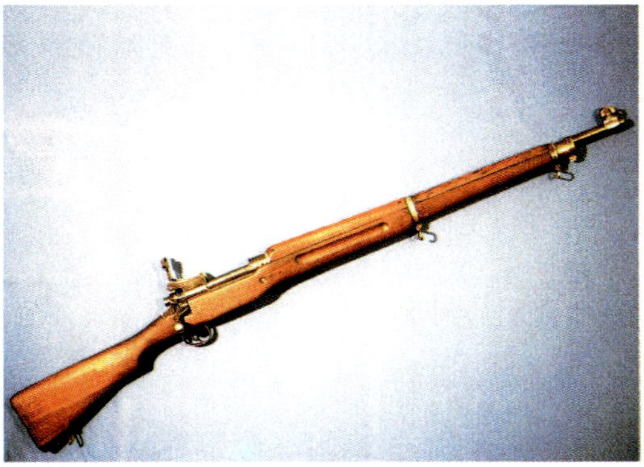

*Springfield Garand M1A-T26*

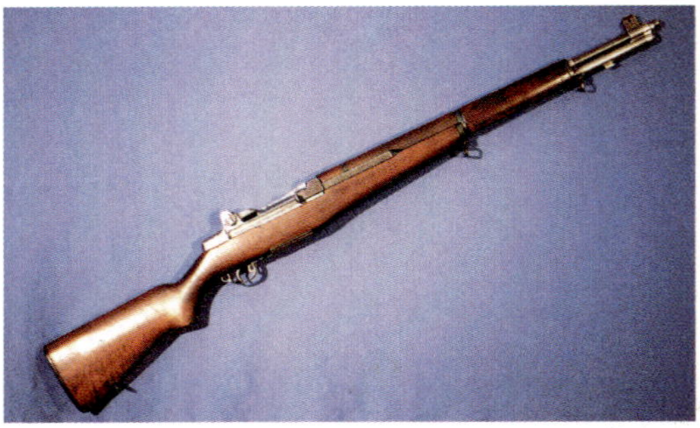

## *Springfield Garand M1A-T26*

**TECHNISCHE DATEN**

| | |
|---|---|
| Kaliber: | .30-06 Springf. |
| Magazin: | fest |
| Kapazität: | 8 Patronen |
| Magazinhalteknopf: | entfällt |
| System: | Selbstladebüchse (Gasdrucklader) |
| Verschlussbedienung: | Spanngriff |
| Feuerarten: | Einzelfeuer |
| Verriegelung: | Drehkammerverschluss |
| Gesamtlänge: | 93,3 cm |
| Lauflänge: | 45,7 cm |
| Gesamtgewicht: | 3,85 kg |
| Visierung: | militärisches Dioptervisier |
| Sicherung: | vorne im Abzugsbügel |
| Schaft: | Holzschaft |

**BESONDERHEITEN**

Kurzversion des standardmäßigen M1 Garand, die 1945 für die amerikanischen Streitkräfte im Indischen Ozean hergestellt wurde.

## *Springfield Garand M1D Sniper Rifle*

**TECHNISCHE DATEN**

| | |
|---|---|
| Kaliber: | .30-06 Springf. |
| Magazin: | fest |
| Kapazität: | 8 Patronen |
| Magazinhalteknopf: | entfällt |
| System: | Selbstladebüchse (Gasdrucklader) |
| Verschlussbedienung: | Spanngriff |
| Feuerarten: | halbautomatisch |
| Verriegelung: | Drehkammerverschluss |
| Gesamtlänge: | 110,7 cm |
| Lauflänge: | 61 cm |
| Gesamtgewicht: | 5,3 kg; inkl. Zielfernrohr |
| Visierung: | militärisches Dioptervisier; 2,2-faches Lyman M84-Zielfernrohr |

*Springfield Garand M1D Sniper Rifle*

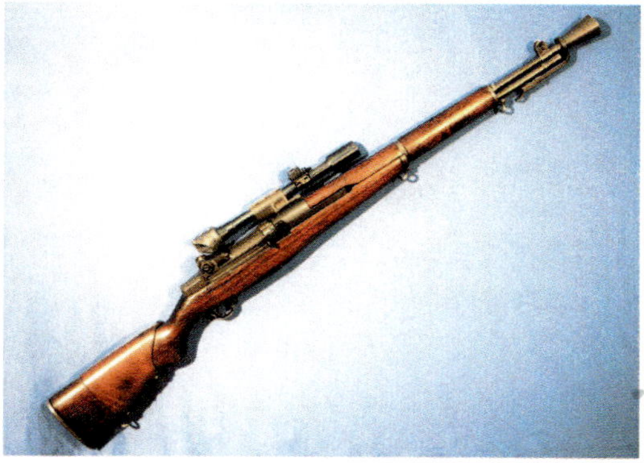

| | |
|---|---|
| Sicherung: | vorne im Abzugsbügel |
| Schaft: | Holzschaft |

**BESONDERHEITEN**

Ursprünglich als Gewehr M1E8 bezeichnet. 1944 als Scharfschützenbüchse .30 M1D bei der US-Armee ausgegeben, unter dieser Bezeichnung dann in Korea und Vietnam eingesetzt. Blieb bis Anfang 1995 im Dienst.

## *Springfield M14/.30 T44E4*

**TECHNISCHE DATEN**

| | |
|---|---|
| Kaliber: | .308 Win. |
| Magazin: | herausnehmbar |
| Kapazität: | 20 Patronen |
| Magazinhalteknopf: | hinter dem Magazinschacht |
| System: | Selbstladebüchse (Gasdrucklader) |
| Verschlussbedienung: | Spanngriff |
| Feuerarten: | halb- und vollautomatisch |
| Verriegelung: | Drehkammerverschluss |
| Gesamtlänge: | 112 cm |
| Lauflänge: | 55,9 cm |

*Springfield M14/.30 T44E4*

| | |
|---|---|
| Gesamtgewicht: | 3,9 kg |
| Visierung: | verstellbares Dioptervisier |
| Sicherung: | vorne im Abzugsbügel |
| Schaft: | Schaft und Handschutz aus Holz |

**BESONDERHEITEN**

Mattschwarz. Feuerwahlhebel für halb- oder vollautomatisch rechts am Systemkasten über dem Abzugsbügel. Vor der Dioptervisierung kann seitlich ein Zusatzmagazin befestigt werden.

## *Springfield M1A Basic*

**TECHNISCHE DATEN**

| | |
|---|---|
| Kaliber: | .308 Win. |
| Magazin: | herausnehmbar |
| Kapazität: | 5, 10 oder 20 Patronen |
| Magazinhalteknopf: | hinter dem Magazinschacht |
| System: | Selbstladebüchse (Gasdrucklader) |
| Verschlussbedienung: | Spanngriff |
| Feuerarten: | halbautomatisch |
| Verriegelung: | Drehkammerverschluss |
| Gesamtlänge: | 112,6 cm |
| Lauflänge: | 55,9 cm |
| Gesamtgewicht: | 4,1 kg |
| Visierung: | militärisches Dioptervisier |
| Sicherung: | vorne im Abzugsbügel |
| Schaft: | Schaft und Handschutz aus Kunststoff |

**BESONDERHEITEN**

Mattschwarz. Vor der Dioptervisierung kann seitlich ein Zusatzmagazin befestigt werden.

## *Springfield M1A-A1 Bush Rifle*

**TECHNISCHE DATEN**

| | |
|---|---|
| Kaliber: | .308 Win. |
| Magazin: | herausnehmbar |
| Kapazität: | 5, 10 oder 20 Patronen |
| Magazinhalteknopf: | hinter dem Magazinschacht |

*Springfield M1A Basic*

*Springfield M1A-A1 Bush Rifle*

| | |
|---|---|
| System: | Selbstladebüchse (Gasdrucklader) |
| Verschlussbedienung: | Spanngriff |
| Feuerarten: | halbautomatisch |
| Verriegelung: | Drehkammerverschluss |
| Gesamtlänge: | 102,9 cm |
| Lauflänge: | 45,7 cm |
| Gesamtgewicht: | 4,1 kg |
| Visierung: | militärisches Dioptervisier |
| Sicherung: | vorne im Abzugsbügel |
| Schaft: | Nussbaumholz, Handschutz aus braunem Kunststoff |

**BESONDERHEITEN**

Mattschwarz phosphatiert. Vor der Dioptervisierung kann seitlich ein Zusatzmagazin befestigt werden.

## *Springfield M1A Bush Rifle Fiberglass*

**TECHNISCHE DATEN**

| | |
|---|---|
| Kaliber: | .308 Win. |
| Magazin: | herausnehmbar |
| Kapazität: | 5, 10 oder 20 Patronen |
| Magazinhalteknopf: | hinter dem Magazinschacht |
| System: | Selbstladebüchse (Gasdrucklader) |
| Verschlussbedienung: | Spanngriff |
| Feuerarten: | halbautomatisch |
| Verriegelung: | Drehkammerverschluss |
| Gesamtlänge: | 102,9 cm |
| Lauflänge: | 45,7 cm |
| Gesamtgewicht: | 4,0 kg |
| Visierung: | militärisches Dioptervisier |
| Sicherung: | vorne im Abzugsbügel |
| Schaft: | schwarzer Fiberglasschaft, Handschutz aus schwarzem Kunststoff |

*Springfield M1A Bush Rifle Fiberglass*

**BESONDERHEITEN**

Mattschwarz phosphatiert. Vor der Dioptervisierung kann seitlich ein Zusatzmagazin befestigt werden. Auf dem Foto ist oben die Büchse M1A Bush Rifle Fiberglass und unten die Version mit Holzschaft abgebildet.

## *Springfield M1A National Match*

**TECHNISCHE DATEN**

| | |
|---|---|
| Kaliber: | .308 Win. |
| Magazin: | herausnehmbar |
| Kapazität: | 5, 10 oder 20 Patronen |
| Magazinhalteknopf: | hinter dem Magazinschacht |
| System: | Selbstladebüchse (Gasdrucklader) |
| Verschlussbedienung: | Spanngriff |
| Feuerarten: | halbautomatisch |
| Verriegelung: | Drehkammerverschluss |
| Gesamtlänge: | 112,6 cm |
| Lauflänge: | 55,9 cm |
| Gesamtgewicht: | 4,9 kg |
| Visierung: | verstellbares Dioptervisier |
| Sicherung: | vorne im Abzugsbügel |
| Schaft: | Nussbaumholz, Handschutz aus Kunststoff |

**BESONDERHEITEN**

Mattschwarz phosphatiert. Vor der Dioptervisierung kann seitlich ein Zusatzmagazin befestigt werden.

## *Springfield M1A-A1 Scout*

**TECHNISCHE DATEN**

| | |
|---|---|
| Kaliber: | .308 Win. |
| Magazin: | herausnehmbar |

*Springfield M1A National Match*

*Springfield M1A-A1 Scout*

| | |
|---|---|
| Kapazität: | 5, 10 oder 20 Patronen |
| Magazinhalteknopf: | hinter dem Magazinschacht |
| System: | Selbstladebüchse (Gasdrucklader) |
| Verschlussbedienung: | Spanngriff |
| Feuerarten: | halbautomatisch |
| Verriegelung: | Drehkammerverschluss |
| Gesamtlänge: | 102,9 cm |
| Lauflänge: | 45,7 cm |
| Gesamtgewicht: | 4,1 kg |
| Visierung: | militärisches Dioptervisier |
| Sicherung: | vorne im Abzugsbügel |
| Schaft: | schwarzer Fiberglasschaft, Handschutz aus schwarzem Kunststoff |

**BESONDERHEITEN**

Mattschwarz phosphatiert; auf dem Handschutz kann eine Optikmontageschiene angebracht werden; Lauf mit kombiniertem Mündungsfeuer- und Rückstoßdämpfer.
Vor der Dioptervisierung kann seitlich ein Zusatzmagazin befestigt werden.

## *Springfield M1A Super Match*

**TECHNISCHE DATEN**

| | |
|---|---|
| Kaliber: | .308 Win. |
| Magazin: | herausnehmbar |
| Kapazität: | 5, 10 oder 20 Patronen |
| Magazinhalteknopf: | hinter dem Magazinschacht |
| System: | Selbstladebüchse (Gasdrucklader) |
| Verschlussbedienung: | Spanngriff |
| Feuerarten: | halbautomatisch |
| Verriegelung: | Drehkammerverschluss |

*Springfield M1A-A1 Super Match*

| | |
|---|---|
| Gesamtlänge: | 112,6 cm |
| Lauflänge: | 55,9 cm |
| Gesamtgewicht: | 5,1 kg |
| Visierung: | verstellbares Dioptervisier |
| Sicherung: | vorne im Abzugsbügel |
| Schaft: | Nussbaumholz, Handschutz aus Kunststoff |

**BESONDERHEITEN**

Mattschwarz phosphatiert. Unter dieser Modellbezeichnung auch mit einem Douglas Premium, Hart oder Kreiger-Lauf erhältlich.
Vor der Dioptervisierung kann seitlich ein Zusatzmagazin befestigt werden.

## *Springfield M1A/M-21 Tactical Model*

**TECHNISCHE DATEN**

| | |
|---|---|
| Kaliber: | .308 Win. |
| Magazin: | herausnehmbar |
| Kapazität: | 5, 10 oder 20 Patronen |
| Magazinhalteknopf: | hinter dem Magazinschacht |

*Springfield M1A/M-21 Tactical Model*

| | |
|---|---|
| System: | Selbstladebüchse (Gasdrucklader) |
| Verschlussbedienung: | Spanngriff |
| Feuerarten: | halbautomatisch |
| Verriegelung: | Drehkammerverschluss |
| Gesamtlänge: | 111,8 cm |
| Lauflänge: | 55,9 cm |
| Gesamtgewicht: | 5,3 kg |
| Visierung: | verstellbares Dioptervisier; Zielfernrohr |
| Sicherung: | vorne im Abzugsbügel |
| Schaft: | Nussbaumholz, Handschutz aus Kunststoff |

### BESONDERHEITEN

Mattschwarz; spezieller Douglas Premium-Lauf. Die weit reichende Büchse ist mit einem Zweibein, einer speziellen Optikmontage und auf Wunsch mit einem Entfernungsmesserzielfernrohr ausgestattet. Vor der Dioptervisierung kann seitlich ein Zusatzmagazin befestigt werden.

## *Springfield M6 Scout & Scout Stainless*

### TECHNISCHE DATEN

| | |
|---|---|
| Kaliber: | .22 l.r. oder .22 Hornet; Schrotlauf, Kal. .410 |
| Magazin: | ohne |
| Kapazität: | entfällt |
| Magazinhalteknopf: | entfällt |
| System: | Bockbüchsflinte (Kipplaufwaffe) |
| Verschlussbedienung: | Baskülverschluss |
| Feuerarten: | Einzelfeuer |

*Springfield M6 Scout & Scout Stainless*

*Springfield M6 Scout & Scout Stainless*

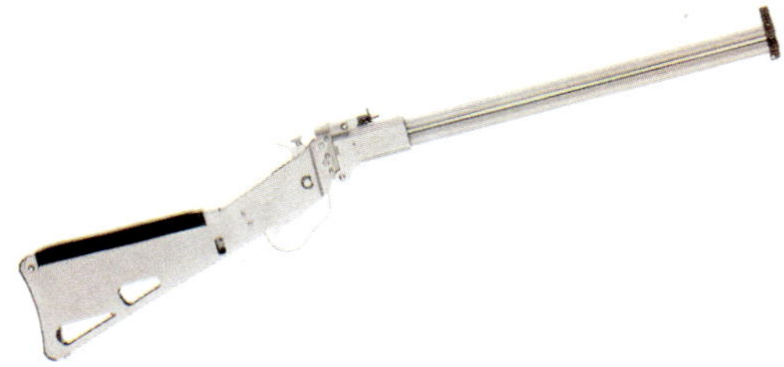

| | |
|---|---|
| Verriegelung: | Riegel hinten in der Basküle |
| Gesamtlänge: | 81,3 cm |
| Lauflänge: | 46,4 cm |
| Gesamtgewicht: | 1,8 kg |
| Visierung: | hochklappbares Büchsenvisier; vorbereitet für Optikmontage |
| Sicherung: | ohne; Transferstange zwischen Hahn und Zündstift |
| Schaft: | Stahl-Skelettschaft mit Unterbringungsmöglichkeit für Ersatzmunition |

### BESONDERHEITEN

Mattschwarz oder Stainless-Stahl, matt. Abgeleitet vom U.S. Air Force M6-Überlebensgewehr. Für Springfield von CZ gefertigt. Auf der Abbildung ist die Waffe in der Stainless-Version zu sehen.

## *Springfield SAR-4800 Rifle*

### TECHNISCHE DATEN

| | |
|---|---|
| Kaliber: | .308 Win. oder .223 Rem. |
| Magazin: | herausnehmbar |
| Kapazität: | 20 Patronen |
| Magazinhalteknopf: | hinter dem Magazinschacht |
| System: | Selbstladebüchse (Gasdrucklader; Gasdruck einstellbar) |
| Verschlussbedienung: | Spanngriff |
| Feuerarten: | halbautomatisch |
| Verriegelung: | Zylinderverschluss |
| Gesamtlänge: | 110 cm (.308); 97,2 cm (.223) |
| Lauflänge: | 53,3 cm (.308); 45,7 cm (.223) |

*Springfield SAR-4800 Rifle*

| | |
|---|---|
| Gesamtgewicht: | 5,0 kg (.308); 4,7 kg (.223) |
| Visierung: | militärisches Dioptervisier |
| Sicherung: | links am Systemkasten |
| Schaft: | Kunststoffschaft und Pistolengriff, Handschutz aus Metall |

**BESONDERHEITEN**

Abgeleitet vom FN-FAL; in Brasilien für Springfield in Linzenz des belgischen Unternehmens FN (Fabrique Nationale) hergestellt.

## *Springfield SAR-8 Rifle*

**TECHNISCHE DATEN**

| | |
|---|---|
| Kaliber: | .308 Win |
| Magazin: | herausnehmbar |
| Kapazität: | 20 Patronen |
| Magazinhalteknopf: | rechts neben dem Magazinschacht |
| System: | Selbstladebüchse (Gasdrucklader) |
| Verschlussbedienung: | Spanngriff |
| Feuerarten: | halbautomatisch |
| Verriegelung: | Rollenverschluss (Heckler & Koch-System) |
| Gesamtlänge: | 102,6 cm |
| Lauflänge: | 45,7 cm |
| Gesamtgewicht: | 4,8 kg |
| Visierung: | militärisches Dioptervisier; Kornschutz |
| Sicherung: | rechts am Systemkasten |
| Schaft: | Schaft, Pistolengriff und Handschutz aus Kunststoff |

**BESONDERHEITEN**

Mattschwarz; in Brasilien für Springfield in Linzenz des deutschen Unternehmens Heckler & Koch (HK G-3/HK-91) hergestellt.

## *Springfield SAR-8 Counter Sniper*

**TECHNISCHE DATEN**

| | |
|---|---|
| Kaliber: | .308 Win |
| Magazin: | herausnehmbar |
| Kapazität: | 20 Patronen |
| Magazinhalteknopf: | rechts neben dem Magazinschacht |

*Springfield SAR-8 Rifle*

*Springfield SAR-8 Counter Sniper*

| | |
|---|---|
| System: | Selbstladebüchse (Gasdrucklader) |
| Verschlussbedienung: | Spanngriff |
| Feuerarten: | halbautomatisch |
| Verriegelung: | Rollenverschluss (Heckler & Koch-System) |
| Gesamtlänge: | 117,5 cm |
| Lauflänge: | 58,4 cm |
| Gesamtgewicht: | 6,6 kg |
| Visierung: | ohne; spezielle Optikmontage |
| Sicherung: | rechts am Systemkasten |
| Schaft: | Skelettschaft und Pistolengriff aus Kunststoff; freiliegender Aluminium-Handschutz; Backe und Schaftkappe verstellbar |

**BESONDERHEITEN**

Mattschwarz; mit einem speziellen Klappzweibein, in Brasilien für Springfield in Linzenz des deutschen Unternehmens Heckler & Koch (HK G-3/HK-91) hergestellt.

# Steyr

*Steyr-Logo*

Die Geschichte der Firma Steyr beginnt eigentlich bereits 1834, als Josef Werndl in dem österreichischen Ort Steyr geboren wurde. Sein Vater, Leopold Werndl, besaß einen Fertigungsbetrieb, der für die Wiener Militärwaffenindustrie Gewehrteile baute. Nach seiner Lehrzeit in Wien und Prag kam Josef in den Betrieb seines Vaters, wo er sich allerdings mit den veralteten, konservativen Produktionstechniken nicht abfinden konnte. 1949 beschloss er daher, das Unternehmen des Vaters

wieder zu verlassen und zur Armee zu gehen. Aufgrund seiner Vorkenntnisse wurde er in einer Wiener Gewehrfabrik eingesetzt, wo er moderne amerikanische Massenproduktionsmaschinen kennenlernte.
Nachdem Josef Werndl 1852 nach Thüringen gegangen war, um dort in verschiedenen der bekannten dort ansässigen Waffenfirmen zu arbeiten, zog es ihn nach Amerika, wo er bei den Firmen Remington und bei Colt in Hartford arbeitete. Voller Ideen kehrte er Ende 1853 zurück nach Österreich und eröffnete in dem Ort Wehrgraben eine eigene Büchsenmacherwerkstatt. 1864 gründete Josef zusammen mit seinem Bruder Franz in ihrer Heimatstadt Steyr die Firma Josef und Franz Werndl & Company. 1866 hatte Werndl es geschafft, den österreichischen Verteidigungsminister dazu zu bringen, die Armee mit dem Werndl-Holub-Hinterladergewehr auszurüsten. Nachdem die Waffe feldmäßig getestet worden war, erhielt Werndl den Auftrag zur Lieferung von 100 000 Stück des Gewehres „Modell 1867". Die Fertigungsstätte in Steyr musste vergrößert und im ungarischen Budapest eine weiterer Betrieb errichtet werden. Durch all die Investitionen wurde das Betriebskapital sehr angegriffen. Werndl beschloss, die Firma durch den Verkauf von Firmenanteilen zu verstärken; das Unternehmen wurde in Österreichische Waffenfabriks-Gesellschaft umbenannt und der Firmensitz nach Wien verlegt. Nachdem Werndl 1873 von der königlich preußischen Armee den Auftrag zur Lieferung von 500 000 Mauser-Gewehren Modell 1871 bekommen hatte, wurde die Firma mit Regierungsaufträgen aus Frankreich, Persien, Rumänien, Griechenland, China und Chile regelrecht überhäuft. 1882 sollte sich schließlich die Auftragslage wieder ändern. Alle europäischen Armeen waren inzwischen mit Hinterladergewehren ausgerüstet, sodass nun die Großaufträge ausblieben.
Josef Werndl beschloss schweren Herzens, seine Kapazitäten zum Bau waffenfremder Produkte zu nutzen. Unter anderem produzierte die Firma während dieser Zeit Dynamos, Elektromotoren und Glühlampen (1884 war Steyr die erste europäische Stadt mit elektrischen Straßenlampen!). 1885 nahm man dann einen neuen Gewehrentwurf in Produktion. Dabei handelte es sich um eine Hinterladerbüchse mit einem Magazin für fünf Patronen vom System Mannlicher; und es wurden auch gleich 87 000 Stück davon bestellt. Josef Werndl starb 1899 an den Folgen einer Lungenentzündung.
Die Firma war bereits seit 1896 von einer vierköpfigen Gruppe geleitet worden. Dann übernahm Otto Schönauer die Führung des Unternehmens, welches sich zu einem großen Konzern mit diversen Fabriken und tausenden von Mitarbeitern entwickelt hatte und welches im Laufe der Jahre auch immer wieder die verschiedensten anderen Produkte herstellte, etwa ab 1919 auch Autos und Lastwagen.
Nach dem Zweiten Weltkrieg hatte das Unternehmen große Probleme, da die Allierten erst 1950 wieder erlaubten, Waffen herzustellen. Seitdem produzierte der Konzern, inzwischen in Steyr-Daimler-Puch AG umbenannt, zunächst unter dem Namen Mannlicher-Schönauer vor allem Jagdbüchsen. 1987 wurde die Waffenproduktion unter dem Namen Steyr-Mannlicher AG zusammengefasst. Die heutige Firma Steyr produziert diverse Jagd- und Sportwaffen, aber auch militärische Lang- und Kurzwaffen, wie etwa verschiedene Präzisionsschützenbüchsen und das futuristisch anmutende Waffensystem AUG (Armee Universal Gewehr).
Derzeit ist das Unternehmen auf diesem Gebiet mit seinem ACR-Projekt (Advanced Combat Rifle) sehr rührig, um damit die prestigeträchtige Ausschreibung für ein komplett neues Sturmgewehrsystem für die US-Armee zu gewinnen.

*Steyr M1886 Gewehr*

## *Steyr M1886 Gewehr*

**TECHNISCHE DATEN**

| | |
|---|---|
| Kaliber: | 8 x 50 R mm |
| Magazin: | fest |
| Kapazität: | 5 Patronen |
| Magazinhalteknopf: | entfällt |
| System: | Repetierbüchse |
| Verschlussbedienung: | Kammerstängel |
| Feuerarten: | Einzelfeuer |
| Verriegelung: | Verriegelungswarzen |
| Gesamtlänge: | 128 cm |
| Lauflänge: | 76,5 cm |
| Gesamtgewicht: | 4,4 kg |

| | |
|---|---|
| Visierung: | Schiebevisier |
| Sicherung: | hinten am Verschlusszylinder |
| Schaft: | Hinter- und Vorderschaft aus Holz |

### BESONDERHEITEN

Weiterentwicklung des ursprünglichen M1885-Militärgewehres. Auf dem Schiebevisier ist die Distanz in 75 m-Schritten angegeben. Das Magazin wurde durch die Verschlusshülse von oben mit Patronenladestreifen geladen.

## *Steyr M1895 Gewehr*

### TECHNISCHE DATEN

| | |
|---|---|
| Kaliber: | 8 x 56 R mm |
| Magazin: | fest |
| Kapazität: | 5 Patronen |
| Magazinhalteknopf: | entfällt |
| System: | Repetierbüchse |
| Verschlussbedienung: | Kammerstängel |
| Feuerarten: | Einzelfeuer |
| Verriegelung: | Verriegelungswarzen |
| Gesamtlänge: | 127 cm |
| Lauflänge: | 76,5 cm |
| Gesamtgewicht: | 3,8 kg |
| Visierung: | Schiebevisier |
| Sicherung: | hinten am Verschlusszylinder |
| Schaft: | Hinter- und Vorderschaft aus Holz |

*Steyr M1895 Gewehr*

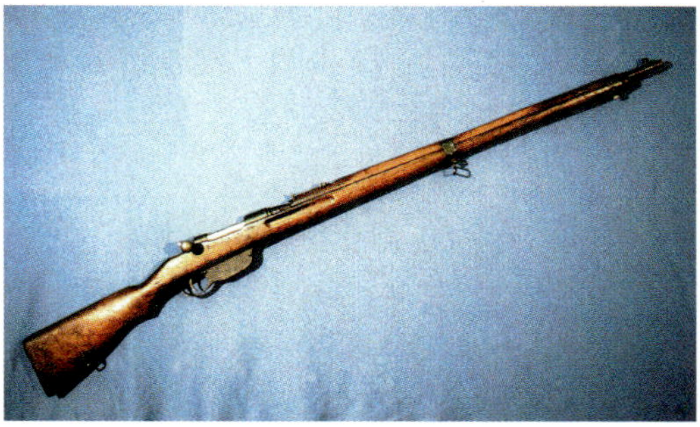

### BESONDERHEITEN

Bei der österreichisch-ungarischen Armee 1895 als Nachfolgemodell für das Gewehr M1886 eingeführt. 1897 auch bei der bulgarischen Armee eingeführt. Das Magazin wurde durch die Verschlusshülse von oben mit Patronenladestreifen geladen.

## *Steyr M1895/96 Karabiner*

### TECHNISCHE DATEN

| | |
|---|---|
| Kaliber: | 8 x 56 R mm |
| Magazin: | fest |
| Kapazität: | 5 Patronen |
| Magazinhalteknopf: | entfällt |

*Steyr M1895/96 Karabiner*

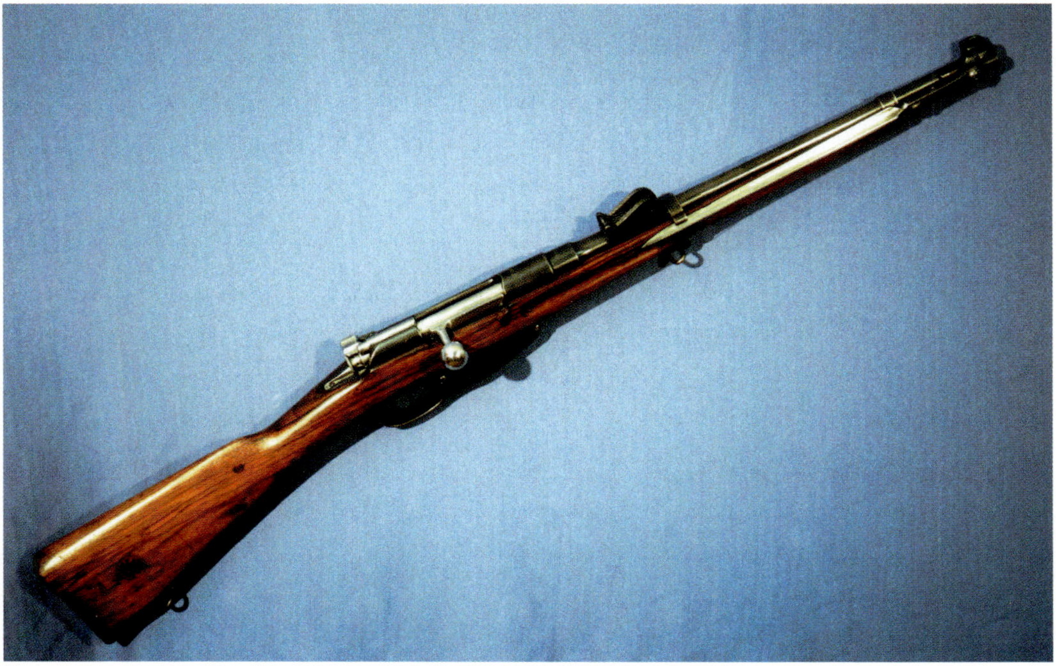

*Detailansicht des Steyr M1895/96 Karabiners*

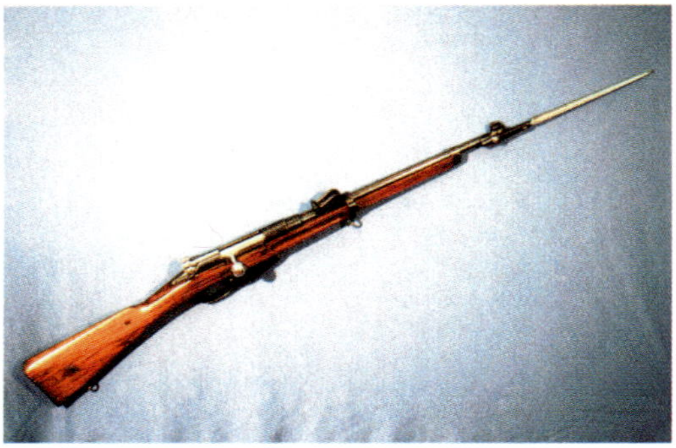

| | |
|---|---|
| System: | Repetierbüchse |
| Verschlussbedienung: | Kammerstängel |
| Feuerarten: | Einzelfeuer |
| Verriegelung: | Verriegelungswarzen |
| Gesamtlänge: | 100,3 cm |
| Lauflänge: | 49,9 cm |
| Gesamtgewicht: | 3,4 kg |
| Visierung: | Schiebevisier |
| Sicherung: | hinten am Verschlusszylinder |
| Schaft: | Hinter- und Vorderschaft aus Holz |

**BESONDERHEITEN**

Version des längeren Gewehres M1895. Mit Klappbayonett als Kavalerie-Karabiner vorgesehen. Das Magazin wurde durch die Verschlusshülse von oben mit Patronenladestreifen geladen.

## *Steyr AUG A1*

**TECHNISCHE DATEN**

| | |
|---|---|
| Kaliber: | .223 Rem. |
| Magazin: | herausnehmbar |
| Kapazität: | 30 oder 40 Patronen |
| Magazinhalteknopf: | Druckknopf am Schaft hinter dem Magazinschacht |

*Steyr AUG A1*

| | |
|---|---|
| System: | Selbstladewaffe (Gasdrucklader) |
| Verschlussbedienung: | Spanngriff |
| Feuerarten: | halb- und vollautomatisch |
| Verriegelung: | Drehkammerverschluss mit 8 Verriegelungswarzen |
| Gesamtlänge: | 63, 69, 79 oder 89 cm |
| Lauflänge: | 35, 40, 50 oder 61 cm |
| Gesamtgewicht: | 3,1, 3,3, 3,6 oder 3,9 kg |
| Visierung: | 1,5-fache Zieloptik |
| Sicherung: | Druckknopfsicherung hinter dem Abzug |
| Schaft: | Kunststoff mit extra Griff, Bullpup-System |

**BESONDERHEITEN**

Aluminium-Verschlusshülse; für linkshändigen Gebrauch modifizierbar; der Abzug dient gleichzeitig zur Feuerwahl: leichter Druck = halbautomatisches Einzelfeuer, fester Druck = vollautomatisches Dauerfeuer. Das AUG ist mit 35, 40 und 50 cm langem Lauf abgebildet.

## *Steyr AUG A2*

**TECHNISCHE DATEN**

| | |
|---|---|
| Kaliber: | .223 Rem. |
| Magazin: | herausnehmbar |
| Kapazität: | 30 oder 40 Patronen |
| Magazinhalteknopf: | Druckknopf am Schaft hinter dem Magazinschacht |
| System: | Selbstladewaffe (Gasdrucklader) |
| Verschlussbedienung: | Spanngriff |
| Feuerarten: | halb- und vollautomatisch |
| Verriegelung: | Drehkammerverschluss mit 8 Verriegelungswarzen |
| Gesamtlänge: | 71,5, 80 oder 90,7 cm |
| Lauflänge: | 40,6, 50,8 oder 61 cm |
| Gesamtgewicht: | 3,8, 4 oder 5 kg |

*Steyr AUG-Police*

*Steyr AUG A2*

| | |
|---|---|
| Visierung: | 1,5-fache Zieloptik, abnehmbar |
| Sicherung: | Druckknopfsicherung hinter dem Abzug |
| Schaft: | Kunststoff mit extra Griff, Bullpup-System |

**BESONDERHEITEN**

Aluminium-Verschlusshülse; für linkshändigen Gebrauch modifizierbar; der Abzug dient gleichzeitig zur Feuerwahl: leichter Druck = halbautomatisches Einzelfeuer, fester Druck = vollautomatisches Dauerfeuer. Unterschied zum AUG A1: Zieloptik ist abnehmbar, Optikmontage, Anbringungsmöglichkeit für Nachtzielgerät, obere Zieloptikeinstellung zusätzlich geschützt. Klapp-Spanngriff.

## *Steyr AUG-Police*

**TECHNISCHE DATEN**

| | |
|---|---|
| Kaliber: | 9 mm Para |
| Magazin: | herausnehmbar |
| Kapazität: | 32 Patronen |
| Magazinhalteknopf: | hinter dem Magazinschacht |
| System: | Selbstladewaffe (Rückstoßlader) |
| Verschlussbedienung: | Spanngriff |
| Feuerarten: | halbautomatisch |
| Verriegelung: | reiner Masseverschluss |
| Gesamtlänge: | 66,5 cm |
| Lauflänge: | 42 cm |
| Gesamtgewicht: | 3,3 kg |
| Visierung: | 1,5-fache Zieloptik |
| Sicherung: | Druckknopfsicherung hinter dem Abzug |
| Schaft: | Kunststoff mit extra Griff, Bullpup-System |

**BESONDERHEITEN**

Aluminium-Verschlusshülse; für linkshändigen Gebrauch modifizierbar.

## *Steyr AUG Sniper*

**TECHNISCHE DATEN**

| | |
|---|---|
| Kaliber: | .223 Rem. |
| Magazin: | herausnehmbar |
| Kapazität: | 30 oder 40 Patronen |
| Magazinhalteknopf: | Druckknopf am Schaft hinter dem Magazinschacht |

*Steyr AUG Sniper*

| | |
|---|---|
| System: | Selbstladewaffe (Gasdrucklader) |
| Verschlussbedienung: | Spanngriff |
| Feuerarten: | halb- und vollautomatisch |
| Verriegelung: | Drehkammerverschluss mit 8 Verriegelungswarzen |
| Gesamtlänge: | 89 cm |
| Lauflänge: | 61 cm |
| Gesamtgewicht: | 3,9 kg |
| Visierung: | Zieloptik-Montage |
| Sicherung: | Druckknopfsicherung hinter dem Abzug |
| Schaft: | Kunststoff mit extra Griff, Bullpup-System |

**BESONDERHEITEN**

Klappzweibein; für linkshändigen Gebrauch modifizierbar; der Abzug dient gleichzeitig zur Feuerwahl: leichter Druck = halbautomatisches Einzelfeuer, fester Druck = vollautomatisches Dauerfeuer.

## *Steyr AUG Standard*

**TECHNISCHE DATEN**

| | |
|---|---|
| Kaliber: | .223 Rem. |
| Magazin: | herausnehmbar |
| Kapazität: | 30 oder 40 Patronen |
| Magazinhalteknopf: | Druckknopf am Schaft hinter dem Magazinschacht |
| System: | Selbstladewaffe (Gasdrucklader) |
| Verschlussbedienung: | Spanngriff |
| Feuerarten: | halb- und vollautomatisch |
| Verriegelung: | Drehkammerverschluss mit 8 Verriegelungswarzen |
| Gesamtlänge: | 79 cm |
| Lauflänge: | 50,8 cm |
| Gesamtgewicht: | 3,6 kg |
| Visierung: | höhenverstellbares, militärisches Dioptervisier im Tragegriff; seitenverstellbares Korn mit Kornschutz |
| Sicherung: | Druckknopfsicherung hinter dem Abzug |
| Schaft: | Kunststoff mit extra Griff, Bullpup-System |

**BESONDERHEITEN**

Aluminium-Verschlusshülse; für linkshändigen Gebrauch modifizierbar; der Abzug dient gleichzeitig zur Feuerwahl: leichter Druck = halbautomatisches Einzelfeuer, fester Druck = vollautomatisches Dauerfeuer.

## *Steyr-Mannlicher Modell M-Professional*

**TECHNISCHE DATEN**

| | |
|---|---|
| Kaliber: | .243 Win., .308 Win. oder .30-06 Springf. |
| Magazin: | herausnehmbar |
| Kapazität: | 5 Patronen |
| Magazinhalteknopf: | vor dem Magazinschacht |
| System: | Repetierbüchse |
| Verschlussbedienung: | Kammerstängel |
| Feuerarten: | Einzelfeuer |
| Verriegelung: | 6 Verriegelungswarzen hinten am Verschlusszylinder |
| Gesamtlänge: | 110 cm |
| Lauflänge: | 60 cm |
| Gesamtgewicht: | 3,3 kg |
| Visierung: | höhenverstellbares Büchsenvisier; vorbereitet für Zielfernrohrmontage |
| Sicherung: | manuelle Sicherung rechts hinter dem Kammerstängel |
| Schaft: | brauner oder grüner Kunststoffschaft mit verstellbarer Schaftkappe |

*Steyr AUG Standard*

*Steyr-Mannlicher Modell M-Professional*

*Steyr-Mannlicher Modell Police SSG-PI Counter Sniper Rifle*

*Steyr-Mannlicher Modell Police SSG-PII*

**BESONDERHEITEN**

Doppelzüngelstecherabzug (vorderes Züngel = Stecher, hinteres Züngel = Abzug).

## *Steyr-Mannlicher Modell Police SSG-PI Counter Sniper Rifle*

**TECHNISCHE DATEN**

| | |
|---|---|
| Kaliber: | .308 Win. |
| Magazin: | herausnehmbares Trommelmagazin |
| Kapazität: | 5 Patronen |
| Magazinhalteknopf: | beidseitig neben dem Magazinschacht |
| System: | Repetierbüchse |
| Verschlussbedienung: | Kammerstängel |
| Feuerarten: | Einzelfeuer |
| Verriegelung: | 6 Verriegelungswarzen hinten am Verschlusszylinder |
| Gesamtlänge: | 113 cm |
| Lauflänge: | 65 cm |
| Gesamtgewicht: | 4,1 kg |
| Visierung: | Büchsenvisier; Zielfernrohr, Hensoldt, 10 x 42 |
| Sicherung: | Sicherung rechts hinter dem Kammerstängel; Ladezustandsanzeige hinten am Verschlusszylinder |
| Schaft: | schwarzer Kunststoffschaft mit Pistolengriff |

**BESONDERHEITEN**

Montageschiene für Handstopp oder Parker-Hale-Klappzweibein unter dem Vorderschaft.
Das Foto zeigt oben das Steyr Police SSG-PI und unten das Modell SSG-PII (mit Doppelzüngelstecherabzug).

## *Steyr-Mannlicher Modell Police SSG-PII*

**TECHNISCHE DATEN**

| | |
|---|---|
| Kaliber: | .308 Win. |
| Magazin: | herausnehmbares Trommelmagazin |
| Kapazität: | 5 Patronen |
| Magazinhalteknopf: | beidseitig neben dem Magazinschacht |
| System: | Repetierbüchse |
| Verschlussbedienung: | Kammerstängel |
| Feuerarten: | Einzelfeuer |
| Verriegelung: | 6 Verriegelungswarzen hinten am Verschlusszylinder |
| Gesamtlänge: | 113 cm |
| Lauflänge: | 65 cm |
| Gesamtgewicht: | 4,3 kg |
| Visierung: | Büchsenvisier; Zielfernrohr, Hensoldt, 10 x 42 |
| Sicherung: | Sicherung rechts hinter dem Kammerstängel; Ladezustandsanzeige hinten am Verschlusszylinder |
| Schaft: | schwarzer Kunststoffschaft mit Pistolengriff |

**BESONDERHEITEN**

Montageschiene für Handstopp oder Parker-Hale-Klappzweibein unter dem Vorderschaft.
Das Foto zeigt oben das Steyr Police SSG-PI und unten das Modell SSG-PII (mit Doppelzüngelstecherabzug).

## *Steyr-Mannlicher Modell Police SSG-PIV SD*

**TECHNISCHE DATEN**

| | |
|---|---|
| Kaliber: | .308 Win. |
| Magazin: | herausnehmbares Trommelmagazin |

*Steyr-Mannlicher Modell Police SSG-PIV SD*

*Steyr SPP-Police Karabiner*

| | |
|---|---|
| Kapazität: | 5 Patronen |
| Magazinhalteknopf: | beidseitig neben dem Magazinschacht |
| System: | Repetierbüchse |
| Verschlussbedienung: | Kammerstängel |
| Feuerarten: | Einzelfeuer |
| Verriegelung: | 6 Verriegelungswarzen hinten am Verschlusszylinder |
| Gesamtlänge: | 100,3 cm |
| Lauflänge: | 40,7 cm; ohne Mündungsfeuerdämpfer |
| Gesamtgewicht: | 3,8 kg |
| Visierung: | ohne; Zielfernrohr, Hensoldt, 10 x 42 |
| Sicherung: | Sicherung rechts hinter dem Kammerstängel; Ladezustandsanzeige hinten am Verschlusszylinder |
| Schaft: | schwarzer Kunststoffschaft mit Pistolengriff |

### BESONDERHEITEN

Montageschiene für Handstopp oder Parker-Hale-Klappzweibein unter dem Vorderschaft. Statt des aufzuschraubenden Mündungsfeuerdämpfers kann auch ein Schalldämpfer angebracht werden.

## *Steyr Scout Karabiner*

### TECHNISCHE DATEN

| | |
|---|---|
| Kaliber: | .308 Win. |
| Magazin: | herausnehmbar |
| Kapazität: | 5 oder 10 Patronen |
| Magazinhalteknopf: | beidseitig neben dem Magazinschacht |
| System: | Repetierbüchse |
| Verschlussbedienung: | Kammerstängel |

*Steyr Scout Karabiner*

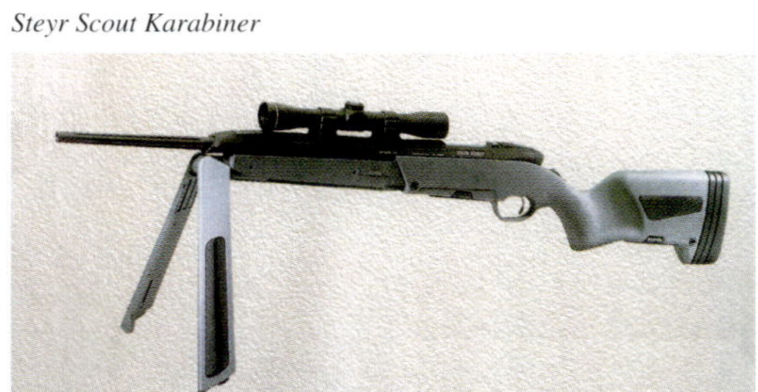

| | |
|---|---|
| Feuerarten: | Einzelfeuer |
| Verriegelung: | 2 Verriegelungswarzen |
| Gesamtlänge: | 100,5 cm |
| Lauflänge: | 48,5 cm |
| Gesamtgewicht: | 3,14 kg |
| Visierung: | Picatinny-Montageschiene und spezielles Leupold M8 Scout-Zielfernrohr, 2,5 x 28 |
| Sicherung: | Schiebesicherung oben am Kolbenhals; mit 3 Positionen: sicher, nur Abzug blockiert, Abzug und Verschluss blockiert |
| Schaft: | Zytel-Kunststoffschaft mit Pistolengriff |

**BESONDERHEITEN**

Schaft mit integriertem Klappzweibein; im Hinterschaft kann ein weiteres 5- oder 10-Schuss-Magazin untergebracht werden; Schaftlänge verstellbar. Zusammen mit dem amerikanischen „Waffenpapst" Jeff Cooper entwickelt.

### *Steyr SPP-Police Karabiner*

**TECHNISCHE DATEN**

| | |
|---|---|
| Kaliber: | 9 mm Para |
| Magazin: | herausnehmbar |
| Kapazität: | 15 oder 30 Patronen |
| Magazinhalteknopf: | beidseitig neben dem Magazinschacht |
| System: | Selbstladewaffe (Rückstoßlader) |
| Verschlussbedienung: | Spanngriff hinten am Systemkasten |
| Feuerarten: | halbautomatisch |
| Verriegelung: | spezieller Drehlaufverschluss |
| Gesamtlänge: | 59,8 cm |
| Lauflänge: | 13 cm |
| Gesamtgewicht: | 1,75 kg |
| Visierung: | höhenverstellbare Mikrometerkimme; seitenverstellbares Korn |
| Sicherung: | Druckknopfsicherung über dem Abzugsbügel; automatische Verschlusssicherung |
| Schaft: | Kunststoff-Skelettschaft, mit Pistolen- und Zusatzgriff |

*Steyr SPP Police Karabiner*

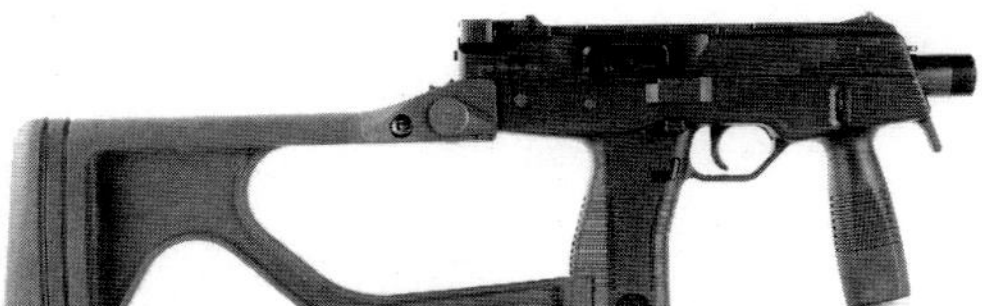

**BESONDERHEITEN**

Spezielles Verschlusssystem: statt des Verschlusszylinders dreht sich der Lauf. Ohne Anschlagschaft auch als reines Pistolenmodell erhältlich. Lauf mit Gewinde zur Anbringung von Mündungsfeuer- oder Schalldämpfer.

## Stoner/Knight

*Stoner/Knight-Logo*

KNIGHT'S MANUFACTURING CO.

PROVEN QUALITY & TECHNOLOGY

Die amerikanische Firma Knights Manufacturing Company wurde von C. Reed Knight gegründet und hat ihren Sitz in Vero Beach, Florida. Knight war Besitzer von Orangenplantagen und gründete die Waffenfirma zunächst nur als Hobby. Da die neue Firma bald 70 Mitarbeiter hatte, konzentrierte er sich schließlich mehr und mehr darauf.

Er kontaktierte den bekannten Waffenkonstrukteur Eugene Stoner. Stoner hatte unter anderem so bekannte Gewehre wie das AR-10 und das Stoner 63 entwickelt, vor allem aber den berühmten US-Militärselbstlader AR-15/M16. Die Stoner SR-25-Büchse basiert auf dem AR-10-Konzept. Dieses hervorragende Selbstladegewehr hatte Stoner 1954 entwickelt, als er für die Armalite Division der Fairchild Aircraft Company arbeitete. Das AR-15/M16 basiert zwar auf dem AR-10, im Gegensatz dazu hatte die U.S. Army allerdings kein Interesse daran gehabt, bereits das AR-10 zu übernehmen. Das AR-10 wurde in kleinen Stückzahlen auch in der holländischen Artillerie-Inrichtungen in Zaandam gefertigt, doch auch kein einziges europäisches Nato-Land war daran interessiert. Die USA entschieden sich schließlich dafür, das AR-15/M16-Konzept im Kaliber .223 Rem. einzuführen, in Europa gab man Waffen im Kaliber 7,62 x 51 mm, also .308 Win., den Vorzug, etwa dem FN-FAL-Sturmgewehr. Die in den Niederlanden produzierten AR-10 wurden an Portugal, Burma und den Sudan verkauft.

Reed Knight war von einem anderen Stoner-Ent-

wurf mehr überzeugt, von Stoners halbautomatischer .308 Win.-Büchse Modell 63. Da sich das Pentagon aber für das AR-15/M16-Waffensystem als neues amerikanisches Militärgewehr ausgesprochen hatte, fiel das Stoner-63 aus dem Rennen. Eine vollautomatische Version der Waffe wurde allerdings von kleineren Einheiten der US Navy und den Navy Seals verwendet.
Das Stoner SR-25-Scharfschützengewehr ist eine Mischung aus AR-10, AR-15 und Stoner-63. Viele Teile dieser Waffe sind mit AR-15-Teilen austauschbar. Der präzise, kaltgehämmerte Lauf des SR-25 wird von Remington geliefert, die diesen Lauf auch in seinen M24-Scharfschützengewehren verwendet. Der Lauf hat fünf rechtsdrehende Züge, deren Kanten nach einem neuen Konzept abgerundet sind und so angeblich die Präzision und die Lebensdauer des Laufes steigern. Auf 100 Meter werden mit dem SR-25 5-Schuss-Gruppen mit einem Durchmesser von einem Inch (25 mm) garantiert; das ist hervorragend für eine halbautomatische Waffe. Und, wie in der Praxis festgestellt wurde, ist die Präzision der Waffe sogar noch besser.

## *Stoner AR-10*

### TECHNISCHE DATEN

| | |
|---|---|
| Kaliber: | .308 Win. |
| Magazin: | herausnehmbar |
| Kapazität: | 5 oder 10 Patronen |
| Magazinhalteknopf: | auf der rechten Seite des Systemkastens |
| System: | Selbstladewaffe (Gasdrucklader) |
| Verschlussbedienung: | Spanngriff |
| Feuerarten: | halb- und vollautomatisch |
| Verriegelung: | Rotationskammerverschluss |
| Gesamtlänge: | 105 cm |
| Lauflänge: | 50,8 cm |
| Gesamtgewicht: | 3,1 kg |
| Visierung: | verstellbares Dioptervisier; Vorgängerversion des späteren klassischen AR-15/M15-Visiers |
| Sicherung: | kombinierter Sicherungs- und Feuerwahlhebel links am Systemkasten |
| Schaft: | Schaft und Pistolengriff aus schwarzem Kunststoff |

*Stoner AR-10*

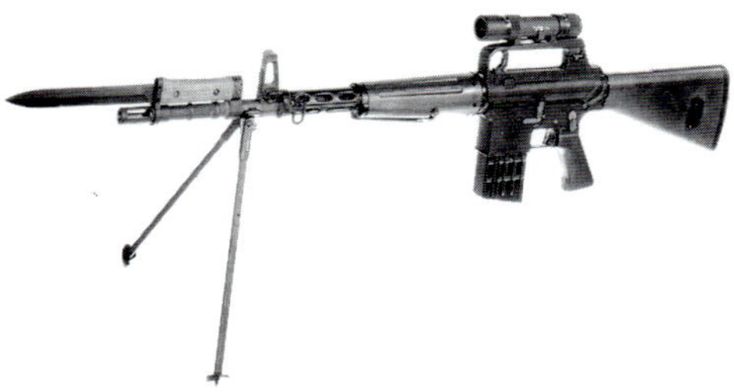

### BESONDERHEITEN

Mattschwarz phosphatiert; Klappzweibein. Diverse Entwicklungsstufen. Die Produktion in den Niederlanden bei der Firma AI (Artillerie Inrichtingen) wurde bereits 1961 eingestellt. Heute baut Armalite wieder eine AR-10-Version.
Auf der Abbildung ist ein frühes Modell des AI-AR-10 (Serien-Nr. 000046), ein (AI) AR-10, das als leichtes MG verwendet wurde, und das kurze Karabinermodell, ebenfalls von AI, zu sehen.

## *Stoner LMG*

### TECHNISCHE DATEN

| | |
|---|---|
| Kaliber: | .223 Rem. |
| Magazin: | herausnehmbar |

*Stoner AR-10 LMG*

*Stoner AR-10*

*Stoner AR-10 Carbine*

*Stoner LMG*

*Stoner 63A1/XM207 LMG*

| | |
|---|---|
| Kapazität: | Magazinbox mit 200 Schuss oder Patronengurte |
| Magazinhalteknopf: | auf der linken Seite des Systemkastens |
| System: | Selbstladewaffe (Gasdrucklader) |
| Verschlussbedienung: | Spanngriff |
| Feuerarten: | vollautomatisch |
| Verriegelung: | Rotationskammerverschluss |
| Gesamtlänge: | 82,5 cm; mit eingeschobenem Schaft: 66 cm |
| Lauflänge: | 39,8 cm |
| Gesamtgewicht: | 7,3 kg; mit voller Magazinbox |
| Visierung: | Klappdioptervisier; spezielle RIS-Optikmontage-schiene |
| Sicherung: | beidseitiger Sicherungshebel am Systemkasten |
| Schaft: | schwarzer einschiebbarer Schaft; Pistolengriff und Handschutz |

**BESONDERHEITEN**

Mattschwarz phosphatiert; Zweibein. RIS-Schienen-Vorderschaft zur dreiseitigen Montage von Zubehör. Eugene Stoner hat dieses leichte Maschinengewehr noch während seiner letzten Lebensjahre entwickelt.

## *Stoner 63A1/XM207 LMG*

**TECHNISCHE DATEN**

| | |
|---|---|
| Kaliber: | .223 Rem. |
| Magazin: | herausnehmbar |
| Kapazität: | Magazinbox mit 100 Schuss |
| Magazinhalteknopf: | auf der rechten Seite des Systemkastens |
| System: | Selbstladewaffe (Gasdrucklader) |
| Verschlussbedienung: | Spanngriff |
| Feuerarten: | vollautomatisch |
| Verriegelung: | Rotationskammerverschluss |
| Gesamtlänge: | 102,2 cm |
| Lauflänge: | 50,8 cm |

*Stoner 63A1/XM207 LMG*

| | |
|---|---|
| Gesamtgewicht: | 5,7 kg |
| Visierung: | verstellbares Dioptervisier |
| Sicherung: | Sicherungshebel links am Systemkasten |
| Schaft: | schwarzer Kunststoffschaft und Pistolengriff |

**BESONDERHEITEN**

Mattschwarz phosphatiert; Klappzweibein. Diverse Entwicklungsstufen. 1965 in Lizenz von der holländischen Waffen- und Munitionsfabrik „Kruithoorn" hergestellt. Die Waffe wurde auch als Sturmgewehr, Modell 63/XM22 gebaut (siehe unten).

## *Stoner SR-15*

**TECHNISCHE DATEN**

| | |
|---|---|
| Kaliber: | .223 Rem. |
| Magazin: | herausnehmbar |
| Kapazität: | 5, 10 oder 20 Patronen |
| Magazinhalteknopf: | auf der rechten Seite des Systemkastens |
| System: | Selbstladewaffe (Gasdrucklader) |
| Verschlussbedienung: | Spanngriff |
| Feuerarten: | halbautomatisch |
| Verriegelung: | Rotationskammerverschluss |
| Gesamtlänge: | 86 cm (SR-15 M4); 96,5 cm (SR-15 M5/Match) |
| Lauflänge: | 40,6 oder 50,8 cm |
| Gesamtgewicht: | 3,1 kg (SR-15 M4); 3,4 kg (SR-15 M5); 3,6 kg (SR-15 Match) |
| Visierung: | Klappdioptervisier; spezielle RIS-Optik- und Zubehörmontageschiene |
| Sicherung: | Sicherungshebel links am Systemkasten |
| Schaft: | schwarzer Kunststoffschaft oder einschiebbarer Skelettschaft; Pistolengriff |

**BESONDERHEITEN**

Mattschwarz phosphatiert; Harris-Zweibein. Das SR-15 ist als Match-Version, als M5-Standardversion und als M4-Karabinerversion erhältlich.

## *Stoner SR-25 Carbine*

**TECHNISCHE DATEN**

| | |
|---|---|
| Kaliber: | .308 Win. |
| Magazin: | herausnehmbar |
| Kapazität: | 5, 10 oder 20 Patronen |
| Magazinhalteknopf: | auf der rechten Seite des Systemkastens |

*Stoner SR-15*

*Stoner SR-25 Carbine*

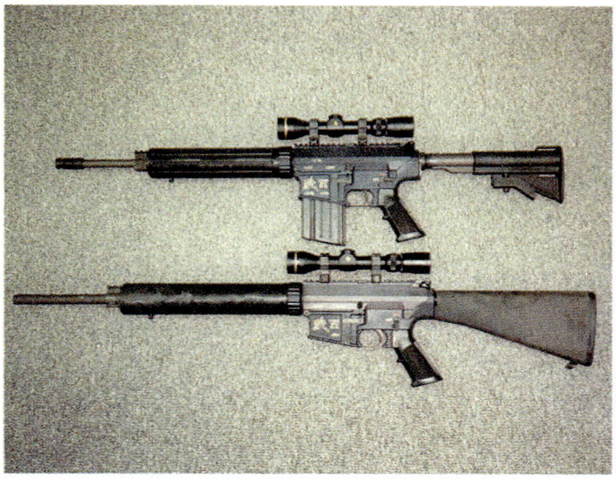

| | |
|---|---|
| System: | Selbstladewaffe (Gasdrucklader) |
| Verschlussbedienung: | Spanngriff |
| Feuerarten: | halbautomatisch |
| Verriegelung: | Rotationskammerverschluss |
| Gesamtlänge: | 91 cm |
| Lauflänge: | 40,6 cm |
| Gesamtgewicht: | 3,5 kg |
| Visierung: | ohne; spezielle Optikmontageschiene |
| Sicherung: | Sicherungshebel links am Systemkasten |
| Schaft: | schwarzer Kunststoffschaft und Pistolengriff |

**BESONDERHEITEN**

Mattschwarz phosphatiert; Harris-Zweibein. Auf der Abbildung ist oben das Modell SR-25 Carbine und unten das Modell SR-25 Match zu sehen.

## *Stoner SR-25 Match*

**TECHNISCHE DATEN**

| | |
|---|---|
| Kaliber: | .308 Win. |
| Magazin: | herausnehmbar |
| Kapazität: | 5, 10 oder 20 Patronen |
| Magazinhalteknopf: | auf der rechten Seite des Systemkastens |

*Stoner SR-25 Match*

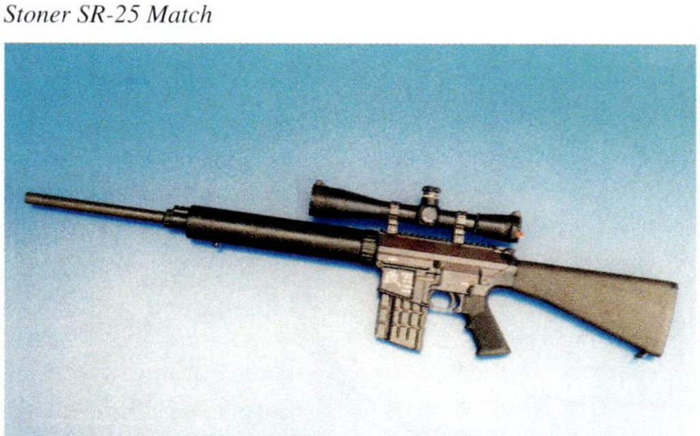

*Stoner SR-50 Sniper*

| | |
|---|---|
| System: | Selbstladewaffe (Gasdrucklader) |
| Verschlussbedienung: | Spanngriff |
| Feuerarten: | halbautomatisch |
| Verriegelung: | Rotationskammerverschluss |
| Gesamtlänge: | 111 cm |
| Lauflänge: | 61 cm |
| Gesamtgewicht: | 4,9 kg |
| Visierung: | ohne; spezielle Optikmontageschiene |
| Sicherung: | Sicherungshebel links am Systemkasten |
| Schaft: | schwarzer Kunststoffschaft und Pistolengriff |

**BESONDERHEITEN**

Mattschwarz phosphatiert; Harris-Zweibein; frei liegende Remington-Matchlauf.
Die Waffe ist mit einem Gesamtgewicht von 4,3 kg auch als Modell SR-25 Lightweight Match erhältlich.

## *Stoner SR-50 Sniper*

**TECHNISCHE DATEN**

| | |
|---|---|
| Kaliber: | .50 BMG |
| Magazin: | herausnehmbar |
| Kapazität: | 5 oder 10 Patronen |
| Magazinhalteknopf: | auf der rechten Seite des Systemkastens |
| System: | Selbstladewaffe (Gasdrucklader) |
| Verschlussbedienung: | Spanngriff |
| Feuerarten: | halbautomatisch |
| Verriegelung: | Rotationskammerverschluss |
| Gesamtlänge: | 148,6 cm |
| Lauflänge: | 102 cm |
| Gesamtgewicht: | 14,1 kg |
| Visierung: | ohne; spezielle Optikmontageschiene |
| Sicherung: | Sicherungshebel links am Systemkasten |
| Schaft: | schwarzer Kunststoffschaft und Pistolengriff |

**BESONDERHEITEN**

Mattschwarz phosphatiert; Zweibein. Entwickelt als weit reichende militärische Präzisionsschützenbüchse.

# Uu - Vv

## Unique

*Unique-Logo*

Unique ist der Markenname der französischen Waffenfirma MAPF, eine Abkürzung von Manufacture d'Armes des Pyrénées Françaises. Das Unternehmen hat seinen Sitz in der Stadt Hendaye in den französischen Pyrenäen am Golf von Biskaya. MAPF baut eine Reihe verschiedener Gewehre, deren Läufe zum Schießen mit anderen Kalibern austauschbar sind. Die Match-Büchsen, etwa das T-2000 in Kleinkaliber und das T-3000 in verschiedenen größeren Büchsenkalibern, sind von höchster Qualität. Die Firma baut auch die berühmte Unique DES-69-Sportpistole, die Pistole IS (International Silhouette) und das F.11, eine Kleinkaliberversion des französischen FAMAS-Armeesturmgewehres. Das TGC-Varmint-Match-Gewehr wird von französischen Polizeieinheiten auch als Scharfschützenbüchse verwendet.

*Unique TGC Sniper Rifle*

### *Unique TGC Sniper Rifle*

**TECHNISCHE DATEN**

| | |
|---|---|
| Kaliber: | .308 Win., .30-06, .300 Savage, .300 Win. Mag., (7,62 NATO) |
| Magazin: | herausnehmbar |
| Kapazität: | 5 oder 3 Patronen |
| Magazinhalteknopf: | rechts neben dem Magazinschacht |
| System: | Repetierbüchse |
| Verschlussbedienung: | Kammerstängel |
| Feuerarten: | Einzelfeuer |
| Verriegelung: | 3 Verriegelungswarzen |
| Gesamtlänge: | 104 cm |
| Lauflänge: | 51,5 cm |
| Gesamtgewicht: | 5,5 kg |
| Visierung: | ohne; Optikmontageschiene |
| Sicherung: | Sicherung rechts hinter dem Kammerstängel |
| Schaft: | Nussbaumschaft mit verstellbarer Backe und Pistolengriff |

**BESONDERHEITEN**

Spezielles Zweibein mit Handstopp an der Montageschiene unter dem Vorderschaft. Von französischen Polizeieinheiten als Präzisionsschützenbüchse verwendet. Zum schnellen Kaliberwechsel verfügt die Waffe über einen Austauschlauf. Sie ist auch in einer Version für Linkshänder erhältlich.

## Voere

Die österreichische Firma Voere stellt seit 1951 Waffen her, die Geschichte des Unternehmens reicht aber weiter zurück. 1940 baute die deutsche Firma Krieghoff aus Suhl in Kufstein eine Fabrik zur Herstellung von Ausrüstungsgegenständen für die deutsche Wehrmacht auf. Nach dem Zweiten Weltkrieg schwenkte man dort auf die Produktion von Schul- und Büromöbeln sowie Kleinmaschinen um. Als Firmenname wurde Tiroler Maschinenbau- und Holzindustriegesellschaft mbH bestimmt. Kurz

darauf begann man mit der Fabrikation von Bohr- und Fräsmaschinen. 1951 wurde ein Teil der Produktionskapazität auf die Herstellung von Waffen umgestellt.
Die erste gebaute Waffe war das Luftdruckgewehr Tyrol LG-51. Gleichzeitig wurde der Firmenname in Tiroler Sportwaffenfabrik und Apparatebau GmbH geändert. 1964 geriet die Firma in erhebliche Finanzprobleme, sie wurde deshalb 1965 von dem süddeutschen, Metall verarbeitenden Unternehmen Voere aus Vöhrenbach übernommen. Der Firmenname wurde wieder in Tiroler Jagd- und Sportwaffenfabrik Voere, 1988 schließlich in Voere-Kufsteiner Gerätebau und Handelsgesellschaft mbH geändert. Das erste Waffenmodell aus dieser Zeit war eine halbautomatische KK-Büchse, das Modell 0014, gefolgt vom Modell 1014 in militärischer Aufmachung. Nach einigen Jahren folgten die Voere-Modelle 2114 und 2115. Dabei handelte es sich um halbautomatische Kleinkalibergewehre, die allerdings auch von Hand repetiert werden konnten. Zur jagdlichen Verwendung wurden auf der Basis des berühmten Mauser 98-Systems die Voere-Büchsen Modell 2150, 2155 und 2165 entwickelt. 1992 stellte man eine halbautomatische Großkaliberbüchse vor. Dieses Modell 2185 wurde von dem bekannten Waffenkonstrukteur Menahem Sirkis entwickelt. Die größten Erfolge feierte das Unternehmen 1991 mit der Vorstellung seines Modells Voere VEC-91. VEC ist die Abkürzung für Voere Electronic Caseless. Diese Waffe, von der Form her zwar ein Repetierer, weist in ihrem Inneren revolutionäre Neuerungen auf. Die Waffe verschießt hülsenlose Munition, Kaliber 5,7 x 26 mm UCC. UCC steht für Usel Caseless Cartridge, eine hülsenlose Patrone, erfunden von dem Österreicher Hubert Usel. Diese Munition besteht aus einer formgepressten Pulverladung, in die die Zündung und das Geschoss integriert sind. Der Zündvorgang läuft elektronisch ab. Der elektrische Impuls wird zwei 15 Volt-Batterien entnommen, die im Pistolengriff des Gewehrschaftes untergebracht sind. Eine Version des Modells 2185 wird von einigen polizeilichen Spezialeinheiten als Scharfschützenbüchse verwendet.

*Voere-Logo*

VOERE
Jagd- und Sportgewehre

*Voere Modell 2185 Match*

## *Voere Modell 2185 Match*

**TECHNISCHE DATEN**

| | |
|---|---|
| Kaliber: | .308 Win., .30-06 |
| Magazin: | herausnehmbar |
| Kapazität: | 5 Patronen |
| Magazinhalteknopf: | hinter dem Magazinschacht |
| System: | Selbstladebüchse (Gasdrucklader) |
| Verschlussbedienung: | Spanngriff |
| Feuerarten: | halbautomatisch |
| Verriegelung: | Drehkammerverschluss mit 3 Verriegelungswarzen |
| Gesamtlänge: | 115 cm |
| Lauflänge: | 51 cm |
| Gesamtgewicht: | 5 kg |
| Visierung: | verstellbares Büchsenvisier; vorbereitet für Optikmontage |
| Sicherung: | Sicherung vorne im Abzugsbügel |
| Schaft: | Schichtholzschaft mit Pistolengriff |

**BESONDERHEITEN**

Scharfschützenmodell des Voere 2185 Match. Kann mit einem Klappzweibein ausgestattet werden. Der Hinterschaft weist eine verstellbare Backe und eine verstellbare Schaftkappe auf.

# Ww

## Walther

Zwischen dem Ersten und Zweiten Weltkrieg fertigte das renommierte deutsche Unternehmen Walther nicht nur hervorragende Wettkampfwaffen, sondern auch diverse Kriegswaffen, etwa die Bergmann MP34/I-Maschinenpistole.
Theodor Bergmann war ein Waffeningenieur, der häufig mit dem bekannten Waffenkonstrukteur Hugo Schmeisser zusammenarbeitete. Schmeisser hatte bereits vorher für Bergmann Maschinenpistolen entworfen, etwa die Bergmann MP18/I und die MP28/II-Maschinenpistole. Da Schmeisser dann aber für ein anderes deutsches Waffenunternehmen, die Firma Haenel, arbeitete, wurde die MP34/I von Bergmanns Brüdern weiterentwickelt.
1932 wurden einige Prototypen der Waffe in Dänemark bei der Firma Schultz & Larsen gebaut. Diese Waffen wurden in Lizenz von Walther in Zella-Mehlis hergestellt. Die deutsche Armee hatte an der MP kein Interesse; nur für die deutsche Polizei und einen kleinen Exportauftrag nach Bolivien wurden einige tausend Stück davon hergestellt. 1935 änderte Bergmann einige Teile an der Waffe und nannte das neuen Modell Bergmann MP35/I.
Hiervon wurden mehrere tausend Stück nach Dänemark, Schweden und Äthiopien verkauft. 1940 führte in Deutschland die SS die Waffe ein; deren MP35 baute in Lizenz die Firma Junker & Ruh. Im gleichen Jahr, 1940, wurde im Rahmen eines deutschen Armeeprogramms ein Sturmgewehr, das Gewehr 41(W) entwickelt, bei dem das „W" für Walther steht. Diese halbautomatische Waffe arbeitete nach dem Gasdrucksystem. Der Gasdruck wurde durch eine optisch seltsam wirkende Konstruktion rund um den Lauf abgeleitet. Bis 1943 baute man tausende von dieser Waffe zum Einsatz an der Ostfront.
1943 wurde das G41 vom G43 abgelöst, das sowohl bei Walther als auch bei anderen deutschen Unternehmen produziert wurde, etwa bei den Gustloff-Werken oder bei der Berliner-Lübecker Maschinenfabrik. Das G(ewehr) 43 verwendete eine weniger komplizierte Methode zur Abzapfung eines Teils der Pulvergase aus dem Lauf; diese wird heute noch angewandt. Das G43 hatte auch erstmals ein herausnehmbares Magazin. Es wurde auch viel als Scharfschützenbüchse verwendet. Nach dem Zweiten Weltkrieg führte die tschechische Armee das G43 als Scharfschützengewehr ein.
1982 entwickelte Walther mit seiner futuristisch wirkenden, halbautomatischen Büchse WA-2000 eine komplett neue Art von Scharfschützenbüchse; das WA-2000 gibt es in den Kalibern .300 Win. Mag., .308 Win. und 7,5 x 55 mm (Swiss). Die Waffe war für die damalige Zeit immens teuer; in der 1984er Walther-Preisliste wurde sie für 9885,– DM angeboten – ohne Zielfernrohr, Zweibein und Zubehör. Es gab diverse berechtigte, aber auch unberechtigte Beschwerden über das WA-2000 im praktischen Einsatz, allein wegen ihres Preises hatte das Gewehr aber nie eine faire Chance; inzwischen wurde die Produktion eingestellt.

*Walther-Logo*

### *Walther G41(W)*

**TECHNISCHE DATEN**
Kaliber: 8 x 57 mm

*Walther G41(W)*

| | |
|---|---|
| Magazin: | fest |
| Kapazität: | 10 Patronen |
| Magazinhalteknopf: | entfällt |
| System: | Selbstladebüchse (Gasdrucklader) |
| Verschlussbedienung: | Spanngriff |
| Feuerarten: | halbautomatisch |
| Verriegelung: | Verriegelungswarzen |
| Gesamtlänge: | 113 cm |
| Lauflänge: | 54,5 cm |
| Gesamtgewicht: | 5 kg |
| Visierung: | Schiebevisier |
| Sicherung: | Sicherung hinten am Verschluss |
| Schaft: | Holzschaft |

**BESONDERHEITEN**

Spezieller Mündungsabschluss zum Einstellen des Gasdruckes. Das Magazin musste von oben durch die Verschlusshülse geladen werden.

*Walther G43*

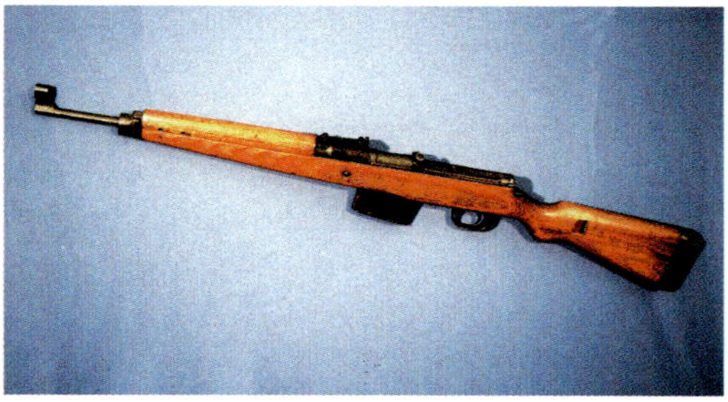

## *Walther G43*

**TECHNISCHE DATEN**

| | |
|---|---|
| Kaliber: | 8 x 57 mm |
| Magazin: | herausnehmbar |
| Kapazität: | 10 Patronen |
| Magazinhalteknopf: | rechts am Gehäuse |
| System: | Selbstladebüchse (Gasdrucklader) |
| Verschlussbedienung: | Spanngriff |
| Feuerarten: | halbautomatisch |
| Verriegelung: | Verriegelungswarzen |
| Gesamtlänge: | 111,7 cm |
| Lauflänge: | 55,8 cm |
| Gesamtgewicht: | 4,3 kg |
| Visierung: | Schiebevisier; Optikmontage rechts an der Verschlusshülse |
| Sicherung: | Sicherung hinten am Verschluss |
| Schaft: | Schaft und Handschutz aus Holz |

**BESONDERHEITEN**

Gasabzapfung etwa in der Laufmitte. Die Waffe wurde mit einer Gesamtlänge von 106 cm unter der Bezeichnung Kar43 auch als Karabiner gefertigt.

*Walther Bergmann MP34*

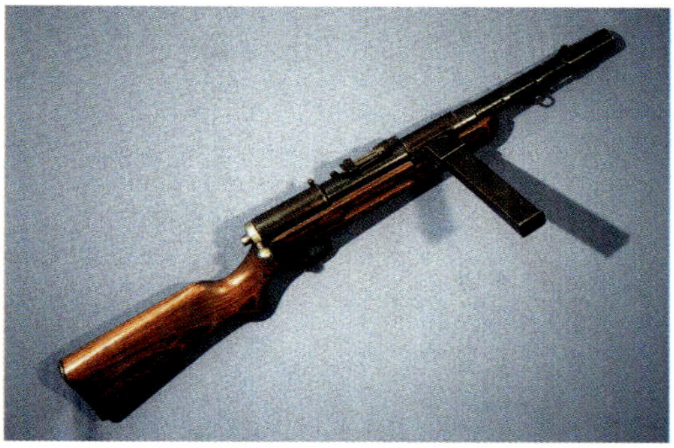

## *Walther Bergmann MP34*

**TECHNISCHE DATEN**

| | |
|---|---|
| Kaliber: | 9 mm Para |
| Magazin: | herausnehmbar |
| Kapazität: | 24 oder 32 Patronen |
| Magazinhalteknopf: | rechts beim Magazinschacht |
| System: | Selbstladebüchse (Rückstoßlader) |
| Verschlussbedienung: | Spanngriff |
| Feuerarten: | halb- und vollautomatisch |
| Verriegelung: | reiner Masseverschluss |
| Gesamtlänge: | 84 cm |
| Lauflänge: | 19,6 cm |
| Gesamtgewicht: | 4 kg |
| Visierung: | verstellbares Schiebevisier |
| Sicherung: | links unter der Schiebevisierkimme |
| Schaft: | Holzschaft |

**BESONDERHEITEN**

Doppelter Abzugsmechanismus: Niederdrücken des oberen Teils = halbautomatisches Feuer, des unteren Teils = vollautomatisches Feuer. Die Waffe verfügt über einen Lauf mit kombiniertem Kompensator und Mündungsfeuerdämpfer.

## *Walther WA-2000*

**TECHNISCHE DATEN**

| | |
|---|---|
| Kaliber: | .300 Win. Mag., .308 Win. oder 7,5 x 55 mm |
| Magazin: | herausnehmbar |
| Kapazität: | 6 Patronen |
| Magazinhalteknopf: | am Schaft hinter dem Magazinschacht |

*Walther WA-2000*

| | |
|---|---|
| System: | Selbstladebüchse (Gasdrucklader) |
| Verschlussbedienung: | beidseitiger Spanngriff |
| Feuerarten: | halbautomatisch |
| Verriegelung: | Drehkammerverschluss mit 7 Verriegelungswarzen |
| Gesamtlänge: | 90,5 cm |
| Lauflänge: | 65 cm |
| Gesamtgewicht: | 7,9 kg; inkl. Zielfernrohr |
| Visierung: | Zielfernrohr: Schmidt & Bender, 2,5–10 x 56, oder nach Wahl |
| Sicherung: | links am Gehäuse, über dem Abzugsbügel |
| Schaft: | Bullpup-Schaft aus Kunststoff, Holz und Aluminium |

**BESONDERHEITEN**

Modularbauweise; leichtes Austauschen von Lauf und Verschluss zum einfachen Wechseln des Kalibers; frei liegender, gefluteter Lauf; Magazin hinter dem Pistolengriff im Hinterschaft; Backe und Schaftkappe verstellbar.

# Winchester

1855 gründeten Horace Smith, Daniel B. Wesson und C.C. Palmer die Volcanic Repeating Arms Company. Einer der Anteilhaber der Firma war Oliver F. Winchester, ein Kleidungsfabrikant aus New Haven, Connecticut. Die Firma produzierte damals die Volcanic-Unterhebelrepetierbüchse. 1857 übernahm Oliver Winchester die Anteilsmehrheit und

*Winchester-Logo*

änderte den Firmennamen in New Haven Arms Company. 1860 meldete B. Tyler Henry, der Chefentwickler des Unternehmens, eine Büchse zum Patent an, die unter dem Namen Henry Rifle berühmt werden sollte.

Nachdem die Firma 1866 in Winchester Repeating Arms Company umbenannt worden war, kam als erstes Modell dieser neuen Firma die Winchester 66 heraus. Diese, von der Henry Rifle abgeleitete Waffe, wurde so populär, dass von ihr, obwohl Nachfolgemodelle folgten, bis 1899 etwa 171 000 Stück produziert wurden.

1873 brachte die Firma einen verbesserten Unterhebelrepetierer heraus, das Modell 1873. Bis 1920 wurden von dieser Waffe etwa 19 500 gebaut. Es folgte die Winchester 1876, von der fast 64 000 Exemplare gebaut wurden. Weitere Winchester-Modelle waren dann unter anderem die Winchester 1886 und vor allem die legendäre Winchester 1894, von der nach und nach in verschiedenen Versionen mehr als drei Millionen produziert wurden. Auch das nachfolgende Modell 1895 wird heute noch in Kleinserien gebaut.

Neben Unterhebelrepetierern stellt Winchester auch Kammerstängelrepetierer und Flinten her. Die erste reguläre Winchester-Kammerstängelrepetierbüchse war das Modell 1883, basierend auf einem Patent von Benjamin B. Hotchkiss; diese Waffe wurde nur bis 1889 gebaut. Es folgte der Lee-Repetierer mit Geradezugverschluss von 1895, der für die US-Marine hergestellt wurde. Diese Waffe wurde als Lee Sporting Model auch in einer Sportversion angeboten.

Und auch auf dem Gebiet halbautomatischer Waffen war die Firma Winchester aktiv. 1903 brachte man die erste Selbstladebüchse, das Modell 1903 im Kaliber .22 Randfeuer, auf den Markt. Das Modell 1905, Kaliber .32 Winchester-SL und .35 Winchester-SL (SL steht für Self-Loading), kam in eben diesem Jahr heraus. Diese Waffe verfügte über das erste herausnehmbare Magazin. 1907 folgte das verbesserte Modell 1907 im Kaliber .351 Win.-SL, das bis 1957 produziert wurde, und 1910 gab es im Kaliber .410 Win.-SL das Modell 1910-SL. Während des Ersten Weltkrieges baute die Firma Winchester im Auftrag der britischen Regierung für deren Armee vornehmlich das Enfield Pattern-Militärgewehr, Kaliber .303 Brit.; man produzierte eine Stückzahl von 246 000. 1917 und 1918 baute Winchester einen Teil seiner Produktionsanlage zur Herstellung des US-Armeegewehres Modell 1917, Kaliber .30-06 Springfield, um.

Zu Beginn des Zweiten Weltkrieges wurde bei Winchester der legendäre .30 M1-Karabiner entwickelt, von der das Unternehmen selbst etwa 818 000 Stück baute. Der .30 M1 wurde bis zum Ende des Krieges von verschiedensten US-amerikanischen Firmen in Lizenz hergestellt, unter anderem etwa von den Firmen Inland, Underwood, Quality Hardware & Machine Corp., Rock-Ola, Saginaw, Irwin-Pedersen, National Postal Meter, Standard Products und sogar IBM; insgesamt wurden mehr als sechs Millionen .30 M1-Karabiner gebaut.

Über diese Waffe wird besonders ausführlich in dem Buch „War Baby" des US-Autors Larry L. Ruth berichtet. Während des Krieges war Winchester auch in die Produktion des M1-Garand-Militärgewehres mit eingebunden. Der aktuelle Name des Unternehmens ist nunmehr U.S. Repeating Arms Company Inc., die Firma ist Teil der Olin-Gruppe.

## *Winchester Browning Automatic Rifle (BAR)*

**TECHNISCHE DATEN**

| | |
|---|---|
| Kaliber: | .30-06 |
| Magazin: | herausnehmbar |
| Kapazität: | 20 Patronen |
| Magazinhalteknopf: | vorne im Abzugsbügel |
| System: | Selbstladewaffe (Gasdrucklader) |
| Verschlussbedienung: | Spanngriff |
| Feuerarten: | halb- und vollautomatisch |

*Winchester Browning Automatic Rifle (BAR)*

*Winchester Browning Automatic Rifle (BAR)*

| | |
|---|---|
| Verriegelung: | Vertikalblockverschluss |
| Gesamtlänge: | 121,4 cm |
| Lauflänge: | 61 cm |
| Gesamtgewicht: | 8,8 kg |
| Visierung: | Diopter-Schiebevisier |
| Sicherung: | kombinierter Sicherungs- und Feuerwahlhebel |
| Schaft: | Holz oder schwarzer Kunststoffschaft |

**BESONDERHEITEN**

Leichtes Maschinengewehr, hergestellt von Winchester, Colt und Marlin-Rockwell.
Die Abbildungen zeigen das Modell M1922 mit Kühlrippen um den Lauf sowie das Modell M1918A1 mit hölzernem Pistolengriff.

## *Winchester .30-M1 Carbine*

**TECHNISCHE DATEN**

| | |
|---|---|
| Kaliber: | .30 Carbine |
| Magazin: | herausnehmbar |
| Kapazität: | 5, 15 oder 30 Patronen |
| Magazinhalteknopf: | vorne rechts am Abzugsbügel |
| System: | Selbstladewaffe (Gasdrucklader) |
| Verschlussbedienung: | Spanngriff |

*Winchester .30-M1 Carbine*

*Winchester .30-M1 Carbine*

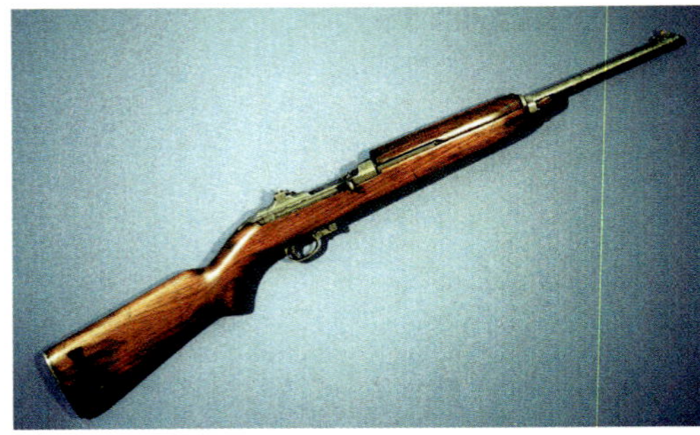

| | |
|---|---|
| Feuerarten: | halbautomatisch |
| Verriegelung: | 2 Verriegelungswarzen |
| Gesamtlänge: | 90,5 cm |
| Lauflänge: | 45,8 cm |
| Gesamtgewicht: | 2,5 kg |
| Visierung: | verstellbares militärisches Dioptervisier |
| Sicherung: | Sicherungshebel vorne rechts am Abzugsbügel |
| Schaft: | Nussbaumschaft und Handschutz |

**BESONDERHEITEN**

Das Modell M1A1 hat einen Klapp-Stahlrohrschaft. Auf der Abbildung oben ist eines der ersten Modelle mit Druckknopfsicherung im Abzugsbügel und

*Winchester .30-M1A1 Carbine*

Winchester Model 70

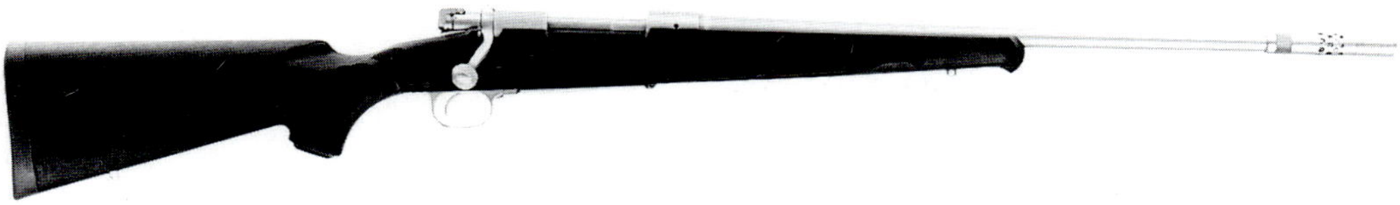

Klappdioptervisier zu sehen; darunter ist das Modell .30-M1A1 mit Stahl-Klappschaft als Fallschirmjägerversion abgebildet.

## *Winchester .30-M2 Carbine*

**TECHNISCHE DATEN**

| | |
|---|---|
| Kaliber: | .30 Carbine |
| Magazin: | herausnehmbar |
| Kapazität: | 5, 15 oder 30 Patronen |
| Magazinhalteknopf: | vorne rechts am Abzugsbügel |
| System: | Selbstladewaffe (Gasdrucklader) |
| Verschlussbedienung: | Spanngriff |
| Feuerarten: | halbautomatisch |
| Verriegelung: | 2 Verriegelungswarzen |
| Gesamtlänge: | 90,5 cm |
| Lauflänge: | 45,8 cm |
| Gesamtgewicht: | 2,5 kg |
| Visierung: | verstellbares militärisches Dioptervisier |
| Sicherung: | Sicherungshebel vorne rechts am Abzugsbügel |
| Schaft: | Nussbaumschaft und Handschutz |

**BESONDERHEITEN**

Das Foto zeigt eine Detailansicht, auf der sehr gut der Feuerwahlhebel zu sehen ist. Das Modell M3 Carbine weist verschiedene Optikmontagesysteme auf, durch die auch Infrarot-Zielgeräte, so genannte „Snooper Scopes" installiert werden konnten.

*Winchester .30-M2 Carbine*

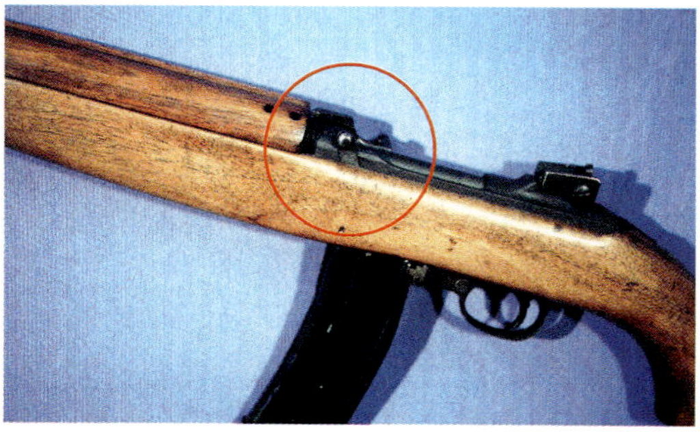

## *Winchester Model 70*

**TECHNISCHE DATEN**

| | |
|---|---|
| Kaliber: | alle üblichen Kaliber, inkl. .308 Win., .30-06 und .300 Win. Mag. |
| Magazin: | fest |
| Kapazität: | 5 Patronen |
| Magazinhalteknopf: | entfällt |
| System: | Repetierbüchse |
| Verschlussbedienung: | Kammerstängel |
| Feuerarten: | Einzelfeuer |
| Verriegelung: | 2 Verriegelungswarzen (Mauser-System) |
| Gesamtlänge: | 113,7–118,8 cm |
| Lauflänge: | 61–66 cm |
| Gesamtgewicht: | 3,3–4,9 kg |
| Visierung: | ohne; vorbereitet für Zielfernrohrmontage |
| Sicherung: | Sicherung hinten rechts am Verschlusszylinder |
| Schaft: | Holz- oder Kunststoffschaft |

**BESONDERHEITEN**

Stainless-Stahl, matt oder matt brüniert. Die Waffe auf der Abbildung weist einen Boss-Kompensator auf. Das Modell 70 wird häufig als Basis für Custom-Präzisionsschützenbüchsen verwendet.

## *Winchester Model 1300 Defender*

**TECHNISCHE DATEN**

| | |
|---|---|
| Kaliber: | 12/76 |
| Magazin: | Röhrenmagazin |

*Winchester Model 1300 Defender*

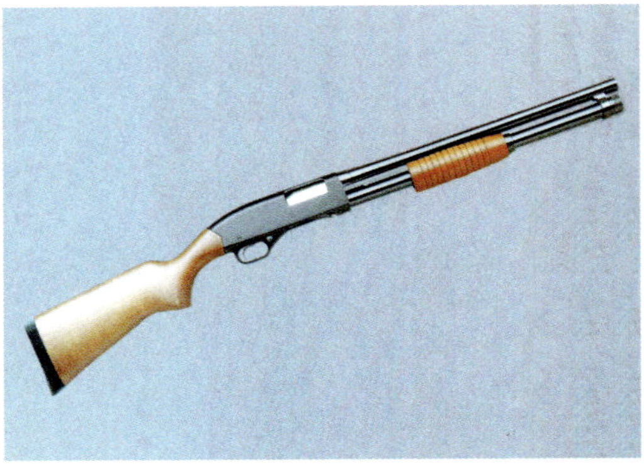

| | |
|---|---|
| Kapazität: | 7 Patronen; 8 im Kaliber 12/70 |
| Magazinhalteknopf: | entfällt |
| System: | Repetierflinte |
| Verschlussbedienung: | Vorderschaft |
| Feuerarten: | Einzelfeuer |
| Verriegelung: | Drehkammerverschluss |
| Gesamtlänge: | 98 cm |
| Lauflänge: | 45,7 cm |
| Gesamtgewicht: | 2,9 kg |
| Visierung: | Flintenkorn |
| Sicherung: | Druckknopfsicherung vorne am Abzugsbügel |
| Schaft: | Vorder- u. Hinterschaft aus Hartholz, Pistolengriff |

**BESONDERHEITEN**

Lauf und Röhrenmagazin brüniert; Systemkasten mattschwarz.

## *Winchester Model 1300 Defender Synthetic*

**TECHNISCHE DATEN**

| | |
|---|---|
| Kaliber: | 12/76 |
| Magazin: | Röhrenmagazin |
| Kapazität: | 7 Patronen; 8 im Kaliber 12/70 |

*Winchester Model 1300 Defender Synthetic*

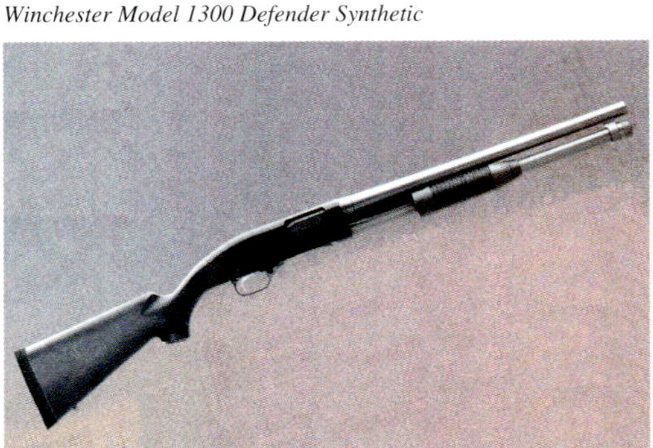

*Winchester Model 1300 Short Defender Synthetic*

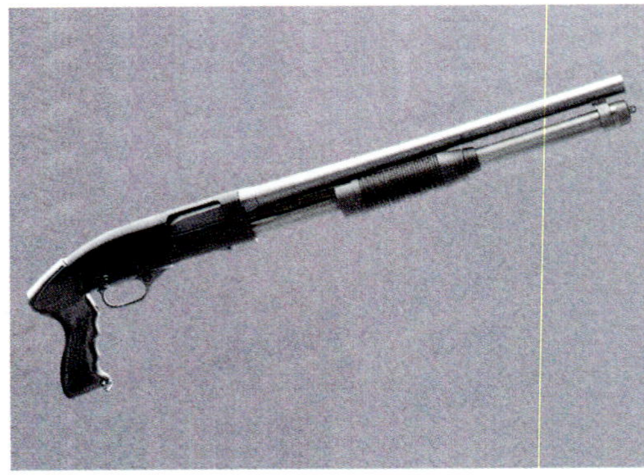

| | |
|---|---|
| Magazinhalteknopf: | entfällt |
| System: | Repetierflinte |
| Verschlussbedienung: | Vorderschaft |
| Feuerarten: | Einzelfeuer |
| Verriegelung: | Drehkammerverschluss |
| Gesamtlänge: | 98 cm |
| Lauflänge: | 45,7 cm |
| Gesamtgewicht: | 2,8 kg |
| Visierung: | Flintenkorn |
| Sicherung: | Druckknopfsicherung vorne am Abzugsbügel |
| Schaft: | Vorder- u. Hinterschaft aus Kunststoff, Pistolengriff |

**BESONDERHEITEN**

Lauf und Röhrenmagazin mit mattgrauem Überzug; Systemkasten mattschwarz.

## *Winchester Model 1300 Short Defender Synthetic*

**TECHNISCHE DATEN**

| | |
|---|---|
| Kaliber: | 12/76 |
| Magazin: | Röhrenmagazin |
| Kapazität: | 6 Patronen; 7 im Kaliber 12/70 |
| Magazinhalteknopf: | entfällt |
| System: | Repetierflinte |
| Verschlussbedienung: | Vorderschaft |
| Feuerarten: | Einzelfeuer |
| Verriegelung: | Drehkammerverschluss |
| Gesamtlänge: | 73 cm |
| Lauflänge: | 45,7 cm |
| Gesamtgewicht: | 2,6 kg |
| Visierung: | Flintenkorn |
| Sicherung: | Druckknopfsicherung vorne am Abzugsbügel |
| Schaft: | Pistolengriff und Vorderschaft aus Hartholz |

**BESONDERHEITEN**

Lauf und Röhrenmagazin mit mattgrauem Überzug; Systemkasten mattschwarz.

*Winchester Model 1300 Short Stainless Marine*

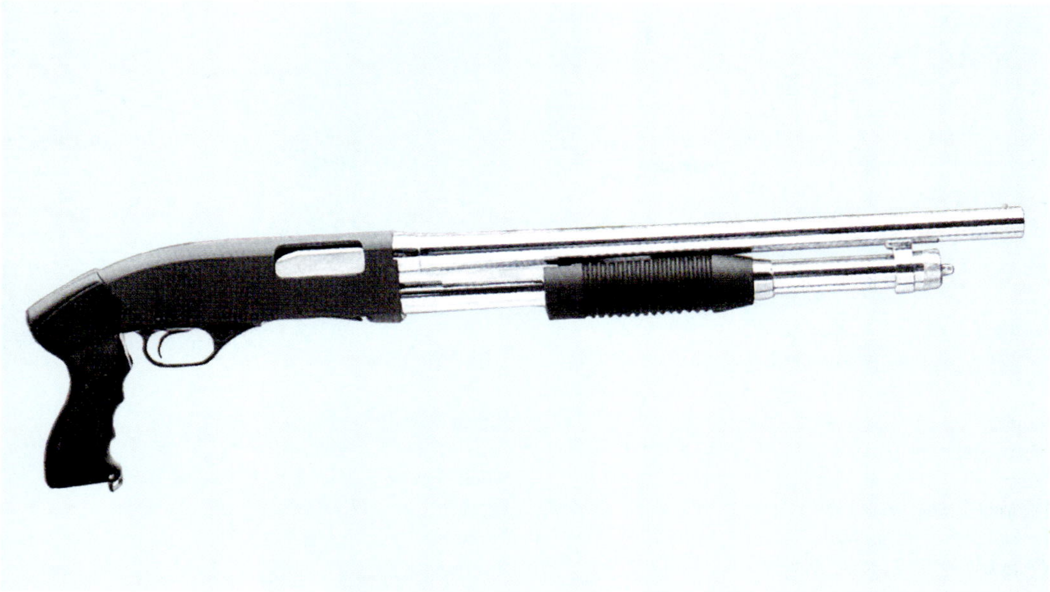

*Winchester Model 1300 Stainless Marine*

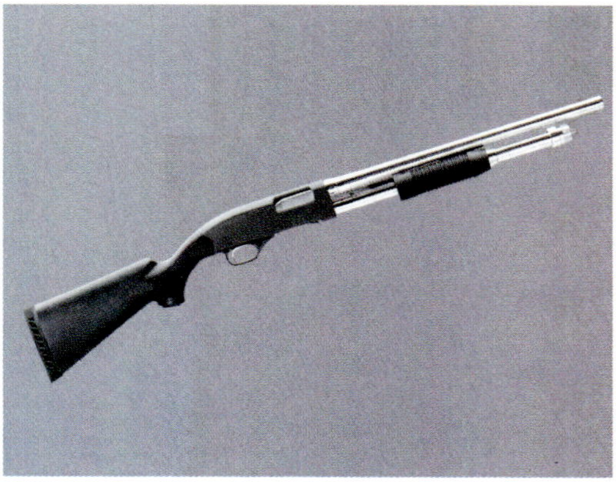

## *Winchester Model 1300 Short Stainless Marine*

**TECHNISCHE DATEN**

| | |
|---|---|
| Kaliber: | 12/76 |
| Magazin: | Röhrenmagazin |
| Kapazität: | 6 Patronen; 7 im Kaliber 12/70 |
| Magazinhalteknopf: | entfällt |
| System: | Repetierflinte |
| Verschlussbedienung: | Vorderschaft |
| Feuerarten: | Einzelfeuer |
| Verriegelung: | Drehkammerverschluss |
| Gesamtlänge: | 73 cm |
| Lauflänge: | 45,7 cm |
| Gesamtgewicht: | 2,6 kg |
| Visierung: | Flintenkorn |
| Sicherung: | Druckknopfsicherung vorne am Abzugsbügel |
| Schaft: | Pistolengriff und Vorderschaft aus Hartholz |

**BESONDERHEITEN**

Lauf und Röhrenmagazin aus unbehandeltem Stainless-Stahl; Systemkasten mattschwarz.

## *Winchester Model 1300 Stainless Marine*

**TECHNISCHE DATEN**

| | |
|---|---|
| Kaliber: | 12/76 |
| Magazin: | Röhrenmagazin |
| Kapazität: | 6 Patronen; 7 im Kaliber 12/70 |
| Magazinhalteknopf: | entfällt |
| System: | Repetierflinte |
| Verschlussbedienung: | Vorderschaft |
| Feuerarten: | Einzelfeuer |
| Verriegelung: | Drehkammerverschluss |
| Gesamtlänge: | 98 cm |
| Lauflänge: | 45,7 cm |
| Gesamtgewicht: | 3,1 kg |
| Visierung: | Flintenkorn |
| Sicherung: | Druckknopfsicherung vorne am Abzugsbügel |
| Schaft: | Vorder- und Hinterschaft aus Kunststoff, Pistolengriff |

**BESONDERHEITEN**

Lauf und Röhrenmagazin aus unbehandeltem Stainless-Stahl.

# Z z

## Z-M Weapons

Die amerikanische Z-M Weapons Company aus Bernardston, Massachusetts, produziert Selbstladegewehre und -karabiner auf AR-15-Basis. Der Firmenbesitzer und Designer Allan Zitta baut die Gewehre aber derart, dass von der ursprünglichen Waffe nur noch das Gehäuse übrig ist. Zitta änderte das gasdruckunterstützte Repetiersystem des AR-15 gravierend, das einzige Teil, das noch AR-15-Standard ist, ist die Verschlussstückverriegelung. Die Montage für optische Zielhilfen besteht aus Weaver-Montageschienen, die sowohl über dem Gehäuse als auch vor dem Handschutz für Ziellampen und Laserzielgeräte angebracht sind. Die Z-M Weapons Company beschäftigt sich auch mit der Entwicklung und Herstellung spezieller Schalldämpfer, Kompensatoren und Zubehörteilen für Pistolen und Büchsen.

### *Z-M LR300 M/L (Military & Law)*

**TECHNISCHE DATEN**

| | |
|---|---|
| Kaliber: | .223 Rem. |
| Magazin: | herausnehmbar, Stangen- oder Doppeltrommelmagazin |
| Kapazität: | 10, 20, 30 oder 180 Patronen |
| Magazinhalteknopf: | Druckknopf auf der rechten Seite des Systemkastens |
| System: | Selbstladewaffe (Gasdrucklader) |
| Verschlussbedienung: | Spanngriff |
| Feuerarten: | halb- und vollautomatisch |
| Verriegelung: | Rotationskammerverschluss |
| Gesamtlänge: | 78,7 cm (Schaft ausgezogen); 54,6 cm (Schaft eingefahren) |
| Lauflänge: | 29,2 cm |
| Gesamtgewicht: | 3,2 kg |
| Visierung: | Dioptervisier; selbstleuchtende Tritium-Einlage im Korn; Weaver-Optikmontageschiene |
| Sicherung: | kombinierter Sicherungs- und Feuerwahlhebel links am Systemkasten |
| Schaft: | Stahl-Klappschaft; Pistolengriff und Handschutz aus Kunststoff; zusätzlicher Kunststoff-Handgriff |

*Z-M LR300 M/L (Military & Law)*

**BESONDERHEITEN**

Verbessertes Gasdrucksystem, daher weniger Rückschlag; normale AR-15/M16-Magazine zu verwenden; besonders kurzer Lauf mit speziellem Mündungsfeuerdämpfer. Die Abbildung zeigt eine Detailansicht des Doppeltrommelmagazins.

### *Z-M LR300 SA*

**TECHNISCHE DATEN**

| | |
|---|---|
| Kaliber: | .223 Rem. |
| Magazin: | herausnehmbar |
| Kapazität: | 10, 20 oder 30 Patronen |
| Magazinhalteknopf: | Druckknopf auf der rechten Seite des Systemkastens |
| System: | Selbstladewaffe (Gasdrucklader) |
| Verschlussbedienung: | Spanngriff |
| Feuerarten: | halb- und vollautomatisch |
| Verriegelung: | Rotationskammerverschluss |
| Gesamtlänge: | 91,4 cm (Schaft ausgezogen); 66,7 cm (Schaft eingefahren) |

*Z-M Weapons-Logo*

Magazin

Lauflänge: 41,3 cm
Gesamtgewicht: 3,3 kg
Visierung: Dioptervisier; selbstleuchtende Tritium-Einlage im Korn; Weaver-Optikmontageschiene
Sicherung: kombinierter Sicherungs- und Feuerwahlhebel links am Systemkasten
Schaft: Stahl-Klappschaft; Pistolengriff und Handschutz aus Kunststoff

## BESONDERHEITEN

Mit Klappzweibein; verbessertes Gasdrucksystem, daher weniger Rückschlag; normale AR-15/M16-Magazine zu verwenden.

Z-M LR300 SA

*Steyr AUG-Police, 9 mm Para*

*CZ 2000 Assault Rifle Short*

# Register

*Soldat mit FN-P90 Maschinenpistole*

*SIG SSG 3000 Sniper Rifle*

**ZIELEINRICHTUNGEN**



**Z-M WEAPONS**



*SIG SG550 Sniper Rifle*

# Informationen im Internet

- AK47-Mini/DAW:
  http://www.viper-int.com/daw/dawhm.htm
- American Firearms Industry Index:
  http://www.amfire.com
- Armalite:
  http://www.armalite.com
- Armament Technology:
  http://www.armament.com
- Armtech:
  http://www.ilimburg.nl/armtech
- Baikal-Russische Waffen:
  http://www.mehzavod.ru/catalog
- Barrett .50-Snipers:
  http://www.prairienet.org/guns/big/barrett.htm
- Benelli Schrotflinten:
  http://www.benelli.it/english
- Beretta:
  http://www.beretta.it
- Blaser:
  http://home.t-online.de/home/
  blaser.jagdwaffen
- Browning Arms Company:
  http://www.browning.com
- Bushmaster:
  http://www.bushmaster.com
- Colt M16, etc.:
  http://www.moreammo.com
- Combat/Seals/Snipers/USMC:
  http://www.combative.com
- CZ/Ceska Zbrojovka:
  http://www.czub.cz
- Dakota Arms:
  http://www.dakotaarms.com
- DPMS:
  http://www.dpmsinc.com
- GunHoo GunPages Central:
  http://www.gunsgunsguns.com/gunhoo
- Gunindex:
  http://www.gunindex.com
- Gunshop:
  http://www.gunshop.com
- Heckler & Koch:
  http://www.moreammo.com
- Hesse Arms:
  http://www.HesseArms.com
- Lazzeroni Arms:
  http://www.lazzeroni.com
- Mauser:
  http://www.mauser-werke.de
- Mossberg Schrotflinten:
  http://www.mossberg.com
- North American Int.Techn. (M16-.45ACP):
  http://www.nait.com
- Pauza snipers:
  http://members.aol.com/rpauza
- Remington Arms:
  http://www.Remington.com
- Riot Guns:
  http://www.scattergun.com
- Ruger (Sturm & Ruger):
  http://www.ruger-firearms.com
- Russische Waffen:
  http://www.mehzavod.ru/catalog
- Russische Waffen:
  http://www.izhmash.ru

- Scatterhun Technologies Inc.: http://www.scattergun.com
- Scharfschützenbüchsen: http://www.cybersniper.com
- Schießsport: http://www.shootingsports.com
- Sig-Sauer: http://www.sigarms.com
- Singapore Firearms: http://www.st.com.sg/cis/cfi.htm
- Sniperstore-USA: http://www.sniper-store.com
- Soldiers of Fortune: http://www.sofmag.com
- Sommer + Ockenfuss: http://www.branchen-baden.de/sommer+ockenfuss
- Springfield Armory: http://www.springfield-armory.com
- Steyr AUG: http://www.moreammo.com
- United States Marine Corps: http://www.usmc.mil
- Verney-Carron: http://www.verney-carron.com
- Vihtavuori: http://www.vihtavuori.fi
- Winchester/U.S. Repeating Arms: http://www.winchester.com
- Z-M sniper: http://www.shooters.com/zmweapons

*SIG SG551-1P Karabiner*

*Soldat mit FN-MAG Maschinengewehr*

*Soldat mit FN-FAL Sturmgewehr*

# Danksagung


Autor und Herausgeber möchten sich für ihre Kooperation bei den nachfolgenden in alphabetischer Reihenfolge genannten Personen und Firmen herzlich bedanken. Ohne ihre Hilfe und Unterstützung hätte dieses Buch nicht entstehen können.

- Accuracy International, P.O. Box 81, Portsmouth, Hampshire, PO3 5SJ (GB)
- AKAH: Albrecht Kind GmbH & Co., Postfach 310283, D-51617 Gummersbach (D)
- Armalite Inc./Eagle Arms, P.O. Box 486, Coal Valley, IL 61240 (USA)
- Armament Technology, 3045 Robie Street, Suite 113, Halifax N.S. B3K 4P6 (CAN)
- Armscorp USA, 4424 John Avenue, Baltimore, MD 21227-1558 (USA)
- Auto-Ordnance Corp., West Hurley, NY 12491 (USA)
- Baikal/Izhevsky Mekhanichesky Zavod, Promishlennaya 8, Izhevsk, USSR-426063 (GUS)
- Benelli Armi SA, Via della Stazione 50, I-61029 Urbino (I)
- Beretta, Via Pietro Beretta 18, I-25063 Gardone V.T. (Brescia) (I)
- Blaser Jagdwaffen GmbH, Ziegelstadel 1, D-88316 Isny im Allgäu (D)
- Brown Precision Inc., P.O. Box 270W, Los Molinos CA 96055 (USA)
- Browning Inc. One Browning Place, Morgan, Utah 84050 (USA)
- Browning S.A., Parc Industriel des Hauts Sarts, B-4040 Herstal (B)
- Burris Company, P.O. Box 1747, Greeley, CO 80631 (USA)
- Bushmaster Firearms Co., 999 Roosevelt Trail, P.O. Box 1479, Windham, ME 04062 (USA)
- Calico Light Weapon Systems, 405 East 19th Street, Bakersfield, CA 93305 (USA)
- Chevalier Public Relations, One Centerpointe Drive, Suite 300, Lake Oswego ÓR 97035 (USA)
- Colt's Manufacturing Company Inc., P.O. Box 1868, Hartford CT 06144-1868 (USA)
- CZ-Ceska Zbrojovka A.s., 688 27 Uhersky (CZ)
- Dakota Arms Inc., HC 55, Box 326, Sturgis SD 57785 (USA)
- DAW, 12400 Blue Ridge Blvd, Grandview, MO 64030 (USA)
- D & L Sports Inc., P.O. Box 651, Gillette, WY 82717 (USA)
- De Donderbus, Oostzeedijk Beneden 231a, 3061 VW Rotterdam (NL)
- DEVTEK-Diemaco, 1036 Wilson Avenue, Kitchener, Ontario N2C 1J3 (CAN)
- DPMS (Defense Procurement Manufacturing Services Inc.), 13983 Industry Avenue, Becker MN 55308 (USA)
- Dynamit Nobel, Kaiserstraße 1, D-53840 Troisdorf (D)
- Erma Werke GmbH, Johann Ziegler Straße 13-15, D-85221 Dachau (D)
- Fabarm S.p.A. , Via Averolda 31, I-25039 Travagliato, Brescia (I)
- Fegarmy, Soroksari ut 158, 1095 Budapest, H-1440 Budapest PF6 (H)
- FN-Herstal, Parc Industriel des Hauts Sarts, B-4040 Herstal (B)

- Franchi Spa, Via del Serpente 12, I-25131 Brescia (I)
- Frankonia Jagd, D-97064 Würzburg (D)
- Gibbs Rifle Company Inc., Cannon Hill Industrial Park, Poute 2, Box 214, Hoffmann Road, Martinsburg, WV 25401 (USA)
- GOL/Gottfried Prechtl, Mierendorffstraße 26, D-69469 Weinheim (D)
- Harrington & Richardson 1871 Inc., 60 Industrial Rowe, Gardner MA 01440-2832 (USA)
- Harris Gunworks, 3840 N. 28th Avenue, Phoenix, AZ-85017 (USA)
- Heckler & Koch GmbH, Postfach 1329, D-78722 Oberndorf/Neckar (D)
- Heckler & Koch Inc., 21480 Pacific Blvd., Sterling, VA 20166-8903 (USA)
- Hege/Zeughaus GmbH, Zeughausgasse 2, D-88662 Überlingen (D)
- Hellenic Arms Industry SA, 160 Kifissias Avenue, GR-11525 Athene (GR)
- Helmut Hofmann GmbH, Postfach 60, D-97634 Mellrichstadt (D)
- Hesse Arms; 1126 70th Street East, Inver Grove Heights, MN 55077-2416 (USA)
- IMI/Israel Industries Ltd, P.O. Box 1044, Ramat Hasharon 47100, Israel
- ITM Tool And Die, 5416 Detroit Avenue, Cleveland, OH 44102 (USA)
- KBI Inc./Armscor, P.O. Box 6625, Harrisburg PA 17112 (USA)
- Kel-Tec CNC Industries Inc. P.O. Box 3427, Cocoa, FL-32924 (USA)
- Keppeler & Fritz GmbH, Aspachweg 4, D-74427 Fichtenberg (D)
- Eduard Kettner, Mathias-Brüggen-Straße 80, D-50827 Köln (D)
- Knight's Manuf. Comp./Stoner, 7750 9th Street S.W., Vero Beach, FL 32968 (USA)
- Krico-Kriegeskorte GmbH, Nürnbergerstraße 6, D-90602 Pyrbaum (D)
- L.A.R. Mfg. Inc., 4133 Westfarm Road, West Jordan, UT 84088 (USA)
- Leupold & Stevens Inc., P.O. Box 688, Beaverton, OR 97075 (USA)
- MagTech/CBC, Av. Humberto de Campos 3220, Ribeirao Pires, SP Brazil
- Mauser-Werke, Postfach 1349, D-78722 Oberndorf a.N. (D)
- Milring, R.H.G. Koster, Geerdinkhof 672, NL-1103 RN Amsterdam (NL)
- Mitchell Arms Inc., 3400 W. MacArthur Blvd. #1, Santa Ana, CA 92704 (USA)
- O.F. Mossberg & Sons Inc., 7 Grasso Avenue, P.O. Box 497, North Haven, CT 06473 (USA)
- New England Firearms, 60 Industrial Rowe, Gardner MA 01440-2832 (USA)
- Nikon Inc., 1300 Walt Whitman Road, Melville, NY 11747-3064 (USA)
- PGM Precision, P.O. Box 29, 74334 Poisy Cedex (F)
- Redfield Inc., 5800 E. Jewell Avenue, Denver, CO 80227 (USA)
- Remington Arms Company Inc., 870 Remington Drive, P.O. Box 700, Madison, NC 27025-0700 (USA)
- Robar Co., 21438 N. 7th Avenue, Suite B, Phoenix, AZ 85027 (USA)
- Rottweil/Dynamit Nobel, Kaiserstraße 1, D-53840 Troisdorf (D)
- Ruger/Sturm, Ruger & Company Inc, Lacey Place Southport, CT 06490 (USA)
- Sako Ltd., P.O. Box 149, 11101 Riihimaki (FIN)

- Sauer & Sohn GmbH, Sauerstraße 2-6, D-24340 Eckenforde (D)
- Savage Arms Inc., 100 Springdale Road, Westfield MA 01085 (USA)
- Saxonia GmbH, Am Schwarzwasser 1, D-08340 Schwarzenberg (D)
- Scattergun Technologies Inc., 620 8th Avenue South, Nashville, TN 37203 (USA)
- Schmidt & Bender GmbH, Am Großacker 42, D-35444 Biebertal (D)
- SIG Schweizerische Industrie Gesellschaft, CH-8212 Neuhausen am Rheinfall (CH)
- Sommer + Ockenfuss, Postfach 1329, D-72258 Baiersbronn (D)
- Springfield Armory, 420 West Main Street, Geneso, IL 61254 (USA)
- Steyr-Daimler-Puch AG, Mannlicherstraße 1, A-4400 Steyr (A)
- Stoeger Industries, 5 Mansard Court, Wayne, NJ 07470 (USA)
- Stoner/Knight's Manuf. Comp., 7750 9th Street S.W., Vero Beach, FL 32968 (USA)
- Sturm, Ruger & Company Inc, Lacey Place Southport, CT 06490 (USA)
- Tech. Bureau H.A. Muller, P.O. Box, NL-6800 AE Arnhem (NL)
- Unique/Manufacture d'Armes des Pyrénées Françaises, 10, Rue des Allées, F-64700 Hendaye (F)
- Valmet Co./Tourula Works, P.O. Box 60, Jyvaskyla, SF-40101 (FIN)
- Verney-Carron, Bvld Thiers 54, Boite Postale 72, F-42002 St.-Étienne (F)
- Verschoor Wapenhandel, Schenkeldijk 9, NL-3295 EC 's-Gravendeel (NL)
- Voere GmbH, Untere Sparchen 56, A-6333 Kufstein (A)
- Walther Sportwaffen, Postfach 4325, D-89033 Ulm (D)
- Weatherby, 3100 El Camino Real, Atascadero, CA 93422 (USA)
- Winchester/U.S. Repeating Arms Company Inc., 275 Winchester Ave., Morgan, Utah 84050-9333 (USA)
- Wischo Jagd- und Sportwaffen GmbH & Co. KG, Dresdener Straße 30, D-91058 Erlangen (D)
- Antonio Zoli Fabbrica d'Armi, Via Zanardelli 39, I-25063 Gardone V.T. (Brescia) (I)